歷史的線索

錦衣王朝

易 強 著

三民書局

國家圖書館出版品預行編目資料

歷史的線索：錦衣王朝／易強著.－－初版一刷.－－
臺北市：三民, 2014
　　面；　公分.

　　ISBN 978－957－14－5957－8　（平裝）

　　1. 軍制 2. 明代

591.216　　　　　　　　　　　　　　　　103015697

© 　歷史的線索
　　　　——錦衣王朝

著 作 人	易　強
責任編輯	邱建智
美術設計	李唯綸
發 行 人	劉振強
發 行 所	三民書局股份有限公司
	地址　臺北市復興北路386號
	電話　(02)25006600
	郵撥帳號　0009998-5
門 市 部	（復北店）臺北市復興北路386號
	（重南店）臺北市重慶南路一段61號
出版日期	初版一刷　2014年9月
編　　號	S 630430

行政院新聞局登記證局版臺業字第〇二〇〇號

有著作權‧不准侵害

ISBN　978-957-14-5957-8　（平裝）

http://www.sanmin.com.tw　三民網路書店

前　言

　　「錦衣衛」這三個字，就作者以往的感覺而言，有些像記憶神經網路上的某個敏感節點，一旦觸及它，就會想起武俠小說或電視電影中的某些精彩場面，或者想起歷史小說或明人筆記中的某些悲慘情節；當然，這些場面或情節都發生在明朝，中國歷史上最具戲劇性的朝代。但是，現在我得承認，以往的感覺或認識在一定程度上偏離了歷史的本來面目。

　　錦衣衛到底是個怎樣的機構？它在歷史舞臺上到底扮演了怎樣的角色？早在二十多年前，作者還是一個終日神遊在武俠小說和明人筆記裡的懵懂學生時，已經開始被這兩個問題困擾。由於先天資質已屬不足，後天教化又備受摧殘，長時間沉溺或者迷失在毫無養分的思維真空之中，嚴重欠缺主動探索的精神，以至於老大以後，問題猶在，困擾猶在；驟然清醒，羞從中來。本書，算是作者對自己的一個交代。

　　回答上述兩個問題，是作者撰寫這本劄記的初衷，然而，在尋求答案的過程中，更多的問題撲面而來；其中，最重要的幾個問題是，對明朝皇帝而言，錦衣衛及相關機構——例如東廠——到底具有何種價值？這些價值在多大程度上得到實現？為此又付出了怎樣的代價？這些代價是否值得？這些問題的答案於今日是否有借鑑意義？……等。

　　對於大部分的問題，作者已經在書中給出答案，但是，因為有的問題懸而未決，有的答案失之晦澀，作者覺得有必要在這裡

集中表述自己的看法，希望在亡羊補牢的同時，可以收到拋磚引玉的效果。不過，在此之前，作者更有必要對本書的主要內容簡作介紹。

大體而言，本書主要圍繞兩條線索展開：其一是錦衣衛的建制始末與職能的發展過程；其二是錦衣衛及其相關機構在重大歷史事件中的表現。連結這兩條線索的關鍵，是包括皇帝及其家人、朝臣、太監以及錦衣衛官員在內的重要歷史人物的活動。這些歷史人物的才幹與性情各不相同，其立場與需要則或者相同，或者相異，或者時而相同、時而相異。通過觀察他們以及他們的活動，作者得出以下幾個初步結論：

其一，明太祖設立錦衣衛的初衷，是要用它維護綱紀禮儀；儀衛（儀仗以及侍衛）是這個機構起初擁有的主要職能。但是，基於現實的需要，它被授予越來越多的權力。例如，基於反腐以及剷除後患的需要，太祖臨時授予了錦衣衛治理詔獄的職能；基於外交與政治上的需要，又授予錦衣衛官員受降、出使、安頓外賓等職權。基於緝奸弭盜的需要，明憲宗又正式授予錦衣衛官員提督五城兵馬司的權力。

其二，錦衣衛擁有的某些職能或者權力，起初可能只是皇帝出於權宜之計而臨時授予的，並無建制上的相應安排。隨著這些職能的常規化、正式化，相關建制才逐漸完善。例如，早在洪武中後期，錦衣衛已經被授予治理詔獄的權力，可專治詔獄的北鎮撫司則直至永樂年間才設立。又例如，錦衣衛早在建文年間已經參與緝奸弭盜，然而「專司察不軌、亡命、機密大事」的東司房，以及「責專賊曹」的西司房，可能直至成化年間才設立。

其三，東廠之設，意在監督與制約錦衣衛，但是這兩個機構之間的關係，並非監督與被監督、制約與被制約那麼簡單，孰強

孰弱，取決於掌事者才幹的高下，以及他們與皇帝的關係的親疏遠近。

讀者若嫌以上陳述過於枯燥，以下或許我們可以換種表述方式。

假設你可以穿越時空——作者相信這是所有人都想擁有的能力，回到洪武十五年（1382 年），即錦衣衛的初設之年，進入位於南京承天門外西南側的錦衣衛署衙，你可能會發現，官校們整日都在忙於禮儀方面的事務，例如陳設儀仗，糾治文武大臣在朝堂上的失儀過錯，而非緝奸弭盜、敲詐勒索、巧取豪奪。

或許你可以在洪武十八～二十年（1385～1387 年）之間的南京尋找到錦衣衛治理詔獄的蛛絲馬跡，可是，要想一探臭名昭著的北鎮撫司，你需要調整穿越設備上的時間儀器，前往永樂四年（1406 年）或者永樂六年（1408 年）的北京；想要摸摸這個機構最早的印信，則必須前往成化十四年（1478 年）。

如果你為了切身感受一下鄭和下西洋的盛景，去了永樂三年（1405 年）六月的太倉劉家港，並且登上了世界上最大的海船，你會發現，「通使外國」也是錦衣衛的職責之一。王復亨、李滿、劉海、馬貴等幾位正四品錦衣衛指揮僉事一定會告訴你，這項職責非常辛苦，但升遷速度快。馬貴在這一點上最有發言權，因為臨出發之前，他還只是一名小旗（相當於班長，手下只有十名士卒）。

在明世宗嘉靖年間中後期，你將有機會見到一位身材高大、面容沉鷙、行步類鶴、總是穿著一襲火紅色官服的人物，他就是錦衣衛歷史上最具權力的傳奇人物——正一品掌錦衣衛事左都督陸炳，他能讓東廠太監俯首貼耳。

可是，如果你去了天啟三～七年（1623～1627 年）之間，並

且潛入魏忠賢的府邸，你可能看到這樣一幕：一群錦衣衛高官跪倒在這位東廠太監面前聽其訓話，他們臉色蒼白、汗如雨下、渾身栗抖、體似篩糠；其中包括他的兩個義子，即錦衣衛掌衛事左都督田爾耕，以及錦衣衛北鎮撫司掌司事都指揮僉事許顯純。

　　如果你在明朝停留的時間足夠長，跨越的年代足夠多，你一定還會認同這樣一個結論，即錦衣衛是「官 X 代」——姑且借用這個現代人耳熟能詳的詞語——的集中營、養護所、領取津貼的去處，以及理想的升職跳板。這是錦衣衛被授予越來越多權力的最主要原因之一。

　　正是基於上述幾個初步結論，作者得出一個可能具有某種現實參照性或者映射性的最終結論。這個最終結論是對前文提到的幾個最重要的問題的回答。

　　為了表述上的方便，作者在這裡提出三個概念：其一是專制資產，其二是專制成本，其三是專制收益。作者的最終結論如下：錦衣衛以及東廠等相關機構，是明朝皇帝的專制資產。通過使用這項資產，皇帝試圖收穫可觀的專制收益，例如維護帝位或者政權的穩定。不過，需要指出的是，專制收益並不限於政治層面，它還包括皇帝個人欲望的實現，例如實現其作為獨裁者的自由或者任性妄為，以及實現其作為普通人在心理及情感上的需求等等。

　　在很大程度上，正因為皇帝的個人欲望相異，在明朝的不同階段，錦衣衛及東廠等相關機構掌事者的地位與權勢各不相同。例如，明英宗對太監王振的感情，決定了錦衣衛必然要屈從於東廠；明世宗對衛帥陸炳的信任，決定了錦衣衛的權勢必然要居於東廠之上；明神宗對個人財富的追求，決定了錦衣衛及東廠等機構必然要投入大量的精力用於攫取財富；明思宗對朝臣的猜忌與怨恨，決定了錦衣衛必然會成為他泄私憤的工具。

　　為了獲得專制收益，明朝皇帝支付了昂貴的專制成本。這些成本主要體現在錦衣衛裡一再增加的冗員帶來的沉重的財政壓力，在錦衣衛任職的皇親國戚以及元勳權貴的家人或者子嗣對人事制度的挑戰與破壞，以及司法秩序的混亂帶來的社會動盪等方面。至於專制收益是否多於專制成本，則取決於皇帝個人的價值判斷。例如，明太祖與明成祖可能更重視政權的穩定、社稷的福祉，而不是個人欲望或者私人享受的滿足，但是明武宗、明神宗等人的標準可能正好相反；因此，面對錦衣衛官校以權謀私的事件時，太祖與成祖可能會用重典嚴懲，武宗、神宗等人則甚至可能嘉獎。成化年間的錦衣衛官員可能通過向明憲宗進獻財寶而獲得擢升的機會，但是這種投機的做法在洪武年間可能是死罪。確實，皇帝的個人欲望或者價值判斷可能存在很大的差異，但是他們至少在兩個方面相同：其一是他們都十分照顧自己的親戚以及親信；其二是他們都堅守同一條底線，即決不姑息謀逆的行為，無論對方是誰，無論對方有何種背景，或者有過何種功勞。

　　其實無論在任何時代，無論在任何制度下，無論是任何人，照顧親戚與親信都是被認可或者被容忍的規則。但是在專制制度下，對皇帝而言，這條規則會帶來巨大的專制成本。以錦衣衛系統來說，在錦衣衛擔任要職的武官都是皇帝的親信，而這些武官也會委任自己的親信擔任下級要職，如此依次往下；整個系統似乎從上到下由一條信任鏈貫穿起來，按道理不會出現大的問題，但事實並非如此。因為拴在「信任鏈」上的每個人，他們的地位、品性、才幹、欲望、需要等並不完全相同，但是他們都明白這樣一個道理，即只要不觸犯皇帝的底線，基本上任何罪過都可以得到原諒。因此，下級官員往往會倚仗上級的信任與支持——這種信任與支持一般都會通過分享賄金的形式進一步穩固與加強，在

其職權範圍內肆無忌憚地徇私枉法，於是，巨額專制成本隨之而來。

崇禎之初，給事中徐國榮曾言：「其（指錦衣衛及東廠旗校）受皇上重託，而冀其不欺（君）者，止掌廠、掌衛之臣耳，（然其）勢不得不轉寄耳目於夥長、旗番，此輩又輾轉旁寄，豈盡忠肝義膽，見利不搖者乎？」這番話可謂一語中的，但它同時也留下不少餘地。事實上，無論是明成祖的篡位，還是明英宗的復辟，都在一定程度上得到「掌廠、掌衛之臣」的鼎力相助。也就是說，為了自身的前途或者利益，即便是作為皇帝心腹的「掌廠、掌衛之臣」，有時可能也會為勢所迫不得不做出賣主求榮的選擇。這個時候，專制皇帝試圖維護的專制利益（甚至包括自由與生命），被他倚仗的專制資產出賣了。

明末史家沈起甚至將廠衛列為導致明朝破產的罪魁禍首；他語出驚人：「明不亡於流寇，而亡於廠衛。」明思宗卻在自縊殉國的前一刻哀歎：「皆諸臣誤朕！」事實上，這筆長達兩百多年的糊塗賬，真不是一言兩語就可以算得清的。

是為序。

歷史的線索——

目次

第一章　洪武權變

　　在錦衣衛歷史上，李若璉絕對不是一位大人物。作為指揮同知，他的官階不過從三品，也沒有見諸史籍的卓絕功勳，但他擁有一段十分傳奇的經歷，死後還享有非同一般的殊榮。

　　李若璉原籍山東濟南，其父李士茂是一位錦衣衛百戶（六品）。父親訓子甚嚴；一日，李若璉犯了一點小錯，他怒不可遏，竟然想用棍子將兒子打死。萬般無奈之下，年少的李若璉出走河南。

　　不知是家學淵源使然，還是異鄉際遇不凡，總之，他應該有一身不錯的武藝，否則他不太可能先中武舉人，再中武進士。官授正五品錦衣衛千戶之職後，他又見到了父親，並向父親「叩頭，涕泣請罪」。父親訓誡他說：「姑貸（饒恕意）汝，今自改矣！」

　　李若璉沒有辜負父親的期望。若干年後他晉升為錦衣衛指揮同知，主管專治詔獄的北鎮撫司。他在任上兢兢業業，遭逢有冤情者，則「反復陳情，多所開釋」。崇禎三年（1630 年），袁崇煥蒙冤入獄後，李若璉曾竭力為其辯解，故而得罪當道，被降職二級。但他對降職一事並不在乎，笑曰：「我不以人命易官也！」

　　明朝末年，風雨飄搖，大廈將傾——這是李若璉所處的時代。但是，他可能不會有「生不逢時」的感慨，因為那個時代可以成就他和他的父親都十分重視的美德——忠君報國。

　　崇禎十七年（1644 年）三月十八日，李自成的軍隊攻陷北京外城。正值守崇文門的李若璉見大勢已去，馳馬到家；朝著紫禁城的方向叩完了頭，慨然曰：「平生忠孝懷庭訓，肯教聲名辱品題！」爾後舉

火焚屋，全家殉國。**1**

　　上面這段史料出自清代官修地方誌《畿輔通志》，其整體內容的可信度，至少可以得到三份清代官修史籍——《山東通志》（卷28）、《皇朝通志》（卷54）以及《欽定勝朝殉節諸臣錄》——的支持。在乾隆皇帝確認的《欽定勝朝殉節諸臣錄》中，李若璉被列入「通謚『忠節』諸臣」的名單。**2**

　　在「殉節諸臣」的名單上，李若璉並非唯一一位錦衣衛官員。正二品錦衣衛都指揮馬國璽，正三品錦衣衛指揮使蕭偲、張養所、張國維、高甲、王朝相，指揮同知許達允、馬獻圖，以及錦衣衛千戶李國祿、高文彩、徐晗可等人，也在名單之上。其中，高甲和高文彩皆是舉家殉國。而高文彩的表現相對又更為慘烈一些：據說高文彩在穿上朝服自縊前，他還將投繯而死的妻妾以及子孫等十幾人的屍首埋在了宅第的後園。

　　試想一下，如果真的存在另一個世界，在那裡，明太祖朱元璋與這些殉國者見了面，那麼，這位錦衣衛的創立者一定會動情地表達自己的欣慰之意。在此之前，因為不斷聽聞錦衣衛及東廠、西廠、內廠等相關機構的誤國誤民作為，朱元璋或許對錦衣衛的價值產生過懷疑，對自己創造了這個機構萌生過悔意。可是現在，見到這些殉國者之後，他可能會覺得，以往的懷疑與悔意都不再重要了。

　　但這位曾經當過僧人的皇帝也可能完全無悔，如果他認識到這個最為尋常而又最為奇怪的規律：這個世界上曾經出現過無數偉人，他們基於不同的現實，懷抱著至少表面上看起來堪稱偉大的目的，創造出了許多至少自認為十分完美的思想、制度或者機構，但是因為人性與時勢使然，在他們去世之後，他們創造出來的東西往往會沿著一條

1.《畿輔通志》卷76。

2.《欽定勝朝殉節諸臣錄》卷3。

他們完全想像不到的軌跡發展。

錦衣衛就是這樣一個機構。朱元璋及其輔臣們創設它的目的，起初只是為了讓它履行儀仗職能；但是，基於現實的需要，太祖本人及其繼承者逐漸賦予了它越來越多的權力。而錦衣衛在擁有了足夠多的權力之後，又通過自己的影響力，或者通過與其他組織的合作，爭取到了更多的機會；最終，它起到的作用，或者說它的發展軌跡，已經遠遠偏離了創始者的初衷。

一、 始於禮

元順帝至正十二年（1352 年），二十四歲的朱元璋做出了人生中最重要的決定：他脫下了身上那襲破舊不堪、讓他嘗盡人間冷暖的僧袍，放下了手中那只既能勉強幫他壓制腹中饑火，卻又使他飽受白眼的缽盂，帶著一幫誓言同甘共苦、生死與共的兄弟，投奔在濠州起義的同鄉、他未來的妻子馬皇后的養父、死後將被他追封為滁陽王的紅巾軍領袖郭子興。

他當時一定不會想到，他的這個雖然不無投機成分、但主要可能只是為了換個活法的決定，不僅將徹底改變他自己和他這幫兄弟的前途，還將深刻影響這塊帶給他生命、痛苦以及希望的土地的命運。

但是，在此之後的十二年，朱元璋已逐漸意識到自己將是這個國家的主宰。至正二十四年（1364 年）正月一日，輔臣李善長、徐達等人「屢表勸進」，要尊奉朱元璋為吳王，被他拒絕。他委婉而充分地表達了他的鴻鵠之志。他說：

> （現今）戎馬未息，瘡痍未蘇，天命難必，人心未定。若遽稱尊號，誠所未遑；昔武王克商，戢干戈，櫜弓矢，歸馬於華山之陽，放牛於桃林之野，大告武成，然後與民更始，曷嘗遽自

稱尊？今日之議且止，俟天下大定，行之未晚。**3**

顯然，「吳王」的稱號並非嚮往（周）武王霸業的朱元璋真正想要的（他後來用年號「洪武」表達了這種嚮往之情）；更何況，在兩個多月前，他的主要競爭對手張士誠已經自稱吳王。

可能發生過的事情是，在正月一日之前，李善長、徐達等人已經與他討論過帝王霸業，並且已經提議奉他為皇帝，但這個提議被務實的朱元璋拒絕了，因為他不想過早成為元軍的主要目標；他甚至可能曾經希望張士誠一時頭腦發熱自稱皇帝，因為如果那樣，元順帝（元朝最末一位皇帝）就會想辦法集中更多的兵力對付這位昭告天下要搶奪錦繡江山的競爭者。

但是，在李善長、徐達等人的「固請」之下，朱元璋最終還是即位吳王。這種推脫在先、接受在後的做法可能會被一些人認為是假惺惺的客套，可是，如果我們理解他在正月一日說的那段話的真意，或許就能夠體會到他在接受「吳王」稱號時的複雜心情，甚至依稀可以看到掛在他臉上的那絲實在難以完全隱藏的委屈表情。他之所以接受這個在一般人看來可能不無滑稽意味的稱號，可能是為了蒙蔽元朝的皇帝，讓元順帝產生這樣一種錯覺，即正在發生的事情，只不過是一位缺少追求或者野心的漢族草寇在挑戰另外一位漢族草寇，從而使元順帝放鬆對朱元璋的警惕。

如果元順帝能夠像他的祖先成吉思汗一樣，具有神奇而高效的收集情報的能力，那麼他一定會對朱元璋在兩天以後說的一段話感到震驚，因為這位被他視為草寇的人已經將重建綱紀禮法——對歷代帝王而言最為重要的問題——提上了朝議日程。

根據《明太祖實錄》的記載，在正月三日退朝之後，朱元璋對左

3.《明太祖實錄》卷14。

相國徐達等人說：

> 卿等為生民計，推戴予（為吳王），然建國之初，當先正紀綱。
> 元氏昏亂，紀綱不立，主荒臣專，威福下移，由是法度不行，
> 人心渙散，遂至天下騷亂。今將相大臣輔相於我，當鑑其失，
> 宜協心為治，以成功業，毋苟且因循，取充位而已。

朱元璋還說：

> 禮法，國之紀綱。禮法立，則人志定、上下安。建國之初，此
> 為先務。吾昔起兵濠梁，見當時主將皆無禮法，恣情任私，縱
> 為暴亂，不知馭下之道，是以卒至於亡。今吾所任將帥，皆昔
> 時同功一體之人，自其歸心於我，即與之定名分，明號令。故
> 諸將皆聽命，無敢有異者。爾等為吾輔相，當守此道，無謹於
> 始而忽於終也。 **4**

　　需要交代的背景是，兩天前，即正月一日，亦即朱元璋稱「吳王」
這一日，「百司官屬」已初步確定，上至正一品的左、右相國，下至正
七品的考功所考功郎，已經各就各位，例如，李善長當上了右相國，
徐達當上了左相國，常遇春和俞通海當上了從一品的平章政事，湯和
當上了正二品的中書左丞。

　　完全有可能發生的事情是，這些封侯拜相者因為過度興奮或者激
動而忘記了上下尊卑，而那些認為自己獲得的職位或地位與自己做出
的貢獻不相匹配的將帥，也因為心有不平而製造了一些糾紛甚至事故。
這些事情一定會讓敏感多疑的朱元璋感到不快和憂慮，使他覺得有必
要趕快「正紀綱」、「立禮法」，以穩固和維護自己的權威；同時也使他
覺得有必要趕快「定名分」、「明號令」，以改造那支以他的嚴格標準來

4.《明太祖實錄》卷14。

說尚是烏合之眾的軍隊，從而鞏固和擴大自己的事業。於是，他在正月三日鄭重地講了上面這番話。

即便是在六百多年後的今天，我們在研讀朱元璋在正月三日講的這番話的時候，也能感受到隱藏其中的警告與威脅意味。因此，我們不能假定朱元璋手下的那些以勾心鬥角為家常便飯的將相們沒有相同的體會，但是他們很可能低估了這種警告和威脅的嚴重程度，或者高估了自己的運氣或者朱元璋對自己的情意，以至於即便幸運地挺過了之後十幾二十年的艱苦征戰，在「歸馬於華山之陽，放牛於桃林之野，……大告武成」之時，幾乎被屠戮得乾乾淨淨。

四個月之後，確切地說，至正二十四年五月十三日，退朝之後，正在白虎殿閱讀《漢書》的吳王朱元璋，與隨侍在側充當顧問的宋濂、孔克仁等人討論漢高祖的政治得失時，再次重申了自己對禮法的重視。

當時，朱元璋向宋濂等人提出了一個問題，即漢代治國之道不純正的原因何在？孔克仁給出的回答是：王道與霸道混雜在一起了（「王霸之道雜，故也」）。

朱元璋又問，誰應該承擔責任？孔克仁回答說：「責在高祖。」

但朱元璋不認同他看法。他認為漢文帝應該承擔主要責任，因為漢高祖立國之時，禮法制度已被前朝（秦朝）破壞無遺，立國之後，又要與民休息，來不及制定禮樂制度，實在情有可原；漢文帝在位期間，「正當制禮作樂」，卻逡巡徘徊，從而失去了機會。他說：「帝王之道，貴不違時。」**5**

朱元璋想效仿重建《通禮》、《正樂》的周世宗柴榮，**6** 即便是在艱苦創業期間，時間並不充裕，也要建立一套可保江山不虞的禮樂制

5.《國榷》卷2；《明太祖實錄》卷15；《明史》卷135〈孔克仁傳〉也記載了這段對話，但內容稍有不同。
6.《新五代史》卷12〈周本紀〉。

度。他確實做到了，而且做得比周世宗更多。他甚至專為其子孫創立了一套綱常禮儀制度，即《皇明祖訓》。只是歷史跟他開了一個玩笑，因為在他死後，其中的很多規範都被拋棄了。

　　總之，「正紀綱」、「立禮法」、「定名分」、「明號令」等禮樂事項，既然被朱元璋視為建國之初的「先務」，其重要性不言而喻；而解決此「先務」的責任，換句話說，主導設計和建立一套禮儀制度的重擔，被委託給了有「再世蕭何」之譽的右相國李善長。**7**

　　從至正二十四年四月呈上〈宗廟祭享及月朔薦新禮儀〉，到吳元年（至正二十七年，1367 年）十二月呈上〈即位禮儀〉，以及〈冊立皇后皇太子禮儀〉，**8** 歷時三年有餘，一套新的禮儀制度得以初步確立。在這三年的時間裡，於至正二十三年（1363 年）飲恨而終的陳友諒的殘部已經被收編；被朱元璋斥為「外假元名，內實寇心，反覆兩端」的張士誠，**9** 亦於至正二十七年九月被徹底打敗，並在被俘後自縊身亡。不無巧合的是，南京的「新內城」（紫禁城）——朱元璋將要在那裡登基——於同月落成。**10**

　　正是在建立禮儀制度的過程中，作為錦衣衛前身之一的拱衛司被創設，時間是至正二十四年十二月。《明太祖實錄》有載：「（甲辰，十二月）乙卯，置拱衛司，以統領校尉，屬大都督府，秩正七品。」**11**

　　這段史料明確交代了拱衛司的隸屬關係以及行政級別。它的上級主管部門大都督府，是一個由樞密院改革而成的從一品龐大機構，職

---

7. 《明太祖實錄》卷 26。另，由於吳元年十月確定的百官禮儀以左為尊，李善長又改任為左相國。

8. 《明太祖實錄》卷 28。

9. 《明太祖實錄》卷 20。

10. 《明太祖實錄》卷 25。

11. 《明太祖實錄》卷 15。

掌是統領軍務。**12**當時擔任大都督的是朱元璋的兄長、左相國徐達的連襟朱文正。

　　但是，這段文字並沒有明確交代拱衛司的具體職能，而且，「校尉」一詞的含義也十分模糊；**13**可是，其定義語焉不詳的本身，在某種程度上也預示著這個機構充滿了變數。或許也可以從另一個側面進行解釋：一個正七品的單位竟然直接隸屬於一個從一品的機構，無論如何都具有非同尋常的意義。

　　通過左相國李善長等人在吳元年十二月呈上的〈即位禮儀〉，我們可以了解當時的拱衛司——它應該比三年前初設時更加完善——承擔的某些具體職責：

> 是日清晨，拱衛司陳設鹵簿，列甲士於午門外之東、西。列旗仗於奉天門外之東、西：龍旗十二，分左、右，用甲士十二人；北斗旗一、纛一居前，豹尾一居後，俱用甲士三人。虎、豹各二，馴象六，分左、右。布旗六十四：門旗、日旗、月旗、……朱雀、玄武等旗，木、火、土、金、水五星旗，五嶽旗，熊旗，鸞旗及二十八宿旗，各六行，每旗用甲士五人，一人執旗，四人執弓弩。設五輅於奉天門外：玉輅居中，左金輅、次革輅，右象輅、次木輅，俱並列。丹墀左右布黃麾仗、黃蓋、華蓋、曲蓋、紫方傘、紅方傘、雉扇、朱團扇、羽葆幢、豹尾、龍頭竿、信幡、傳教幡、告止幡、絳引幡、戟氅、戈氅、儀鍠氅等各三行。丹陛左右陳幢節、響節、金節、燭籠、青龍白虎幢、班劍、……朱雀玄武幢等各三行。殿門左右，設圓蓋一、金交

12.《明太祖實錄》卷14。

13.據《明史》卷76〈職官志五〉，錦衣衛校尉「專職擎執鹵簿儀杖，及駕前宣召官員，差遣幹辦」。但似乎並無任何可信史籍解釋過拱衛司校尉的職掌；可以確定的是，「擎執鹵簿儀杖」應該是其中的一項。

椅、金腳踏、水盆、水罐、團黃扇、紅扇，皆校尉擎執。……
鼓初嚴，百官具朝服，……鼓三嚴，丞相以下文武官以次入，
各就位。皇帝袞冕升御座，……拱衛司鳴鞭，引班引文武百官
入丹墀拜位，北面立。……各拱手加額呼「萬歲」者三，……
四拜，賀畢。**14**

顯然，陳設儀仗，是拱衛司的主要職能之一，而負責儀仗的是「甲
士」以及「校尉」。洪武元年（1368 年）正月三日，已經掌握大半個
江山的朱元璋，在南京南郊祭祀完天地之後，正是通過有拱衛司參加
的即位禮儀登基為帝，訂定「天下之號曰『大明』，建元『洪武』」。**15**

在其後由李善長和禮部官員們呈上的〈親王受冊儀〉、〈遣將出師
授節鉞禮儀〉、〈正旦朝會儀〉、〈錫宴之儀〉、〈東宮朝賀儀〉、〈皇太子
婚禮〉等重要禮儀中，都規定了拱衛司需要履行的責任，這些責任大
都與陳設鹵簿和儀仗有關。

錦衣衛的另一個前身是「（職）掌侍衛、法駕、鹵簿」的儀鸞
司。**16** 根據《明太祖實錄》和《明史》的記載，這個機構設置於洪武
三年（1370 年）六月。**17**

但這個機構設立的時間可能另有答案，因為吳元年十二月上呈的
〈即位禮儀〉已經規定，皇帝「具袞冕御奉天殿」之前，儀鸞司官員
要侍立於奉天殿中門左右迎候。**18** 在太祖高皇帝朱元璋的即位禮儀上，
儀鸞司確實遵照了〈即位禮儀〉的規定履行職責；而具體履行職責的，
除儀鸞司的主管官員，還包括在儀鸞司任職的「護衛千戶」、「將軍」

14.《大明會典》卷 45。

15.《明太祖實錄》卷 29；《大明會典》卷 45。

16.《罪惟錄》志卷之 24。

17.《明太祖實錄》卷 53；《明史》卷 76〈職官志五〉。

18.《明太祖實錄》卷 28；《大明會典》卷 45。

以及「天武將軍」等人。根據〈即位禮儀〉，即位之日，皇帝在奉天殿
接受百官上表稱賀之前，儀鸞司官員要侍立於「殿中門之左右」，八名
護衛千戶侍立於「殿東西門之左右」，兩者「俱東西相向」；另有「鳴
鞭四人、列於殿前班之南、北向。將軍六人位於殿門之左右。天武將
軍四人位於陛上之四隅。皆東西相向」。**[19]**

在洪武元年十月確定的〈正旦朝會儀〉中，儀鸞司的主管官員及
其僚屬侍立的位置以及出勤人數與〈即位禮儀〉的規定基本相同。**[20]**

值得一提的是，儀鸞司的主管官員並非禮官，而是武官。在其僚
屬中，最有意思的是「天武將軍」，他們由條件較為突出的「將軍」充
任。根據《明太祖實錄》的記載，天武將軍的職掌是，凡早晚朝及宿
衛、扈駕，「俱執金瓜，披鐵甲，佩弓矢，冠紅纓鐵盔帽，列侍左右」；
如大朝會，「則披金甲、金盔帽，列侍殿庭，俱有定數」。

與現代招募儀仗兵的要求相似，拱衛司招募天武將軍，擇選「軀
體豐偉、有勇力者為之」。若其亡故，如有「子弟願代者，驗有勇力，
方許；民及人材投充者，亦驗其可否而用之」。**[21]**也就是說，只要條件
合格，都能參與「將軍」的選拔，出身不論。

天武將軍後又更名為「大漢將軍」。錦衣衛創設之後，他們中的大
多數人皆隸屬於錦衣衛，因而又稱「錦衣衛將軍」。

錦衣衛將軍的編制是一千五百零七人，其中一千五百人為將軍，
另外七人是統領將軍的千戶、百戶以及總旗。他們自成一軍；一般三
日輪休一次，遇大朝會以及重大祭祀活動，則全體當值；下班後也要
進行操練；人員不足時，缺至五十人才作補充。

相對於各衛軍士，錦衣衛將軍的待遇較高。洪武六年（1373 年）

---

19. 《大明會典》卷45。

20. 《明太祖實錄》卷35。

21. 《明太祖實錄》卷82。

的標準是，有官職的將軍，依品級領俸，沒有官職的皆月糧二石（一石為十斗，一斗為十升）。永樂十九年（1421年）的標準是，錦衣衛將軍每月支米一石（一百升），「餘折鈔」。而各衛旗軍、力士、校尉、廚役人等，有家小者，每月僅支本色米六斗（六十升），無家小者，每月僅支本色米四斗五升（四十五升），「餘折鈔」。三年後，朝廷上調了軍人的待遇：錦衣衛將軍、總小旗，每月添支米五斗（五十升）；而各衛總小旗軍、力士、校尉人等，有家小者，每月僅添支米四斗（四十升），無家小者，僅添支米一斗五升（十五升）。

因為朝夕侍衛在皇帝左右，其勞苦皆看在皇帝的眼裡，天武將軍（即大漢將軍，錦衣衛將軍）晉升的機會比較多。例如，永樂二十二年（1424年）九月，明仁宗朱高熾一次性將一百二十八位錦衣衛將軍擢升為百戶。擢升他們的前一日，仁宗在與兵部尚書李慶等人交流意見時說：「此輩事皇祖、皇考久者三、四十年，近者不下二十年，少壯入侍，白首不沾一命，人情謂何？可閱其歷年久者，明旦引來。」 [22]

至於時披鐵甲、時披金甲的天武將軍與在拱衛司任職的「甲士」有何區別，因為史料不足，作者尚未查證清楚；不過，他們在職責上有相似或者相重之處應屬無疑。

事實上，職責相重的並不僅是低級武官。

例如，〈冊立皇后禮儀〉規定「拱衛司、宣徽院官對立位於奉天殿門之左右」；[23]〈皇太子婚禮〉也規定「拱衛司、光祿寺官對立於奉天殿門之左右」。[24]對照上文可以發現，拱衛司官員與儀鸞司官員侍立的位置完全相同。

另據《明史》：「凡正、至、聖節、朝會，及冊拜、接見蕃臣，儀

---

22. 《明仁宗實錄》卷2中。

23. 《大明會典》卷46。

24. 《明太祖實錄》卷37。

鸞司陳設儀仗。」[25]而這些職能也正是拱衛司所要承擔的。

正是因為職能上的重複，決定了儀鸞司將被裁撤的命運。但是，在此之前，是拱衛司先改變了命運。這個機構先是改為拱衛指揮使司（正三品），後又改為都尉司。洪武三年（一說洪武二年，[26]1369年），再改為親軍都尉府，掌管「左、右、中、前、後五衛軍士」。[27]

拱衛司之所以更名為都尉司，是因為「拱衛司似前代衛尉寺」。[28]據《舊唐書》：「秦置衛尉掌宮門衛屯兵。屬官有公車司馬、衛士、旅賁三令。梁置十二卿，衛尉加『寺』字，官加『卿』字。」[29]在宋朝時「衛尉寺押當儀仗，職掌四人」；[30]元朝則設有衛尉院，後更名為太僕寺，「秩三品，仍隸宣徽」。[31]

從正七品升級為正三品，拱衛司的地位明顯得到提升。但是，最重要的變化體現在「親軍都尉府」的「親軍」二字上；顯然，這是一個統領「親軍」的軍事機構。至此，原先以「儀衛」為職掌的拱衛司已經脫胎換骨。

大概在洪武四年（1371 年），儀鸞司的歸宿已定，成為親軍都尉府的下屬機構。正是在這一年，儀鸞司的級別確定為正五品，設大使一人，副使二人。[32]

因此，至遲在洪武四年，作為錦衣衛前身的親軍都尉府至少已經有六個附屬機構，即儀鸞司，以及左、右、中、前、後五衛。五衛的

25.《明史》卷 64〈儀衛志〉。

26.《明史》卷 89〈兵志一〉；《欽定續文獻通考》卷 126。

27.《明史》卷 76〈職官志五〉。

28.《明太祖實錄》卷 53。

29.《舊唐書》卷 44〈職官志三〉。

30.《宋史》卷 143〈儀衛志一〉。

31.《元史》卷 14〈世祖本紀十一〉。

32.《明史》卷 76〈職官志五〉。

具體情況仍不清楚。如果它們是未來錦衣衛統領下的左、右、中、前、後五所，那麼，其建制無疑起了很大的變化，因為衛的建制一般是五千六百人，而千戶所一般只有一千一百二十人，百戶所則一般只有一百零二人。[33]

　　無論如何，回顧拱衛司——或者說錦衣衛——的歷史，我們會發現，這是一個在快速壯大的機構。至於其壯大的原因，建國形勢的發展固然是一個方面，但更深層次的原因，應該是維護綱紀與禮儀——皇帝的安全與威權所繫——的迫切需要。

　　隨著大局逐漸穩定，親軍都尉府的管理也在日益完善。

　　洪武四年六月，太祖「詔定武臣金銀牌制」。最終確定的金銀牌制度是：牌符大小為闊二寸、長一尺，「牌首為圓竅，貫以紅絲條」；指揮使佩帶純金牌符，上鈒雙龍，下鈒二伏虎；千戶佩帶鍍金銀牌，上鈒獨雲龍，下鈒獨虎符；百戶則佩帶素銀牌符。

　　雙雲龍、雙虎符金牌共製作了五百面，獨雲龍、獨虎符鍍金銀牌製作了二千面，素銀牌符製作了一萬一千面。上面還加刻了太祖親自書寫的一句話：「上天佑民，朕乃率撫，威加華夷，實憑虎臣。錫爾金符，永傳後嗣。」這二十四個字皆為陽文。[34]

　　因為親軍都尉府武官的金牌與其他武官並無不同，假冒親軍都尉府武官並非難事，甚至不妨假定這種情況曾經發生，皇帝的人身安全曾經受到威脅。因此，在發現實踐中的漏洞之後，於洪武五年（1372年）九月，太祖下詔，命工部造「扈駕先鋒」金字銀牌十面，其形制為「長五寸，闊二寸五分；上為獅吻，下為伏虎；外方內圓；鈒『駕前先鋒』四字；以金塗之」。[35]

33.《明史》卷 90〈兵志二〉。

34.《明太祖實錄》卷 66。

35.《明太祖實錄》卷 76。

　　根據定制金字銀牌的數量，我們可以推斷，這是一個謹慎的嘗試。它的效果應該比較理想，因此，八個月之後，即洪武六年五月，太祖開始大範圍推廣。他命人打造一千五百面「扈駕先鋒」金字銀牌（不久後更改為守衛金牌）；同時還規定了十分嚴格的金牌管理制度，以完善親軍都尉府的管理水準。**36**

　　根據《明太祖實錄》的記載，所謂的守衛金牌，實際上是鍍金銅牌；高一尺，闊三寸；正反面皆有篆文，正面文字為「守衛」，反面為「隨駕」；牌首仍為圓竅，貫以青絲條；以「仁義禮智信」為號。

　　「仁」字型大小金牌鈒獨龍盤雲花，只有公、侯、伯、都督有資格佩帶；「義」字型大小鈒伏虎盤雲花，由指揮使佩帶；「禮」字型大小鈒獬豸盤雲花，由千戶、衛鎮撫佩帶；「智」字型大小鈒獅子盤雲花，由百戶、所鎮撫佩帶；「信」字型大小鈒盤雲花，由將軍佩帶。

　　守衛金牌由尚寶司掌管。凡公、侯、伯、都督、指揮，千、百戶，鎮撫及將軍，隨駕、應直、宿衛，只有上直（值班）期間才能懸帶此牌，下直（下班）就要將它交還尚寶司，而且禁止外借。**37**

　　尚寶司是一個與錦衣衛關係極為密切的機構，其職能是「掌寶璽、符牌、印章，而辨其所用」；主管官員是正五品的尚寶司卿；在卿之下，還有一位從五品的少卿，以及三位正六品的司丞。這是一個相對清閒然而又非常重要的機構，只有得到皇帝信任的勳衛、大臣及其子弟才有機會在其中任職。與錦衣衛一樣，這個機構未來也充斥著「以恩蔭寄祿者」。**38**

36.《明史》卷 89〈兵志一〉。

37.《明太祖實錄》卷 82。

38.《明史》卷 74〈職官志三〉。

二、權變於法

洪武十五年四月，親軍都尉府與儀鸞司皆被裁撤，取而代之的是從三品的錦衣衛。[39]三年後，這個機構升級為正三品。

關於錦衣衛初設時的下屬機構，史籍有不同的記載。

《明太祖實錄》的記錄是，錦衣衛初設時有七個下屬機構，分別是「御椅、扇手、擎蓋、幡幢、斧鉞、鸞輿、馴馬七司」，皆為正六品機構。[40]

《明史·職官志》的記錄是，除了上述「七司」，還包括「掌文移出入」的經歷司，以及「掌本衛刑名，兼理軍匠」的鎮撫司，亦即總共有九個下屬機構。[41]

至於專治詔獄（即皇帝親自下詔過問的案子）的機構北鎮撫司，錦衣衛初創之時並不存在。關於這個機構的設立時間，《明太祖實錄》未有明確的記載，《明史》、《欽定續文獻通考》等史籍的記錄則是自相矛盾的。

例如，《明史·兵志》寫道：「（洪武）十五年，罷府及司，置錦衣衛。所屬有南北鎮撫司十四所。所隸有將軍、力士、校尉，掌直駕侍衛、巡察緝捕。」[42]

《明史·刑法志》又寫道：「洪武十五年添設北司，而以軍匠諸職掌屬之南鎮撫司。」[43]

正是上述兩條記錄，讓許多人誤以為錦衣衛初設之時已有北鎮撫

39.《明太祖實錄》卷 160。

40.《明太祖實錄》卷 144。

41.《明史》卷 76〈職官志五〉。

42.《明史》卷 89〈兵志一〉。

43.《明史》卷 95〈刑法志三〉。

司，進而誤以為洪武十五年以後發生的詔獄，皆由北鎮撫司治理。

　　但根據《明史・職官志》的記錄，北鎮撫司的創設，乃是發生在成祖即位之後的事情：「（洪武）二十年，以治錦衣衛者多非法凌虐，……罷錦衣獄。成祖時復置。尋增北鎮撫司，專治詔獄。」[44]

　　上述史料的自相矛盾，應該是行文不嚴謹導致。因為《明史》並無以編年體的形式記錄錦衣衛歷史的專章，換句話說，涉及錦衣衛建制的記錄，並不十分講究時間上的先後次序，因而失之籠統；再加上存在語法與句讀上的差異，以至於引起後人的誤會。例如，引自《明史・兵志》的那條記錄，前一句指的是發生在洪武十五年的事情，而後一句則指的是錦衣衛建制完善之後所具有的職能；它強調的是建制與職能，而非時間上的次序。

　　北鎮撫司創設的時間，不太可能早於永樂六年，因為直至該年十二月（一說為永樂四年[45]），早已籌備遷都北京的明成祖朱棣才命禮部鑄造了行在錦衣衛（即北京錦衣衛）的印信。[46]也就是說，最早在永樂六年，北京錦衣衛才正式設立。作為其附屬機構的北鎮撫司，設立時間不太可能在此之前。

　　生於萬曆二十九年（1601年）的查繼佐也說：「所謂北鎮撫司者，非舊制也」。他甚至認為，直至憲宗朝增鑄了北鎮撫司印信之後，這個專治詔獄的機構才正式創立。[47]

　　至於錦衣衛初設時的鎮撫司，遷都北京之後，仍然留在南京，作為南京錦衣衛的附屬機構繼續存在，故而被稱為「南鎮撫司」，與「北鎮撫司」相對。

44.《明史》卷76〈職官志五〉。

45.《明史》卷75〈職官志四〉。

46.《明太宗實錄》卷86。

47.《罪惟錄》志卷之24。

　　值得一提的是，鎮撫司並非錦衣衛的專設機構，金吾前衛、金吾後衛、羽林左衛、羽林右衛等軍事機構都設有從五品的衛鎮撫司，但它們無法與錦衣衛的鎮撫司相提並論，它們甚至要管理皇城四門的廚房。[48]

　　而且，除了衛鎮撫司，還曾經出現過從四品的都鎮撫司。這個機構起初隸屬於大都督府，其職能是統領禁衛，統率各城門千戶所。它先是改為宿衛鎮撫司。洪武三年二月，再改為留守衛指揮使司，其職責為「專領軍馬，守禦各城門及巡警皇城與城垣造作之事」。[49]統領禁衛的職能，則交給同年由都尉司（拱衛司）改制而成的親軍都尉府。

　　再到後來，留守衛指揮使司的職能進一步收縮，它先是改為留守都衛，統轄天策、豹韜等十衛；洪武八年（1375 年）又降為留守衛，與天策、豹韜等八衛平級，俱為親軍指揮使司；再三年後，又改為留守中衛。洪武十三年（1380 年），大都督府被裁撤，留守中衛改隸中軍都督府，再也不屬於親軍系統。[50]

　　正因為專治詔獄的北鎮撫司要到永樂年間才會設立，發生在洪武二十年（1387 年）正月二日的那件大事，才顯得非同尋常。

　　正是在這一日，太祖下令焚毀了錦衣衛的刑具。在此之前，天下官民有犯者，都由法司審理；但太祖有時會命錦衣衛將某些被逮至京師的重罪犯收監，審其情辭。《明太祖實錄》記載說，太祖聽聞錦衣衛發生了「非法凌虐」犯人的情況後，怒曰：「訊鞫者，法司事也。凡負重罪來者，或令錦衣衛審之，欲先付其情耳，豈令其煆煉耶？而乃非法如是。」於是下令焚毀全部刑具，並且命錦衣衛將所有在押囚犯都轉交刑部審理。[51]

---

48. 《大明會典》卷 143。

49. 《明太祖實錄》卷 4、14、25、49。

50. 《明史》卷 76〈職官志五〉。

　　毫無疑問，錦衣衛「非法凌虐」的情況一定非常嚴重，否則不至於連這位曾經凌虐過犯人的皇帝也看不下去。

　　無論如何，上述史料說明，在洪武二十年正月之前，錦衣衛確實已經參與執法，而且，其中一些案子由明太祖親自過問；不過，既然「專治詔獄」的北鎮撫司尚未設立，那麼，將重罪犯「收繫錦衣衛，審其情辭」的做法，可能只是太祖的權宜之計，或者說是太祖的一種嘗試。

　　從理論上說，明朝的詔獄最早始於洪武元年，但若將標準放寬些，也可以說始於至正二十四年，即朱元璋自稱吳王的那一年。而洪武年間最大的詔獄，莫過於「胡惟庸案」。這起案件與錦衣衛的歷史有很大的關係。

　　朱元璋在至正二十四年正月三日表達的憂慮，非但沒有因為建國而變得淡然，反而變得更加深重，原因在於，至正二十四年的憂慮更多是假設性的，因為他當時雖然已經「謀其政」，卻還沒有完全「在其位」，建國之後的憂慮則是現實性的，因為他已經有了切身的體會。

　　他對同鄉胡惟庸以及其他許多朝臣的不信任，可能早在吳元年就已經埋下了根。正是在這一年的六月，與楊憲、胡惟庸等人交厚的參知政事（從二品）張昶因為謀叛而被誅。**52**如果按照朱元璋建國之後的行事作風，胡惟庸當年就會因為與張昶的交情而被處死，可他並沒有受到牽連，而且，在張昶伏誅的第二個月，他還被擢升為太常寺卿（正三品）。**53**考慮到當時的政治現實，即宇內未清、內政求穩、人才

51.《明太祖實錄》卷180。

52.《明太祖實錄》卷24。

53.《明太祖實錄》卷24。另太常寺「掌祭祀禮樂之事」，因此，在確立禮樂制度方面，胡惟庸一定貢獻過自己的力量。也正因為如此，他日後的僭越和反叛，尤其不能被朱元璋容忍。

缺乏，這可能是朱元璋不得不採取的安撫手段。

　　胡惟庸的仕途十分順利。洪武三年正月，他被任命為中書省參知政事；次年正月二日，在中書左丞相、太師韓國公李善長致仕的當日，他被擢升為中書左丞（正二品）；洪武六年七月，升中書右丞相（正一品）；兩個月之後，「特進榮祿大夫」；🈲洪武十年（1377年）九月，被擢升至左丞相（正一品）。🈲

　　胡惟庸是明朝第四位丞相，前三位是李善長、徐達和汪廣洋。前文提到過，朱元璋接受吳王稱號時，「百司官屬」已初步確定，善長為右相國，徐達為左相國；吳元年決定官位尚左，善長改為左相國，徐達為右相國。因為徐達長年在外征戰，中書省事務由李善長獨擅。

　　明朝建國之後，於洪武元年，相國的稱號更改為丞相。在李善長於洪武四年致仕之前，他實際上是唯一的丞相；其後，徐達任左丞相，汪廣洋任右丞相。因為徐達繼續統軍征戰，相事由汪廣洋獨專。洪武六年，汪廣洋外調廣東行省參政，胡惟庸接任右丞相一職，開始了為期四年的獨相生涯。

　　洪武十年九月，在胡惟庸被委任為左丞相的同時，汪廣洋被委任為右丞相。顯然，通過幾次獨相的嘗試，太祖已經認識到，必須通過權力制衡的方式，才能最大程度地維護自己的利益。

　　根據《五禮通考》，洪武十二年（1379年）正月，太祖當著中書省左丞相胡惟庸等人的面說了這樣一番話。他說：

> 立綱陳紀，治世馭民，斯由上古之君立，至今相承而法則焉。
> 凡有國者，必以祀事為先；祀事之禮，起於古先聖王；其周旋、
> 上下、進退、奠獻，莫不有儀。然儀必貴誠，而人心難測，至

54.《明太祖實錄》卷83。
55.《明太祖實錄》卷115。

誠者少，不誠者多，暫誠者或有之。 56

但是，無論「人心難測，至誠者少，不誠者多，暫誠者或有之」等語是否別有暗示，它已經無法阻止胡惟庸僭越和反叛的步伐。

用《明史》的話說，胡惟庸也曾經小心謹慎地奉行皇帝的旨意，但是，隨著「寵遇日盛，獨相數歲」，不免恃寵生驕，逐漸地就不奏而徑行生殺予奪之事，甚至下陰手毒死御史中丞劉基。在將侄女嫁給太師李善長的兒子李佑之後，更是大權獨攬，以至於「四方躁進之徒及功臣武夫失職者爭走其門，……勢益熾，……有異謀矣」。 57

對於胡惟庸的這些動作，太祖絕不可能一無所知，因為他在每一位重臣身邊都安插了眼線。《明史》記載了一則故事：某日，宋濂家裡來了客人，於是擺酒設宴，相談甚歡；第二天，太祖問宋濂昨日是否飲酒，坐客又是哪一位；宋濂一一據實相告；太祖笑著說：「誠然，卿不朕欺！」 58

因此，胡惟庸在與兩位被太祖斥責在先、受他蠱惑和拉攏在後、有勇而無謀的將領交流謀反的計畫時，也不由得吐露了內心深處的擔憂：「吾等所為多不法，一旦事覺，如何？」可是，他對權力的追逐已經難以自拔。而且，他顯然過於自負，過於期待奇跡對自己的眷顧。

在太祖說完「人心難測」之後過了八個月，即洪武十二年九月，胡惟庸因瞞報占城國王阿答阿者遣使進貢之事（明顯無視「綱常禮儀」的僭越之舉）而激怒了皇帝。 59 對太祖來說，這件事情無疑證實了他之前所獲情報（包括胡惟庸通元、通倭的情報）的可信性，因此，他果斷而迅速地剪掉胡惟庸的羽翼。

56.《五禮通考》卷19。
57.《明史》卷308〈胡惟庸傳〉。
58.《明史》卷128〈宋濂傳〉。
59.《明太祖實錄》卷126。占城乃越南古國，位於今越南中南部地區。

　　同年十二月，對胡惟庸的反跡「知而不言、但浮沉守位而已」的中書右丞相汪廣洋死於貶海南途中。**60**次年正月，胡惟庸也走到了生命的盡頭。據說，胡惟庸一案「詞所連及坐誅者三萬餘人」。**61**

　　在處死胡惟庸的次日，為防「奸臣竊持國柄，枉法誣賢，操不軌之心，……謀危社稷」，太祖進行了以分權為核心的大規模機構改革，主要內容有二：其一，革去「中書省，升六部（正二品）」；其二，裁撤大都督府，更置「五軍都督府（正一品），以分領軍衛」。**62**與此同時，他將負責守衛宮禁的金吾、羽林、虎賁、府軍等十個親軍衛單列出來，使五軍都督府無權調遣它們；「凡有支請，徑行六部」。**63**

　　三萬餘人因「胡惟庸案」被株連的事實，以及迅速而果斷的權力結構調整，說明這件事對太祖的心理造成了很大影響，甚至可以說是很大的打擊。正如前文已經提到的，早在至正二十四年，「正紀綱」、「立禮法」、「定名分」、「明號令」等建國「先務」就已經提上日程，可是，在幾近二十年之後，儘管已經建立起一套制度，卻似乎還是空中樓閣，甚至乎朝夕相見的肱骨之臣汪廣洋也對胡惟庸的反跡知情不報。

　　或許正是基於這一現實，太祖才在分權的同時，又進行「合權」：在「胡惟庸案」過去兩年之後，他將親軍都尉府以及儀鸞司的職權併入新設的錦衣衛，並且逐漸賦予這個他寄予厚望的機構更大的權力。

　　無論如何，洪武二十年正月「焚錦衣衛刑具」一事足以說明，在初設之後的五年時間裡，錦衣衛獲得了一項可怕的執法特權。而且，根據現有史料，它獲得這項特權的時間不會遲於洪武十九年（1386

60.《明太祖實錄》卷 128。

61.《明史》卷 308〈胡惟庸傳〉。

62.《明太祖實錄》卷 129。

63.《明史》卷 76〈職官志五〉。

年）五月；因為正是在這個月，太祖命錦衣衛去處理了一件案子。

這件案子發生在處州麗水縣（今浙江麗水）。某日，一位以占卜謀生的當地人拜訪了該縣一戶有錢人家，想強行為他們占卦，但遭到了拒絕。於是，他遠赴京城（南京）告御狀，告「大姓陳公望等五十七人聚眾謀亂」。太祖命錦衣衛千戶周原去麗水縣逮捕謀亂者。原籍南昌的麗水知縣倪孟賢聽說周原將至，趕緊密召鄉村父老，詢問詳情，但鄉村父老都否認有聚眾謀亂之事。於是，倪孟賢「又微服往察」，發現「男女耕織如故」。

回到縣衙之後，倪孟賢對下屬們說：「既然朝廷派我來治理這個縣城，我就有責任讓這裡的百姓安居樂業。現在，善良的百姓卻蒙受了惡逆之名，這難道是朝廷讓我當縣令的初衷嗎？」說罷，他很快就寫好了奏本，向皇帝解釋這件事情。他還派了四十名耆老去京城，把這場無妄之災的實情告訴了太祖。最終，太祖「命法司論妄告者罪，賜耆老酒食及道里費，遣還」。[64]

顯然，將執法特權授予錦衣衛是一項靈活的措施，它可以滿足太祖按照自己的想法迅速而高效地「正紀綱」、「行法度」的需要。

從邏輯上判斷，太祖之所以如此，主要基於兩點現實，其一是司法制度遲遲未能建立；其二是朝臣和地方官「苟且因循，取充位而已」（至正二十四年正月三日語）。

太祖在詔書裡一再提到的「法司」，指的是三個司法部門，即刑部、都察院和大理寺，簡稱「三法司」。其中「刑部受天下刑名，都察院糾察，大理寺駁正」。

這三個部門早就存在，但直至洪武十七年（1384年），位於南京太平門外鍾山北面的署衙才落成。太祖將它命名為「貫城」，並敕言說：「貫索七星如貫珠，環而成象名『天牢』；『天牢』中部空虛，則表

64.《明太祖實錄》卷178。

明刑罰平正，官吏沒有徇私枉法，故而獄中沒有囚犯；貫內空間有一顆甚至幾顆星，則表明刑罰繁苛，意味著刑官不稱職；如果貫內有星，且十分明亮，則表明有貴人無罪入獄；現在模仿天道設置法司，你們諸法司要各慎其職，效法天道行事，讓天牢中空，希望不要辜負朕肇建之意。」**65**

至於三法司的執法依據，即《大明律》，雖則草創於吳元年，但是，在屢經刪改之後，直至洪武三十年（1397 年）才得到太祖的認可，並頒示天下。**66**

按照太祖的說法，他之所以要親審大案要案，而不是將案件交由法司，是為了防止捏造、誣陷、羅織罪名的弊端。**67**而且，他親審的案件，並不限於軍政範疇。

為了方便下情上達，他早在吳元年十二月即命人「置登聞鼓於午門外，日令監察御史一人監之」。**68**後來，登聞鼓移設於長安門，「令科道官並錦衣衛日守值」。**69**允許官民擊打登聞鼓申訴的情況是，司法機關「不為申理及有冤抑、機密重情者」；**70**而且，申訴「不實者，杖一百；事重者，從重論；得實者，免罪」。**71**

根據《明史》的記載，直至洪武十五年，即錦衣衛創設之年，太祖下令將議案之事全部交予三法司。**72**如果這個說法屬實，它顯然可

65.《明史》卷 94〈刑法志二〉。

66.《明史》卷 93〈刑法志一〉。

67.原文：「凡有大獄，當面訊，防搆陷鍛鍊之弊。」見《明史》卷 94〈刑法志二〉。

68.《明太祖實錄》卷 37。

69.《明史》卷 73〈職官志二〉；《明會要》卷 67。

70.《大明會典》卷 178。

71.《大明會典》卷 169。

72.原文：「踰年（洪武十五年），四輔官罷，乃命議獄者一歸於三法司。」見《明

以支持上文提到的論點，即太祖創設錦衣衛的初衷，並非是要讓它參與執法。換句話說，太祖實在沒有必要在設立專治詔獄的機構的同時，又將司法權力全部交給三法司。

可是，慘烈的「胡惟庸案」及其引發的權力結構調整，並沒有杜絕「法度不行」、「恣情任私」現象的發生。例如，洪武十八年（1385年）三月，戶部侍郎郭桓、胡益、王道亨等人，即因「盜官糧七百萬石」而下獄。禮部尚書趙瑁、刑部尚書王惠迪、兵部侍郎王志、工部侍郎麥志德等人牽涉其中，以至於「舉部伏誅」。 **73**

據說，郭桓案發之後，太祖懷疑北平的官員李彧、趙全德等人與他狼狽為奸、謀取私利，因此「敕法司拷訊，供詞牽引直省官吏，繫獄擬罪者數萬人，自六部左、右侍郎、諸司皆不免」，造成「民中人之家大抵皆破」。其結果是，朝野紛紛指責朝廷辦事太過。

當御史余敏、丁廷舉等人將朝野的批評回饋給太祖時，太祖列數郭桓等人的罪狀，不願意放棄重拳出擊的做法。

根據《明通鑑》的記載，御史余敏、丁廷舉等人對太祖說：「受到牽連的人，很多都是因為郭桓不堪忍受法司的嚴刑逼供而誣告的，因此冤獄不少。」太祖嘆了一口氣說：「朕詔令有司除奸，怎麼又引出此等侵擾朕的子民的壞事呢？」於是，太祖下令將郭桓的罪行昭告天下，同時下詔將右審刑吳庸等人處以極刑，「以釐天下心」。 **74**

「正紀綱」、「立禮法」、「行法度」之難，以及天下吏治之腐敗，太祖有著深刻的認識。他親自編著的三篇《御制大誥》提到無數足以使任何人對吏治失去信心的例子。

其中的一個例子是，刑部官員胡寧、童伯駿等人「恣肆受財，縱

史》卷94〈刑法志二〉。

73.《國榷》卷8。

74.《明通鑑》卷8。

囚代辦公務，書寫文案」。司獄王中將詳情告知了太祖。於是，太祖親詣太平門，「將各官吏捶楚無數，刖其足，發於本部，昭示無罪者」。

太祖寫道：「以此法此刑，朕自觀之，毫髮為之悚然，想必無再犯者。豈期未終半月，其都官員外郎李燦、司務楊敬，將在禁死囚邵吉一屍停於獄內，通同醫人、獄典、獄卒等作三屍相驗，以出有罪者張受甫等二人，受財四百八十貫。人心之危，有若是耶！」[75]

又例如，戶部侍郎張易，臨政之時，謀出於吏，本人袖手若屍，對具體事務一無所知。太祖問他政務時，他竟然「茫然無知，惟四顧而已」。[76]

又例如，刑部尚書王旨在處理一個「與軍屬通姦」的案子時，竟然將軍人姚某、軍屬史某以及姦夫唐某一同羈押在刑部。在問出史某在三歲的時候曾與唐某的兄長定親，在唐某的兄長夭折之後，才嫁給姚某的情況後，王旨竟然拋下主案不理，派人去史某的原籍，拘押為三歲時的史某做媒的媒人到堂。太祖寫道：「（王旨這種做法）意在動擾良民，持權妄為，有乖治體。」[77]

還有上文提到的郭桓，他名義上是以「盜糧七百萬石」入罪，可他實際貪汙的總額，若折算成米價，達到二千四百餘萬石之巨。太祖解釋說，之所以在公告中將郭桓的貪汙數額減至七百萬石，而不據實公告，是因為「恐民不信」。[78]

總之，在太祖看來，今之人臣「皆蔽君之明，張君之惡，邪謀黨比，幾無暇時，凡所作為，盡皆殺身之計，趨火赴淵之籌」。[79]

---

75. 《御制大誥續編》第 42 條。

76. 《御制大誥》第 3 條。

77. 《御制大誥》第 7 條。

78. 《御制大誥》第 49 條。

79. 《御制大誥》第 1 條。

於是，太祖想到了一條正綱紀、立禮法的計策，即發動百姓監督官吏的一舉一動，鼓勵他們發現重大違法案件後赴京上告。他想通過這個方式及時了解官民動態。

在這位時常不忘自己是「以布衣起兵」的皇帝想來，如果百姓願意充當他的耳目，何愁綱紀不正、禮法不立？

洪武十八年十月，他的這個想法通過《御制大誥》一文頒示天下。**80**〈耆民奏有司善惡〉一節寫道：

> 今後，所在布政司、府、州、縣，若有廉能官吏，切切為民造福者，所在人民必深知其詳。若被不才官吏、同僚人等，捏詞排陷，一時不能明其公心，遠在數千里，情不能上達，許本處城市、鄉村耆宿赴京面奏，以憑保全。自今以後，若欲盡除民間禍患，無若鄉里年高有德人等，或百人，或五六十人，或三五百人，或千餘人，歲終議赴京師面奏，本境為民患者幾人，造民福者幾人。朕必憑其奏，善者旌之，惡者移之，甚者罪之。嗚呼！所在城市、鄉村耆民、智人等，肯依朕言，必舉此行，即歲天下太平矣！民間若不親發，露其奸頑，明彰有德，朕一時難知。所以囑民助我為此也。若城市、鄉村有等起滅詞訟，把持官府或撥置官吏害民者，若有此等，許四鄰及闔郡人民指實赴京面奏，以憑袪除，以安吾民。嗚呼！君子目朕之言，勿坐視、縱容奸惡患民。故囑。**81**

這就是為何麗水縣那位普通的算命先生有勇氣並且有機會在洪武十九年赴京「告御狀」，而太祖也派了錦衣衛千戶周原前去辦案的根本原因。

80.《明太祖實錄》卷 176。

81.《御制大誥》第 45 條。

在發布《御制大誥》之前四個月，即洪武十八年六月，太祖加強
了錦衣衛的實力，以滿足執法工作——這方面的工作量無疑將激增
——的需求。他的具體措施是，將一萬四千二百餘名足堪勝任力士的
民丁徵調至南京，增置「錦衣衛中左、中右、中前、中後、中中、後
後六千戶所分領之」，剩下的民丁撥入旗手衛。[82]因此，這個時候的錦
衣衛至少已經有了十三個下屬機構，即前文提到的御椅、扇手、擎蓋
等「七司」，以及現在的六個千戶所。

　　制度上和機構上的這些安排，使太祖通過錦衣衛親自過問的案件，
不僅包括從九品以上官員的貪污受賄、不入流皂隸差役的害民惡習，
甚至連土豪劣紳的為富不仁、奸商猾賈的欺行霸市也不放過。《御制大
誥》即記載了一宗太祖親自參與審訊的「醫人販賣毒藥案」。案情大致
如下：被關押在錦衣衛監獄的廚子王宗知道自己罪不可恕，擔心被處
死後不能落個全屍，於是囑咐家人購買毒藥，想服毒自盡。家人找到
以賣藥為生的醫人王允堅，王允堅將毒藥賣給了他們。王宗的家人將
毒藥隱藏在送入監獄的牢飯中，看守外監門的力士楊貴得了錢財，放
他們進了監牢，但是，牢飯裡藏毒的事情被看守內監門的力士郭觀保
驗出。太祖聽說了這件事之後，命錦衣衛將王允堅緝拿歸案，並且讓
他以身試毒藥。最終，太祖判了王允堅梟首之刑「以正其罪」，並且十
分感慨地說，類似這樣「犯法遭苦刑而殺身亡家者」，並非王允堅一
個。[83]

　　值得一提的是，太祖雖然在洪武二十年正月二日命人焚毀了錦衣
衛刑具，並且下令將拘押在錦衣衛監獄的犯人轉送刑部審理，但是，
通過錦衣衛去處理大案疑案的做法並沒有停止。

　　洪武二十年正月二十九日，下令焚毀錦衣衛刑具尚未足月，太祖

82.《明太祖實錄》卷 173。

83.《御制大誥三篇》第 22 條。

親自審理了一宗「誹謗都御史案」。事情的始末大致如下：正月二十九日，通政司某位官員上奏說，有人狀告都御史詹徽受賄。於是，太祖命錦衣衛將上告者安頓下來，打算親自審問。次日，錦衣衛將告狀者宋紹三帶到太祖面前，太祖問他如何得知這位御史的隱密。宋紹三回答說，與他一同被囚禁在都察院監獄裡的許原告訴他的。許原說，自己很快就要出獄了，因為兄長許昂已經通過都御史的熟人王舍，賄賂了審案的官員。於是，宋紹三將這件事舉報了。太祖覺得事有蹊蹺，問宋紹三說：「凡所賄賂，意欲脫難者，賂恐鬼神知，安敢與鄰囚互知？設使一囚互知，不逾時，盈牢者皆覺。」宋紹三無言以對。太祖懷疑這是人為設計的圈套，命錦衣衛將許原帶至御前審問。於是，錦衣衛官校遠赴北平道拿人。但北平道御史任輝等人說，許原已發送戶部。官校又趕往戶部。戶部官員說，許原已於正月二十八日身故。太祖寫道：「朕聽所言，噫是設心矣。其奸用計，非淺淺哉！何以見？許原二十八日死，宋紹三二十九日具狀。況許原本囚，原犯欠糧事，追征已備，已於戶部無相干涉。」詳加審訊之下，真相終於大白。原來，北平道監察御史何哲因為徇私舞弊以及瀆職前後兩次受到都御史詹徽的責罵，故而懷恨於心，於洪武十九年十二月二十八日，召集了同為北平道監察御史的任輝、齊肅，以及各道御史魏卓等十八人，表示「受氣不過」，希望能商量出報復的辦法。眾人皆心有戚戚，安慰他說：「你且耐心等待，尋得他些事，再做商量。」

接下來的故事是：次年（洪武二十年）正月十日，下朝回家後，何哲邀請魏卓等十八位言官去他家品茶。在品茶的過程中，他詐捏詞情，對在座的言官們說，他所在的北平道有兩起原告，其中一個原告叫做許昂，他密告曹為是胡惟庸黨，但許昂不曾與曹為對證；另一個原告叫做徐阿真，他狀告莫糧長的不法事項，結果反倒被發配充軍；「只把這兩件事著人告發他（指詹徽）受了銀子便了」。言官們對他

說，待各道的人都到齊了，大家好好商量。正月二十七日，何哲又對言官們說，如今北平道有一個名叫宋紹三的人狀告都察院瀆職，我們可以想辦法讓他去通政司告狀，就說是從許原那裡了解到都御史受賄的事情。[84]

於是就有了宋紹三赴通政司狀告都御史詹徽受賄一事。最終，何哲、任輝、齊肅以及魏卓等四人因「捏詞排陷，妨賢蠹政」被凌遲處死，其餘十四名御史也都受到懲處。

在洪武年間，因錦衣衛指揮使的直接參與而引發的最值得一提的大案，應該是「藍玉案」。

藍玉是開平王常遇春的妻弟，屢從征伐，功勳累累。他曾牽涉進胡惟庸案，但太祖念及常遇春的功勞，對他宥而不問。因為老將多歿，藍玉被擢為大將，總兵征伐，所向克捷，甚合太祖的心意。但是「玉素不學，性復狠愎，見上待之厚，又自恃功伐，專恣暴橫」。

藍玉侵占民田、毆打御史在先，私扣駝馬、私納元朝公主和宮女為妾在後，且在御宴上「動止傲悖，無人臣禮」，再加上擁兵自重，因而引起太祖的厭惡與猜忌。在「伏甲為變」的前夕，他被錦衣衛指揮使蔣瓛告發，最終下獄，具狀伏誅，時間是洪武二十六年（1393 年）二月。[85]

根據《明史》的記錄，列侯以下，坐「藍黨」而被夷滅者不可勝數。太祖親口承認「藍賊為亂，謀泄，族誅者萬五千人」。[86]

藍玉伏誅後，過了四個月，太祖重申錦衣衛鞫刑之禁，下令「凡所逮者，俱屬法司理之」。[87]這相當於承認洪武二十年正月的禁令在其

84.《御製大誥三篇》第 40 條。

85.《明太祖實錄》卷 225。

86.《明史》卷 132〈藍玉傳〉。

87.《明太祖實錄》卷 228。

後六年裡並沒有落實，而破壞禁令的就是他自己。

查繼佐在其所著《罪惟錄》一書中，對三法司以及錦衣衛在司法權上的差異做了十分精彩的評述。他認為三法司為天子殺人的機構，但它們往往又為了天子而不殺人，而且，往往在天子想殺人的時候，還經常讓天子放棄了殺人的想法。錦衣衛則正好相反，這個機構「初非為殺人（而設）」，出於形勢的需要，最終演變成為殺人的機構（「勢積於殺人」）。它經常鼓動天子殺人，以至於天子原本並不想殺人，在它的鼓動之下，最終卻殺了人。而且天子認為可以不殺的人，或者認為不可以殺的人，它卻一定要將他們除掉（「天子信為可不殺之人，信為不可殺之人，而必殺之」）。[88]

三、歷史的誤會：毛驤、繡春刀與飛魚服

舉報藍玉謀反的錦衣衛指揮使蔣瓛的背景難以考證，可以確定的是，他絕對不是明朝第一位錦衣衛指揮使。

在他之前，有一位名叫「答兒麻失里」的錦衣衛指揮使，於洪武二十一年（1388 年）十月奉旨迎接來降的故元右丞火兒灰、副樞以剌哈、尚書答不歹等人以及他們率領的一支三千人的軍隊，並將白銀、彩緞等禮物賜給了他們。[89]答兒麻失里可能是蒙古人，錦衣衛指揮使之職務可能是歸降時所授。太祖之所以委任異族擔任這支親軍的首領，可能是為了方便與異族以及異族的歸降者交流，借此表達其開明的民族政策。

根據《明史》的記載，在答兒麻失里之前，曾有一位名叫毛驤的都督僉事「嘗掌錦衣衛事，典詔獄。後坐胡惟庸黨死」。[90]但這個說法

88.《罪惟錄》志卷之 24。

89.《明太祖實錄》卷 194。

90.《明史》卷 135〈毛騏傳〉。

存在疑點。

毛驤的父親是毛騏，曾在元末擔任定遠縣令，後歸降朱元璋，並深得太祖的信任。他去世之後，「太祖親為文哭之，臨視其葬」。[91]

至於毛驤，《明太祖實錄》以及《弇山堂別集》等史籍皆提到，洪武九年（1376年），羽林左衛指揮使毛驤被擢升為都督僉事。[92]因此，他應該確實擔任過都督僉事，不過，「掌錦衣衛事」則不太可能，原因在於：其一，他是胡惟庸黨羽，並且「坐胡惟庸黨死」，而「胡惟庸案」過了兩年有餘，錦衣衛才設立；其二，即便錦衣衛設立之時，毛驤尚未被處死，但是，他是胡惟庸黨羽的事實已為太祖掌握，不可能讓他掌錦衣衛事。

除了《明史》，包括《明太祖實錄》、《明史紀事本末》以及《御批歷代通鑑輯覽》等史籍，都記載了下面這條證明毛驤是胡惟庸黨羽的史料，而這條史料顯然是史官根據胡案獄詞整理而成：

> （胡惟庸）令都督毛驤取衛士劉遇賢及亡命魏文進等為心膂，曰：「吾有用爾也！」[93]

關於太祖眼線的密布程度，以及胡惟庸的倒臺，前文已述；嚴刑逼供之下，誣攀之事尚且層出不窮，更何況實有其事。

總而言之，毛驤「嘗掌錦衣衛事」的可能性極低。關於他是第一任錦衣衛指揮使的說法同屬無稽，因為這個說法成立的前提條件是：太祖發現他是胡黨之後，仍然繼續信任他，只不過略加懲戒，將他由正二品都督僉事降為正三品指揮使，在設立錦衣衛後，又委任他為錦

---

91. 《明史》卷135〈毛騏傳〉。

92. 《弇山堂別集》卷56。

93. 《明史》卷308〈胡惟庸傳〉；《明太祖實錄》卷129；《明史紀事本末》卷13；《御批歷代通鑑輯覽》卷100。

衣衛指揮使，然後又擢升其為都督僉事，然後再將其除掉。因為根據
刑部於洪武二十三年（1390年）公布的「逆黨」名單，毛驤被列入已
故人員名單之中，而他故去時的職務是都督僉事。無論在何種情況下，
一位正二品的都督僉事，都絕不可能同時是正三品錦衣衛指揮使。

　　後人對錦衣衛的誤會，並非毛驤一例。

　　在當代文學作品中，尤其是武俠小說以及武俠劇本中，提及錦衣
衛官校的服飾以及裝備時，言必稱「飛魚服」、「繡春刀」，以為飛魚服
為官校的日常官服，以為繡春刀是官校必配的殺傷力極大的武器。例
如，本書作者十分喜歡的臺灣作家雲中岳先生（本名蔣林）在《情劍
京華》一書中即提到，繡春刀是錦衣衛的軍刀，長約三尺。**94** 但是，
根據生於萬曆二十一年（1593年）的收藏家、史學家孫承澤的記錄：
「繡春刀極小，然非上賜則不敢佩也。」**95**

　　既然「非上賜則不敢佩」，繡春刀定非可以褻玩的尋常器物，佩帶
它的時間與場合一定極有講究。綜合各種史料，基本可以得出的結論
是，可以佩帶御賜繡春刀的情況，主要是在陪伴聖駕御朝以及祭祀之
時。例如，孫承澤提到：「錦衣衛堂上官，每駕出，則戎裝帶繡春刀扈
從。」《大明會典》則記載道：

> 　　凡大朝賀。御殿。掌領侍衛官、俱鳳翅盔、鎖子甲、懸金牌、
> 佩繡春刀。一員侍殿內東。一員侍殿內西。……凡常朝。御皇
> 極門。掌領侍衛官、俱鳳翅盔、鎖子甲、懸金牌、佩繡春刀，
> 直左右闌干首。**96**……凡視牲、朝日、夕月、耕耤、祭歷代帝

94.《情劍京華》第3章寫道：「這種狹鋒單刀的外型，與錦衣衛的軍刀繡春刀
　　相差無幾，僅刀靶短兩寸，刀身的弧度稍小些。正常的長度是兩尺六，也比
　　繡春刀短四寸。」

95.《春明夢餘錄》卷1。

96.《大明會典》卷142。

> 王。俱用丹陛駕。本（錦衣）衛堂上官服大紅蟒衣、飛魚、烏
> 紗帽、鸞帶、佩繡春刀。千百戶青綠錦繡服。各隨侍。**97**

可見，在很大程度上，繡春刀是用於禮儀場合的「禮刀」，而非用
於軍事場合的「軍刀」；有機會得到御賜繡春刀的，也主要是極得皇帝
信任的「掌領侍衛官」、「錦衣衛堂上官」，也就是錦衣衛掌衛事者，而
非一般武官。

根據明制，只有御用監才有資格出品繡春刀。而錦衣衛官校通常
使用的佩刀，以及御前帶刀侍衛使用的佩刀，則歸兵仗局製造。**98**御
用監是正四品的內廷機構，其職責為「凡御前所用圍屏、床榻諸木器，
及紫檀、象牙、烏木、螺鈿諸玩器，皆造辦之」。兵仗局是正五品的內
廷機構，專掌「製造軍器，火藥司屬之」。**99**至於其他軍隊使用的一般
兵器，諸如戟、槊、節、角、鑼、刀、盾、弓、箭、小鼓等，則主要
由工部下屬的正九品機構軍器局製造。

至於飛魚服，與繡春刀一樣，並非所有錦衣衛官校都有資格穿在
身上；有資格穿在身上的官員，也並非可以穿著它出入任何場合。例
如，上引史料即提到，在伴駕視牲、朝日、夕月、耕耤、祭歷代帝王
期間，錦衣衛堂上官要穿大紅蟒服以及飛魚服，千戶、百戶等則只能
穿青綠錦繡服。

事實上，關於錦衣衛服制的規定並非一成不變。

例如，根據洪武二十六年確定的服制，錦衣衛指揮使穿的是虎豹
圖樣的官服。景泰四年（1453 年）「令錦衣衛指揮侍衛者，得衣麒麟
服色」。天順二年（1458 年）「令官民人等，衣服不得用蟒龍、飛魚、

97.《大明會典》卷 228。
98.《大明會典》卷 192。
99.《明史》卷 74〈職官志三〉。

斗牛（等花樣）」。換句話說，至遲從這一年開始，飛魚服成為御賜服飾，非御賜不能穿。

可能是奏討飛魚服的官員太多，以至於到了弘治十三年（1500年），明孝宗不得不下發一道措詞嚴厲的諭旨：「今後公、侯、伯，及文武大臣，各處鎮守守備等官，敢有違例奏討蟒衣、飛魚等項衣服者，該科參駁，科道糾劾，該部執奏。治以重罪。」

嘉靖十六年（1537 年），明世宗再出禁令，規定從此以後，無論是在京還是在外的文武官員，除了本等品級服色及特賜外，不許擅用蟒衣、飛魚、斗牛等項服色，規定「錦衣衛指揮侍衛者，得衣麒麟服色。其餘帶俸及不係侍衛人員，及千百戶等官雖係侍衛，俱不許僭用」。[100]

至於普通的校尉，一般只能穿「濟遜」。[101]「濟遜」，又稱「直身」、「質孫」、「積遜」、「只遜」，它是蒙古語的音譯，指的是只有一種顏色的衣服。[102]

四、權力的擴張

現在簡要回顧一下錦衣衛職能的擴充情況。起初，它只有儀仗、侍衛的職能，它的下屬機構鎮撫司（即後來的南鎮撫司）掌本衛刑名，兼管軍匠；在洪武十五年至洪武十九年之間，它被授予協助太祖治理詔獄的權力，但這項權力要到永樂年間才開始制度化。

不過，太祖授予錦衣衛的職能並不止這些。

正如前文所述，錦衣衛的創設從一開始就是禮儀制度建設的一部分，因此，相關武官經常受命處理一些與「禮」相關的事務。

100.《大明會典》卷 61。

101.《春明夢餘錄》卷 1。

102.《欽定日下舊聞考》卷 30。

　　除了上文提到奉旨受降的例子，錦衣衛官員有時還要負責安頓外來使節，或者處置其他一些涉外事務。例如，洪武二十五年（1392年）八月，甘肅塔灘里長史馬哈沙怯失迭力迷失等赴京進貢，太祖念其「道里遼遠，往來跋涉，不欲遽遣其還，乃命錦衣衛指揮使張政諭以恩意，俾留京師休息，豐其廩餼，以優待之」。[103] 洪武二十六年十一月，遼東都指揮使司將俘虜的朝鮮間諜李敬先等六人押解至京師，太祖命錦衣衛妥善安置他們。[104]

　　不知從何時起，錦衣衛還要管理禮儀房的運營。禮儀房專責操持選婚、選駙馬、誕皇太子女、選擇乳婦諸吉禮；其提督者為司禮監掌印太監或者秉筆太監。[105] 不過，根據明人沈德符的記錄，這個機構的具體運營似乎由錦衣衛派出的掌房、貼房打理，而且，掌房及貼房的人選皆是體貌俱佳者。世宗朝內閣首輔徐階之子、錦衣衛官員（具體職務不詳）徐有慶即曾管理過禮儀房的事務。[106]

　　此外，可能從太祖朝開始，至遲在成祖朝，錦衣衛已經開始參與科舉事務。北京國子監現藏永樂十三年（1415 年）進士題名碑的背面，即刻有兩位在考場擔任巡綽官的錦衣衛官員的名字：一位是明威將軍錦衣衛指揮僉事牛倫，另一位是明威將軍錦衣衛指揮僉事林觀。[107]

　　考生中了進士之後，可能會獲得進入翰林院擔任庶吉士的機會。根據禮儀，他們進入翰林院，要由內閣大學士相送，錦衣衛則置宴相迎。[108]

---

103. 《明太祖實錄》卷 220。

104. 《明太祖實錄》卷 230。

105. 《明史》卷 74〈職官志三〉。

106. 《萬曆野獲編》卷 21。

107. 巡綽官是監考官之一，負責巡察管理考生的號房。《明史》卷 70〈選舉志二〉：「試士之所，謂之貢院。諸生席舍，謂之號房。」

108. 《棗林雜俎》聖集。

　　錦衣衛官員還經常奉旨參預軍務。例如，洪武二十三年十一月，在西平侯沐英平定雲南景東（今景東彝族自治縣）之後，太祖在那裡設置了景東衛，並派了錦衣衛指揮僉事胡常去鎮守。[109]又例如，洪武二十八年（1395 年）十一月，太祖命魏國公徐輝祖、長興侯耿炳文，以及正四品錦衣衛指揮僉事劉智，分別去鳳陽、陝西和鎮江三地訓練軍馬。[110]

　　不過，最值得注意的是，錦衣衛作為皇親國戚以及勳臣子弟養護所的特徵，已經在洪武年間初具雛形。

　　勳衛、散騎舍人等職務已經創設，且在編制上毫無限制。有資格擔任這些職務的，只有公、侯、伯、都督、指揮的嫡子和次子。太祖去世前三月，還命吏部在位於南京清涼山東側的虎踞關開設了學校，並聘有十位儒士專門教導「故武臣子弟之養於錦衣衛者」。太祖對國戚勳臣後裔的優待，在某種程度上，可能是對其過去殘害功臣的罪過的補償，但最主要的目的，還在於通過利益共用的方式穩定朝綱。

　　這種做法被當作祖制確定下來。發展到英宗朝以後，錦衣衛中不僅充斥著皇親國戚以及勳臣子弟，還充斥著宦官的家人，寄蔭錦衣、加衛五府者比比皆是。「蔭敘世職不得厘務」的禁令對他們並不具有約束力。

　　因為他們的存在，職掌武官選升、襲替、功賞等事項的正五品兵部武選司不得不放鬆標準。到了正德末年，造成「奏帶之數太濫、紀驗之次失實，武選之法盡壞」（兵科給事中夏言語）等問題。[111]嘉靖年間，錦衣衛甚至一度取消五年一次的軍政考選。[112]其結果是，錦衣衛

109.《明太祖實錄》卷 206。

110.《明太祖實錄》卷 243。

111.《春明夢餘錄》卷 63。

112.《萬曆野獲編》卷 21。

官校經常弄虛作假、殺良冒功、誣良為盜，致使冤案無數。

戶部更是經常要拿出錢來犒賞哪怕是只立下微末功勞（例如逮捕了一兩位盜賊）的錦衣衛官校。工部營造大型工程期間，經常會有錦衣衛高官奉旨督造。他們不僅可以利用這個機會收受巨額賄賂，而且，在工程完工之日，他們往往還會加官進爵。例如，嘉靖二十三年（1544 年）十二月，錦衣衛指揮使陸炳奉旨「閱視太廟工程」。[113] 嘉靖二十四年（1545 年）七月，太廟完工，明世宗論功行賞，將當時已經是掌錦衣衛事督指揮同知（從二品）的陸炳擢升為掌錦衣衛事都督僉事（正二品）。[114]

在很大程度上，正因為錦衣衛充斥著皇親國戚、勳臣權貴的後裔，正因為它成為「官 X 代」加官進爵的跳板，它的權力才不斷擴充；又正因為其權力不斷擴充，錦衣衛官員人數才不斷增加，財政上的壓力也隨之加大。

根據在世宗朝擔任過詹事一職的霍韜提供的資料，錦衣衛成立之初有官員二百一十一位，到了嘉靖八年（1529 年），已經增長至一千七百餘員（「由二百而一千七百，增八倍矣！夫額田賦入則由八百萬減而四百萬，……俸糧所由不足也」）。[115]

至於普通旗校的人數，明人王世貞提供的資料是，在世宗朝已達到十五、六萬人。[116] 不過，這個資料可能存在一些水分，原因在於，十五、六萬人的旗校隊伍意味著至少要配備一千五百名實職百戶，而依據霍韜提供的比較可信的資料，包括實職與虛職在內的百戶人數最

113.《明世宗實錄》卷 293。

114.《明世宗實錄》卷 301。

115.《明世宗實錄》卷 102，見嘉靖八年六月癸酉條，詹事霍韜的奏疏。又見《圖書編》卷 83。

116.《弇州四部稿》卷 79。

多在一千五百名上下；其中，虛職至少占到三成比例，甚至更高。但是，即便王世貞的數據存在五到六成的水分，即普通官校的人數為七萬左右，財政上的壓力也相當大，因為他們每年至少要消耗七十萬石左右的京師儲糧。[117] 換句話說，朝廷施加於百姓的賦稅負擔（地方叛亂頻發的主要原因）有相當一部分源自錦衣衛不斷增加的俸祿開支。

再回到太祖朝的表現。到了洪武中後期，錦衣衛的擴充步伐仍在繼續。在增置了六個千戶所之後，於洪武二十四年（1391 年）三月，太祖再置錦衣衛馴象、屯田、馬軍左、馬軍右等四個千戶所。[118] 同年六月，又置錦衣衛馬軍前、馬軍後等兩個千戶所。[119] 同年年底，太祖命錦衣衛在長江以北距離官道二三里附近置辦自己的牧馬草場，以提供馬軍所需草料。[120]

六年之後，即洪武三十年二月，太祖對錦衣衛進行了最後一次機構調整，將錦衣衛初設時的「七司」併入錦衣衛前千戶所；除「御椅司」更改為「鑾輿司」之外，其他六司的名稱都不變；再加上新設的「班劍」、「戈戟」、「弓矢」三司，前千戶所共轄十司。[121] 該十司分別統領將軍與校尉，「以備法駕」。[122]

發展到後來，錦衣衛至少下轄十七所，「中、左、右、前、後五所

---

117. 《明世宗實錄》卷44，見嘉靖三年十一月壬戌條。史官稱，世宗即位之初裁革的「錦衣衛官校及勇士匠作人等至十餘萬，歲省京儲米百五十萬石」。這裡提到的裁革人數「十餘萬」，實際上是十四萬八千七百十一人（見《明世宗實錄》卷4，正德十六年七月丙子條）。按照十五萬人消耗一百五十萬石的比例，七萬人的消耗應該在七十萬石左右。
118. 《明太祖實錄》卷 208。
119. 《明太祖實錄》卷 209。
120. 《明太祖實錄》卷 214。
121. 《明太祖實錄》卷 250。
122. 《明史》卷 76〈職官志五〉。

領軍士；五所分鑾輿、擎蓋、……馴馬十司，各領將軍、校尉，以備法駕；上中、上左、上右、上前、上後、中後六親軍所分領將軍、力士、軍匠」。[123]

太祖試圖通過擴充錦衣衛的儀仗實力更為有效地維護帝王的威儀。這些改革措施，與其說是為了太祖自己，不如說是為了他的子孫後代，為了他辛辛苦苦建立的事業。

一年之後的閏五月（洪武三十一年，1398 年），太祖病逝，享年七十周歲。他留下了一道頗能讓後人感動的遺命：「喪葬儀物，一以儉素，不用金玉，孝陵山川，因其故，無所改。天下臣民，出臨三日，皆釋服，無妨嫁娶。」[124]顯然，在臨終之時，這位以周武王為偶像的洪武皇帝並沒有忘記自己「起於布衣」，[125]而他在年輕時代接受的佛教（儘管他出家主要是為了生存，而非為了信仰本身）似乎也發揮了影響：他想盡可能地不受帝王身分的束縛，輕輕鬆鬆地重歸於「無」。

[123.]《明史稿》志第 58。

[124.]《明太祖實錄》卷 257。

[125.]太祖曾數次提到自己「起於布衣」，見《明太祖實錄》卷 23、26、29、33。

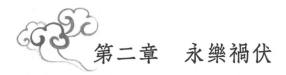

第二章　永樂禍伏

明太祖朱元璋一定想不到，他苦心孤詣立下的《皇明祖訓》，在他離開人世後不久，很快就被他指定的繼承人、皇太孫朱允炆拋棄。而建文帝朱允炆肯定也想不到，違背祖訓真的會帶來滅頂之災，他的叔父、燕王朱棣將因此獲得謀朝篡位的可乘之機。同樣，明成祖朱棣也不會料到，他在實踐中對祖訓的利用與修改，為國朝埋下了一顆危險的種子。太祖費盡心機、不惜背上殘暴負義的罵名以「正綱紀」、「立禮儀」，為的是讓他創建的國家在一個他認為完美的軌道上運行，但事態的發展顯然並不盡如人意。

被太祖稱為「家法」的《皇明祖訓》，本是洪武六年五月告成的《祖訓錄》，洪武二十八年閏九月更為此名。

關於《祖訓錄》的動筆時間，史籍的記載不無矛盾。《明太祖實錄》稱，洪武二年四月：「詔中書編《祖訓錄》，定封建諸王國邑及官屬之制」；[1]又稱，《祖訓錄》於洪武六年五月成書，太祖親自作序，並言：「大書揭於（謹身殿）西廡，朝夕觀覽，以求至當，首尾六年，凡七謄錄。」[2]

可是，既然編著工作「首尾六年」，且成書於洪武六年，則「大書揭於西廡」的時間應該是吳元年，即 1367 年，而非洪武二年。而且，太祖對分封制度的思考，實在也早於洪武二年。正如前文引述的，早在接受吳王稱號的那一年的五月，太祖在與宋濂、孔克仁等人討論漢

---

1. 《明太祖實錄》卷 41。
2. 《明太祖實錄》卷 82。

高祖的政治得失時就已經指出,「禮樂」制度的缺失,是「漢治」未能
長久的重要原因;或許從那個時候開始,太祖已經在考慮要專門為諸
親王制定一套綱常禮儀,以保國家的長治久安。總之,既然《皇明祖
訓》的核心內容出自太祖之手無疑,而太祖又有「首尾六年」之論,
那麼,動筆時間是吳元年的可能性更大。

　　《皇明祖訓》要規範的第一批對象,在成書之前已經確定了身分。
太祖的長子朱標在洪武元年被冊立為太子,其餘諸子也已經在洪武三
年被冊封為親王。

　　洪武三年四月七日,因為「海宇清肅,虜遁沙漠。大統既正,黎
庶靖安」,且「尊卑之分,所宜早定」,再加上諸王冊寶已成,冊封禮
儀已就,太祖覺得冊封諸王的時機已經成熟,於是將九位皇子及一位
從孫冊封為王:

> 封第二子樉為秦王,第三子棡為晉王,第四子棣為燕王,第五
> 子橚為吳王,第六子楨為楚王,第七子榑為齊王,第八子梓為
> 潭王,第九子杞為趙王,第十子檀為魯王,從孫守謙為靖江王,
> 皆授以冊寶。**3**

　　《皇明祖訓》書成之後,太祖命人「錄於謹身殿東廡、乾清宮東
壁」,並「頒賜諸王,……令諸王書於王宮正殿、內宮東壁,以時觀
省」。**4** 太祖對《皇明祖訓》的重視程度可見一斑。

　　《皇明祖訓》確實凝結了太祖的無數心血。其目錄不過十三條,
字不過一萬兩千之數,卻耗時六年,七易其稿,顯然是字字斟酌,去
蕪存菁,為的是方便子孫後代默記與體會。而此書的精神,正如太祖
在序言中所言,是其「勞心焦思,慮患防微」,領袖群倫近二十年軍政

3.《明太祖實錄》卷51。

4.《明太祖實錄》卷82。

經驗的集成，是人情世故的提煉，堪可應對俗儒奸吏。

　　但是，太祖留下的「凡我子孫，欽承朕命，無作聰明，亂我已成之法，一字不可改易」的諄諄告誡，**5**終究敵不過現實的需要。

一、建文之敗：都指揮使高昂

　　洪武二十五年九月，三十七歲的太子朱標去世一個月後，太祖將朱標的嫡長子、十五歲的朱允炆冊封為皇太孫。

　　史籍上的朱允炆「穎慧好學，性至孝」。**6**太祖去世之後，二十一歲的他登基為帝，史稱建文帝，亦稱明惠帝。他很快就面臨來自叔父燕王朱棣的挑戰。

　　作為太祖的第四個兒子，朱棣十歲就被冊封為燕王。六年後，他娶了魏國公徐達的長女為妻。再過四年，他在北平就藩。

　　燕王體貌「奇偉」，「智勇有大略，能推誠任人」，**7**極受太祖賞識。洪武二十三年四月，太祖聽聞他擊潰故元太尉乃兒不花大軍的捷報後，曾十分高興地對群臣說：「清沙漠者，燕王也，朕無北顧之憂矣。」**8**然而在太祖的心裡，燕王只是捍衛北部邊疆的不二人選，卻沒有資格繼承皇位；有資格繼承皇位的，只有皇太孫朱允炆。為了確保後者順利登基，太祖臨終之前，還特地留下「諸王臨國中，毋得至京師」的遺命，禁止諸位藩王進京哭臨，**9**除此之外，在舉國哀悼期間，諸藩所轄「吏民軍士」，也全都要聽朝廷節制。**10**

---

5. 《皇明祖訓》序言。

6. 《明史》卷 4〈恭閔帝（惠帝）本紀〉。

7. 《明史》卷 5〈成祖本紀一〉。

8. 《明太祖實錄》卷 201。

9. 《明史》卷 5〈成祖本紀一〉。哭臨：皇帝駕崩後舉行的聚眾哀悼儀式。

10. 《國榷》卷 11。

　　這份遺詔的內容似乎並未及時傳到北平，因為史籍告訴我們，得知太祖駕崩的消息之後，燕王立即率軍離開北平，赴京師南京奔喪。燕師即將行至距離南京大概只有兩百公里的淮安時，兵部左侍郎齊泰才收到情報。於是，建文帝立即遣使攜帶太祖遺詔迎阻燕王。燕王見到遺詔後，不得不返回北平。**11**

　　毫無疑問，燕王在南京伏有眼線，故而可以在第一時間得知太祖已經駕崩或者足以預判太祖即將駕崩的消息，以至於行至淮安（北京至淮安的距離在一千公里左右）才被建文帝的探子發現。很難想像，若沒有太祖留下的這份遺詔，朱允炆可以在御座上安坐多長時間。**12**

　　即位兩個月後，建文帝採納了兵部左侍郎齊泰以及翰林學士黃子澄等人的削藩建議，令曹國公李景隆以備邊為名，馳至開封，將燕王的同母弟、周王朱橚拘押回京。用黃子澄的話說：「削周，是剪燕手足也」。次月，朱橚被廢為庶人。就在當月，建文帝又下令將齊王朱榑、代王朱桂、岷王朱楩等人逮捕。**13** 建文元年（1399 年）四月，湘王朱柏自焚而死，齊王、代王則廢為庶人；兩個月後，岷王也被廢為庶人，並流放漳州。**14**

　　對於仍然在位的親王，建文帝根據「富貴其身、不勞以事」的原則進行改革，削弱他們的自治能力。根據新制度，親王的兒子如果被封為郡王，則「止食其祿，而不實居其土」。**15** 這些做法嚴重違背了《皇明祖訓》。

11.《國榷》卷 11。

12.有關這份遺詔是否係偽造的問題似乎不用討論。若遺詔阻退燕師一事屬實，則遺詔為真。偽詔不太可能矇騙燕王。

13.《明通鑑》卷 10。

14.《明通鑑》卷 12。

15.黃彰健，〈讀「皇明典禮」〉，刊載於《明清史研究叢稿》（臺北：臺灣商務印書館，1977）。

對於建文帝的削藩之舉，燕王先是隱忍不發，繼而裝瘋賣傻，繼而鋌而走險，待到時機成熟時，上書天子，指齊泰、黃子澄為奸臣，並援引《皇明祖訓》所謂「朝無正臣，內有奸惡，則親王訓兵待命，天子密詔諸王統領鎮兵討平之」，發兵「靖難」，時為建文元年七月。

建文四年（1402 年）六月，燕王率軍攻入京師，在奉天殿即皇帝位，並恢復了周王朱橚、齊王朱榑的王爵。八日後「殺齊泰、黃子澄、方孝孺，並夷其族，坐奸黨死者甚眾」。**16** 至於建文帝，既無確鑿的證據證明他死於自焚，亦無確鑿證據證明他逃出生天，其生死下落成為懸案。

建文年間的可信史料不多，基於事實上和邏輯上的證據，史學家們已經認定，燕王登基為帝之後，對官修史籍進行了銷毀和篡改。例如，為了使自己的帝位合法化，他甚至否認碩妃是自己的生母，而稱自己的生母是太祖的正妻馬皇后。**17** 因此，錦衣衛在這個時期的歷史並不能給人留下清晰完整的印象。

不過，基本可以確定的是，在京師城陷的這一日，建文帝突然失去了對包括錦衣衛在內的親軍十二衛的控制，因此，燕軍進京幾乎沒有遇到任何抵抗。《國榷》記載說，燕軍抵達南京金川門（北城門）時，「谷王（朱）橞從城牆上望見燕鉦鼓，與曹國公李景隆開門迎（燕軍）入」。**18**

事實上，就在城陷前一日，建文帝似乎仍有能力控制京師防禦，否則，他無法將試圖與燕王裡應外合的左軍都督府正一品左都督徐增

16.《明史》卷 5〈成祖本紀一〉。

17.《國榷》卷 12。傅斯年在〈明成祖生母記疑〉一文中指出，碩妃可能是蒙古人，也可能是高麗人，還可能是色目人。該文原載於《中央研究院歷史語言研究所集刊》第 2 本第 4 分（1932，臺北）。

18.《國榷》卷 12。

壽（他是燕王的妻弟，亦即文皇后的兄弟）拘禁起來並且處死。基於徐增壽與燕王之間存在姻親關係，作者很難相信建文帝會授予他實權，也很難相信建文帝不會對他進行監控。

那麼，建文帝到底是如何突然失去對親軍十二衛的控制力呢？是主動捨棄還是被動放棄？如果是主動捨棄，那麼，他當時是基於何種考慮，是否為了爭取逃亡的時間？如果是被動捨棄，當時又是何種情況？

根據《建文年譜》，得知朱橞與李景隆開門迎燕王之師的消息之後，「（建文）帝知事去，遂縱火焚宮，……（於六月十三日未時）從鬼門（可能是地道）遁去，從者二十二人。」**⑲**如果這條史料屬實，那麼，在這二十二人中，是否有錦衣衛成員？關於這些問題的答案，恐怕只能任人猜想了。

不過，依據事理以及現有史料留下的線索，作者有理由懷疑都指揮使高昂在導致建文帝失去對親軍十二衛的控制力的事件中扮演了重要角色。

根據《明太宗實錄》的記載，洪武三十五年（建文四年）七月，**⑳**即成祖登基為帝的第二個月，成祖批准「故都指揮使高昂之子真襲父舊職，為錦衣衛指揮使」。**㉑**據此，我們可以得出兩個結論：其一，高昂生前應該是錦衣衛都指揮使（正二品），否則「襲父舊職，為錦衣衛指揮使」之語無從解釋；其二，高昂有功於成祖。

而高昂之所以選擇效忠成祖，是因為他與李景隆有姻親關係。根

19.《建文年譜》，見《北京圖書館藏珍本年譜叢刊》（北京：北京圖書館，1999），第 38 冊，頁 134–136；《明通鑑》卷 13 引述傳言稱，隨建文帝出逃者有四十餘人。

20.此處因成祖不承認建文的合法性，故延用洪武年號。

21.《明太宗實錄》卷 10。

據《明名臣琬琰錄》的記載，太祖朱元璋的外甥李文忠生有三子二女，長子為李景隆，小女兒的夫婿則是高昂。[22]因此，當李景隆決定投靠兵臨城下的成祖時，高昂也做出了同樣的選擇。

除了有關高昂的猜測，關於錦衣衛在建文年間的歷史，還有其他一些值得一提的內容。

洪武三十一年九月底，亦即登基四個月後，建文帝曾提拔一批殉葬太祖的宮人的父兄為錦衣衛世襲千戶（正五品）或者百戶（正六品）。這些人包括張鳳、李衡、趙福、張弼、汪實、孫瑞、王斌、楊忠等，他們有的以前是錦衣衛鎮撫（從五品），有的只是試百戶（準百戶）。[23]他們有一個特殊的稱謂——「女戶錦衣衛」。

這種做法是對祖制的違背。太祖確立的制度是，宮人的父兄可以授予武職，但最多只能授予百戶。[24]太祖本人曾經在洪武二十四年授予一位葉姓女官的父親及兄弟錦衣衛鎮撫的職位（級別與百戶相同）。[25]

由於王妃亦屬「宮人」行列，因此，王妃的父兄，凡供職錦衣衛者，亦被稱為「女戶錦衣衛」。例如，襄王朱瞻墡的妃子王氏（襄王第四個女兒的母親）的家屬王雄即是「女戶錦衣衛」。[26]

至遲在憲宗成化年間，供職錦衣衛的官員，已經按照出身背景的不同，劃分為十幾類：皇親、女戶、保母、恩蔭、錄用、通事、勳衛、散騎，以及匠人、舍人、旗校、勇士、軍民人等。

此外，在建文年間，錦衣衛官員似乎已經參與緝捕盜賊。根據《國

---

22. 《明名臣琬琰錄》卷2。
23. 《國榷》卷11。
24. 《明太宗實錄》卷15。
25. 《棗林雜俎》義集。
26. 《明英宗實錄》卷33。朱瞻墡是明成祖之孫，明仁宗第五個兒子。

權》的記錄，建文元年五月，錦衣衛千戶徐斌，正是因為在常州捕賊有功，升任蘇州衛指揮使。[27]因為史料有限，案例不足，作者很難判斷，徐斌之捕盜在當時到底是特例，還是有制度可依的普遍做法。從現有史料上看，屬於特例的可能性比較大。至於錦衣衛官員提督五城兵馬司「京城巡捕」，則是成化年間才確立的制度。關於緝捕盜寇的內容，請查閱本書第四章和第八章。

二、行在錦衣衛

永樂年間，錦衣衛的建制趨於完善。

關鍵的時間點是永樂六年十二月。正是在這個月，成祖命禮部鑄造五軍都督府、六部、都察院、大理寺、錦衣衛等機構的印信共計十四枚，並在印文上加「行在」二字。[28]換句話說，從永樂六年開始，明朝在北京和南京各有一套完整的政府機構，分轄一北一南兩個錦衣衛。北京錦衣衛又稱「行在錦衣衛」，其下屬鎮撫司被稱為北鎮撫司，與南京錦衣衛下屬的南鎮撫司相應。

專治詔獄的北鎮撫司的設立，標誌著錦衣衛的執法權力開始制度化，但此時的北鎮撫司尚不足以掣肘法司。沈德符的記錄是，北司設立之初，凡遇大案，「一訊之後，即送法司定罪，（北司）不具審詞。成化初，用參語覆奏，而刑官始掣肘矣」。直至成化中，北司有了自己的印信，其執法權才正式制度化。[29]

永樂十九年正月一日，成祖正式遷都北京。從這一日起，北京的政府機構不再稱「行在」，刻有「行在」二字的印信早已送印綬監重新鑄造；南京的政府機構的印信也已經重造，新的印信上加刻了「南京」

27.《國榷》卷 11。

28.《明太宗實錄》卷 86。

29.《萬曆野獲編》卷 21。

二字。**30**

　　因為是通過逼宮的方式即位，成祖的帝位起初並不穩固。用《明史》的話說，他知道自己名不正、言不順，難以令天下人心服，因而想通過威權政治讓天下人懼怕他；**31** 用世宗朝刑部尚書王世貞的話說，成祖以藩王的身分起兵靖難，奪取皇位之後，缺乏足夠的自信，覺得天下人都有異心。**32** 無論如何，清除異己、維護皇權勢在必行。

　　但成祖並非只借重錦衣衛「肅清吏治」。很多案例似乎遵循這樣一種操作方式：御史或三法司先期檢舉，錦衣衛後期介入；至於御史手中的證據，可能直接來自耳目遍天下的皇帝，可能來自檢舉對象的政敵，當然也可能來自受到檢舉對象傷害的尋常百姓。在很多案例中，御史都是「肅清吏治」程式的啟動者。例如，在清除曹國公李景隆、長興侯耿炳文、駙馬都尉梅殷等人的過程中，都察院左都御史陳瑛就與錦衣衛配合無間。

　　陳瑛原是山東按察使，建文元年調任為北平按察使。按察使（正三品）掌一省刑名按劾之事，即「糾官邪，戢奸暴，平獄訟，雪冤抑，以振揚風紀，而澄清其吏治」。**33** 燕王朱棣起事之前，他因「交通藩邸」而逮謫廣西。**34**

　　成祖登上皇位僅過了一個月，就把陳瑛從廣西召回京師，讓他擔任都察院左副都御史（正三品），很快又在永樂元年（1403 年）正月升任他為都察院左都御史（正二品）。**35**

---

30. 《明太宗實錄》卷 229。

31. 《明史》卷 307〈佞倖列傳〉：「成祖即位，知人不附己，欲以威懾天下，特以紀綱為錦衣，寄耳目。」

32. 《弇州四部稿》卷 79。

33. 《明史》卷 75〈職官志四〉。

34. 姜清，《姜氏祕史》卷 2。

35. 《明太宗實錄》卷 10。

　　作為三法司之一的都察院，被認為是「天子耳目風紀之司」，職專「糾劾百司，辯明冤枉，提督各道，……凡大臣奸邪、小人構黨、作威福亂政者，劾。凡百官猥茸貪冒壞官紀者，劾。凡學術不正、上書陳言變亂成憲、希進用者，劾。遇朝覲、考察，同吏部司賢否陟黜」。遇大獄重囚時，都察院與刑部、大理寺一同會審。而在平時，御史們經常奉敕辦事，巡撫地方。因此，在三法司中，都察院的權力最重。㊱

　　根據《明通鑑》的記載，陳瑛「天性殘忍，受上寵任」。㊲毫無疑問，成祖要借重像陳瑛這樣既懂「刑名按劾」、又仇視建文官僚班底的心腹來達到清除異已的目的。

　　陳瑛很快就進入了角色。這位新晉左都御史彈劾的第一位大人物，是曾經以參將的身分先後跟隨耿炳文以及李景隆討伐燕王，於建文二年（1400 年）九月被封為歷城侯的盛庸，㊳盛庸被指控「口出怨誹，心懷異圖」，永樂元年九月，其爵位被奪。㊴值得注意的是，陳瑛的情報主要來自成祖的心腹、已經致仕的羽林衛千戶王欽。㊵緊隨其後，曹國公李景隆以及長興侯耿炳文也被列入他的彈劾名單。

　　關於李景隆其人，前文已略有提及。成祖對他的評價是「心術不正」，㊶「膏粱豎子耳，寡謀而驕，色厲而餒」。㊷耿炳文則是開國功臣，早在洪武三年即被封爵為長興侯；長子耿璿娶了建文帝的姐姐江都公主為妻子，官至前軍都督僉事；次子耿瓛官至後軍都督僉事。㊸

36.《明史》卷 73〈職官志二〉。

37.《明通鑑》卷 14。

38.《明史》卷 144〈盛庸傳〉。

39.《明太宗實錄》卷 23。

40.《明太宗實錄》卷 22。

41.《明太宗實錄》卷 120。

42.《明史紀事本末》卷 16。

43.《明史》卷 130〈耿炳文傳〉。

作為建文帝舊臣，李景隆與耿炳文在朝中的根基都很深，深受成祖猜忌。

　　先是永樂二年（1404 年）七月某日，刑部尚書鄭賜等人彈劾李景隆「藏亡命蔣阿演等二十八人，有異謀」。次日，李景隆及其兄弟、都督李增枝又被彈劾圖謀不軌。兩個月後，吏部尚書蹇義等人又彈劾李景隆「招納亡命，圖不軌」。次日，錦衣衛指揮同知潘諤等人再劾「李景隆私閹人，僭金龍服器」。**44**

　　同年十月，左都御史陳瑛與刑部尚書鄭賜又交相劾奏長興侯耿炳文不遵禮典，「衣服器皿僭飾龍鳳，玉帶僭用紅鞓，遠蹈『胡藍』之軌，近循李景隆之邪心。乞正其罪，以是懲逆戒」。**45**

　　成祖批示：「舊臣亦為此乎？其速改！」不知是成祖失去了耐性，還是耿炳文執迷不悟，成祖很快就命人抄了耿炳文的家，耿炳文不久後上吊自殺。**46**同年十二月，李景隆以「居家不道，削爵。錮私第，籍其家」。**47**

　　永樂二年十一月，即彈劾耿炳文的隔月，左都御史陳瑛又將矛頭對準了駙馬都尉梅殷，彈劾他「蓄養亡命，私匿胡奴，通女巫劉氏等罪」。**48**

　　駙馬都尉是僅次於「侯」的爵位。根據明制，「凡尚（即娶）大長公主、長公主、公主，並曰駙馬都尉，……皆不得預政事。」但是「不得預政事」僅是原則性規定，太祖本人都沒有嚴格遵守。例如，洪武十九年，正是這位駙馬都尉梅殷，被太祖派到山東提督學校兼理地方

44.《國榷》卷 13。

45.《明太宗實錄》卷 35。鞓：皮腰帶。

46.《國榷》卷 13。還有一種說法是，耿炳文早在建文元年已歿於真定之役。

47.《明史》卷 6〈成祖本紀二〉。

48.《國榷》卷 13。

事務。

　　梅殷之妻是太祖正妻馬皇后的二女兒寧國公主。他本人「天性恭謹，有謀略」，且擅長弓馬，在太祖的十六位駙馬中，最受太祖的寵愛和信任，以至於早在洪武十一年（1378年）就被授予了榮國公的爵位。當時，朱棣十八歲，尚未就藩。

　　《明會要》記載說，太祖春秋高，見諸王強盛，曾密令梅殷輔佐皇太孫朱允炆。朱允炆對梅殷十分信任，燕王起事後，任命他為總兵官，鎮守淮安。他悉心防禦，號令嚴明。燕兵打敗何福大軍，並俘虜平安等諸將後，曾遣使梅殷，希望借道。結果梅殷割掉了使者的耳鼻，放他回營，曰：「留汝口，為殿下（燕王）言君臣大義。」燕王為之氣沮。[49]

　　顯然，燕王朱棣曾經因為梅殷而丟盡了顏面。因此，無論是出於報復的目的，還是為了鞏固皇權，成祖都必須將這位根基頗深的託孤大臣除掉。

　　永樂三年十月三日，凌晨四鼓時分，梅殷照例上朝，經過笪橋時，前軍都督僉事譚深以及錦衣衛指揮使趙曦突然出現，並將他「擠」下了橋。梅殷溺水而死，後以投水自盡報聞。

　　《明史》記載說，寧國公主聽聞梅殷死訊後，「謂上（成祖）果殺殷，牽衣大哭，問駙馬安在。」對這位小他四歲的妹妹，成祖似乎頗有憐惜之意，表示將盡力搜尋兇手。成祖很快就查明了「真相」。他致信寧國公主說，駙馬梅殷雖有過失，但畢竟是至親，並沒有問罪之意，聽聞其溺死的消息後，「兄甚疑之」，幸而都督許成前來告發，才得以將「謀害之人悉置重法」，並「特報妹知之」。[50]

　　根據《明太宗實錄》的記載，成祖懷疑梅殷死於「盜殺」而非投

49.《明會要》卷42。

50.《明史》卷121〈梅殷傳〉。

水自盡，下令逮捕盜賊。沒過多久，時不出十月，都督許成「發其事。上震怒，命法司治（譚）深、（趙）曦罪」，譚、趙二人皆被抄家。成祖則授予梅殷二子以官職作為補償。[51]

儘管成祖試圖撇清自己，但史家仍把這筆賬算在他的頭上。正如《國榷》的作者談遷所評論的：「駙馬安所死哉？然堂堂聖明，出鋤麑之下智，非所以樹威於天下也。史雖諱之，其誰信焉？」[52]

據王世貞考證，在錦衣衛與三法司等機構的配合下，左都御史陳瑛「滅建文朝忠臣數十族，親屬被戮者數萬人」。[53]

三、紀綱之警

正是在清除建文朝舊臣、穩固皇權的過程中，錦衣衛歷史上出現了第一位最有名的指揮使——紀綱。

紀綱是山東臨邑人，本是一名「諸生」。[54]燕王靖難，經過臨邑之時，紀綱「叩馬請自效」。成祖覺得此人與眾不同，與他交談了幾句，紀綱對答如流，成祖對他甚為滿意，於是收為己用。這是《明史》講述的故事。[55]

明人黃佐（曾在世宗朝擔任少詹事一職）提供的版本有些不同。根據其所著《革除遺事》一書，紀綱為成祖效力前並非諸生，而是遼王府的衛士，他擅於刺探情報，頗受器重。

需要交代的背景是，遼王朱植比成祖小十七歲，是太祖第十五個

51.《明太宗實錄》卷47。

52.《國榷》卷13。鋤麑：春秋時晉國力士，晉靈公曾派他刺殺諫臣趙盾。因
　　此，鋤麑又指代刺客或暗殺。典故出自《春秋左傳》卷21〈宣公二年〉。

53.《弇州四部稿》卷79。

54.諸生：在府、州、縣各級學校學習的生員。

55.《明史》卷307〈紀綱傳〉。

兒子，其藩邸位於東北廣寧州（今遼寧北鎮）。燕王起事後，建文帝擔
心遼王會支持燕王，就下旨將其召回南京。遼王藩邸後來遷至湖北荊
州。

　　據黃佐說，遼王府中有一位名叫程通的長史（相當於總管，正五
品官職），**56**為人至性，動必遵禮，深受遼王敬重。程通對紀綱管束頗
嚴，動輒笞戒之，因此為後者所憎。成祖起兵後，曾遣使荊州，請求
支援，但為程通所阻。不僅如此，程通還將燕王求援一事密報建文帝，
但此事為紀綱所察。成祖即位後，紀綱謀得代表遼王進京朝賀的機會，
見到成祖後，他將程通密報之事全盤托出。於是，成祖下令將程通械
至京師，官府簿錄程通家時，僅「得確田數十畝，遺書千百卷，牡皮
數張」。**57**紀綱則留在成祖身邊聽用。

　　《明史》有關紀綱與成祖相逢的故事，大致脫胎於王世貞所著〈錦
衣志〉。王世貞還提到，紀綱「善騎射，頗諳法家言」，且為人詭黠，
能言善辯，擅於揣摩人心，因而很快就得到燕王賞識，被提拔為忠義
衛千戶（正五品）。**58**成祖即位後，又將他擢為都指揮僉事，「治錦衣
親兵，復典治詔獄」。**59**

　　但王世貞的說法似乎並不十分準確。根據《明太宗實錄》的記載，
紀綱直至永樂八年（1410 年）八月才被擢升為錦衣衛掌衛事都指揮僉
事，在此之前，他是錦衣衛指揮使。**60**根據《明史》及清人陳鶴所著

56.據《明史》，王府長史的職責是：「掌王府之政令，輔相規諷以匡王失，率府
　　僚各供乃事，而總其庶務焉。」見《明史》卷75〈職官志四〉。

57.《革除遺事》卷1。

58.忠義衛隸屬於後軍都督府。在五軍都督府中，後軍都督府除統屬在京鷹揚、
　　江陰、興武、橫海、蒙古左、蒙古右六衛之外，還統屬在外北平、山西二都
　　司及山西行都司並所轄衛所。這些在外都司及所轄衛所，是最早臣服於燕王
　　的軍事機構。

59.《弇州四部稿》卷79。

《明紀》，紀綱履新錦衣衛指揮使的時間，應該是在成祖即位後不久。[61]

值得注意的是，在錦衣衛的權力結構中，都指揮僉事與指揮使都是正三品，但是，它的地位實際上高於指揮使。

對於在錦衣衛任職的官員來說，指揮使並非可晉升的最高職務。而且，錦衣衛指揮使的人數，也通常並不像《明史》以及有的學者所言，只有一位，而是有多位，有時甚至會有四位以上，其中既有帶俸的，亦有不帶俸的，既有實職，亦有虛職。例如，洪武三十五年十一月，也就是成祖登基之後第五個月，錦衣衛指揮僉事劉智、蕭遜、葛能、李敬等四人就同時被擢升為錦衣衛指揮使。[62]

根據慣例，錦衣衛指揮使如果要進一步晉升，一般都要先被擢升為都指揮僉事，然後才能依次晉升為都指揮同知（從二品）→都指揮使（正二品）→都督僉事（正二品）→都督同知（次一品）→左、右都督（正一品）。[63]無論是在都指揮僉事、都指揮同知、都指揮使任上，還是在都督僉事、都督同知以及左、右都督任上，都可以繼續掌錦衣衛事。錦衣衛歷史上另一位大名鼎鼎的人物、世宗朝的陸炳，即是掌錦衣衛事左都督。不過，必須說明的是，錦衣衛掌事者若官職在都督僉事以上，則列銜五軍都督府，而不列銜本衛，但俸祿仍出自本衛。而且，他們雖然列銜五府，卻不管府事。

無論如何，晉升為都指揮僉事，意味著晉升通道被打開，這是成祖對紀綱的努力給予的獎賞。《明史》寫道：「都御史陳瑛滅建文朝忠臣數十族，親屬被戮者數萬人。（紀）綱覘帝旨，廣布校尉，日摘臣民

60.《明太宗實錄》卷107。

61.《明紀》卷8；《明史》卷307〈紀綱傳〉。

62.《明太宗實錄》卷14。

63.關於一般情形下錦衣衛升遷流程，請參考本書頁407「錦衣衛升遷流程圖」。

陰事。帝悉下綱治，深文誣詆。帝以為忠，親之若肺腑。」**64**

　　浙江按察使周新即是冤死者之一。按察使掌理一省刑名按劾之事，是一項極為重要同時也極易得罪人的工作。而周新之所以含冤而死，正是因為得罪了紀綱。

　　在此之前，紀綱以緝事為名，派了錦衣衛指揮使莊敬、袁江，以及千戶王謙、李春等人去浙江。莊敬等人到了浙江中部之後，作威作福，肆受賄賂，被周新逮捕並處治，但仍有一名千戶漏網逃脫，他將自己的遭遇告訴了紀綱。於是，紀綱在成祖面前誣告周新有罪，成祖信以為真，急命錦衣衛旗校去逮捕周新。抓住周新之後，旗校們將他押解回京，並在路上不斷毆打他，抵達京師時，他已經體無完膚。

　　見到成祖後，周新大聲抗議：「陛下詔按察司行事與都察院同臣奉詔擒奸惡，奈何罪臣？」成祖惱羞成怒，將他處死。周新在臨刑之時大喊：「生為直臣，死當作直鬼！」**65**時間是永樂十年（1412 年）十二月。

　　周新是廣東南海人（今廣東順德）。初入宦途時，他擔任過大理寺評事（正七品），以善於斷獄而聞名，後改任御史。他敢於諫言，不避權貴，有「冷面寒鐵」之譽。在浙江按察使任上，他屢雪冤獄，且為官廉潔，人稱「周廉使」。據說，浙江人聽到他屈死的消息之後，紛紛為他鳴冤。此外，周新本名「志新」，「新」是他自取的字，只因成祖常稱他為「新」，故而人們只記其字而忘其本名。**66**顯然，他原先也曾得到成祖器重。

　　成祖對紀綱的寵愛程度，可以從他派紀綱去抄晉王朱濟熺、吳王朱允熥的家（明顯是肥差）等事情上得見一斑。

---

64. 《明史》卷 307〈紀綱傳〉。

65. 《御批歷代通鑑輯覽》卷 102。

66. 《御定資治通鑑綱目三編》卷 6。

　　晉王朱濟熺的父親是太祖的第三子朱棡。他襲封晉王的時間是洪武三十一年四月，即太祖去世前一個月。**67**晉王只比成祖小五歲，成祖即位之後，不斷聽到晉王有不臣之心的奏報。對於這些奏報，成祖不敢掉以輕心，因為晉王的父親朱棡是太祖的正妻馬皇后的嫡子，晉王本人又是朱棡的嫡長子，因而有嫡出的身分，而成祖只是庶出而已。

　　但成祖比較幸運，因為晉王並非一位具有高明政治手腕的對手，他甚至沒能籠絡住自己的兄弟、平陽王朱濟熿，正是這位兄弟多次舉報他有謀反之心。永樂十二年（1414 年）三月，成祖將晉王軟禁在宣府，只撥給內使十人、廚子十人、校尉十人、軍士二十人供他驅使。五個月後，又將晉王廢為庶人，進封朱濟熿為晉王。**68**據說，在查抄晉王朱濟熺的家的過程中，紀綱貪墨了「黃金五百兩，金盆一，寶釧二，白金鞍轡二」。**69**

　　吳王朱允熥是建文帝同父異母的兄弟，**70**建文帝待他不薄，但「吳王」之封頗落人口實。《明太宗實錄》記載說，太祖原本想將第五子朱橚封為吳王，最終卻遵循「天子畿內，不以封諸侯」的古制，改封其為周王。因此，對於朱允熥的「吳王」稱號，「眾論非之」。**71**

　　成祖即位後，將朱允熥降為廣澤王，命其遷居漳州，後來又將他廢為庶人，禁錮鳳陽。**72**紀綱奉旨抄其家時，貪墨了「瑟瑟御龍服，王冠」。**73**

67.《明太祖實錄》卷 149、257。

68.《明太宗實錄》卷 149。

69.《弇州四部稿》卷 79。

70.朱允炆的母親是太常寺卿呂本的女兒呂氏，朱允熥的母親是常遇春的女兒常氏。

71.《明太宗實錄》卷 11。

72.《明史》卷 118〈吳王允熥傳〉。

73.《明書》卷 154。

　　既然受寵到這個程度，恃寵而驕也似乎順理成章。

　　《明書》記載說，一位名叫石班的宦官激怒了成祖，成祖命紀綱刑之以「棄市」。紀綱的辦事方式是，先將石班邀請至自己家，招待其酒食及沐浴，並且表示，一定會請求皇上赦免他的罪行，以誘騙對方賄賂自己。等到對方的錢財都被榨取乾淨後，就挑個日子在街市上將其處死。實際上，處死石班的報告早就呈給了成祖。[74]

　　王世貞記載了一則故事：紀綱看上了一位美貌的道姑陳氏，想納她為妾，但被都督薛祿搶先一步，因此，紀綱十分痛恨薛祿。某日，二人在禁宮中相遇，紀綱竟然持鑭襲擊這位靖難功臣。薛祿腦袋開花，幾乎喪命，卻不敢聲張，只能忍氣吞聲。[75]

　　但這並非紀綱橫行無忌的極致表現。他甚至讓心腹屬下偽造詔書，並將偽詔下發諸司鹽場，「勒鹽四百餘萬」，又矯詔將官舶二十艘、牛車四百輛占為己有。

　　他不僅瘋狂吞噬國家財產，普通百姓的私產也沒有放過。例如，他巧取豪奪了倪貴等人的房舍莊宅十七處，價值達三十餘萬貫；還隱匿了縣官特批給百姓的土地八處，價值達二十餘萬貫。[76]他甚至還敲詐交趾使節「黃金八十兩，金盆一，異寶二十枚」。

　　商賈更是他的勒索對象。他將富商數十百家打入監獄，家家索賄不等，得黃金三百五十兩，白銀二千兩，鈔四十萬貫，絹帛一千五百匹。

　　不過，願意與他同流合汙的商賈似乎也不在少數。根據《明書》及《弇州四部稿》的記載，吳地富豪沈文度就是其中之一。

　　沈文度之父親是大名鼎鼎的財神沈秀，亦即沈萬三。而沈萬三最

74.《明書》卷 154。

75.《弇州四部稿》卷 79。

76.《弇州四部稿》卷 79。

著名的事蹟，莫過於他擁有一隻傳說中的聚寶盆，以及幫助太祖修建了三分之一的京城；前者當屬無稽之談，後者則有史可考。可是，沈萬三雖然極有商業天賦，卻不懂帝王的心理。因為請旨犒勞軍隊，他引起了太祖的猜忌，最終被抄了家，流放雲南。**77**

　　不過，雖然被抄了家，沈家未被罰沒的餘財仍然豐厚。沈文度怕被人告發，寢食難安，因此買通了紀綱的親信，並且拜見了這位天子寵臣。沈文度獻給紀綱黃金百兩、白銀千兩、龍紋被子一床、龍角一株、奇寶十具，以及異國絹帛四十匹，表示願意為他牽馬墜鐙。

　　得到紀綱的庇護之後，沈文度的生意做得十分紅火。作為回報，他每年要進獻大米六百石、鈔二十萬貫、佳釀一百石，此外「布帛以時進，食餌羞果以月」。沈文度甚至遵照紀綱的指示，帶著錦衣衛旗校，在江蘇私闖民宅，為其物色美女。**78**

　　但上述記載未必可信。根據《弘治吳江志》的記載，沈文度實際上是沈萬三的曾孫，他早在洪武二十六年即受到「藍玉案」的牽連而被處死。**79**

　　無論如何，隨著權勢越來越大，紀綱逐漸有不臣之心。據說，抄了吳王的家，回到京城之後，他將搜到的御龍服以及王冠穿戴了起來，高坐置酒，命伶童真保、道真、吉祥等人上演伎樂，「奉觴上壽，呼萬歲」。發展到後來，他的「居處服食器皿，僭擬上用」。**80** 成祖詔選秀女期間，那些初試過關但年齡尚幼的少女原本要「暫出待歲」，紀綱卻將長相美貌者納為己有。**81** 最後，紀綱甚至「多蓄亡命，造刀甲弓弩

---

77. 《明史》卷 113〈太祖孝慈高皇傳〉。一說沈萬三本名為沈富。關於沈萬三的身世背景學界仍有爭議。

78. 《明書》卷 154。

79. 《弘治吳江志》卷 9。

80. 《明太宗實錄》卷 178。

萬計」，預謀不軌。**82** 為了一舉成事，他效仿趙高指鹿為馬的做法，試探朝臣對自己的態度。

　　時值端午，成祖召集群臣，以射柳為戲。紀綱對充當司射的鎮撫龐瑛說：「我故射不中，而子折柳鼓噪，以觀兵部尚書、御史。」果然，紀綱沒有射中，而龐瑛折柳鼓噪，謊稱其中靶，竟然無一人表示異議。紀綱喜吒萬分，曰：「是無能難我矣!」**83**

　　但是，謀反畢竟不是一件簡單的事情。在他舉事之前，仇視他的宦官已經將他的祕密告訴了成祖。在成祖的授意下，給事中、御史廷劾紀綱罪過，紀綱被打入都察院監獄審訊。

　　據說，紀綱對自己的罪行供認不諱。**84** 永樂十四年（1416 年）七月十六日，這位野心家被磔於市，敕夷三族。他的同黨錦衣衛指揮袁江、千戶王謙、李春，以及鎮撫龐瑛等人都被處死。**85** 另一位從犯、錦衣衛指揮使莊敬當時「在海上」（可能是隨鄭和出使西洋），回國之後伏誅。**86**

四、宦官的價值

　　紀綱的背叛對成祖是一個巨大的打擊。誠如王世貞及《明史》所言，成祖一直「親之若肺腑」，在十二年的時間裡，將他從一介寒儒擢升至前途無量的正三品錦衣衛都指揮僉事。毫無疑問，成祖一定會對錦衣衛的權力結構進行反思。他一定會想辦法設立一個機構，或者確

81.《明紀》卷 10。

82.《明史》卷 307〈紀綱傳〉。

83.《弇州四部稿》卷 79。

84.《明史》卷 307〈紀綱傳〉。

85.《國榷》卷 16。

86.《明太宗實錄》卷 178。

立一套制度，使錦衣衛既能為己所用，又不會背叛自己。作為一國之君，他日理萬機，不可能有時間詳細過問錦衣衛的運營情況，因此，找到一位或幾位可以信賴的代理人變得十分關鍵。

事實上，在紀綱伏誅之後，成祖尋找解決辦法的過程中，還發生了一件足以動搖他對錦衣衛掌事者信心的事情。

大概是永樂十七年（1419 年）上半年，後軍都督府首領官向成祖奏報，山西行都司（隸屬於後軍都督府）都指揮使（正二品）李謙犯下了罪行，但成祖覺得事有可疑，於是命錦衣衛掌衛事都指揮僉事劉忠逮捕該首領官下獄審問。可是，劉忠竟然擅自將後軍都督府都督（正一品）程寬逮捕下獄。得知此事後，兵部尚書方賓以及山西道監察御史顧敏「劾奏（劉）忠擅執大臣」。在七月某日，劉忠下獄，接受都察院的鞫治。[87]

毫無疑問，缺乏監督的錦衣衛並不符合成祖的利益。他想到的對策是，委派一位他認為完全可信的宦官作為代理人去監督或制約錦衣衛。這是「東廠」得以設立的重要原因。

對於宦官的重要性，成祖有著深刻的了解，因為他的靖難事業就曾經得到過建文帝的左右內侍的幫助。正如《明史》所寫：「初，成祖起北平，刺探宮中事，多以建文帝左右為耳目，故即位後專倚宦官。」[88]但這條史料在邏輯上並不嚴密。得到過建文帝左右內侍的幫助的事實，並不必然導致成祖即位之後「專倚宦官」，因為成祖一定可以從前一事實中得出一個相反的結論，即背叛君主的宦官會給君主帶來嚴重的威脅。

而且，成祖也肯定不會忘記父親的教誨。太祖朱元璋曾經在多個場合、通過各種方式警告宦官不要干預政治。例如，洪武元年三月某

87.《明太宗實錄》卷 214。
88.《明史》卷 95〈刑法志三〉。

日，太祖對左右侍臣說：「吾見史傳所書，漢唐末世，皆為宦官敗蠹，不可拯救，未嘗不為惋嘆！此輩在人主之側，日見親信，小心勤勞，如呂強、張承業之徒，並非無有，但開國承家，小人勿用，聖人之深戒；其在宮禁，可使之供灑掃，給使令傳命令而已，豈宜預政典兵？唐漢之禍，雖曰宦官之罪，亦人主寵愛之使然，向使宦者不得典兵預政，雖欲為亂其可得乎？」[89]

次年八月，太祖在命吏部制定內侍諸司官制時還特別交代：「古時，此輩所治，止於酒漿、醯醢、司服、守祧（即看守宗廟）數事，今朕亦不過以備使令，非別有委任。可斟酌其宜，毋令過多。」[90]

太祖十分懷疑宦官的品性。他甚至認為，自古以來，品性善良的宦官，「千百中不一二見」；如果任用宦官為耳目，「即耳目蔽矣」；如果以宦官為腹心，「即腹心病矣」。在他看來，明智馭使宦官的辦法應該是「常戒飭，使之畏法；不可使之有功。有功則驕恣，畏法則檢束，檢束則自不敢為非也」。[91]

有兩件小事可以證明，太祖本人確實是這麼做的。

洪武三年十月某日，退朝之後，天還在下雨，有兩位宦官穿著乾靴在雨中行走，被太祖看見了。太祖命人將此二人叫到身前，責罵他們說，靴子雖然不值錢，卻也是出自民力，「民之為此，非旦夕可成，汝何不愛惜，乃暴殄如此？」罵完之後，「命左右杖之」。[92]

洪武十年五月某日，一位服侍太祖很多年的宦官因為談論了幾句政事，當即被遣還鄉里，終其一生，再也沒有機會服侍太祖。[93]

89.《明太祖實錄》卷 31。

90.《明太祖實錄》卷 44。

91.《弇山堂別集》卷 91。

92.《明太祖實錄》卷 57。

93.《弇山堂別集》卷 91。

太祖甚至確立了一項禁令，即宦官不許識字。[94]洪武十七年太祖命人將一塊三尺高的鐵牌置於宮門內，上面寫著：「內臣不得干預政事，預者斬。」[95]同年七月二日，太祖再次重申：「敕內官勿預外事，凡諸司勿與內官監文移往來。」[96]他解釋說：「為政必先謹內外之防，絕黨與之私，庶得朝廷清明、紀綱振肅。前代人君，不鑑於此，縱宦寺與外臣交通，覘視動靜，夤緣為奸，假竊威權，以亂國家，其為害非細故也。間有奮發欲去之者，勢不得行，反受其禍，延及善類。漢唐之事，深可鑑也。夫仁者治於未亂，智者見於未形。朕為此舉，所以戒未然耳。」[97]

太祖一再重申宦官不能干預政事，從側面說明存在這樣一種可能，即儘管宦官的職責被限制在灑掃、司服等事項上，但是，在洪武年間，宦官的影響力曾經一度不可小覷，或者說，其影響朝政的能力已經初見端倪。

正是有鑑於此，太祖對宦官官制進行了多次改革。吳元年時，內使監監令是正四品，隨後調整為正三品，洪武二年改革官制之後，調整為從三品，洪武四年再調整為正五品。到了洪武十七年，宦官官制又有大變動，內官監（原內使監）監令定為正六品，而未來將發揮重大作用的司禮監、御馬監等，僅僅是正七品的機構。

不過，到了洪武二十八年，內官監、司禮監、御馬監等十一個機構（後來調整為十二監）又被調整為正四品。[98]

太祖之所以在洪武後期上調司禮監、內官監的級別，一定是在實

94.《明史》卷74〈職官志三〉。
95.《明史紀事本末》卷29。
96.《明太祖實錄》卷163。
97.《皇明典故紀聞》卷4。
98.《明史》卷74〈職官志三〉。

踐中發現宦官確有可借重之處，因而通過上調其級別，讓他們更好地
為自己辦事。明末大儒顧炎武在《日知錄》一書中提到，在洪武二十
五年，太祖曾命宦官聶慶童「往諭陝西河州等衛所番族，令其輸馬，
以茶給之」。[99] 這件事被認為是開啟了明朝宦官奉旨出京辦事的先河
（「中官奉使行事已自此始」）。[100]

可能是出於對子孫後代能力的擔憂，太祖最終還是在《皇明祖訓》
一文中諄諄告誡後人，內官各監、司、局及各庫的職掌既定，囑咐「要
在遵守，不可輕改」。《皇明祖訓》確定的各監職掌如下：

神宮監：掌灑掃。

尚寶監：掌玉寶、敕符、將軍印信。

孝陵神宮監：掌灑掃，並栽種一應果木蔬菜等事。

尚膳監：掌供養及御膳，並宮內食用之物；及催督光祿寺造辦
　　　　宮內一應筵宴茶飯。

尚衣監：掌御用冠冕、袍服、履舄、靴襪等事。

司設監：掌御用車輦、床被褥、帳幔等事。

內官監：掌成造婚禮妝奩、冠舄、傘扇、被褥、帳幔、儀仗等
　　　　項，並內官內使帖黃一應造作，並宮內器用、首飾、
　　　　食米、土庫、架閣、文書、鹽倉、冰窖。

司禮監：掌冠婚喪祭一應禮儀制帛及御前勘合賞賜筆墨裱褙書
　　　　畫，管長隨、當差、內使人等出門馬牌等事，並催督
　　　　光祿司造辦一應筵宴。

御馬監：掌御馬並各處進貢及典牧所關牧馬騾等項。

印綬監：掌誥券、貼黃、印信、選簿、圖畫、勘合、符驗、文

99.《日知錄》卷9。

100.《明史》卷74〈職官志三〉。

　　　冊、題本、誥勅、號簿、信符、圖本等項。

　　直殿監：掌灑掃殿庭樓閣廊廡。

　　顯然，各監職掌仍限於酒漿、醢醯、司服、守祧等事項。

　　而太祖之所以不厭其煩地重申此宦官不得干政的禁令，是因為他深深懂得這樣一個道理，即宦官的權勢與影響力的來源，不在於宦官的官職級別，而在於宦官最能揣摩人君的心思，最能影響人君的情緒。太祖說：「閹寺之人，朝夕在人君左右，出入起居之際，聲音笑貌，日接乎耳目，其小善小信，皆足以固結君心。而便僻（即阿諛奉承）專忍，其本態也。苟為所惑而不之省，將必假威福，竊權勢，以干與政事。及其久也，遂至於不可抑。由是而階亂者多矣！朕嘗以是為鑑戒，故立法：寺人不過侍奉灑掃，不許干與政事。」[101]

　　毫無疑問，因為《皇明祖訓》的存在，在重用宦官以監督或制約錦衣衛的事情上，成祖一定經過一番激烈的心理鬥爭。

　　其實，對於宦官的消極作用，成祖本人並非沒有認識。如果說，他一定會從建文帝被左右內侍背叛的先例中得出「背叛君主的宦官會給君主帶來嚴重的威脅」的結論只是作者的猜測，那麼，史書記載下來的有關成祖對宦官危害的論述，應該可以說明問題。

　　永樂五年（1407年）六月，成祖對都察院發表了一番講話。他說：

　　　自昔閹宦弄權，假朝廷之號令，擅調軍馬，私役人民，以逞威福，生事造釁，傾覆宗社者多矣！我太祖皇帝監前代之失，立綱紀，明號令，調發軍馬，必以御寶文書。朕即位以來，一遵舊制，愛恤軍民，首詔天下，一軍一民，不許擅差。複命所司，嚴切禁約。[102]

<hr>

101.《弇山堂別集》卷91。

在說這番話時，成祖提到了一個讓他十分後悔的案例；他還十分坦率地承認自己在任用宦官的問題上犯下的過錯：

> 去年曾命內使李進往山西採天花（一種建築材料），此一時之過，後甚悔之，更不令採。近聞李進詐傳詔旨，偽作勘合，於彼召集軍民複以採天花為名，假公營私，大為軍民之害，及今炎暑之月亦不散遣。計李進所為，與昔之弄權者何異？若後來仿效益多，朝廷威福之柄下移，嗣君何以統治天下？今進所為，所在軍民官都不奏來，此亦與胡（惟庸）、藍（玉）、齊（泰）、黃（子澄）欲壞國家事者何異？[103]

成祖得知李進之事後，立即命都察院委派了兩名御史去山西，將李進等人押回京師，依法從重處置。他說，如果山西都司、布政司與此事有關，要一併鞫治；若有皇親國戚牽涉其中，也絕不寬恕。

但成祖顯然不是一位墨守成規的人。太祖確實在《皇明祖訓》一文中強調，宦官只能勝任酒漿、醯醢、司服等事項，其既定職掌「要在遵守，不可輕改」，但是，太祖也確實開創了讓宦官奉旨行事的先例。因此，在談到「李進案」時，成祖說自己「即位以來，一遵舊制」，絲毫不會覺得有什麼不妥。

事實上，在任用宦官方面，成祖的經驗似乎比太祖更為豐富。「三保太監」鄭和奉命出使西洋一事暫且不論，早在永樂元年二月，他即委派司禮監少監（從四品）侯顯帶著聘書以及錢財等物出使西藏，因為他聽說西藏有一位名叫哈里馬勒的僧人法術高超（「善幻化」），很想見他一面。[104]

102.《明太宗實錄》卷68。

103.《明太宗實錄》卷68。

104.《御定資治通鑑綱目三編》卷5。侯顯，藏人出身，《明史》評析他：「有才

　　七個月後，他又命宦官馬彬等人出使爪哇，將「鍍金銀印一文、綺彩幣三十匹」賜給爪哇西王都馬板。成祖即位之初，這位爪哇西王曾遣人奉表朝貢。馬彬等人後來還帶著禮物出使蘇門答臘諸番國。同月，宦官李興奉旨出使暹羅；[105]十月，宦官尹慶等人奉旨出使滿剌加（今麻六甲一帶）、柯枝（今印度西南部的柯欽一帶）諸國。[106]

　　除了派遣宦官出使外域，成祖甚至嘗試委派他們鎮守地方，監督地方武將。不過，關於這方面的內容，史籍的記載並不完全相同。

　　根據《明史》的記載，永樂元年成祖「命內臣出鎮及監京營軍」。[107]

　　《御批歷代通鑑輯覽》的記載則是，因為登基不久，根基尚淺，成祖對外派武官多有猜忌，因此，在派鎮遠侯顧成、都督韓觀、劉真、何福等人分別出鎮貴州、廣西、遼東、寧夏諸邊之後，於永樂元年十一月，又命懂得謀略的宦官分別去這些地方鎮守。這些宦官被賜予公侯官服，地位在諸將之上。後來，雲南、大同、甘肅、宣府、永平、寧波等地也相繼委派了宦官鎮守。同年，成祖還命宦官監督京營。[108]

　　而據王世貞考證，成祖派宦官鎮守地方的做法始於永樂八年：「其年敕內官馬靖往甘肅巡視，如鎮守西寧侯宋琥處，事有未到處，密與之商議，務要停當，爾卻來回話。」不過，他們的職務僅限於巡視而已，事情結束之後，還要回京彙報，換句話說，他們並非鎮守地方。[109]

　　如果史籍記載無誤，那麼，在派遣鄭和出使西洋的第二天，即永

辨，強力敢任，五使絕域，勞績與鄭和亞。」見《明史》卷304〈鄭和傳〉。
105.《明太宗實錄》卷23。
106.《明太宗實錄》卷24。
107.《明史》卷6〈成祖本紀二〉。
108.《御批歷代通鑑輯覽》卷102。
109.《弇山堂別集》卷90。

樂三年六月十六日，成祖即命宦官山壽率騎兵奔赴雲州之北，與先期趕到那裡的武城侯王聰的人馬會合，探查虜兵的動靜虛實。[110]清代史家認為「宦者典兵自此始」。[111]還有一種說法是，早在永樂七年（1409年），成祖「已令中官刺事」。[112]

無論如何，既然宦官奉命行事始自太祖，成祖又有馭使宦官的經驗，而宦官中也不乏有能力者，那麼，在錦衣衛行事日益放肆、目無綱紀的情形下，委派心腹宦官作為代理人對錦衣衛進行監督，實在是順理成章的事情。

《皇明祖訓》雖有內官諸監職掌「不可輕改」的訓誡，但並非絕對禁止。事實上，「不可輕改」四字既可視為訓誡，亦可視為叮囑。它或許是在暗示後人，在有需要的時候，也可以持謹慎的態度，靈活應變。

五、東廠平衡力

正是在這樣的背景下，成祖設立了中國歷史上最獨特的機構——東廠。關於設立東廠的時間，大多數史籍的記載是永樂十八年（1420年）；《罪惟錄》的記載則是永樂十七年十二月，即掌錦衣衛事都督僉事劉忠擅自將後軍都督府都督程寬逮捕下獄一事發生後，過了大約五個月。[113]

奇怪的是，在東廠初創一事上，官修史籍的態度似乎諱莫如深。《明史》的記載不過一句話而已：「是年（永樂十八年），始設東廠，命中官刺事。」[114]《明太宗實錄》則索性沒有記載。

110.《明太宗實錄》卷43。

111.《御定資治通鑑綱目三編》卷5。

112.《御定資治通鑑綱目三編》卷7。

113.《罪惟錄》帝紀卷之3。

　　根據王世貞所著《弇山堂別集》，以及陳鶴所著《明紀》，東廠的辦事機構位於北京東安門北；東廠的提督者是「中官嬖昵者（即受寵信的宦官）」；其職掌是「緝訪謀逆、妖言、大奸惡等」。 [115]

　　在某種程度上，東廠的設立與遷都北京有關。《明通鑑》的編著者、清人夏燮經過考證，將東廠設立的時間具體到永樂十八年八月； [116] 當時，始建於永樂四年的北京宮殿已接近完工。 [117] 以「察天文、定曆數、占候、推步之事」為職掌的欽天監在這個月上奏稱：「明年正月朔日，宜御新殿。」

　　次月，成祖「詔自明年改京師為南京，北京為京師。取南京各印信，給京師各曹。其在南京者，別鑄，加『南京』二字。」十一月，成祖將遷都的事情詔告天下。十二月，北京郊廟宮殿落成。永樂十九年正月一日，成祖在奉天殿接受朝賀，大宴群臣，北京正式成為新都。 [118]

　　夏燮在《明通鑑》一書中寫道：「（永樂十八年八月）以北京初建，尤銳意防奸，廣布錦衣官校，專司緝訪。復慮外官瞻徇，乃設東廠於東安門北，以內監掌之。自是中官日益專橫，不可複製。」 [119]

　　值得注意的一個細節是，東廠的辦事機構，距離位於東安門外新建的「十三邸」不遠。 [120]

114.《明史》卷7〈成祖本紀三〉、卷304〈宦官傳一〉。

115.《明紀》卷10。

116.《明通鑑》卷17。

117.《明通鑑》卷15。

118.《明紀》卷10。

119.《明通鑑》卷17。

120.《明紀》卷10。「十王邸」可能並非十位親王的府邸，也可能並非十處建築，而是一處專門用來「招待來京朝覲的封國王爵的館驛，是進京宗室王公的臨時住所」。見北京社會科學院歷史所研究員李寶臣撰寫的文章，〈明京師十王邸考──兼論永樂營建北京宮殿總量〉，《北京文博》第37期（2004，

明憲宗成化年間，內閣大學士萬安在一份奏本中寫道：「太宗文皇帝（成祖）建立北京，防微杜漸，無所不用其極。初，令錦衣衛官校暗行緝訪謀逆、妖言、大奸、大惡等事，猶恐外官徇情，隨設東廠，令內臣提督控制之。彼此並行，內外相制。」[121]

顯然，根據萬安與夏燮的說法，東廠與錦衣衛之間的關係是，既互相合作，又互相監督，而且，相對於錦衣衛，成祖更信任東廠。

東廠初設時的建制已無從考證，這裡只能對建制相對成熟時的情況先作簡單介紹，其餘內容將在後文進行補充。

根據《明史》以及《五禮通考》等史籍的記載，提督東廠的掌印太監只有一位，他有可能來自司禮監，有可能來自御馬監，也有可能來自其他內宮監。成化年間，太監汪直用事期間，東廠太監尚銘即來自御馬監。但是，發展到後來，提督東廠的太監主要出自司禮監，往往由「秉筆第二人或第三人為之」。

值得注意的是，在制度上，司禮監的行政級別只有四品，但實際上，司禮監掌印太監的權力與外廷元輔（即內閣首輔）相當；東廠太監的權力與總憲（即正二品都御史）相當；秉筆、隨堂等太監的權力與內閣大學士相當。掌印太監、東廠太監，以及秉筆、隨堂等太監各有私臣，例如掌家、掌班、司房等。[122]

根據《明宮史》的記載，東廠太監持有關防（即印信）一枚，「其敕諭最為隆重：凡內官奉差關防，皆曰『某處內官關防』，惟此處篆文曰『欽差總督東廠官校辦事太監』」，遇上了要祕密上奏的書信，要用此關防鈐封；至天啟四年（1624 年），為了避御諱（熹宗朱由校），關防上的「官校」二字改為「官旗」二字。

北京）。

121.《明憲宗實錄》卷 225。

122.《明史》卷 74〈職官志三〉；《五禮通考》卷 219。

　　東廠太監的私臣，例如掌班、領班、司房等，人數並不確定。比較可信的記錄是，在天啟年間，掌班、領班、司房等有四十多人；他們頭戴圓帽，身著與道袍相似的直身，腳穿厚白鞋底黑色高幫的皂靴。另有管事十二班，他們頭戴圓帽，身著曳撒，[123]腳穿皂靴。還有「擋頭辦事百餘名」，分為子丑寅卯等十二班，他們頭戴圓帽（一說尖帽），身著青色袴褶，[124]腳穿白靴；[125]若立功升職，則改穿黑靴。[126]

　　在擋頭之下，有番役一千多人。擋頭和番役，通常又分別被稱為「檔頭」和「番子」，是頻頻出現於通俗文學作品以及影視作品中的角色。其中，「檔頭」是「役長」，也就是「番子」的上司，主要由「最輕點狡巧」的錦衣衛校尉或者力士充任，但也不乏來自江湖或者綠林的「大俠」。

　　城狐社鼠，是東廠擋頭與番役的重要消息來源。這些流氓無賴以東廠為依託，誆財挾仇。他們打聽到別人的「陰事」後，會偷偷地向擋頭彙報。擋頭則視其事大小，給予他們一筆賞金。在他們的術語裡，這種「陰事」被稱為「起數」，「賞金」被稱為「買起數」。

　　擋頭了解情況後，會帶著番役去嫌犯家，「突入執訊之」。如果對方的賄金讓他們感到滿意，他們會大搖大擺地離開，如不滿意，則「捲治之，名曰乾醡酒，亦曰搬臀兒，痛楚十倍官刑」。如果對方能交代出更大的案情，牽扯出更重要的人物，也會給他們一筆可觀的賞金，並且不追究他們的罪責。

　　若勒索不成，賄金不足，或者線報無用，擋頭、番役會立即稟報

---

123. 確切地說，「曳撒」二字本應分別是「衤＋曳」與「衤＋散」；其制後襟不斷而兩傍有襴。

124. 「袴褶」的「袴」字，本應是「衤＋旋」；它是明代男子穿的一種短裙。

125. 《酌中志》卷 16。

126. 《萬曆野獲編》卷 21。

皇帝，將嫌犯打入北鎮撫司監獄。而北鎮撫司監獄共有刑具十八種；其慣例是，嫌犯入獄後，每種刑具必用一遍。因此，若無人關照，一旦進了北鎮撫司監獄，「立死矣」。

東廠番役主要有兩項任務：其一是「聽記」，即監督內府會審大獄以及北鎮撫司拷訊重犯；其二是「坐記」，即前往其他官府和各個城門進行搜訪。

除了城狐社鼠，許多胥吏也是東廠的眼線。他們會將重要消息上報擋頭或者番役；這就是東廠術語所謂的「打事件」。如果事情緊急，擋頭和番役有權夜訪東華門，從門縫中投遞情報，由專人立即轉送皇帝。因此，「事無大小，天子皆得聞之。家人米鹽猥事，宮中或傳為笑謔。上下惴惴，無不畏打事件者。」

東廠官署的情形大致是：在官署的大門上、屋簷下（也有可能在官署的大廳裡），懸掛有匾額一塊，上書「朝廷腹心」四字。這塊匾額是在萬曆年間經東廠太監馮保所請而設。[127]大廳的左邊有一個小廳，裡面供奉了一幅岳武穆——忠義精神的化身——的畫像。在廳後的磚影壁上，雕刻了狻猊等猛獸的形狀，以及狄梁公斷虎的故事。在大廳的西邊有一座祠堂，供奉了所有已故東廠太監的牌位，前設有一坊曰「百世流芳」。南邊有一處監獄，「凡重犯則繫獄，輕犯干連則在署外之店也」。另外，出入東廠一般走西南門，「南大門未嘗輕開也」。[128]

在東廠的建制中，還設有兩名「掌刺緝、刑獄之事」的貼刑官，其人選主要來自錦衣衛。其中，掌刑官由千戶擔任，理刑官則由百戶擔任。[129]根據《大明會典》的記載，凡緝訪京城內外奸宄，如果是錦衣衛掌印官奉旨辦事，則「領屬官二員，旗校八十名」；如果是東廠太

127.《欽定日下舊聞考》卷39。

128.《明宮史》卷2。

129.《明史》卷95〈刑法志三〉。

監奉旨緝訪，則「別領官校，俱本衛差撥」。⬛

　　除了緝訪奸宄，在會審大獄以及北鎮撫司拷訊重犯期間派人聽審，並且在當晚或者次日早上將供詞以及刑訊記錄呈給皇帝之外，東廠的職責還包括，每日造訪兵部，查看是否有重要的人事變動，是否有重要的堂報，以及在京城及皇城各門巡察關防出入情況。除此以外，「地方失火，或雷擊何物，亦奏聞之」，每月晦日（即每月最後一日），則「奏報在京雜糧、米、豆、油、麵之價」。⬛

　　其中，向皇帝彙報京師的物價情況，是東廠肩負的一項十分重要的職責，因為對皇帝來說，了解了物價之貴賤，就能了解農歲之豐歉。此外，發生在皇城禁地的殺人案件，東廠也要過問。

　　查閱史籍，不難發現這樣一個現象，即自東廠設立至永樂二十二年七月成祖去世，錦衣衛似乎沒有發生重大的違反綱紀事件。究其原因，東廠對它的監督或者制約，應該起到了一定的作用。

　　但是，在成祖去世之後，這兩個機構的關係發生了它們的創始人不願意看到的變化。得寵的宦官可以將子侄安排進錦衣衛擔任高職，而他們往往擔任世襲職務，而非流官；久而久之，東廠太監與錦衣衛官員表裡為奸，擅作威福，「而於禁門守衛一切，置之不問」。此外，宦官還經常私自役使錦衣衛官校，以至於錦衣衛人手缺乏，有時為了應付點閱以及巡警任務，甚至不得不雇用市井無賴或者乞丐充數。⬛

六、錦衣衛下西洋

　　其實，在東廠設立前，錦衣衛與宦官的合作早已開始。

　　前文已經提到，在洪武年間，錦衣衛因為具有儀仗職能，與禮部

130.《大明會典》卷 180。

131.《明宮史》卷 2。

132.《欽定歷代職官表》卷 43。

的關係十分密切，再加上他們時常陪伴在太祖的身邊，因而不時會臨時受命，代表太祖去處理一些民族與外交事務。到了永樂年間，他們的外交職能變得更為重要；在相關的事件中，最引人注目者，莫過於鄭和下西洋。

在《明史・宦官列傳》中，鄭和是排名第一的人物，但這並沒有完全體現出他的重要性，因為他只是作為明代第一位最重要的宦官而被載入史冊。換句話說，他的宦官身分限制了他應得的歷史地位。不過，西方學者更願意將注意力投注到他的航海壯舉中，而非他肉體上的缺陷；因此，在國際航海史、宗教史、經濟史，乃至全球史上，鄭和已經享有崇高的聲譽。例如，二十世紀印尼著名政治家、傑出的伊斯蘭教學者哈姆卡 (Hamka) 認為，鄭和對東南亞的伊斯蘭教事業的發展產生了重大影響；**133** 美國加州大學的歷史學家理查・馮・葛蘭 (Richard von Glahn) 則認為，鄭和「重塑了亞洲」。**134**

鄭和的家族原是效忠元朝的回民，世居雲南。燕王遠征雲南期間，其家族成員基本全部死於戰事，年幼的鄭和被俘，後淨身當了宦官，在燕王身邊聽用。因參與靖難有功，成祖即位後，將其擢升為太監（正四品）。**135**

永樂三年六月，成祖命三十五歲的鄭和以及宦官王景弘等人「通使西洋」。

《明通鑑》記載說，成祖之所以派鄭和通使西洋，是因為「建文帝之出亡也，有言其在海外者，上命（鄭）和蹤迹之」。同時，成祖還想借此機會「耀兵異域，示中國富強」。於是，鄭和、王景弘等率領將士三萬七千餘人出航（《明史》的數據是二萬七千八百餘人）：

133.Rosey Wang Ma, "*Chinese Muslims in Malaysia: History and Development*".

134.Richard Gunde, "*Zheng He's Voyages of Discovery*".

135.《明史》卷 304〈鄭和傳〉。

多齎金幣，造大舶，修四十四丈，廣十八丈者六十二，自蘇州
劉家河泛海至福建。自福州五虎門揚帆，首達占城，以次遍歷
西南洋諸國，宣天子詔，因給賜其君長，使之朝貢，有不服者
則以兵懾之。[136]

　　隨行將士不乏來自錦衣衛的武官及校尉，其中包括王復亨、李滿、
劉海、馬貴等四名錦衣衛指揮僉事（正四品）。如果《明太宗實錄》記
載無誤，王復亨等四人原本分別只是正千戶（正五品）、副千戶（從五
品）、總旗（管領軍士五十人）和小旗（管領軍士十人），但是，在通
使西洋的使團乘船下海前，全部被火速擢升為錦衣衛指揮僉事。[137]

　　此後，鄭和又率使團六下西洋，時間分別是永樂六年九月，永樂
七年九月，永樂十一年（1413年）十一月，永樂十五年（1417年）五
月，永樂十九年正月，以及宣宗宣德五年（1430年）十二月。

　　這幾次出使活動都有錦衣衛官校隨行。他們中不少人回國後都因
為出使有功而晉升官職。例如，永樂九年（1411年）正月，馬貴再一
次晉升，當上了錦衣衛指揮同知（從三品），「錄其使西洋古里等處勞
績也」。[138]但不幸者也大有人在，錦衣衛千戶楊真即是一例。跟隨鄭和
出使至錫蘭山國（今斯里蘭卡）後，他去世了。永樂十四年九月，成
祖「錄其功，故陞用其子」，將楊真的兒子楊榮提拔為錦衣衛指揮僉
事。[139]

　　出使西洋的過程確實危機重重，除了難以控制的天災，還有不可
預料的人禍。史書記載了鄭和等人在蘇門答剌國遇到的驚險一幕：某
年某月，具體時間不詳，明朝使團抵達蘇門答剌國。鄭和將錢幣、絹

136.《明通鑑》卷14。
137.《明太宗實錄》卷43。
138.《明太宗實錄》卷112。
139.《明太宗實錄》卷180。

帛等物賜給國王宰奴里阿必丁。前「偽王」的兄弟蘇干剌因為痛恨宰奴里阿必丁奪其王位，「且怒使臣賜不及己」，於是領兵數萬造反，與支持國王的軍隊激戰。鄭和率領隨行明朝將士支援國王宰奴里阿必丁，最終俘虜了蘇干剌及其他賊首，並將他們帶回國。成祖聽取了兵部尚書方賓的建議，命刑部按「大逆不道」的刑法處死了賊首蘇干剌等人。永樂十三年九月，蘇門答剌國王遣使朝貢，成祖命人將蘇干剌等賊首的人頭交給了對方。在這起事件中有功的將士都受到褒獎；例如，世襲錦衣衛正千戶陸通、張通等人都被擢升為流官錦衣衛指揮僉事。⓾

七、國戚勢力

成祖在位期間，還發生了另外幾件十分有趣的事情。

永樂十六年（1418 年）二月，五十八歲的成祖下發了一道奇特的諭旨，命比他小十一歲的異母兄弟、蜀王朱椿將第四個女兒江津郡主下嫁給錦衣衛百戶管能，將第七個女兒蒲江郡主下嫁給錦衣衛百戶雷安，將第八、第九和第十一個女兒（她們都是郡主）分別下嫁給其他三位職務不明的人。由於該三位職務不明者在諭旨中的排名位於雷安之後，可以推斷其官職不會超過正六品百戶。⓾幾位郡主的封號都是成祖在一年前賜予的。⓾

這道諭旨的奇特之處有三：其一，皇帝為百戶賜婚；其二，皇帝命一位親王同時下嫁五位女兒；其三，五位郡主下嫁的對象，官職最高不過百戶。

朱椿被封為蜀王的時間，是洪武十一年，當時他只有七歲。與他同時封王的還有湘王朱柏、豫王朱桂、漢王朱楧，以及衛王朱植，分

140.《明太宗實錄》卷 168。

141.《明太宗實錄》卷 197。

142.《明太宗實錄》卷 192。

別是七歲、四歲、兩歲和一歲。

在這幾位親王中，蜀王與成祖的關係非常良好。成祖登基之後不久，蜀王就來朝相賀。成祖稱其為「賢弟」，對其有「天性仁孝，聰明博學，聲聞卓著，軍民懷服」的評價。[143]自此之後，成祖基本每年都對其有所賞賜。如果蜀王身體有恙，成祖會囑其加意調養。

對於成祖的恩德，蜀王也竭誠相報。他做過的最重要的一件事是，於永樂十四年七月密遣二女婿顧瞻進京，奏報自己的嫡親弟弟谷王朱橞「謀不軌」。[144]成祖對蜀王的密報褒獎有加；次年二月，三十八歲的谷王被廢為庶人。[145]永樂二十一年（1423 年）三月，聽到蜀王去世的消息，成祖「哀悼之，輟視朝七日，賜祭諡曰『獻』。」[146]

因此，成祖可能並非基於懲罰的目的而命蜀王下嫁五女。事實上，早在永樂四年九月，成祖同父同母的親弟弟周王朱橚亦曾奉旨將第六個女兒榮陽郡主下嫁給錦衣衛百戶張福的兒子張義。[147]

要說懲罰，在成祖於永樂十五年三月將懿文皇太子朱標的第二個女兒（建文帝的這位妹妹本應是公主的身分）封為宜倫郡主，並命她嫁給錦衣衛百戶于禮的時候，或許存在這種心理。[148]不過，因為成祖篡改了自己的生母的身分，認了馬皇后（即朱標的生母）為自己的生母，在家譜上，他已經順理成章地成為宜倫郡主的嫡親皇叔，因此，在他做出這個決定時，懲罰的成分到底有多大很難判斷。在一般情況下，尤其是當帝位已經穩固時，作為人君的皇帝是不會以失去人心為

143.《明太宗實錄》卷 12。
144.《明太宗實錄》卷 178。
145.《明太宗實錄》卷 185。
146.《明太宗實錄》卷 257。
147.《明太宗實錄》卷 59。
148.《明太宗實錄》卷 186。

代價，而做出一些於己無利的事情。

　　由於管能、雷安、于禮等人的身世無從考證，我們無法進一步分析，成祖為他們指婚，讓尊貴的郡主嫁給他們，到底是基於何種考慮。根據明制，郡主的丈夫被稱為儀賓，一般都被賜予從二品中奉大夫的勳階。

　　幾位儀賓是否從此會過上幸福安逸的生活並非本書的重點。在錦衣衛的歷史上，這幾道諭旨應該具有不同尋常的意義，因為它可能開啟了皇親國戚與錦衣衛直接聯姻的先河。從明穆宗開始，甚至有三位皇帝直接與錦衣衛結為親家。

　　穆宗朱載垕尚是皇子時，娶了錦衣衛百戶李銘的女兒為妃；可是，李妃命薄，她在丈夫即位之前薨逝；穆宗即位之後，顧念舊情，追諡她為孝懿莊皇后。穆宗的兒子、神宗朱翊鈞成年之後，則直接冊封錦衣衛指揮使王偉的長女為皇后，她就是頗具賢名的孝端顯皇后。神宗的長子光宗朱常洛即位之前，也娶了一位錦衣衛家庭出身的妻子，她就是錦衣衛指揮僉事郭維城的次女，亦即孝元皇后郭氏。

　　至於間接聯姻，武定侯郭英的家族是值得一提的例子。洪武三年，太祖大封功臣，共計封了六位公爵，二十八位侯爵；郭英即是侯爵之一。[149] 他的長孫女嫁給了成祖的太子朱高熾（未來的仁宗）。永樂九年三月，他的孫子郭玹被擢升為錦衣衛指揮僉事。[150] 郭玹後來襲爵武定侯，於正統十二年（1447 年）七月去世。同年年底，其子郭聰進入錦衣衛，擔任指揮僉事一職。

　　不過，在成祖永樂年間，類似郭玹這樣的皇親錦衣衛官員，一般還只是在錦衣衛「帶俸」而已，他們只在錦衣衛領取俸祿，並不視事。換句話說，他們的官職還只是虛職。但這種情況在後來有了改變。

---

149. 《明史》卷 68〈輿服志四〉。

150. 《明太宗實錄》卷 114。

八、被冷落的馴象所

　　另外一件有趣的事情與成祖的個性或者經歷有關。或者也可以說，通過這件事情，我們可以看到皇帝的個性或者經歷對重要機構的歷史產生的影響。

　　這件事涉及到錦衣衛的儀仗職能。永樂二年五月，在太祖祭日的頭一天，成祖赴孝陵主持祭祖，有錦衣衛請成祖示下有關法駕的相關事宜。成祖的回答是，明日是皇考的「升遐之日」（即祭日），「正屬感慕之時，何用法駕？非為闢除道路，則前導騎士亦可不用」。[151]

　　對於這段史料，人們的理解可能會有所不同。有人可能認為，成祖對太祖未將帝位傳給自己心有不滿，因而不重視祭祖儀仗，但更合理的解釋應該是，成祖的戎馬生涯使其養成務實的個性，做事以效率為先，而非排場。而且，成祖可能認為祭祖一事在很大程度上是個人的事情，無關國家社稷，因而更重視個人「感慕」，而非「法駕」的規格。

　　事實上，在涉及皇家尊嚴的場合，成祖對禮制並不含糊。永樂元年五月，在為太祖及孝慈高皇后（即馬皇后）舉行「尊謚儀」時，成祖即嚴格依照既定禮制行事。最終，太祖的尊謚被定為「太祖聖神文武欽明啟運俊德成功統天大孝高皇帝」，馬皇后的尊謚被定為「孝慈昭憲至仁文德承天順聖高皇后」。[152]

　　成祖在祭祖一事上不講究儀仗，在很大程度上是為了不擾民。因為務實的個性使然，再加上皇位得之不易，成祖即位之初，戰戰兢兢，自謂「不敢輕役一民」。

　　《皇明典故紀聞》記載的一個案例是，某日，成祖聽聞某位宦官

151.《明太宗實錄》卷31。
152.《明太宗實錄》卷20。

在應天府私役工匠，即召來府尹向寶，並譴責他說：

> 數年軍旅供給，加以權豪橫肆，百姓艱難，京師為甚。既令爾
> 牧民，當體國家愛民之意，正直不阿，矜恤保庇，庶幾民可休
> 息。宦者，宮禁使令之人，非有重權，汝何用畏之？而輒聽其
> 役民略不之拒？汝為京尹，朝夕在朕左右，尚畏如此，若在遠
> 外，任小官職，當如何畏之？

最終，那位宦官被逮捕下獄。成祖斥責他說：「朕為天子，不敢輕
役一民，汝何人，敢擅役之？」命錦衣衛懲治之。[153]

洪武二十四年設立的錦衣衛馴象所，在永樂年間似乎也不太受重
視。某日，成祖從戶部官員那裡聽聞御馬監宦官曾索取食穀餵養白象
一事後，曾說道：「此所謂率獸食人者，勿聽。」他立即召見了御馬監
太監，並斥責他們說：

> 汝輩坐食膏粱，衣輕暖，豈知百姓艱難？計象一日所飼穀，當
> 農夫數口之家一日之食。朕為君，職在養民，汝輩不令朕知而
> 為此事，是欲朕失天下心。如復敢爾，必誅不宥。[154]

因為個性以及時代背景不同，有的皇帝就比較重視馴象所的職能，
例如明英宗。英宗正統十二年，明朝出征麓川（今屬雲南，時產大象；
後文將提及麓川之役），麓川土司思機發敗逃，於是，英宗命思機發的
兄弟招寶來朝，賜其月糧房屋，安排他和他的隨從都在錦衣衛馴象所
任職。英宗想通過這種方式「招徠思機發也」。[155]

明人劉侗、于奕正撰寫的《帝京景物略》一書，提到了在馴象所

153.《皇明典故紀聞》卷 6。

154.《皇明典故紀聞》卷 6。

155.《明英宗實錄》卷 154。

服役的象奴為馴象洗澡的情節，十分生動有趣：

> 三伏日洗象，錦衣衛官以旗鼓迎象出順承門，浴響閘。象次第
> 入於河也，則蒼山之頹也，額耳昂回，鼻舒紏吸噓出水面，矯
> 矯有蛟龍之勢。象奴挽索據脊，時時出沒其鬐。觀者兩岸各萬
> 眾，面首如鱗次貝編焉。然浴之不能須臾，象奴輒調御令起，
> 云浴久則相雌雄，相雌雄則狂。[156]

馴象主要用於禮儀環節。例如，根據〈即位禮儀〉，皇帝即位時，
須動用六頭馴象。

九、外族錦衣衛

最後要提及的一件事情與三位錦衣衛指揮僉事的人選有關。

第一位是伍醜驢。根據《明太宗實錄》的記載，他本是一位「韃
靼頭目」。而據《明史》，「韃靼」一詞在明朝專指蒙古，即「故元後
也」。[157]因此，伍醜驢原本應該是蒙古某個部落的頭目。洪武三十五年
十一月，他從涼州（今甘肅西北部）來朝，被成祖任命為錦衣衛指揮
僉事。[158]

另外兩位是掃忽兒以及察思吉朵羅赤。永樂三年九月，他們由錦
衣衛千戶晉升為錦衣衛指揮僉事。[159]而他們被任命為錦衣衛千戶的時
間，應該不會早於永樂三年正月。根據《明太宗實錄》的記載，正是
在這個月，成祖「賜來歸韃靼頭目察思吉朵羅赤等銀鈔、文綺、襲
衣」；[160]換句話說，他們在這個月歸降。

156.《帝京景物略》卷 2。

157.《明史》卷 327〈韃靼傳〉。

158.《明太宗實錄》卷 14。

159.《明太宗實錄》卷 46。

　　關於上述三位錦衣衛指揮僉事，史籍沒有更多的記載，唯一可以確定的是，他們都是歸降的蒙古人。

　　對於歸降的蒙古部落首領，太祖和成祖似乎有一套幾乎成為定制的做法，即委任他們擔任指揮僉事一職，只不過有的擔任都督僉事（正二品），有的擔任都指揮僉事（正三品），有的擔任衛指揮僉事（正四品），大概是依據其部落大小以及歸降人數及財產的多寡而定。例如，永樂三年，蒙古部落首領巴圖帖木兒，偕同另一位首領倫都兒灰，率「妻子及部落五千、馬駝萬六千」歸降，即分別被成祖授予了右軍都督僉事以及後軍都督僉事的官職，還分別被賜予了漢名「吳允誠」和「柴秉誠」。蒙古部落首領阿魯哥失里歸降後則被授予大寧都指揮僉事一職。洪武年間，故元樞密知院瓚住的兒子歸降後，即被太祖授予會州衛指揮僉事一職，並賜名「滕定」。　[161]

　　顯然，對於在軍事上頗為自信的太祖和成祖來說，將歸降的蒙古部落首領編入五軍都督府，有利於執行其軍事征伐或者軍事防禦的戰略，甚至還可以借助他們制約那些桀驁不馴的漢族將領。比較值得探尋的問題是，為何要任用蒙古人擔任親軍錦衣衛的高官？

　　正如前文已經提及的，洪武二十一年十月，太祖命錦衣衛指揮使答兒麻失里迎接前來歸降的故元右丞火兒灰、副樞以剌哈、尚書答不歹等人，因此，任用少數民族首領擔任錦衣衛高官，並非成祖的首創。

　　上面這個問題的答案與明朝的政治現實有關：因為明朝疆域廣闊，民族眾多，而且，許多民族的語言和習俗迥異。毫無疑問，如果能夠任用來自不同民族的人才（尤其是部落首領）在錦衣衛任職，那麼，在需要他們代表皇帝去處理民族與外交事務的場合，特別是涉及「禮儀」的場合，就可以避免矛盾，從而更有效地推動王化。另外，在少

160.《明太宗實錄》卷38。

161.《明史》卷156〈滕定傳〉。

數民族聚居的地區執行「緝訪謀逆、妖言、大奸惡等」任務時，也更為方便。

　　事實上，除了蒙古人，在錦衣衛中任職的武官確實還有不少來自其他少數民族的人。例如，西番人（即西羌人）李昇曾在天順年間擔任錦衣衛指揮同知（從三品）一職。[162]會昌侯孫繼宗（明英宗的舅舅）的女婿女真人武忠曾擔任錦衣衛指揮使。據說，武忠身材魁偉，精於騎射，他曾陪同給事中張寧一起出使朝鮮。在朝鮮閱兵時，他還表演了兩手絕活，其一是同開兩張硬弓，並將兩張弓都拉折，其二是引弓射落橫空而過的老鷹；「（朝鮮）國人大為懾服」。[163]

162.《明史》卷 156〈李英傳〉。

163.《明憲宗實錄》卷 85。

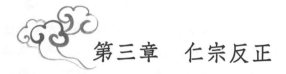

第三章　仁宗反正

六十四歲的成祖不知老之將至。永樂二十二年四月，他讓四十六歲的太子朱高熾監國，自己則率師離開北京「親征胡寇」。不過，至遲在三個月後，他已經知道，這將是他人生中最後一次北征。

成祖即位之後，親征胡寇共計五次。前三次分別在永樂七年、永樂十二年以及永樂二十年（1422年）。第四次發生在永樂二十一年：八月，成祖率師離京；九月，宿敵阿魯台敗於瓦剌，部落潰散；十一月，北征軍回京。次年正月，阿魯台再犯大同等地，成祖決定再次北征。

但是，對於一支連年遠征的軍隊來說，五個月的修整時間不足以養精蓄銳。隨同成祖出征的文淵閣大學士金幼孜在《後北征錄》一書中用了「中道兵疲」四個字來形容這支軍隊的狀態。但疲勞的又何止北征將士？

根據金幼孜的記載，北征軍抵達開平之日，成祖對金幼孜和楊榮二人說，他一再夢到有神仙告誡自己上天有好生之德，不知有何寓意？楊、金二人深知成祖心意，回答說，陛下北征之舉，固然意在除暴安民，「然火炎昆岡，玉石俱毀」，還請陛下明察。這正是成祖想要的回答，「即命草詔，招諭諸部還軍」。

七月十四日，回朝大軍在翠微岡紮營。成祖在行軍帳篷裡憑几而坐，神色萎靡。他問隨行的御馬監少監（從四品）海壽大概何日可以回到京師，海壽答曰八月中旬可至。成祖點了點頭，對站在身邊的楊榮、金幼孜等人說：「東宮太子（朱高熾）歷涉年久，政務已熟，回京

之後，朕要把軍國大事都交給他。朕也該享享清福了！」[1]

　　但他還是高估了自己的身體狀況。三日後，回朝大軍紮營榆木川（位於翠微岡東南，今内蒙海拉爾某處）。成祖已知自己大限將至，遺詔傳位太子朱高熾，並叮囑禮部官員：「喪服、禮儀，一遵高皇帝遺制。」據說，當晚「大星赤光」、「眾星搖動」。

　　次日，成祖駕崩。楊榮、金幼孜以及太監馬雲等人「以六師在外，祕不發喪，熔錫為椑（即棺材）以斂」。待成祖遺體入殮後，他們將錫工全部滅口，棺材置於龍輦之中，「所至，御幄、朝夕起居、上食如常儀」。另一方面，楊榮與海壽「奉遺命馳訃皇太子」。[2]讓心腹宦官與朝中大臣互相監督，以確保遺詔能夠執行，這是成祖的萬全之策。

　　八月二日，楊榮與海壽趕至京師，將成祖駕崩的消息及遺詔告知太子，太子「苦慟幾絕」，派二十六歲的皇太孫（即未來的宣宗）去開平迎喪。十三天後，即八月十五日，太子朱高熾順利登基，史稱「仁宗」。[3]

一、刑獄清風

　　在明清史家的眼中，仁宗確實配得上「仁」的稱號。即位不久，他就釋放了所有已發配為奴的建文帝諸臣家屬，並歸還其被籍沒的田產。在政事方面，他裁汰冗官，強令年滿七十的文臣退休，改革財政，重用儒臣，復設「三公」與「三孤」，[4]將太子少傅的官職授予楊榮，將太子少保的官職授予金幼孜與楊士奇。用世宗朝史家李維楨的話說：

1.《明太宗實錄》卷 273。

2.《國榷》卷 17。

3.《國榷》卷 18。

4.「三公」指太師、太傅、太保；「三孤」指少師、少傅、少保，是「三公」的副職。

「二祖以馬上得天下，帝（仁宗）所習見，固不欲以馬上治天下也。」**5**

仁宗對太祖和成祖刑罰過重的做法不以為然，對包括錦衣衛、東廠在內的執法者的枉法作為也有頗多不滿。他甚至質疑皇帝有「法外用刑」的權威。他說：

> 刑者所以禁暴止邪，導民於善，非務誅殺也。吏或深文傅會，以致冤濫，朕深憫之。自今其悉依律擬罪。或朕過於嫉惡，法外用刑，法司執奏。五奏不允，同三公、大臣執奏，必允乃已。諸司不得鞭囚背及加人宮刑。有自宮者以不孝論。非謀反，勿連坐親屬。古之盛世，采聽民言，用資戒儆。今奸人往往摭拾，誣為誹謗，法吏刻深，鍛鍊成獄。刑之不中，民則無措，其除誹謗禁，有告者一切勿治。**6**

可以想像，如果仁宗執政時間可以更長久一些，並且可以將上面這番話的精神貫徹始終，那麼，錦衣衛甚至整個明朝的歷史都將是另外一種局面，但他即位僅十個月就離開了人間。在這十個月的時間裡，錦衣衛的建制發生了重大變化，這些變化與仁宗的遷都心願有關。

仁宗還是皇太子時，幾乎一直居住在南京。相對於北京，他更喜歡南京的文化，這一點可以從他對待儒臣的態度方面做出初步推斷。更重要的原因是，他不願意繼續成祖「以武治國」的方針。成祖每一次北征，他都被委任為監國，因此，他十分清楚北征的代價。他本人的性格也更為溫和，更喜歡發展經濟和文化，而不是通過武力建功立業。他更傾向於依賴文臣，而不是武臣。因此，他聽從了將被他重新任命為戶部尚書的夏原吉（他曾因阻止成祖北征而下獄）的建議，**7**

---

5. 《國榷》卷 18。

6. 《明史》卷 8〈仁宗本紀〉。

在即位當日做出了「罷西洋寶船、迤西市馬及雲南、交阯採辦」的決定，撤銷了過於勞民傷財的擴張性戰略。一個月後，他再下諭旨，停止無償徵用百姓物資的做法，表示要按市價購買，「有科派病民者，罪不宥」。[8]

在仁宗看來，遷都南京可能有助於從根本上扭轉以往的擴張戰略，可以更有效地刺激經濟和文化的發展。洪熙元年（1425 年）三月，他遷都決心已定，下詔恢復北京諸衙門「行在」的稱謂。於是，北京錦衣衛又變成了「行在錦衣衛」。[9]

在人事方面，仁宗即位僅兩日，就有了調整。原錦衣衛指揮僉事王節被擢升為錦衣衛指揮使。[10]王節是山東鄒平縣人，洪武中起身行伍，累從征伐，升為旗手衛千戶。因為追隨成祖征伐有功，他改調錦衣衛任職。兩個月後，仁宗又將原錦衣衛指揮使劉昊、原錦衣衛指揮僉事袁麟分別外調為浙江觀海衛指揮使，以及浙江寧波衛指揮僉事；將原荊州右衛指揮使鍾信調任為錦衣衛指揮使。[11]王節與鍾信都是「行在錦衣衛指揮使」（即北京錦衣衛指揮使）。

洪熙元年二月，南京錦衣衛指揮使的人選也確定下來，由原錦衣衛指揮同知張禎升任；原指揮僉事徐斌被擢升為南京錦衣衛指揮同知。[12]仁宗以皇太子的身分在南京監國期間，與張禎和徐斌有過接觸。

在這幾位錦衣衛指揮使中，王節是最值得注意的人物，因為在整個洪熙年間，以及整個宣德年間，他一直在這個職位上。

---

7. 夏原吉事，見《明史》卷 149〈夏原吉傳〉。

8.《明通鑑》卷 18；《明仁宗實錄》卷 8。

9.《明通鑑》卷 18；《明仁宗實錄》卷 8。

10.《明仁宗實錄》卷 1。

11.《明仁宗實錄》卷 3。

12.《明仁宗實錄》卷 7。

　　還有一個人物值得注意。他就是任啟，錦衣衛北鎮撫司三朝老臣。成祖在世時，他已經是北鎮撫司鎮撫。仁宗將他擢為指揮僉事，命其繼續掌理北鎮撫司事。宣宗即位後，他晉升為指揮同知，仍掌北鎮撫司事。[13]英宗即位後不久，他被調往陝西，以都指揮使的身分掌陝西行都司事。

二、勳戚供養所

　　從仁宗朝開始，錦衣衛作為勳戚子弟供養所的特徵日益明顯。仁宗（他的生母是成祖的正妻徐皇后）即位四個月後，就賜予了他的表兄弟，亦即成祖的外甥，中山王徐達的孫子徐景璜、徐景瑜等人南京錦衣衛世襲指揮僉事或者正千戶等官職。[14]不過，英國公張輔的家族似乎是更值得一提的案例。

　　英國公張輔是張玉的長子。張玉原本是元朝樞密知院，後歸降太祖，因功被任命為安慶衛指揮僉事，後調任燕山左護衛。張玉為人驍果，善於謀劃，深得燕王信任。靖難過程中，他功勳卓著，先定北平，再敗耿炳文，又敗李景隆。在建文二年的東昌一役中，他在格殺數十人之後不幸重傷而死。據說，燕軍因為他的去世而失了銳氣，成祖也因為在艱難之際「失吾良輔」而「泣下不能止」。[15]

　　張玉死後，長子張輔承襲其父都指揮僉事的官職，繼續跟隨燕王征戰，立下不少戰功。成祖即位後，追贈張玉為榮國公，封張輔為信安伯。三年後，張輔進封為新城侯。永樂六年，因戰功再進封為英國公。[16]

13.《明仁宗實錄》卷4；《明宣宗實錄》卷64。

14.《明仁宗實錄》卷5。

15.《明史》卷145〈張玉傳〉。

16.《明史》卷154〈張輔傳〉。

　　張輔有一個姐姐嫁給了成祖。永樂七年二月，即張輔被封為英國公的次年，他的姐姐被冊封為貴妃，即昭懿貴妃張氏。張輔還有一個女兒嫁給了仁宗。洪熙元年三月，張輔雙喜臨門，他的女兒被冊封為貴妃，即張敬妃，**17** 先父張玉則被追封為河間王。**18**

　　此前一月，即洪熙元年二月，他的堂兄兵部左侍郎張信改任世襲錦衣衛指揮同知。《明史》記載了這起人事變動背後的故事：某日，仁宗關切地詢問張輔，是否有兄弟可以加恩？張輔叩首說，張軏、張軌二人蒙受聖恩，充任近侍大臣，然而為人都過於奢侈浮華，但堂兄侍郎張信賢良，可以任用。於是仁宗召見了張信，淡淡地問了一句：「你就是英國公（張輔）的兄長嗎？」張信稱是。仁宗拿了一頂武官的官帽給他戴上。**19**

　　從官級上說，兵部左侍郎是正三品，錦衣衛指揮同知是從三品，這次調任似乎是貶職。但事實並非如此。原因在於：左侍郎是流官，仁宗授予張信的卻是可以世襲的官職；再者，錦衣衛的升遷機會多於六部，因為六部的尚書（正二品）一般只有一位，侍郎（正三品）一般只有兩位，而在錦衣衛系統，無論是正三品的錦衣衛指揮使，還是正二品的都指揮使，都可以有很多位。事實上，五個月後，張信就被擢升為行在錦衣衛指揮使。**20**

　　明人談遷從另一個角度解釋了這次明降暗升的人事變動：「少司馬（即兵部侍郎）位不薄，竟轉環列（侍衛武官），當時右武故也（即武官更受重視）。」**21**

---

17. 仁宗去世後，共有五名妃子陪葬，張敬妃因為是勳舊之女而得以倖免。

18. 《明通鑑》卷18。

19. 《明史》卷145〈張玉傳〉。

20. 《明宣宗實錄》卷3。

21. 《國榷》卷18。

　　英國公張輔有兩位兄弟，即大弟張輗，以及小弟張軏。堂兄張信改調錦衣衛時，張輗已經是神策衛指揮使，張軏則是錦衣衛指揮僉事（正四品）。[22]

　　張輗後來也調入錦衣衛。正統十四年（1449 年）九月，景帝即位後不久，將他擢升為錦衣衛帶俸都督僉事（正二品），專領護駕將軍。[23]六年後，又將他擢升為右都督（正一品）。張軏的晉升之路也十分通暢。正統九年（1444 年）十二月，他被擢升為錦衣衛都指揮僉事（正三品），「在京督操」；兩年後又升為錦衣衛帶俸都督僉事。他也在景帝朝被擢升為右都督。

　　張輗、張軏兄弟都背叛了景帝。天順元年（1457 年）正月，兄弟二人因為參與「奪門之變」（後文將提及此事）有功，分別被英宗封為文安伯和太平侯。他們的兄長張輔早在正統十四年已死於「土木堡之變」（後文將提及此事）。由於事先沒能阻止英宗北巡，又沒能在「土木堡之變」前夕制定明智的策略以阻止悲劇的發生，張輔受到《明英宗實錄》的監修官、同樣具有國戚身分的四朝重臣孫繼宗的指責。

　　張氏兄弟的子嗣在錦衣衛都有世襲職位。天順元年正月，張軏的兒子張瑾被任命為錦衣衛帶俸指揮同知；次月，張輗的兒子張斌改調勳衛，帶刀隨侍聖駕。天順二年九月，張輔的孫子張傑，被任命為錦衣衛所鎮撫。

　　不過，在錦衣衛的歷史上，張氏家族的勢力並非最為顯赫，至少會昌伯孫忠一族的勢力就不在他們之下。

　　孫忠的女兒是最受宣宗（仁宗長子）寵愛的孫貴妃。宣德三年（1428 年），宣宗的皇后胡氏被打入冷宮，孫貴妃升為皇后。更重要的是，無論實情如何，至少在朱氏譜系上，孫皇后是明英宗的生母。

22.《明史》卷 145〈張玉傳〉。

23.《明英宗實錄》卷 182。

　　孫忠有五個兒子，長子即是上文提到的孫繼宗，另外四個兒子是紹宗、顯宗、續宗，以及純宗。因為與英宗存在甥舅關係，孫繼宗對張輔的指責，在一定程度上可能存在感情用事的成分。事實上，會昌伯孫忠也沒能阻止他的外孫任性胡來。

　　景泰三年（1452 年）九月，孫忠去世，孫繼宗承襲會昌伯的爵位。天順元年正月，英宗通過「奪門之變」重登大寶後，將大舅孫繼宗進封為會昌侯，將孫紹宗、孫顯宗、孫續宗、孫純宗等四位舅舅皆調入錦衣衛帶俸任職。

　　需要指出的是，孫紹宗等人擔任的並非虛職，而是實職。他們似乎並不十分奉公守法，因為他們有時會為了立功而無所不用其極。天順五年（1461 年）十二月，時為錦衣衛帶俸都指揮同知的孫紹宗及其子侄等七人即因為假冒軍功而被錦衣衛掌衛事都指揮僉事門達等人揭發。但英宗最終寬宥了這位舅舅以及表兄弟們的罪行，其他同時被揭發犯有假冒軍功罪行的六十位武官則被打入北鎮撫司接受審訊。[24]

　　孫紹宗、孫顯宗皆卒於錦衣衛帶俸都指揮同知任上，孫繼宗則在錦衣衛帶俸都指揮僉事任上因為年事過高而退休。他們的子嗣都承襲錦衣衛帶俸指揮使之職。孫純宗子嗣的襲職情況不詳，可以確定的是，他本人在成化十八年（1482 年）以錦衣衛指揮同知的身分受命管理北鎮撫司的事務。[25]

　　會昌侯孫繼宗也為子嗣在錦衣衛謀得世襲官職。天順元年十月，他的兒子孫瑠、女婿武忠分別授職錦衣衛指揮使以及錦衣衛都指揮僉事。成化五年（1469 年）九月，他的嫡長子孫瓚以錦衣衛帶俸指揮同知的身分受命掌理錦衣衛事。孫瓚有一個女兒嫁給了建昌伯張延齡，後者是孝宗唯一的妻子張皇后的兄弟。孫繼宗的另一個兒子孫珍，以

24.《明英宗實錄》卷 335。

25.《明憲宗實錄》卷 233。

及嫡孫孫鎮、庶孫孫鑾等人也都在錦衣衛任職。

　　張氏家族以及孫氏家族在錦衣衛的勢力，是皇親國戚在錦衣衛的影響力的標本。

　　自成祖朝至思宗朝，每一朝代皆有無數外戚子弟進入錦衣衛任職。相對於成祖以及仁宗朝，孝宗朝對開國元勳後裔的照顧更為全面。如果說，仁宗授予表兄弟徐景璜以及岳父的堂兄張信等人世襲錦衣衛官職還只是皇帝對姻親的照顧，那麼，孝宗的做法則是更大範圍的推恩。弘治六年（1493 年）二月十九日，孝宗同時授予開平王常遇春玄孫常復、岐陽王李文忠玄孫李璿、寧河王鄧愈五世孫鄧炳、東甌王湯和六世孫湯紹宗等人南京錦衣衛世襲指揮使的官職。**26**

　　這些世襲官職一般都可以持續到王朝結束。例如，到了天啟元年（1621 年），徐達的九世孫徐維京仍世襲錦衣衛正千戶一職；因為其父徐國全在遼東為國捐軀，熹宗在天啟三年（1623 年）加升其世襲官職三級，因此，他有了世襲錦衣衛指揮使的職務。

　　不過，這些出身不凡的錦衣衛官員可以長保祿位，並不意味著他們的仕途總會一帆風順。他們或者會因為本身表現不佳，或者因為政治立場不明智，而導致皇帝或者當權者不快，從而受到懲處。例如，宣德六年（1431 年）十二月，徐達的孫子、錦衣衛指揮僉事徐景璜以及錦衣衛正千戶徐景瑜即因為瀆職，確切地說，是因為南京錦衣衛在押囚犯脫逃而謫戍隆慶衛（今北京昌平西北居庸關一帶）。**27**

　　至遲從英宗朝開始，宦官家族滲透進錦衣衛。至於文人士大夫，他們一直對錦衣衛保持敬而遠之的態度，直至世宗朝中後期才放棄清高的姿態。他們不得不承認，讓子嗣在錦衣衛任職非但不會辱沒家聲，而且是揚眉吐氣的務實之舉。

26.《國榷》卷 42；《明通鑑》卷 37。

27.《明宣宗實錄》卷 85。

第四章　宣德改制

　　洪熙元年五月，四十七歲的仁宗在北京的宮殿中駕崩。他的遺詔言辭懇切，表達了理想未能實現的哀傷。他說，自己治理天下的時間太短，「恩澤未洽於民」，故而不忍心重建陵寢，「山陵制度，務從儉約」。他重申了遷都南京的心意，因為定都北京的結果是，南方的物資需要源源不斷地北運，「軍民俱困」。他將皇位傳給了太子朱瞻基，殷切希望文武群臣可以盡心輔助未來的天子，「永寧我國家生民，朕無憾也」。**1**

　　臨終前，仁宗傳召鎮守南京的太子趕回北京，可是，父子二人並未見上最後一面。在史籍中，太子（未來的宣宗）與他的父親有很大的不同：他的父親過於肥胖，不好運動，健康狀況一直不佳，他卻十分健壯，能文能武；但他至少繼承了仁宗的兩項優點，即相對仁慈的性格，以及對經濟和文化偏愛。

　　對於這位長孫，成祖曾經抱有很大的期望。據說，在他降生的前夕，成祖夢見太祖將大圭（即皇帝手執的玉質手板）交給自己，並對自己說：「傳之子孫，永世其昌。」孩子滿月以後，成祖見了他，又說：「這孩子一臉英氣，符合我的夢啊！」**2**

　　朱瞻基很受成祖寵愛，十三歲時已被冊立為皇太孫。從那時開始，成祖每次巡幸或者親征，都會將他帶在身邊，親自調教；即便是行軍在外期間，成祖也會安排隨行大學士給他講授經史。天資聰慧的他成

1.《國榷》卷 18。

2.《明史》卷 9〈宣宗本紀〉。

為一個能文能武的人。成祖總是對仁宗說，他的這位長孫未來將是「太平天子」。可能是出於對成祖的感情，宣宗放棄了遷都南京的計畫。不過，北京的官署（包括錦衣衛）仍稱「行在」。

洪熙元年六月，二十七歲的宣宗在北京即位。在其當政的十年時間裡，他基本沿襲了仁宗的政策，將主要精力投注在經濟和文化事業上，而非「成祖式」的軍事擴張。可是，當內亂發生時，來自成祖的教化決定了他會採取的行動。

一、上體天心

宣宗對刑獄的態度特別值得一提。他試圖完成太祖想做而沒有做到的事情，而且取得不錯的成績，其原因主要在於政治現實的不同。在前面幾位皇帝的努力之下，諸王以及勳臣的實力已經大為削弱，再也不用借助嚴刑峻法去打擊他們；而且，立國已經接近六十年，朱姓皇帝的權威已經根植在臣民心中。

當然，性格與後天教化也是不容忽視的因素。

與太祖相比，宣宗的性格顯然溫和得多，接受的刑法文化的薰陶也系統得多。《明史》提到的一個重要訊息是，在成祖給他尚未成年的皇太孫安排的授課老師中，有一位出身刑法世家的大學士──胡廣。[3] 胡廣的父親胡子祺曾在太祖朝任監察御史以及廣西按察僉事等職，「所至平冤獄，毀淫祀，修廢堰，民甚德之」。[4] 因此，在刑法文化方面，胡廣耳濡目染，造詣頗深。胡廣一定有意識地培養了這位特殊學生的刑法意識。

宣宗即位一個月後，就對三法司的官員表達了自己的期待。他說：

3.《明史》卷9〈宣宗本紀〉。

4.《明史》卷147〈胡廣傳〉。

> 五刑謂之天討，以其至公無私，若以私意為重輕，非天討矣！
> 爾法司能以公存心，而行之以忠厚，亦可感召和氣，為邦家之
> 福，於爾亦有利焉！若立心不公，輕重任情，枉及良善，人將
> 歸咎朝廷，鬼神鑑之，亦非爾等之福。如犯者，情有可矜，罪
> 有可疑，爾懷顧慮，不欲自斷者，為朕言之，當為裁決。**5**

　　這番話的聽者是包括行在左都御史劉觀在內的三法司官員，但這
並不意味著錦衣衛和東廠的官校是例外。史籍可以告訴我們這樣一個
事實，即這番話的精神在一定程度上得到了落實，因為在整個宣德年
間，似乎沒有出現嚴重的冤假錯案，儘管這些司法機關的效率還談不
上理想。

　　具體到錄囚一事上，執法者被要求要嚴格按照在今天看來符合人
道主義原則的「天討」精神行事。「天討」意指「上格天心，敬慎刑
獄」。宣德元年（1426 年）五月某日，宣宗向三法司官員們如此闡述
他對「天討」的看法：

> 古者孟夏斷薄刑，出輕繫（即將罪輕的犯人釋放出獄），仲夏拔
> 重囚，益其食，所以順時令，重人命也。我祖宗之時，每遇隆
> 寒盛暑，必命法司審錄囚繫。卿等皆先朝舊臣，嘗所聞知者。
> 朕體祖宗之心，敬慎刑獄，冀不枉民命，上格天心。今天氣向
> 炎，不分輕重，而悉繫之，非欽恤之道。古人謂刑為『祥刑』，
> 以其用之至當，足以召和氣、福國家。卿等當體此心，即量情
> 罪輕重而區別之，務存平恕，毋致深刻。**6**

　　一個月後，宣宗革除了遷都北京之後形成的要求南京方面將獄囚

5.《明宣宗實錄》卷 4。
6.《明宣宗實錄》卷 17。

定期押送北京的錄囚政策，因為他聽聞很多輕罪犯死於押赴北京的路上。他要求南京刑部、都察院對罪犯予以區別對待，凡軍民、職官、命婦犯罪（罪行輕重不論），以及旗軍、校尉、力士等犯下徒、流、死罪，皆監候奏請，其餘案犯皆就地依律處置。**7**

對於那些立心不公、輕重任情、枉及良善的執法者，宣宗一般會對他們提出警告，給他們幾次改正的機會。如果依然看不到改善的跡象，則會區別情況，果斷處置。

宣德三年五月，行在刑部尚書金純就是因為在天氣炎熱的季節沒有及時「疏決滯囚」，卻有時間「屢從朝貴宴飲」，激怒了宣宗，罪下錦衣衛獄。**8**三個月後，宣宗「念其舊人且老」，對他網開一面，強令他退休了事。**9**再兩個月後，前面提到的左都御史劉觀也因貪贓枉法被關入錦衣衛監獄。

劉觀與金純都是四朝元老，洪武中期就已在朝中任職。永樂十三年，劉觀被任命為左都御史。作為都察院的一號人物，他因控制下屬言論以及貪腐作為而臭名昭著。宣德三年十月，劉觀父子「前後鬻獄，受白金者千餘兩」的罪行查實，被打入錦衣衛獄。宣宗本想依律將他們處死，後經楊士奇和楊榮等人求情，他豁免了劉觀父子的死罪，讓他們充軍遼東。**10**在都察院系統中，不少與劉觀狼狽為奸的御史也受到懲處，有的甚至被處以死刑，例如南京都察院御史嚴暟。**11**

宣德七年（1432 年）某月某日，當宣宗從奉旨考察三法司執法情況的風憲官那裡得知，都察院貪贓枉法之風近年已大大收斂，十分感

---

7. 《明通鑑》卷 19。

8. 《明宣宗實錄》卷 43。

9. 《明宣宗實錄》卷 46。

10. 《明宣宗實錄》卷 56。

11. 《明通鑑》卷 20。

慨地說：「向使不罷劉觀，風憲安得肅？」[12]

　　不過，雖然有金純被迫退休的例子，刑部官員的表現仍然達不到宣宗的要求。宣德五年十一月，宣宗強令刑部尚書趙羾、刑部右侍郎俞士吉退休，因為他們二人「年老怠事」，不能好好管理下屬。[13]

　　至於錦衣衛，其動輒刑訊逼供的辦案方式讓宣宗十分不滿。宣宗甚至希望諸如「陰誅」等宗教概念可以制約或者影響這些特殊的執法者。史籍記載了這樣一個案例：兗州護衛指揮宋貞公報私仇，誣陷小旗馬全的父親阻礙鈔法（有關貨幣的法律）的推行。宣德二年（1427年）某月某日，宋貞公帶領兒子宋彬及衛卒將馬全逮捕，其進行毆打。馬全之子為了保護父親，被宋彬打死。這件事被告上行在刑部。刑部員外郎何回判處主犯宋貞斬罪，從犯宋彬流放。事後，因有人檢舉何回收受了宋貞賄金，何回被打入錦衣衛獄。嚴刑拷問之下，何回認了罪。但他的家人四處鳴冤。宣宗聽聞後，亦覺事有蹊蹺。因為如果何回收受了宋貞的賄賂，就會想辦法減免宋貞的罪刑，既然宋貞的罪刑沒有得到減免，收受賄賂一說就十分可疑。於是，宣宗命三法司一同復審。經審，三法司確認何回並沒有收受賄金。宣宗得到奏報後，命人釋放了何回。他對錦衣衛指揮使李順等人說：「凡以贓得罪者，豈但喪身？至其子孫，猶被玷累，豈可不究實情，而專事考掠？今後鞫獄，必盡至公。不公而枉人，汝曹不有陽禍，必有陰誅？」[14]

　　在宣宗看來，「上帝之德，好生而已」，他告誡自己以及三法司、錦衣衛等執法官員「皆須體此，不可怠忽」。[15]

---

12. 《明史》卷 151〈劉觀傳〉。

13. 《明宣宗實錄》卷 72。

14. 《明宣宗實錄》卷 28。

15. 《明宣宗實錄》卷 84。

二、錦衣官箴

因為聽聞錦衣衛審理詔獄期間疏於保密，甚至發生過洩露獄情、出賣獄詞、以權謀私、無視皇家安全的事情，宣宗提高了對錦衣衛保密工作的要求。

宣德四年（1429 年）八月某日，宣宗曾告誡行在錦衣衛指揮使王節、主管鎮撫司的指揮僉事任啟等人要以紀綱的下場為前車之鑑，謹遵國法，忠君保家。他說：

> 朝廷委爾等以心腹，凡機密事務，獄情輕重，必須謹慎嚴密，纖毫毋泄，乃爾等職分所當為。若洩漏機務，走透獄情，而與外人交接，是不知有朝廷矣。近者紀綱等不遵國法，往往詐傳敕旨，擅作威福，顛倒是非，洩漏機密，重事暗結人心，一旦發露，殺身亡家，皆爾等所親見。今復效其所為，獨不念禍及身家邪？已往之愆，姑置不問。自今常加警省，無負朝廷，以保祿位。如或不悛，國有常憲，朕不爾貸！　**16**

宣宗在位期間，錦衣衛官校以權謀私的行為在一定程度上受到了約束，他們提出的別有用心的政策或者建議，有不少甚至被聰明的皇帝扼殺在搖籃裡。例如，宣德元年三月，宣宗拒絕了錦衣衛力士寧直通過行在禮部提出的將山西中條山蘊藏的膽礬收歸國有的建議。宣宗的理由是，與其開採膽礬，不如幫助百姓發展農業和蠶桑業，膽礬無助於解決百姓的溫飽需求，開採膽礬的建議只是「小人之言，不足聽也」；不過，如果百姓可以通過開採膽礬得利，則不妨聽任百姓自採。　**17**

16.《明宣宗實錄》卷 57。

17.《明宣宗實錄》卷 15。

　　宣德三年十一月，宣宗又拒絕了行在錦衣衛帶俸指揮使鍾法保提出的派宦官去廣州東莞縣開採海珍珠的建議。他甚至將鍾法保打入錦衣衛獄，因為在他看來，這個建議的背後是「小人欲生事擾民，以圖己利」。[18]

　　宣宗顯然是一位思維活躍的皇帝，他的〈御制官箴〉即是證據。〈御制官箴〉指的是皇帝親自編寫用以規勸官員的箴言。宣宗的〈御制官箴〉製作於宣德七年六月，共有三十五篇，「凡中外諸司各著一篇」，乃「取古人箴儆之義」而編成。他要求諸司將〈御制官箴〉懸掛在衙門大廳裡，「朝夕覽觀，庶幾有儆然」。其中一篇〈御制錦衣衛官箴〉的全文如下：

> 自古建國，皆重環衛。爾維厥官，朝夕廷陛。予所服御，咸爾攸秩。出入先後，以警以蹕。左右駿奔，亦戒不虞。亦有匪人，爾詰爾拤。爾其懋密，勿縱於私。宜廉宜慎，宜勤宜祗。惟義之遵，惟善之迪。敬恭勿渝，用保終吉。[19]

事實證明，宣宗的〈御制錦衣衛官箴〉最終只是流於形式而已。宣德十年（1435 年）正月某日，時宣宗駕崩不久，英宗剛剛即位，內閣首輔楊士奇在一份奏本中即提到「在京行事校尉多有在外假公營私、挾制官府、欺騙平人、瞞昧朝廷（等惡行）」。[20]可笑的是，楊士奇將這些惡行的存在歸結為行事校尉及其提督者人數過多。他說：「止令一員公正指揮提督行事，亦量減校尉，庶使平人少冤。」這個建議顯然脫離了現實。他一定想不到，錦衣衛校尉的人數將從宣德末年的數百人膨

18.《明宣宗實錄》卷 48。

19.《明宣宗實錄》卷 92。

20.《名臣經濟錄》卷 12。平人：意指平民百姓。元代楊顯之《酷寒亭》楔子：「有護橋龍宋彬打死平人。」

脹至萬曆年間的數萬人（根據沈德符的數據）。[21]

宣德四年發生的一件事情，有助於我們了解錦衣衛與王府儀衛司之間的關係，這件事與藩邸在湖北安陸的郢王朱棟（太祖第二十四個兒子）有關。

永樂十二年，二十六歲的郢王去世。因為沒有子嗣，他的藩國被裁撤，但裁撤藩國的工作直至宣德四年才開始。在宣宗的安排下，郢王的家眷被接到南京居住，以便照顧；王府護衛改撥桂林中右二衛；王府儀衛司的典仗校尉則調入行在錦衣衛。[22]

王府被裁撤後，原王府儀衛司典仗校尉調入錦衣衛任職，或許是當時的通行做法。原因在於，王府儀仗皆有定制，其他王府無法收容他們，否則就會逾制，可如果將他們解散，則皇室祕辛就有外泄之虞，因此，調入錦衣衛最為妥當。

根據《大明會典》的記載，王府儀衛司的建制是：儀衛正一員（正五品），儀衛副二員（從五品），典仗六員（正六品）。[23]

三、巡捕寇盜

宣德年間，錦衣衛官校多次奉旨「巡捕寇盜」。

錦衣衛官校緝捕盜寇的嘗試，早在建文年間已經開始。建文元年五月，錦衣衛千戶徐斌就因為在常州捕賊有功，而被擢升為蘇州衛指揮使。[24]但在隨後的二十多年時間裡，似乎再未出現錦衣衛緝捕盜寇的案例，直至洪熙元年四月。仁宗在這個月命錦衣衛指揮使王節派遣官校去濟寧、儀真、鎮江等地「巡捕寇盜」，並且還警告說，以往派出

21.《萬曆野獲編》卷 21。

22.《明宣宗實錄》卷 51。

23.《大明會典》卷 118。

24.《國榷》卷 11。

去的捕盜官大多數都不勝任，他們對百姓的侵害比盜匪還嚴重，如果此番派出的錦衣衛官校也犯下這種錯誤，將視同寇盜予以治罪。㉕至於這批官校的具體表現如何，因為史料有限，尚不清楚。

到了宣德年間，錦衣衛受命捕盜的次數更為頻繁。

宣德二年十二月，宣宗聽從了行在兵部的建議，派御史監督錦衣衛官校去通州等地緝捕盜賊。㉖兩年後的十一月，因為大運河封凍，宣宗擔心走陸路來京的外地官員、商賈以及普通百姓會遇到盜賊，故而「遣監察御史張政、白圭、唐琛同錦衣衛官校分往巡捕」。㉗

宣德五年七月，行在通政司右參議何懷輝奏報，通州張家灣至北京中途花園等地經常發生強盜劫掠甚至殺傷人命的事件，請求宣宗派人在人煙稀少的地方，每隔六里或者十里設置「冷鋪」，置兵巡捕。㉘宣宗聞言，立命行在錦衣衛派遣幹練的官校外出捕盜，並且警告他們說：「若假擒賊為名擾人者，治罪不宥。」㉙

仁宗和宣宗之所以警告錦衣衛官校不要借擒賊為名侵擾百姓，是因為天下承平有年，軍紀懈怠，軍人騷擾百姓甚至行政官員的事件時有發生。例如，宣德四年三月，行在戶部左侍郎李昶奏報，江南官吏率民運糧抵達京師後，京衛中一些無所事事的力士、軍校、工匠「多端詐偽，強索財物，及攬納誑騙，擾害非小」。㉚又例如，宣德六年十二月，順天府固安縣將捕獲的強盜張旺等三人拘押至京，並且報告說，還有十一名強盜未能捕獲；其中，張旺是居庸關隆慶右衛千戶，其他

25.《明仁宗實錄》卷9。

26.《明宣宗實錄》卷34。

27.《明宣宗實錄》卷59。

28.冷鋪：在冷僻的地方設置的兵鋪。

29.《明宣宗實錄》卷68。

30.《明宣宗實錄》卷52。

強盜都是武官的家人。[31]

　　在這些犯事的武官中，不乏歸降的韃靼官兵。宣德五年九月，行在錦衣衛指揮使張信即曾奉旨督率本衛官校緝捕在涿州、灤城、盧溝三地殺人劫財的韃軍。[32]

　　需要說明的是，錦衣衛受命緝捕盜賊的地理範圍並不僅限於京畿一帶。宣德八年（1433 年）四月，行在都察院副都御史賈諒、錦衣衛指揮僉事王裕以及宦官興安即奉旨赴蜀，會同四川三司，調動軍隊，緝捕在成都府郫縣、彭縣等地「劫奪財物，殺傷人命，焚燒廬舍」的賊寇。[33]宣德九年（1434 年）三月，錦衣衛指揮僉事王裕、監察御史張琦等又奉旨帶領官校去安慶、湖廣、江西等地緝捕盜賊。[34]

四、宦官入學：再違祖制

　　由於見諸史籍的相關記載十分罕見，東廠在宣德年間的發展軌跡尚不清晰，可以確定的是，宣宗給了宦官更多的機會。

　　如果說，在有明一代，成祖開啟了重用宦官的先例，那麼，將這種做法發揚光大的則是宣宗。永樂年間的宦官，除了履行太祖所定諸如灑掃、酒漿、司服等職責，還奉旨出使外域，監視文臣武將，提督東廠，監督和制約錦衣衛。到了宣德年間，竟然出現了專門培養宦官人才的學校。

　　宣宗即位之初，曾下詔求直言，湖廣參政黃澤上書，言及十事，其中一條是，建議宣宗與宦官保持距離，以免受到他們的蠱惑。黃澤的理由為「刑餘之人，其情幽陰，其慮險譎；大奸似忠，大詐似信，

31.《明宣宗實錄》卷 85。

32.《明宣宗實錄》卷 70。

33.《明宣宗實錄》卷 101。

34.《明宣宗實錄》卷 109。

大巧似愚。一與之親，如飲醇酒，不知其醉；如噬甘腽，不知其毒；寵之甚易而遠之甚難」。而且，古人以禁止宦官典兵干政為訓，旨在防患於未然，否則「涓涓不塞，將為江河，漢唐已事，彰彰可鑑」。宣宗見其奏章，「雖嘉嘆，不能用」。㉟

　　宣德元年七月初三日，宣宗設立了內書堂。原行在刑部陝西清吏司主事劉翀，調任翰林院擔任修撰一職，專門教授年幼的宦官讀書習字，「選內使年十歲上下者二三百人讀書其中」。㊱至此，太祖定下的關於宦官不得識字、不得干政等禁令徹底被拋棄。

　　根據《明紀》的記錄，在內書堂念書的小宦官後來竟然增加到了四、五百人，㊲而且，有的教書先生竟然是內閣大學士。宣德年間的謹身殿大學士陳山，以及天啟年間的東閣大學士沈銘縉，都曾在內書堂授課。總之，從此以後，宦官再也不是「僅識字，不明其義」的文盲，而是「通文墨，掌章奏」的知識分子。因此，史家曰：「宦寺之盛，自宣宗始。」㊳

　　宣宗調派給內書堂的教書先生，都是曾與他有過較長時間的接觸，在人品和學識方面都可以信任的學者。在他看來，只有這樣的老師才可以教出既博學、又可信的宦官。

　　內書堂第一位教官劉翀曾是宣宗的老師。他原本是翰林院庶吉士，即翰林院中的預備官員。永樂十年八月，成祖擢升他為禮部給事中，讓他侍奉十四歲的皇太孫（未來的宣宗）讀書。㊴

35.《明通鑑》卷19。

36.《明宣宗實錄》卷19。另據《明史》卷74〈職官志三〉，設內書房的時間是宣德四年。此處以《實錄》為準，《三編》、《輯覽》、《明書》、《明紀》、《明通鑑》的記載與《實錄》相同。

37.《明紀》卷12。

38.《明史》卷164〈黃澤傳〉。

39.《明太宗實錄》卷131。

　　教官陳山也做過宣宗的老師。陳山原是奉化縣學教諭，後晉升為吏科給事中。永樂二十年，成祖命他侍奉二十二歲的皇太孫讀書。宣宗顯然覺得他的能力強於劉翀，因此，即位之後不久，即擢升他為行在戶部左侍郎。宣德二年，宣宗又提拔他為行在戶部尚書兼謹身殿大學士。兩年之後，他正是以這個身分去內書堂授課。**40**

　　但人性往往是複雜而善變的，尤其在腐敗汙濁的環境中，要守住純良的本性尤其艱難。劉翀即是一個例子。宣德十年三月，劉翀離開內書堂，調任為山西按察司僉事，**41**六年之後，他被人劾奏「忘廉恥，配失節婦，為風憲玷」，進了監獄。**42**至於陳山，楊士奇對他的評價是「急利而昧大體」。宣宗日後也認識到這一點，因此，陳山去世之後，宣宗沒有一點表示，「恩禮一無所及」。**43**

　　師且如此，徒能如何？正如《明史》所言，通過這種模式培養出來的宦官，「逞其智巧，逢君作奸，數傳之後，勢成積重，……雖間有賢者，……然利一而害百也」。**44**明朝最著名的奸宦魏忠賢，即出自內書堂，他的老師就是內閣大學士沈銘縉。**45**

　　宣宗之所以要培養「通文墨，掌章奏」的宦官，主要是為了讓他們分擔自己批閱奏本的壓力。《明通鑑》寫道：「司禮、掌印之下，則秉筆太監為重。凡每日奏文書，自御筆親批數本外，皆秉筆內官遵照閣中票擬字樣，用朱筆批行，遂與外廷交結往來矣。」**46**

　　這段文字中提到的「閣中票擬」，指的是這樣一個制度，即在收到

40.《明宣宗實錄》卷 59。

41.《明英宗實錄》卷 3。

42.《明英宗實錄》卷 81。

43.《明宣宗實錄》卷 114。

44.《明史》卷 304〈宦官傳一〉。

45.《明史》卷 218〈沈漼傳〉。

46.《明通鑑》卷 19。

六部以及底層行政機構上呈的奏本之後，內閣先行代替皇帝予以批復，或者提出建議，然後將奏本以及批復或建議一起提交給皇帝定奪。不過，內閣能夠接觸到的奏本，都是可以公開的奏本，那些機密性很高的奏本都是直接呈給皇帝。總之，在皇帝無法親自一一批復奏本，或者沒有心思批復奏本，以及皇帝對內閣提交的奏本或者票擬找不到適合的理由予以否決的時候，就會委託秉筆太監「遵照閣中票擬字樣，用朱筆批行」。

但這並不是說，內書堂設立之後，才出現秉筆太監代批奏本的事情。在有明一代，讓宦官代批奏本的先例具體始於何時似乎難以考證，可以確定的是，一定不會遲於宣德年間。

根據《明宣宗實錄》的記載，宣宗即位之初，宦官已經有越權甚至矯詔行事的跡象，傳旨六科時，他們動輒命後者將聖旨直接傳達給六部執行，這相當於剝奪了六科的「封駁」之權。

六科指的是吏、戶、禮、兵、刑、工等六科，各科首腦是都給事中（正七品），主要行政人員是給事中（從七品）。他們的主要職權，除了監察六部部務之外，就是「封駁」。宦官將聖旨傳達到六科後，六科給事中要審查聖旨的內容是否合適，若認為其中的重要事項不合適，則要向皇帝上書，提請皇帝注意，並且表達自己的意見；若認為聖旨所列事項屬於小事，或者並無不合適的地方，則「署而頒之」，下發六部執行。此外，「凡內外所上章疏下，分類抄出，參署付部，駁正其違誤」。[47]

宣德元年七月八日，宣宗下發了一道諭旨，要求六科給事中糾正收到聖旨即傳達給六部執行的做法，規定「凡朕一言一令，或令內使傳出者，爾當備錄覆奏，再得旨而後可行」。在宣宗看來，先前的做法存在漏洞，「庶幾關防欺蔽，不然必有詐偽者」。他要求六科給事中自

47.《明史》卷74〈職官志三〉。

此以後「恪謹乃職，不許依阿隨附」。[48]

諭旨下發的時間，雖然是內書堂成立五日後，但宣宗試圖糾正的做法，一定是發生在內書堂設立之前。換句話說，宣宗對宦官干政弊端已有認識，但這並沒有阻止他培養宦官的勢力。對他來說，這可能是「兩害相權取其輕」的策略選擇。

在某種程度上，宣宗設立培訓宦官人才的機構，可能是出於制衡內閣的需要。

宣宗即位之後，基本承襲了他父親留下的內閣班子；而且，在整個宣德年間，這個班子都保持了很好的穩定性。這個班子的人選包括在永樂二十二年十二月被擢升為工部尚書的太子少傅兼謹身殿大學士楊榮，以及在洪熙元年正月同時晉升的三位官員：擢升為兵部尚書的少傅兼華蓋殿大學士楊士奇、擢升為禮部尚書的太子少保兼武英殿大學士金幼孜、擢升為戶部尚書的少保兼武英殿大學士黃淮。金幼孜於宣德六年去世之後，宣宗將太常寺卿兼翰林院學士楊溥擢升為行在禮部尚書。[49]

這個內閣班子擁有很大的權力。用《明通鑑》的話說，宣宗即位之初，「二楊（楊榮、楊士奇）用事，政歸內閣，自布政使至知府闕，聽京官三品以上薦舉」，後來「又命御史、知縣皆聽京官五品以上薦舉。凡要職選擢，皆不關吏部」。[50]也就是說，從中央到地方，從行政到監察，重要的人事任命權幾乎全由內閣掌握。

對宣宗來說，一個強大而穩定的內閣對朝局的平穩有利，但同時也會給他造成強大的心理壓力，如果有得力的心腹宦官可以倚重，幫助他制衡強大的內閣，他心理上的安全感會使他自在得多。

---

48. 《明宣宗實錄》卷 19。

49. 《明仁宗實錄》卷 6。

50. 《明通鑑》卷 20。

　　確實，宣宗不像成祖，更不像太祖那樣，對宦官保持著高度的戒心。前文已經提到，太祖甚至說過，品性純良的宦官「千百中不一二見」。二者態度不同的原因，主要是見識和成長環境的不同，尤其是成長環境：太祖和成祖一生皆在憂患中奮鬥，宣宗則自小就在安逸的環境中生活。正如太祖在《皇明祖訓》序言中所言：「蓋其創業之初，備嘗艱苦，閱人既多，歷事亦熟。比之生長深宮之主，未諳世故，及僻處山林之士，自矜己長者，甚相遠矣。」[51]

　　毫無疑問，宣宗自出生之日起，就有很多人在身邊伺候，其中不少人就是宦官。在他還是小孩子的時候，肯定會有年齡相仿的宦官相隨。這些宦官（尤其是小宦官）與他朝夕相對，日夜相陪，甚至一起打打鬧鬧，哭哭笑笑，他對宦官產生感情屬於人之常情，善待和重用盡心侍奉他的宦官也在情理之中。在這一點上，不僅宣宗如此，宣宗以後的皇帝，莫不如此。

　　根據司禮監太監范弘的墓誌銘的記載，宣宗甚至賜予他和司禮監太監金英免死詔，其文大致是：「克勤夙夜，靡一事之後期；致謹言行，惟一心之在國；退不忍於欺蔽，進必務於忠誠；免爾死罪於將來，著朕至意於久遠。」[52]

　　根據在景泰年間擔任過山西右參政的明代學者葉盛所著《水東日記》，宣宗還賜給太監王瑾四塊印記，分別刻有「忠肝義膽」、「金貂貴客」、「忠誠自勵」以及「心跡雙清」的文字。王瑾本名陳蕪，交阯人，宣宗還是皇太孫時，他就在身邊殷勤侍候，即位後，賜其名為「王瑾」。[53]

　　清代史官評論說：「賜王瑾金英印記，而與諸輔弼大臣同矣；賜金

51.《皇明祖訓》序言。
52.《弇山堂別集》卷90。
53.《水東日記》卷7。

英、范弘等免死詔，則又無異勳臣之鐵券。」**54**從金英、范弘以及王瑾
受到尊重的程度上判斷，三人中必有司禮監掌印以及秉筆太監。

五、法外恩情

　　在遇到牽涉到親信宦官的案件時，皇帝有時不免會法外開恩，網
開一面，從輕處理。發生在宣德三年的「私賣官木案」就是一個例子。
《明史紀事本末》提到了這個案例，茲簡述如下：太監楊慶要蓋私宅，
太子少保、行在工部尚書吳中慷官家之慨，將官家的木材、磚瓦等物
料送給楊慶。楊慶將私宅蓋得十分壯觀。某日，宣宗登上皇城的城樓，
看見這座私宅，對其宏偉氣象深感震驚，詢問私宅主人為誰。左右侍
臣據實以告。**55**其結果是，對吳中「私取官木」一事知情不報的錦衣
衛指揮僉事王裕關入錦衣衛監獄；吳中的少保之職被撤，「罰尚書俸一
年」，這是因為宣宗念其是「皇祖舊臣」而從輕發落。不久之後，王裕
與吳中就都被釋放了。**56**至於太監楊慶，可能因為他與宣宗的感情十
分深厚，竟然沒有受到任何懲罰。

　　皇帝經常寬宥犯了事的宦官，還有另外一個原因，即宦官是代皇
帝辦事，或者為皇室辦事，因此，其氣焰囂張一些，手段過分一些，
哪怕是情理法皆不容，只要事不涉謀逆，沒有激起難以抑制的民憤，
都是可以接受的。

　　例如，宣宗即位一個月後，巡按浙江監察御史尹崇高上奏說，朝
廷派到浙江去採辦貨物的宦官給當地百姓造成了很大的「勞擾」（「朝
廷所需甚微，民間所費甚大」），建議朝廷予以重視。宣宗對發起這次
採購的工部尚書吳中說，差遣宦官外出採購貨物，本是權宜之計，實

54.《欽定歷代職官表》卷38。

55.《明史紀事本末》卷28。

56.《明宣宗實錄》卷44。

在沒有想到會對百姓造成那麼大的勞擾,「如今詔書已罷買諸物,若買完者,即令回京;未完者,悉皆停止」;[57]並未對辦事宦官進行任何處置。

　　當然,如果宦官事涉謀逆,或者民憤難平,即便仁慈如宣宗,也絕不會姑息。宣德六年十二月,宣宗一次處死了十餘名宦官,就是因為他們激起了民憤,而且事涉僭越。事情的經過大致如下:宦官阮巨隊、阮誥等人去廣東等地公幹,以採辦為名,「虐取軍民財物」,事發,被關進錦衣衛監獄。經審,主使者是宦官袁琦。於是,錦衣衛抄了袁琦的家,發現其家藏「金銀以萬計,……所用金玉器皿,僭侈非法」。最終,袁琦被凌遲處死,阮巨隊、阮誥、武荐、武路、阮可等十名宦官伏誅。[58]宣宗甚至還命錦衣衛將之前已經畏罪自盡的宦官馬俊「戮其屍,梟首於市」。[59]出差南京的宦官唐受,也因為「縱恣貪酷,民不勝其害」而被凌遲處死,並梟首示眾。[60]

　　無論如何,宣宗無意間打開了潘朵拉的盒子。因為他的恩典,宦官們提升了攫取和濫用權力的能力。他的後人將為此付出沉重的代價。

---

57. 《明宣宗實錄》卷2。

58. 《明宣宗實錄》卷85。

59. 《明宣宗實錄》卷84。

60. 《明宣宗實錄》卷84。

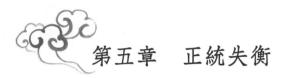

第五章　正統失衡

　　與他的父親仁宗一樣，宣宗的駕崩同樣來得突然，但似乎並非政治陰謀導致。有關他身體不適的消息早就朝野皆知。

　　在他去世前正好一個月，有人向他推薦了一位神僧。此僧自陳「欲募化，祝聖壽」，卻遭到宣宗斥責。宣宗對侍臣們說，商中宗、商高宗、周文王都享祚綿遠（據說分別在位七十五年、五十八年、三十八年），但那時並無僧道，「自秦皇漢武求神仙，梁武帝事佛，宋徽宗事道，其效可見。何世之未悟也」。 **❶** 這番話說明了宣宗對天命的篤信，這種天命觀應該能在一定程度上安撫他不無遺憾的心情。

　　宣德十年正月三日，宣宗駕崩。他留下的遺言是：「朕疾不起，天也。命皇太子嗣位。爾文武大臣，盡心輔導。家國重務，必稟皇太后皇后行之。」 **❷** 當時，皇太子朱祁鎮（未來的英宗）年僅八歲。遺詔提到的皇太后是宣宗的生母張太后，皇后是宣宗在宣德三年冊立的孫皇后。正月十日，英宗即位。次月，張太后與孫皇后分別被尊為太皇太后和太后。

一、脆弱的平衡

　　宣宗將家國重擔交給母親打理是可以理解的，因為他十分明白母親的能力。事實上，在整個宣德年間，他時常會就家國問題詢問母親的意見。他的父親仁宗在位時，也經常會與她交流朝政，以及對重要

1.《國榷》卷 22。

2.《國榷》卷 22。

大臣的看法，儘管這種做法違反了後宮不得干政的傳統。《明史》記載了下面這個故事：宣德五年二月某日，英國公張輔，吏部尚書蹇義、大學士楊士奇、楊榮、金幼孜、楊溥一同覲見張太后，並接受了太后賞賜的酒饌以及言語上的褒獎。隔了幾日，宣宗向楊士奇轉述了太后對幾位大臣的看法：「皇太后……道汝輩行事甚習。言（張）輔，武臣也，達大義。（蹇）義重厚小心，第寡斷。汝（楊士奇）克正，言無避忤，先帝或數不樂，然終從汝，以不敗事。」**3**

張太后也確實沒有辜負英年早逝的兒子對她的期待：她打破了流傳朝野的謠言，即她試圖立自己的另一個兒子、時年二十九歲的襄王（宣宗的親弟弟）朱瞻墡為帝，張太后遵照宣宗的託付，把尚在稚齡的孫子扶上了皇位，並且盡心輔佐。她以「毋壞我祖宗法」為理由，拒絕了左右侍臣提出的垂簾聽政的建議。更為難得的是，她以身作則，嚴厲約束自己的親戚，不許外戚干預政事。她對自己的兩位兄弟（彭城伯張昶以及都督張昇）說過這樣一番道理：「外戚所以與國家同享富貴於永久者，以其能謹守禮法，不敢逾越。苟不知禮而恣肆分外，朝廷必不以私親廢公道。爾曹勉之。」**4**因此，即便是楊士奇以張昇有賢能而薦舉他，太后也沒有批准。**5**

關於正統初年的決策體系，《明通鑑》有這樣的表述：「朝廷大政，群臣白太后（即稟告太后），太后悉令送內閣，俟楊士奇等議決而後行。」**6**《明紀》的說法則是：「（太后）推心任楊士奇、楊榮、楊溥。有事遣中使詣閣諮議，然後裁決。」**7**

3.《明史》卷113〈仁宗誠孝張皇后傳〉。

4.《明宣宗實錄》卷23。

5.《明通鑑》卷21。

6.《明通鑑》卷21。

7.《明紀》卷12。

　　無論如何，張太后的存在與努力，確保了英宗朝最初幾年的運行基本延續了宣德年間的風格，大變未生，朝政比較穩定。「三楊」主持的內閣，與金英、范弘、王瑾主持的司禮監之間，繼續保持一種微妙的平衡關係。

　　但這種平衡關係是脆弱的。一方面，楊士奇、楊榮、楊溥三人年事已高，英宗即位時，分別已是六十九歲、六十四歲和六十三歲；更糟糕的是，他們沒有培養出強有力的接班人。可是，因為內書堂的存在，在十年的時間裡，宦官人才正在不斷湧現；而且，不難想像，他們學習的一定是最實用的知識，而不是虛無縹緲的理論。因此，朝堂內閣與內廷宦官，其實力一減一增，影響深遠。

　　事實上，除了金英、范弘、王瑾三人，在宣德年間的中後期，已經出現了諸如楊瑛、林景芳、李和等一批備受宣宗寵信的宦官。例如，宣德五年十月，宣宗離京巡飭邊備，臨行之前，他敕諭留守北京的豐城侯李賢、都督張昇、兵部尚書張本，以及都察院右都御史顧佐等人要好好當家，「大小之事，須措置得宜」，若遇上警急機務，則要與太監楊瑛等商量，「計議允當，隨即施行，仍差人馳奏」。同時又敕諭太監楊瑛、林景芳、李和等人「守皇城內外，凡內府各監局等衙門，內官、內使俱從管束；一應事務，與豐城侯李賢等同心計議，毋偏執己見，以誤事機」。**8**

　　宣德九年十一月，宣宗再次率師巡邊，又敕諭留守京師的武定侯郭玹、西寧侯宋瑛、都督張昇等人「遇有警急機務，同太監楊瑛等計議施行，仍遣人馳奏，務在詳慎，不可偏執己見，怠慢忽略」。同時又命太監楊瑛、李德、王振、僧保、李和等「提督皇城內外一應事務」。**9**

8.《明宣宗實錄》卷71。

9.《明宣宗實錄》卷112。

因此，當張太后於正統七年（1442 年）去世之後，原先那種微妙而脆弱的平衡被打破，宦官干政甚至主政的局面逐漸形成。

在張太后去世之前，楊榮已經於正統五年（1440 年）去世。其後，在正統九年、正統十一年（1446 年），楊士奇與楊溥又先後去世。楊溥去世後，內閣成員主要是曹鼐、陳循、馬愉三人，其總體實力與「三楊」相去較遠。

或許正是出於對這種實力對比的變化趨勢的擔心，在英宗即位的當月，「三楊」便說動張太后撤回了十三個布政司的鎮守太監。**❿** 內閣首輔楊士奇還提出幾項重要的建議，以期遏制宦官勢力的發展勢頭，例如「分遣文武鎮撫江西、湖廣、河南、山東」、「罷偵事校尉」、「慎刑獄」、「慎選宮中朝夕侍從內臣」等。**⓫** 但這些建議並沒有完全落實。

二、王振登臺

張太后的去世，就像是一陣寒風，吹走了覆蓋在王振臉上的面紗；亦像是一把利刃，砍斷了束縛王振雙手的繩索；至此，這個正統年間最重要的人物才徹底被人看清楚。此後七年的歷史將留下他獨特的印記。

王振是山西蔚州人，出身不詳，何年淨身不詳，淨身原因不詳。《明史》的記載是：「（王振）少選入內書堂，侍英宗東宮，為局郎。」**⓬**

「局郎」是正五品內官官職。在太子所住的東宮，設有典璽、典藥、典膳、典服、典兵、典乘六局，各設正五品局郎一人，從五品局丞二人。**⓭**

10.《國榷》卷 23。

11.《明紀》卷 12。

12.《明史》卷 304〈王振傳〉。

　　但上述史料傳遞的信息仍不清晰。例如「少選入內書堂」，指的是年少時被選入內書堂學習，還是被選入內書堂任事？

　　成化二年（1466 年）得中進士的陸容在《菽園雜記》一書中寫道：「正統初，太監王振於內府開設書堂，選翰林檢討（從七品）、正字（從九品）等官入教，於是內官多聰慧、知文義者。」**14**這段敘述提到的內書堂的開設時間，與《明宣宗實錄》以及《明通鑑》等史籍提到的開設時間（即宣德元年七月）不同；正是這一點不同，讓人懷疑這段史料的整體可信性。

　　但是，仍然存在這種可能，即儘管存在時間上的出入，關於王振曾在內書堂任事的記載卻是可信的。因為根據《明宣宗實錄》的記載，至遲在宣德元年七月，即內書堂設立的當月，王振的職務已經是正四品的太監，而且，他應該時常在宣宗身邊聽用。宣德元年七月某日，宣宗曾就如何處置強盜及殺人重囚七十人一事，命王振傳諭左都御史劉觀等人。**15**依據常理判斷，王振在當時的年齡，至少應該在十八歲以上；而前文已經提到，在內書堂學習的小宦官，其年齡一般在十歲左右。因此，《明史》等史籍所謂王振「少選入內書堂」的說法，指的應該不是他進入內書堂學習，而是在內書堂任事，甚至可能主事。

　　而如果王振確實在內書堂任事或者主事，那麼，在宣宗去世、英宗即位的時候，內書堂那兩三百名學生正好成長起來，而且，其中不少人應該會成為他的得力幹將；換句話說，他應該具有相當的實力了。

　　而前文提到過的那段史料(即宣宗於宣德九年十一月率軍巡邊時，選派王振等人參與提督皇城內外一應事務)也可以說明，至遲在宣德末年，王振已經成為宦官領袖之一，並且已經極得宣宗信任。

13.《明史》卷 74〈職官志三〉。

14.《菽園雜記》卷 4。

15.《明宣宗實錄》卷 19。

　　《明史紀事本末》提到的一件事情讓人相信，王振至遲在宣德十年七月（宣宗已去世六個月）已經入主司禮監：

　　　　（宣德）十年秋七月，（英宗）命司禮太監王振偕文武大臣閱武於將臺。振矯旨，以隆慶右衛指揮僉事紀廣為都督僉事。**16**

　　上述史料中的「偕」字，可能會讓人誤以為王振在當時已然權傾朝野。

　　《明紀》與《明通鑑》提到的王振入主司禮監的時間都是宣德十年九月；《明通鑑》的記錄相對更為詳細，茲摘錄如下：

　　　　（九月）以王振為司禮監。振少選入內書堂，侍上（英宗）於東宮，為局郎，狡黠得上歡，遂越金英等數人任之。時輔臣方議開經筵，而振乃導上閱武將臺，集京營及諸衛武職試騎射，殿最（集合意）之。有紀廣者，嘗以衛卒守居庸得事振，大見親昵，遂奏廣第一，超擢都督僉事。自此招權納賂，諸大臣自（楊）士奇以下，皆依違莫能制。**17**

　　但這份史料存在疑點。時間上的矛盾姑且不論，是否有閱兵一事也暫且不提，單就紀廣在宣德十年被破格擢升為正二品都督僉事一事，就不太可能發生，因為根據《明英宗實錄》的記載，直至正統七年九月，他還只是正三品都指揮僉事。**18**

三、「三楊」之罪

　　《明史紀事本末》以及《明通鑑》的行文語氣，確實容易讓人忘

---

16. 《明史紀事本末》卷29。
17. 《明通鑑》卷21。
18. 《明英宗實錄》卷96。

了英宗即位時只有八歲的事實，而誤以為他在當時已經具有親政的能力與權力。事實上，無論是攝政的張太后，還是備受太后倚重的「三楊」，都不太可能允許王振擅權的事情發生在英宗即位之初。

　　其實，包括《明史》、《明史紀事本末》、《弇山堂別集》、《餘冬序錄》在內的史籍，都試圖傳達這樣一個信號，即張太后對王振並不信任。例如《明史》寫道：「是時，太皇太后賢，方委政內閣。閣臣楊士奇、楊榮、楊溥，皆累朝元老，（王）振心憚之，未敢逞。」**19**又寫道：「（太后）時時勖帝（英宗）向學，委任股肱，以故王振雖寵於帝，終太后世不敢專大政。」**20**又例如，《明史紀事本末》與《餘冬序錄》都提到了下面這段很可能發生在英宗即位之初的故事，只是文字不盡相同。仍據《明史紀事本末》：

> 一日，太皇太后坐便殿，上西面立，召三楊及國公（張）輔、尚書（胡）濙諭曰：「卿等老臣，嗣君沖年，幸同心協力，共安社稷。」又召（楊）溥前，諭曰：「先帝每念卿忠，屢形愁嘆，不謂今日復得見卿。」溥伏地泣，太皇太后亦泣，左右皆悲愴。蓋先是，永樂中，上巡幸北京，太子（仁宗，張太后的丈夫）居守，以讒故，宮僚大臣輒下詔獄；陳善、解縉等相繼死，而溥及黃淮一繫十年。仁宗每與后言，輒慘然泣下。以故，太皇太后為言。又顧英宗曰：「此五臣，三朝簡任，貽皇帝者，非五人所言不可行也。」又召王振至，欲置之死。英宗跪請，得免。**21**

　　弘治六年得中進士的何孟春在其編著的《餘冬序錄》中還特別提

19.《明史》卷 304〈王振傳〉。

20.《明史》卷 113〈仁宗誠孝張皇后傳〉。

21.《明史紀事本末》卷 28。

到張太后召見王振的細節。王世貞的《弇山堂別集》轉述如下：

> 頃間，宣太監王振。至，俯伏。太后顏色頓異，曰：「汝侍皇帝
> 起居，多不律，今當賜汝死。」女官加刃振頸。英宗跪，為請
> 之。諸大臣皆跪。太后曰：「皇帝年小，豈知自古此輩禍人、
> 國、家多矣？我能聽帝暨諸公，留振，此後不得重令干國事
> 也！」太后駕起，詔英宗賜英國公等酒飯，乃出。[22]

可見，英宗即位之初，王振（即便他擁有的實力已不可小覷）掌
司禮監的可能性都比較低；又或者，即便他已經執掌司禮監，也不可
能有號令百官、權傾朝野的氣勢。

但是，張太后攝政期間，畢竟不可能面面俱到、事事過問，尤其
是中後期，她健康不佳，對朝政有心無力也屬正常。而楊士奇、楊榮、
楊溥等人也日益老朽，精力不濟，又或者御下不嚴，以至於有把柄被
王振掌握，故而因私廢公，明哲保身。例如，楊士奇即曾在正統四年
（1439 年）請乞退休，原因是，他的兒子楊稷為人傲慢狠辣，因「侵
暴殺人」而下獄。

因此，在太后攝政的中後期，王振（他顯然是一位十分聰明的人）
並非完全沒有影響朝政的機會。《明書》提到的一個故事即是證明：正
統四年十月，福建僉事廖謨杖死驛丞，具體原因不明。總之，楊溥認
為廖謨應該坐罪償命，楊士奇則認為廖謨的行為出於公心，二人互爭
不決，請張太后予以裁決。王振抓住機會進言稱楊溥與驛丞是同鄉，
楊士奇則與廖謨是同鄉，二人的意見「未免皆有私意，償命過重，因
公過輕」，建議將僉事降職為同知，以示懲戒與公平意。張太后認可了
王振的建議。自此之後，王振越發關注內閣的過失，「而權歸掌握
矣」。[23]

22.《弇山堂別集》卷 23。

　　「三楊」中尤其是後於太后去世的楊士奇和楊溥，因為沒有創造或把握時機除掉王振而受到明清史家的嚴厲指責。

　　據說，張太后臨去世前，曾經詢問楊士奇和楊溥還有哪些國家大事沒有做，而楊士奇只提到兩件事情，其一是建議編修建文帝實錄，恢復建文年號，其二是建議廢弛成祖的禁令，即「有藏方孝孺諸臣遺書者死」，並沒有將解決王振之禍作為緊急大事及時提出。[24]另據與唐伯虎、文徵明等齊名的祝枝山（他的外祖父徐有貞在宣德八年得中進士）所著《枝山野記》，楊士奇本計畫向太后提三件事，但只提了上述兩件，第三件尚未提出，太后已然溘然而逝。

　　清乾隆朝官修史籍《御定資治通鑑綱目三編》點評說，在張太后去世前夕，沒有哪件國家大事比閹豎橫行更亟待解決。對於這一點，「太后未嘗不慮其貽害」，因此在去世前還「倉猝垂詢」。楊士奇和楊溥等人「如果忠於為國，當思此事時機難得，一去而不可復挽回，即宜列王振罪惡，亟舉入告，以請速除雄孽，或冀其萬一得行，猶可有裨國政」，但他們的建議「摭拾無當」，有阿容守位、尸位素餐之嫌，認為「史家豔稱三楊相業，果盡可為定評耶」。[25]

　　不過，即便楊士奇和楊溥提議解決閹豎橫行的大事，張太后恐怕也不會答應，因為內外權力失衡並不符合皇家的利益。事實上，正是因為得到張太后的容許，二楊才沒能阻止太監與法司一起錄囚的制度的確立。

　　據說，參與錄囚的太監們後來還發明了一種很有特色的墓葬文化：他們命畫匠將其錄囚經歷繪製在墓寢的牆壁上。他們南面而坐，「旁列法司堂上官，及御史、刑部郎引囚鞠躬聽命狀」。他們想通過這種方式

23.《明書》卷 158。
24.《明史》卷 113〈仁宗誠孝張皇后傳〉。
25.《明通鑑》卷 23。

告訴後人，他們曾經這樣光榮地存在過。

張太后去世八日後，十五歲的英宗開始親政。在此後的七年中，王振變本加厲，擅權肆橫，勢若出閘之虎，無人能制。

對這位一直在身邊照顧自己的太監，英宗十分尊敬和信任。他稱王振為「先生」，還親自寫過一篇文章讚賞這位「先生」的德行，言辭「極褒美」。因此，王振的權勢日益積重，公侯勳戚甚至有人尊稱他為「翁父」。一時間「畏禍者爭附振免死，賕賂輳集」。[26]

黨同伐異，是羽翼豐滿、備受寵信的王振必然採取的戰略。

正統五年二月，王振成功地在內閣安插了新人，以削弱「三楊」的實力。根據《明史紀事本末》的記載，王振之前曾直言不諱地質問楊士奇，朝堂之事，全賴三位老先生主持，「然三公亦高年倦勤矣，後當何如」。楊士奇知其心意，表示將繼續主政，盡瘁報國，死而後已。楊榮則有退位讓賢之意，表示吾輩已老，無能效力，應當提拔人才以事君。王振見二人意見不統一，大喜，次日即舉薦了正六品翰林院侍講曹鼐，以及從五品侍講學士馬愉、苗衷、陳循、高穀等人。曹、馬二人在當月入閣，參預機務。[27]楊榮則在當月回鄉掃墓，數月之後，卒於還朝途中。

如果說，曹鼐、馬愉等人基本能做到恪盡職守，那麼，同樣因為王振的舉薦而升職的徐晞、王佑等人則純粹是廟堂蠹蟲。

王佑原本是正五品工部郎中，因為擅於奉迎拍馬，深得王振歡心，很快就晉升為正三品工部侍郎。陸容在《菽園雜記》一書中記載了一件關於他的醜事：「王佑長得俊美無鬚，某日王振問他為何沒有鬍鬚？王佑竟然回答說：『公無鬚，兒子豈敢有鬚？』」[28]據說，兵部尚書徐晞

26. 《明史》卷304〈王振傳〉。

27. 《明史紀事本末》卷29；《明史》卷148〈馬愉傳〉。

28. 《菽園雜記》卷2。

也經常跪著拜見王振。

四、馬　順

　　王振顯然是東廠的實際控制人，即便提督東廠的不是他本人，也一定是他的心腹，因為這個機構是打擊異己、收斂資財的利器。

　　至於錦衣衛，宣宗在世時，曾一再重申要「慎刑獄」，但是，隨著宣宗的去世，這項要求逐漸被束之高閣。另外，在整個洪熙及宣德年間擔任錦衣衛指揮使並在任上基本做到盡忠職守的王節，也在正統元年（1436 年）十月去世。[29] 一個月後，經行在兵部尚書薦舉，原直隸興州前屯等衛的指揮使徐恭、李端，以及指揮僉事劉勉等人被調入錦衣衛任職；同年十二月發布的一道諭旨是「命行在錦衣衛指揮使徐恭掌衛事」。

　　徐恭似乎是一位性格魯莽的人，這或許與他出身行伍有關；同時，他應該與執掌北鎮撫司的錦衣衛指揮僉事馬順有著不錯的交情。發生在他履新指揮使一職四個月後的一件事情，可以證明上述觀點，事情的始末大致如下：宣德末、正統初，太監金英、僧保等人仗著權勢，私下開辦了客棧、貨棧十一處，令無賴子弟巧取豪奪、霸集商貨，為禍一時。正統二年（1437 年）四月，錦衣衛與監察御史奉旨進行調查和處理。在錦衣衛千戶李得以及監察御史孫睿的協調下，被搶奪的存貨退還給了貨主，至於已被損耗或占用的貨物，則請旨命錦衣衛鎮撫司進一步究治。旨從。孫睿與李得將旨意傳達給了錦衣衛指揮僉事馬順。可馬順以這件差事吃力不討好為由拒絕執行。孫睿十分生氣，罵了馬順。錦衣衛指揮使徐恭等人支持馬順的決定，並命手下將李得杖責二十。最終，孫睿、馬順以及徐恭都被關進了監獄。不過，他們三人後來都被釋放，各回原職當差。[30]

29.《明英宗實錄》卷 23。

　　如果這件事是代表新勢力的王振與代表舊勢力的金英之間的較量，那麼，截至正統二年四月，馬順顯然還沒有成為王振的黨羽，否則，他一定不會拒絕打擊金英的機會。

　　馬順的年齡、背景皆不詳。有關他的記載，最早可溯及宣德九年十月。因為緝獲強盜有功，他以錦衣衛北鎮撫司鎮撫（從五品）的身分在該月被擢升為錦衣衛指揮僉事（正四品），仍理鎮撫司事，專治詔獄。[31]

　　正統五年三月，馬順又一次被關進監獄；原因仍然與僧保有關，但性質比上一次嚴重得多。

　　此前，一位名叫張能的宦官舉報僧保違法，結果被逮入錦衣衛監獄，並死於拷掠。錦衣衛指揮僉事王裕、馬順等人謊稱張能死於疾病，「上疑之，命御史徐鬱驗得其情。逮裕、順等鞫問。獄具。命錮禁之」。[32]顯然，王裕與馬順事涉欺君，罪名非小。可是，三個月後，二人都被釋放出獄。更為奇怪的是，馬順的職位非但沒有受到影響，而且根據《明史紀事本末》的記載，至遲在正統六年（1441年）五月，即出獄十一個月後，他已經取代了徐恭，成為「掌錦衣衛事指揮使」。[33]

　　對於馬順的無罪釋放以及超越常規的晉升，史籍沒有提供有說服力的解釋，王振有可能在背後出了力。

　　或許正因為如此，馬順正式成為王振的忠實黨羽。至於王裕，他在正統六年三月以年老有疾為理由申請退休，其子王瑛子代父職，當

30.《明英宗實錄》卷29。

31.《明宣宗實錄》卷113。

32.《明英宗實錄》卷65。

33.《明史紀事本末》卷29：「正統六年五月，兵科給事中王永和劾掌錦衣衛事指揮馬順怙寵驕恣、欺罔不法。」

上了錦衣衛指揮僉事。

與工部侍郎王佑一樣，馬順也以「義子」的身分追隨王振。據說，馬順每次拜見王振，「必膝行，蒲蓏戚施」。[34]所謂「蒲蓏戚施」，意為匍匐在地，不敢抬頭。王振對他極為信任，他對王振也十分忠心。

至於徐恭，其地位雖然被馬順取代，不過，在正統十四年二月被擢升為都指揮僉事之前，他一直都擔任錦衣衛指揮使。前文已經說過，錦衣衛可以同時有多位指揮使。

王世貞對徐恭以及與徐恭同時調入錦衣衛擔任指揮僉事一職的劉勉都給出了「咸文無害」的評語。[35]顯然，他們並不具備王振需要的特質。

在錦衣衛歷史上，馬順成為王振黨羽一事具有標誌性意義，它意味著皇帝最信賴的親軍錦衣衛第一次完全被宦官掌控。有人可能會說，這是發生在特殊時期的特殊人事安排，只是暫時的變化。這種說法並非全然不對。不過，某種做法一旦成為先例，其影響就絕不會只是暫時。太祖利用錦衣衛治理詔獄，成祖重用宦官開設東廠，在一定程度上都是權宜之計，同時又都是開創先例之舉，然其影響並非止於一代，而是流毒深遠。

五、人格初喪

王振對錦衣衛的影響，遠非控制指揮使那麼簡單。通過徹底改變錦衣衛世襲制度的傳統，他動搖了錦衣衛的獨立人格。

正統七年六月，原錦衣衛千戶（正五品）王山連升三級，被授予錦衣衛世襲指揮同知（從三品）的官職。[36]根據史籍所載，其晉升的

---

34. 《弇州四部稿》卷 79。

35. 《文章辨體彙選》卷 624。

36. 《明英宗實錄》卷 93。

原因，並非年資豐富，也並非有立功表現，只是因為他是王振的侄子。

　　四年後，即正統十一年正月，王振的另一位侄子王林也被授予世襲錦衣衛指揮僉事的官職。太監僧保的侄子錢亮、太監高讓的侄子高玉、太監曹吉祥的兄弟曹整，以及太監蔡忠的侄子蔡英，也同時被授予世襲錦衣衛副千戶的官職。

　　在此之前，世襲錦衣衛的官職從未授予宦官家人。有資格蒙受此聖恩的，除了武臣子弟，就是皇親國戚。前面提到的兵部左侍郎張信，就因為是國戚英國公張輔的堂兄，被仁宗（張輔的女婿）授予世襲錦衣衛指揮同知的官職。

　　宦官子弟蒙恩被授予世襲錦衣衛的官職，實在又是歷史發展的必然，因為它合乎兩項最基本的原則：其一，有機會得到這種官職的，一定是被皇帝信任的家族；其二，有資格得到這種官職的，也一定是於社稷有功的家族。

　　毫無疑問，在宦官受到重用的時代，他們的立功機會絕不會比一般朝臣少。而且，作為皇帝的家臣，他們時常陪同在皇帝身側，承辦的事務大多又關乎皇帝的切身利益，其功勞更能得到皇帝的認可。

　　英宗賜予王山、王林世襲錦衣衛官職，就是為了「旌德報功」，回報王振在過去長達二十年的時間裡對他忠心耿耿、兢兢業業的照顧。正統十一年正月，英宗在一份敕諭中十分動情地解釋了他擢升王山的理由。

　　英宗說，《詩經》有「無德不報」的說法，《尚書》有「謹忠惟始」的警句，顯而易見，臣子忠君報國，帝王報答臣子為「古今之通誼也」。而他之所以厚待王振，是因為王振性格忠厚，度量宏深，深受成祖、仁宗及宣宗的器重。成祖「特以內臣選拔事我」，仁宗「教（王振）以詩書，玉成令器，委用既隆，勤誠益至」，宣宗又念其「為先帝所器重，特簡置朕左右」。英宗還說，王振對他的照顧，前後幾近二十

年，「夙夜在側，寢食弗違；保衛調護，克盡乃心；贊翊維持，靡所不至；正言忠告，裨益實多」。為了回報王振始終一致的耿耿忠心，「特賜敕給賞，擢升其後人為官」。[37]

太監僧保、高讓、曹吉祥、蔡忠等人的情況與王振有所不同，其子侄或者兄弟被授予世襲錦衣衛的官職，有的是因為年資老，有的是因為有軍功。例如正統九年正月，成國公朱勇與太監僧保、興安伯徐亨與太監曹吉祥、都督馬亮與太監劉永誠、陳懷與太監但住等，奉命分統四路兵馬，北征兀良哈三衛。[38]兩個月後，大軍得勝還朝。

六、忠勇太監

不少人（甚至包括明太祖朱元璋）認為，太監只能勝任伺候皇帝起居等工作，於武事最多一知半解，難當大任。其實並非如此。勇略過人的太監也大有人在。卒於宣德十年九月（英宗即位後八個月）的太監劉通，以及劉通的兄弟、卒於正統五年十二月的太監劉順，就是其中的兩位。

劉通是女真人，生於洪武十四年（1381 年），年少時入燕王府為內臣，「性剛毅」，「勇略過人」。靖難前夕，燕王「嘉公（劉通）忠謹，委以腹心，俾察外情，公廣詢博采，悉得其實以聞」。建文元年，隨成祖肅清內難，首平九門，攻取雄縣、漠州，繼克大同、蔚州、廣昌等處。成祖登基後，提拔他為尚膳監左監丞（正五品）。

永樂八年，劉通跟隨成祖掃蕩沙漠，在威河與蒙古軍大戰三日，「斬馘無算」。[39]蒙古大軍敗走後，他一個人騎著無鞍之馬追敵七十餘里，「擒達賊（即蒙古軍人）二人凱還」。為了嘉獎他的功勞，成祖擢

37.《明英宗實錄》卷 137。

38.《明英宗實錄》卷 112。

39.據《說文解字》，「馘，軍戰斷耳也」，引申為敵人的首級。

升他為尚膳監左少監（從四品）。兩年後，他再次隨軍征剿瓦剌，又因功晉升為直殿監（掌各殿及廊廡掃除事）太監（正四品）。

　　永樂二十年，劉通隨駕北征，再次立下大功，「斬獲人口，不可勝計，馬三千餘匹，牛羊十二餘萬」。成祖念其功勳，特賜居第，甚至將一位王姓女子賜給他為侍妾，幫助他料理家政，侍奉老母。

　　劉順與兄長劉通一樣，很小就淨身入了燕王府。在燕王的調教下，「年十三歲精騎射，以武力著聞；於是選拔在侍近」。其兄劉通參與的戰役，他也都有參與，立下戰功無數。永樂十八年隨駕北征期間，他立下了平生最大一次功勞，俘虜了故元知院滿子台等十餘人。兩年後的北征，又擒獲兀良哈部落首領孛克扯兒等五人，「射死一人，大獲其羊馬，以功升御馬監太監」。他去世後，英宗遣官諭祭，通議大夫、禮部左侍郎（正三品）王直親自為他撰寫墓誌銘。[40]

　　在正統九年正月奉命率軍出征兀良哈三衛的曹吉祥也是一位悍將。曹吉祥是直隸灤州人，他一直是王振的黨羽。正統四年征剿麓川時，他與太監吳誠擔任監軍。正統十三年（1448年）十一月，他又與深得宣宗器重的太監王瑾一起，提督火器營，與寧陽侯陳懋等一起征剿福建盜寇鄧茂七。王振擅權的時代結束之後，他成為最有權勢的太監。

　　無論如何，在正統中期，英宗確立了一項新的制度與傳統，即賜予心腹太監的兄弟子侄世襲錦衣衛官職。這種做法從此成為明朝皇帝常用的施恩手段之一。東廠與錦衣衛的關係日益融洽，而成祖設立東廠的良苦用心——監督錦衣衛——基本被拋諸腦後。

40.劉通與劉順的事蹟，可參見《北京圖書館藏中國歷代石刻拓本彙編》（鄭州：中州古籍出版社，1989），第51冊，頁75、105。

七、南京錦衣衛：降酋安置所

在人事制度方面，正統年間的錦衣衛還有另一個變化。

前文已經提到，在洪武以及永樂年間，歸降的外族（主要是北方外族）首領一般會被安置在錦衣衛帶俸任職，只是有的人擔任虛職，有的則擔任實職，一切視具體情況而定。在洪武年間，他們會被安置在南京的錦衣衛；在永樂年間，北京建都之後，他們會被安置在行在錦衣衛，即北京錦衣衛，因為這樣能夠更有利、更有效地發揮他們的作用。

正統元年五月，降明的韃子首領沙哈巴子、火者阿力二人，即被安置在北京居住，在錦衣衛帶俸任職，職務分別是試百戶以及試所鎮撫，皆為虛職。**41**正統二年三月，來自吐魯番的南忽力等人也被安置在北京錦衣衛任職。**42**

不過，至遲從正統九年九月開始，這種安置制度有了改變。正是在這個月，前來歸降的韃子頭目孛羅失里，以及他的兄弟乃顏台完卜林等七人，則被安置在南京居住，分別被授予南京錦衣衛千戶等職務。**43**從此以後，將降酋安置在南京錦衣衛似乎成為制度。例如，正統十年（1445 年）八月，降明的沙州衛韃靼哈密里火者等人，「各授職，送南京錦衣衛帶俸，賜冠帶、織金、襲衣、彩幣、房屋、器皿諸物」。正統十一年九月，降明的撒馬兒罕回回亦林的阿卜答里，被安置在南京錦衣衛，並被賜予衣物以及房屋。**44**正統十二年十一月，降明的韃靼阿兒脫台（他原本是也先的手下）被任命為南京錦衣衛帶俸所

41.《明英宗實錄》卷 17。

42.《明英宗實錄》卷 28。

43.《明英宗實錄》卷 121。

44.《明英宗實錄》卷 145。

鎮撫，並被賜予冠帶及房舍。**45** 正統十三年正月，降明的朵顏衛韃子火兒赤台等男女六人，以及卜刺答兒並伯都等二十六人，都被安置在南京錦衣衛支俸，但他們未必被授予了官職。**46** 景泰二年（1451 年）七月，降明的回回百戶卜兒罕丁，被安置在南京錦衣衛帶俸，「給賜銀兩、衣服、牛羊、食米、房屋、床榻、器皿等物」。**47** 景泰四年八月，降明的韃子答失苦咄（脫脫不花可汗的部下）被授予南京錦衣衛帶俸所鎮撫的職務。**48**

這種變化應該與當時的政治形勢有關。歸降的外族頭目被安置在南京，而不是北京，是因為朝廷對他們並不完全信任，冒然將他們安置在北京，有損害國家安全的風險；事實上，降而復叛、出賣情報的韃靼頭目不在少數。將他們安置在南京，則可以考驗他們的忠誠度；如果通過考驗，又有軍事外交上的需要，他們很可能受到朝廷的重用。

順帶交代一下錦衣衛建制上的變化。正統六年十一月，包括錦衣衛在內，北京與南京的文武衙門的印信，重新改回永樂十九年的定制：北京諸衙門印信上的「行在」二字，「以宮殿成，始去之」，而南京諸衙門的印信則增鑄「南京」二字。**49** 不過，包括詔書在內的政府公文以及史籍，仍然在北京文武諸衙門的名稱前冠以「行在」二字。

此外，錦衣衛官員可以使用的皂隸的數量，在正統末年也有了新的規定。

正統十四年二月，兵部奉旨重新擬定官員合用皂隸數。以文職官員為例，一品、二品，可用皂隸十二名，三品可用十名，四品可用六

45.《明英宗實錄》卷 160。

46.《明英宗實錄》卷 162。

47.《明英宗實錄》卷 206。

48.《明英宗實錄》卷 232。

49.《明英宗實錄》卷 85。

名，五品、六品可用四名，七品至九品可用二名。包括五府管事都督、錦衣衛管事指揮、鎮撫司管事鎮撫在內的武職官員，比照文職官員的規定。而事務比較繁忙的錦衣衛直堂等官，則繼續遵照舊例執行，即錦衣衛直堂可用二十名，鎮撫司直廳可用五名，看監可用三十二名，經歷司直廳可用四名。

英宗之所以重新規定官員可用皂隸數的標準，是因為聽聞不少官員「罔知盡職，惟圖貪利」，經常私僉皂隸，逼迫其為自己謙取私利，有些官員有皂隸六七十名，有的甚至有二三百名，希望通過重定標準，澄清吏治。**50**

八、劉球之冤

讓我們繼續講述東廠和錦衣衛的實際控制人王振。他的整個表現，包括他的權力來源，以及他使用權力的方式，是明朝宦官擅權的標本。在他之後出現的汪直、劉瑾、魏忠賢等人，在一定程度上可以稱得上是他的學生。

在王振所列黑名單上，劉球是特別值得一提的人物。他是江西安福人，永樂十九年得中進士，時年二十九歲。因個性耿直，他的仕途一直不順，直至正統八年（1443年），五十一歲的他仍然只是正六品翰林侍講。**51**正是在這一年的五月，劉球呈遞了一份致命的奏本。

五月，雷震奉天殿，英宗下詔求直言。劉球應詔進言，列陳十件要事，其中第二、三、六條直接挑戰了王振的權威：第二條指責王振把持朝政；第三條指責王振借錦衣衛及東廠羞辱朝臣；第六條指責詔獄冤情累累。現摘錄如下：

50.《明英宗實錄》卷175。

51.《明史》卷162〈劉球傳〉。

……其二，親政務以總權綱。夫政自己出，則權不下移。故太祖、太宗每早朝罷，及午晚二朝，必進大臣於順門或便殿，親與裁決庶政。或事有疑，則召掌機務之臣確之，而自折其衷，所以權歸於上。皇上臨御九年，事體日熟，願守二聖之成規，復親決之故事則政權歸於一矣。其三，任賢德以重大臣。夫君所與共天職以治天下者，大臣也……今用大臣，未嘗皆出公論，及有小失，輒桎繫而捶楚之，若奴隸然，未幾又復其職，甚非所以待大臣之體。……其六，慎刑罰以免冤。抑天降災譴，多感於刑罰之不中。故古者人君不親刑，獄悉付之理官，……邇者法司上獄狀，有奉敕旨減重為輕，加輕為重者，法司既不能執奏，及訊他囚，又因有所觀望以輕重之，豈得無冤？臣以為，既任法司，刑獄宜從所擬，其或徇私不當，則加以罪。……其九，息兵威以重民命。夫兵，兇器，動必傷人，尤天道所厭……如麓川連年用兵，死者十七八，軍貲爵賞，不可勝計，……今欲生得一失地之竄寇，而驅數萬無罪之眾以就死地，豈不有乖好生之仁哉？[52]

指責朝廷出兵麓川的第九條，也被認為是導致王振加害劉球的重要原因，但這種說法可能會影響我們對事件的判斷。

第九條提到的麓川，位於今雲南瑞麗一帶，與緬甸接壤。元朝時，朝廷在麓川及毗鄰的平緬各設宣慰使司進行管理。洪武十七年八月，因麓川首領思倫發「遣使來貢」，太祖改「平緬軍民宣慰使司」為「麓川平緬宣慰使司」，任命思倫發擔任宣慰使。[53]但不久後，思倫發即發動叛亂，被沐英大軍擊敗後，再次臣服。

52.《明英宗實錄》卷 105。

53.《明太祖實錄》卷 164。

　　建文元年，思倫發其子思行發繼承其職，永樂十一年思行發請旨，讓其弟思任發代其職，得到成祖的許可。[54]不久後，思任發叛跡漸顯，大概從永樂二十年開始，他不斷出兵侵擾臨近州縣；至宣德年間，其勢日囂，侵擾愈頻；宣德七年之後，不再納銀。對於思任發的叛跡，朝廷考慮到麓川地勢複雜，征剿成本太大，一直隱忍。

　　正統元年，思任發侵占孟定府及灣甸等州，殺掠人民，焚毀甸寨。[55]兩年後（正統三年，1438年），又侵犯南甸、干崖、騰衝、潞江、金齒等處，擁兵自立，公然反叛。同年八月，雲南總兵官、黔國公沐晟（沐英次子）奉命征討。[56]但是，沐晟不善用兵，連連敗績，最終「慚懼發病」，於次年初卒於楚雄。正統四年五月，沐晟的兄弟、鎮守雲南左都督沐昂佩帶征南將軍印信，擔任總兵官，繼續率軍征討。[57]然而，戰事仍然不順。

　　正統五年，思任發改變策略，一面遣使朝貢，麻痹朝廷，一面厲兵秣馬，消耗官軍。不過，其險惡用心被朝廷識破。十月，禮部（這個機構負責接待朝貢的使者）接到的敕諭中，有「思任發久蓄不廷之心，已興師往討之矣。彼之朝貢，豈誠心哉？不過欲窺事機，緩我師耳」之語。[58]

　　次年（正統六年）正月，行在兵部尚書兼大理寺卿王驥上奏，請求征剿麓川。他的出兵請求，及其同時提出的若干建議，全部得到認可。[59]於是，王驥總督軍務，「大發東南諸道兵十五萬討之」。這次征

54.《明太宗實錄》卷146。

55.《明英宗實錄》卷35。

56.《明英宗實錄》卷45。

57.《明英宗實錄》卷55。

58.《明英宗實錄》卷72。

59.《明英宗實錄》卷75。

剿終於獲得階段性的勝利，思任發帶著兩個兒子敗走孟養，明軍獲其虎符、金牌、宣慰司印及所掠騰衝諸衛所印章三十有奇。**60**

王驥上奏請征之後，過了兩日，翰林侍講劉球上奏，反對出兵麓川：其戰略上的理由是「帝王之馭夷狄，必寬宥於其小，而謹防於其大，所以適緩急之，宜為天下久安計」，而且「此小夷僻居南徼（徼，邊境意），滅之不為武，釋之不為怯」；戰術上的理由是「王師不可輕出，夷性不可驟馴，地險不可用眾，客兵不可久淹」，而且「江南近年水旱相仍，軍民俱困，若復動眾，恐至紛擾」。

他建議「罷大舉之議」，選調有勇有謀的文臣武將去雲南，視具體情況的不同，調遣官軍在軍事要害處屯田，「且耕且練，廣其儲蓄，習其水土，固結木邦諸夷以為我援」，「是誠國家萬萬年太平之計也」。可是因為「麓川之征已有成命，難允所言」。**61**

這可能是劉球第一次通過奏本系統地提出反對出兵的理由和建議；兩年之後應詔上陳十件要事中的第九條，即「息兵威以重民命」，則是第二次。

《明史》稱「初，（劉）球言麓川事，（王）振固已銜之」。**62** 這句話的意思是，劉球第一次反對出兵麓川，已經讓王振懷恨在心，也就是說，劉球前後兩次公然反對出兵，可以被視為導致其日後受到王振加害的原因之一。

實際上，在劉球之前，同樣是在正統六年正月，行在刑部右侍郎何文淵也曾上奏反對出兵，其言辭激烈程度遠甚劉球。他甚至在奏本中說，在麓川戰略上，不重王化，動用兵戈，「豈徒王法之所不容，而亦神人之所共怒也」。**63** 但他並沒有因此而被王振加害，景泰六年

---

60. 《明史》卷 171〈王驥傳〉。

61. 《明英宗實錄》卷 75。

62. 《明史》卷 162〈劉球傳〉。

（1455年），何文淵被升為吏部尚書，於天順元年去世。

　　另外，出兵麓川（無論這項決定是否明智），其實並非王振可以獨斷的事情，何文淵呈上的奏本，即曾「事下行在兵部尚書兼大理寺卿王驥等，會同公、侯、伯、都督、尚書、侍郎、都御史等官，太師英國公張輔等議」。而且，即便如某些史籍所言，行在兵部尚書兼大理寺卿王驥是王振的黨羽，執行的是王振的意見，我們也不應忽視這樣一個事實，即無論是在正統六年，還是正統八年，楊士奇都還在廟堂之上，除了內閣首輔的身分，他還是少師兵部尚書。

　　無論如何，劉球受到王振殘忍而卑鄙地加害應該是不爭的事實。在這個過程中，劉球的同鄉、欽天監監正彭德清起了推波助瀾的作用。彭德清是王振的得力黨羽，朝臣對他十分尊敬，「球獨不為禮」。因此，彭德清對劉球怨恨在心。

　　根據《明史紀事本末》的記載，劉球上疏後，彭德清故意對王振說：「公知之乎？劉（球）侍讀疏之三章，蓋詆公也！」於是，王振惱羞成怒，「欲置之死」。[64]

　　劉球很快就被關進錦衣衛監獄。王振利用他上陳的奏本，給他挖了一個陷阱。

　　劉球上陳的「十事」中，第四條是「選禮臣以隆祀典」。他在奏本中說，太常寺卿是十分重要的官職，「必得清慎習禮儒臣為之，然後可交於神明」，但是，太常卿與少卿的職位已經空缺很長時間，因此「宜選用儒臣為之」。

　　劉球的奏本呈上後，英宗命廷臣集議。廷議的結果是，只有第四條可行。於是，英宗令吏部推舉可用人選。不數日後，原翰林修撰（從六品）董璘上疏，請調太常寺。

63. 《明英宗實錄》卷75。

64. 《明史紀事本末》卷29。

　　太常寺隸屬禮部，管祭祀禮樂方面的事務，「凡天神、地祇、人鬼，歲祭有常」。[65]但是，祭祀禮樂是十分細緻的工作，稍不留神就可能入罪。例如，永樂二年正月，右軍都督僉事陳俊，即因「陪祀太廟，失儀」而下錦衣衛獄。[66]因此，在得知董璘請調太常寺的消息後，馬順十分興奮地對王振說：「此可以並殺（劉）球矣！」

　　他的計策進行得很順利。因為在祭祀時稍有疏忽，董璘被打入錦衣衛監獄。劉球受到株連，也被關進監獄。

　　劉球下獄後，王振又命馬順用計謀殺他。某日五更，馬順帶著一名小校尉進入錦衣衛監獄。當時，劉球與董璘還在睡覺。小校尉上前穩住劉球，劉球知道情況不妙，大呼曰：「太祖、太宗之靈在天，汝何得擅殺我？」小校尉不為所動，手起刀落，砍斷了劉球的脖子。劉球屍身染滿鮮血，卻屹立不倒。馬順將其屍身踢倒，曰：「如此無禮！」於是又肢解了劉球的屍身，裹以蒲包，埋入監獄後面的空地裡。[67]這是《明書》記載的故事。

　　據說，劉球死後，他的魂魄曾在某一天附著在馬順的某個生了病的兒子身上，並通過這個兒子向馬順索命。馬順受到極大的驚嚇，他的兒子很快就病死了。

　　砍死劉球的小校尉也不得善終。因為殺了人，他夜不能寐，再加上還要保守祕密，故而精神十分緊張。某日，他的一位朋友碰見其貌瘠色慘，詢問緣由，小校尉忍不住吐實相告。他說砍殺劉球實在是為勢所迫，不敢違命，「比聞劉（球）公忠臣，吾儕小人，無故作此逆天理事，死有餘罪矣」。說完之後，慟哭悔恨不已。不久後，他離開了人世。[68]

65.《明史》卷74〈職官志三〉。

66.《明太宗實錄》卷27。

67.《明書》卷158。

　　董璘比劉球幸運，他得到寬宥並被釋放，但是他對仕途已經完全失去興趣，於是請求致仕回鄉。終其一生，他再也沒有復出為官。

　　劉球被殺後過了九日，大理寺少卿（正四品）薛瑄下獄。薛瑄得罪王振的故事被許多史籍記載在案：某日，朝臣在東閣議事，公卿大臣見到王振，皆行大禮，惟薛瑄獨立如故。王振主動向他行禮，並且責怪自己禮數不周，但是自此之後，王振日益怨恨薛瑄。 **69**

　　王振一直在尋找構陷薛瑄的機會。正巧有一位指揮使過世，他的侍妾曾與王振的姪子、錦衣衛指揮同知王山私通。王山欲納她為妾，可指揮使的妻子岳氏不同意，於是侍妾誣告岳氏毒殺親夫。岳氏被關進都察院監獄，屈打成招。

　　大理寺（職掌平反刑獄）少卿薛瑄覺得事有可疑，拒絕接受都察院的判決，與同為少卿的賀祖嗣、顧惟敬一起為岳氏申辯。於是，此案三覆三反，令都察院右都御史王文十分憤怒。在王振的授意下，王文誣告薛、賀、顧等人故意為岳氏開脫罪行，王振又唆使其他御史彈劾薛瑄等受賄。最終，薛瑄等三人都被關進了監獄。

　　結果是，薛瑄被判死刑，賀祖嗣、顧惟敬則被降職。薛瑄下獄後，怡然如故，他說：「辨冤獲咎，死何愧焉?」終日以讀《易經》自娛。薛瑄有三個兒子，其中一子願意代父赴死，另外兩子願意為父充軍；王振拒絕了他們的請求。

　　接下來發生的故事有些荒誕的意味：

　　王振家裡有一位老蒼頭，在薛瑄即將行刑的那一天，他在廚房裡嚎啕大哭。王振覺得很奇怪，詢問他大哭的原因，老蒼頭說：「聞薛夫子今日將刑故也!」王振聽了頗為感動，於是會同刑科三覆奏，兵部侍郎王偉也參與申救。最終薛瑄被釋放，削職為民。

68.《明通鑑》卷 23。
69.《明史紀事本末》卷 29。

　　薛瑄下獄兩週後，國子監（掌國學諸生訓導之政令）祭酒（從四品）李時勉，也因為曾經在某個場合見到王振時沒有「加禮」相待而受到羞辱。

　　某日，李時勉正在修剪彝倫堂（國子監圖書館）周遭花木的枝葉，王振發現了，誣其「擅伐官樹入塚」，徑取中旨，命錦衣衛官校將他與司業（正六品）趙琬、掌饌金鑑等人一併枷鎖在國子監前。據說，官校至國子監鎖人時，李時勉正在東堂批閱試卷，他見狀不驚，「徐呼諸生，品第高下，顧僚屬定甲乙榜，乃行」。

　　李時勉等人被枷鎖三日，仍未釋放，監生李貴等三千餘人詣闕乞恕，其中有一位名叫石大用的監生甚至上本，表示願意代替李時勉受刑。適逢英宗的外祖父會昌侯孫忠壽辰，三公九卿皆登門祝壽，於是李時勉的助教李繼，通過公卿向孫忠求救。正好孫太后（宣宗的孫皇后，英宗的母親，孫忠的女兒）也遣使來賀，孫忠對祝壽使者說：「今年的生日過得非常不痛快，因為朝中大臣都來了，只有李（時勉）先生因為戴著枷鎖受罪沒有到。」使者回宮後，將這件事稟報孫太后，太后又轉告英宗，英宗這才知道王振矯旨行事，立刻下令釋放了李時勉，但王振並未因此受到懲處。[70]

　　對於那些揭發自己罪行的人，王振的報復手段令人髮指。匿名密告王振不法事的宦官張環、顧忠被「磔於市」，王振甚至還逼迫同僚出宮觀刑，以儆效尤。[71]錦衣衛軍士王永匿名書寫王振罪行，並將書狀張貼於通衢大道兩側，被錦衣衛緝事官校發現後，打入刑部監獄，正統十年正月，「以造妖言，斬罪。詔即磔之於市，不必覆奏」。[72]

---

70. 薛瑄及李時勉事，皆綜合自《國榷》卷 25；《明通鑑》卷 23；《明書》卷 158。
71. 《明英宗實錄》卷 109。
72. 《明英宗實錄》卷 118。

很多史籍都提到駙馬都尉石璟受罰一事，並一致認為是王振挾怨報復所致。

據說，駙馬都尉府裡有一位名叫呂寶的家閹，因為偷盜財物而受到石璟的懲罰以及言語上的羞辱，物傷其類，王振對石璟十分厭惡。正統九年七月，石璟被抓進錦衣衛監獄，具體原因不詳。但他不久後就被釋放。[73]

然而石璟之入獄可能並非冤枉，因為他的操守並非無瑕。例如，正統五年四月，他即因違反有關四品以上官員不得放債的禁令而受到懲治。[74]正統十年十月，成國公朱勇（朱能之子）又劾奏他「偷惰，不奉詔習騎射」。[75]石璟的妻子是宣宗原配廢后胡氏的長女順德公主，事發時，這位公主已去世一年有餘。

不過，若將上述冤獄都怪罪到王振一人身上，對他可能有失公平。因為不知從何時起，至遲在正統年間，已經有了這樣一項制度，即錦衣衛如果要拿人（尤其是官員）下獄，必須先取得「駕帖」，即聖駕（皇帝）的帖子，證明是皇帝授意，然後要拿著「駕帖」去刑科，刑科三覆奏，覺得沒有問題，就簽批備案，完成這個程序後，才可以去拿人。若刑科覺得不妥，則可以拒絕簽批，並封還執奏，請皇帝收回成命。[76]這項制度的設立，主要基於兩個目的，其一是確保錦衣衛為皇帝所用，其二是減少冤案的機率。

根據沈德符的記錄，無論是王振擅權期間，還是後文將要述及的汪直用事期間，「不敢違此制也」。換句話說，上述冤案的發生，皇帝、

73.《明英宗實錄》卷 125。

74.《明英宗實錄》卷 66。

75.《明英宗實錄》卷 134。

76.綜合自沈德符的記載以及嘉靖朝刑科都給事中劉濟的奏本。見《萬曆野獲編》卷 21；《明世宗實錄》卷 20。

王振及其黨羽，以及包括刑科給事中在內的朝臣，都脫不開關係。

九、土木堡

正統十四年，王振的時代終於結束。

七月，瓦剌主力兵分三路，分別進犯遼東、宣府、大同，還有一小股兵力入侵甘肅。導致這次入侵的原因，據說是因為王振侮辱了瓦剌的入貢使節。[77]

在此之前，也先已經統一瓦剌諸部，其勢力範圍西至哈密，東至滿洲，而脫脫不花的勢力範圍限於東蒙。名義上，二者是平等合作的關係；實際上，脫脫不花要仰也先之鼻息。在瓦剌的三路入侵大軍中，入侵遼東的東路大軍由脫脫不花指揮，入侵宣府的中路大軍由知院阿剌指揮，入侵大同的西路大軍由也先親自指揮。

根據《明英宗實錄》的記載，七月十一日，瓦剌兵分三路入侵的消息，隨著參將吳浩在大同附近迎戰也先身亡的消息一起傳至京城，朝廷「遂議親征」，二十二歲的英宗很快就做出了親征的決定。次日，他下發了一道諭旨，賜予在京五軍、神機、三千等營的操練官軍每人白銀一兩，胖襖袴各一件，行軍鞋二雙，行糧一月，兵器共八十餘萬件，此外每三人配備用以負載輜重的驢一頭，把總、都指揮等武官則每人加賜鈔五百貫。[78]

不難從「行糧一月」四字中看出，英宗抱有速勝的信心和決心。這種信心可能主要來自征討麓川、剿滅福建盜匪的成功，王振的影響也是不容忽視的因素。不過，《明史》有關「（王）振挾帝親征」的說法可能是有失偏頗的，[79]若實情如此，英宗經「奪門之變」而復位之

77.《明通鑑》卷 24。

78.《明英宗實錄》卷 180。

79.《明史》卷 304〈王振傳〉。

後，就不會善待王振的家屬，讓已經充軍遼東鐵嶺衛的他們回到京衛充軍，也不會賜祭「故太監王振」。[80]

七月十四日，吏部尚書王直率廷臣上疏，從戰略、氣候及水土等角度分析出征利弊，力勸英宗放棄親征，但英宗堅持己見。十五日，他命同父異母的兄弟、二十一歲的郕王朱祁鈺居守京師，命英國公張輔、成國公朱勇、駙馬都尉石璟、戶部尚書王佐、兵部尚書鄺野、都察院右副都御史鄧棨、欽天監監正彭德清、翰林院大學士曹鼐、張益等隨軍出征。

根據《明通鑑》的記載，內閣首輔曹鼐、閣臣張益等人曾與幾位隨軍出行的御史討論過刺殺王振以阻止御駕親征的可行性。曹鼐說：「今天子蒙塵，六軍氣喪，痛恨王振久矣。若用一武士之力，捽振而碎其首於駕前，歷數其奸權誤國之罪，然後遣將領前詣大同，則天意猶可挽也。」但是「諸御史惴惴，無敢應者」。曹鼐本打算再與英國公張輔討論此事，卻一直找不到機會。因此，刺殺計畫最終並沒有實施。[81]

七月十六日，大軍離開京師。《明英宗實錄》寫道：「是舉也，司禮監太監王振實勸成於內，故群臣雖合章諫止，上（英宗）皆不納；命下逾二日即行，扈從文武吏士皆倉猝就道云。」[82]

兩日後，大軍行至居庸關，兵部尚書鄺野上疏說，邊將足以抗虜，陛下為宗廟社稷之主，理應自重，請求停止親征，帝「不從」。二十三日，行至宣府，時風雨大至、邊報益急，鄺野與戶部尚書王佐率多位扈從大臣交章請求英宗回蹕。王振惱羞成怒，以鄺野與王佐帶頭倡議還朝、違抗聖旨為由，「罰跪草中，至暮不得請」。二十八日，王振的

80.《明英宗實錄》卷 283。

81.《明通鑑》卷 24。

82.《明英宗實錄》卷 180。

親信、欽天監監正彭德清偷偷地對王振說，天象已有示警，再繼續往前進，「恐危乘輿」。王振說：「果有此，亦天命也。」

八月初二日，英宗駐蹕大同，王振還想繼續率師北上，大同鎮守太監郭敬對他說，繼續北行將「正中虜計」。而就在這一日，北面明軍戰敗的消息不斷傳至大同，王振這才心有懼意，「遂議旋師」。次日「車駕東還」。

在商議回京路線的事情上，王振頗費了一番心思。原先議定的路線是，向東南經紫荊關進京，因為這樣就可以在經過他的家鄉蔚州時，邀請英宗去自己家裡歇息，從而光宗耀祖。但出發之後，王振又覺得這條路線會損害家裡的莊稼，於是又調整路線，折往東北，沿來路經宣府，再經居庸關回京。顯然，走這條路線，與瓦剌大軍遭遇的概率大大提高。

八月十日，大軍抵達宣府時，探子來報「虜兵大至，襲我後」，恭順伯吳克忠、都督吳克勤奉命率兵斷後。三日後，吳克忠、吳克勤敗沒。成國公朱勇、永順伯薛綬奉旨出兵，「遇伏皆死，全軍殲焉」。

八月十四日，英宗車駕抵達土木堡時，天色尚早，本應繼續前行，行至二十里外的懷來駐蹕，以保平安，可是，因為千餘輛輜重未至，王振決定留在原地等待。鄺野再上奏本，請求派重兵斷後，讓聖駕快速入關，但他的奏本被王振截下。鄺野不死心，逕自去英宗休息的行宮，想當面陳情，敦促立即起駕。王振怒曰：「腐儒安知兵事？再妄言者死！」鄺野對曰：「我為社稷生靈計，何得以死懼我！」但他最終還是被王振手下架了出去。

駐蹕土木堡是一項愚蠢的決定。當時的形勢是「寇四面合圍，地無水泉，人馬饑渴，掘井深二丈不得水。其南十五里有河，也先已遣兵據之」。顯然，明軍已身處絕境。

瓦剌軍隊頻頻騷擾。八月十五日，中秋節，車駕正要啟程時，發

現瓦剌騎兵在附近窺伺，於是停了下來。瓦剌人誘敵深入，佯裝撤退。王振中計，命大軍南行十五里補水。一場將要影響一個朝代以及無數人命運的大變就此發生。

行軍才三四里，明軍即陷入瓦剌勁騎的包圍圈，激烈的交戰在所難免。最終，明朝軍士「裸袒蹈藉死者，蔽塞川野，宦豎及宿衛士，矢被體如蝟」。英宗試圖與親軍突圍，「不得出，下馬據地坐，敵兵擁之去」。

眼見英宗被瓦剌人擄走，一位名叫樊忠的親軍護衛急怒攻心，拿起手中的瓜錘殺死了沒與英宗同時被擄走的王振，慷慨激昂地說：「吾為天下誅此賊！」並率手下突圍，在殺死敵人數十名之後，寡不敵眾，戰死沙場。

《國榷》記載說，在這場戰役中，明朝官軍「死者數十萬」。包括英國公張輔、泰寧侯陳瀛、駙馬都尉井源、內閣首輔曹鼐、閣臣張益、戶部尚書王佐、兵部尚書鄺野等人在內，共有五十多位隨行重臣死難。**83**

十、指揮使之死

王振的黨羽馬順等人也慘澹收場。

八月十七日，英宗被擄的消息傳至京城，「百官皆集闕下相聚哭」。次日，孫太后命郕王監國，召集朝臣，商討戰守策略。

其時，京師的疲卒羸馬不足十萬，且人情惶惶。翰林院侍講徐有貞建議遷都南京，禮部尚書胡濙表示反對，胡濙認為成祖將陵寢建於北京，意思就是子孫後代都要留在這裡，換句話說，遷都是不孝之舉。兵部侍郎于謙則以南宋遷都亡國為先例，認為「京師天下根本，一動則大事去矣」，建議「速召勤王兵，誓以死守」。吏部尚書王直、內閣

學士陳循的意見與于謙一致，太監興安、金英等人也認同胡濙的看法，他們對孫太后說：「若去，陵寢將誰與守?」於是，固守京師的大計確定下來。

三日後，于謙被擢升為兵部尚書，又過一日，孫太后將英宗年僅兩歲的兒子朱見濬立為太子，改名見深，仍命郕王代總國政。

八月二十三日，郕王攝朝。他做的第一件事情，就是應都察院右都御史陳鎰等人之請，清除包括馬順在內的王振的黨羽，儘管他本人對此並不十分熱衷。

陳鎰是三朝老臣。他是永樂十年的進士，在湖廣、山東、浙江等地擔任過按察司副使之職，為官正直，聲響頗佳。宣德十年三月，他調入都察院，擔任右副都御史。正統九年正月晉升為右都御史。

郕王攝朝當日，陳鎰聯合諸大臣痛陳王振及其黨羽犯下了矯旨欺君、徇私枉法、貪汙受賄、暗結胡寇等項罪行，請求予以嚴懲。**84** 六科十三道也上本，指控王振等人的罪行。可是，郕王的反應出乎意料的冷淡，只做出「朝廷自有處置」的表示。他話音剛落，百官跪倒在地，慟哭不起，請求郕王迅速肅清王振黨羽。陳鎰說：「王振罪不容誅，殿下不即正典刑族滅之，臣等今日皆死此廷中。」說完後，痛苦呼號不已。

據說，在郕王府擔任長史一職的儀銘也膝行向前，懇請郕王痛下決心。同在現場的馬順見狀，怒不可遏，將儀銘罵退。**85**

接下來發生的一幕是，跪倒在地的戶科給事中王竑以及刑科給事中曹凱突然起身，走到馬順面前，「捽（馬）順髮，齧其肉」。王竑痛斥他說：「汝以往助紂為虐，倚王振之勢作威，今事已至此，尚敢跋扈!」於是，群臣爭相共毆馬順。這位曾經不可一世的錦衣衛指揮使當

84.《明英宗實錄》卷181。
85.《國榷》卷27。

場就被打死。

王竑與曹凱分別來自江夏（今屬湖北武漢）和益都（今屬山東濰坊）。《明史》對他們二人的評價分別是「（王竑）豪邁，負氣節，正色敢言」，以及「（曹凱）磊落，多壯節」。[86]

王振的黨羽宦官毛貴、王長隨也在朝堂之上被打死。[87]毛、王二人以及馬順的屍體被拐棄在東安門外的道路邊。

隨後，王振的侄子、錦衣衛指揮同知王山也被逮押到廷。此時，群臣的情緒已經冷靜下來，在痛斥王山罪行之餘，他們互相提醒不要將他打死在朝堂上，要明正典刑。不久後，王山被綁至鬧市，凌遲處死。

同月，王振及其黨羽大同鎮守太監郭敬、宦官陳埰、唐童、欽天監監正彭德清等人皆被抄家。王振被籍沒的家產包括京城內外豪宅數處，這些豪宅「重堂邃閣，擬於宸居」，還包括「金銀六十庫、玉盤百，珊瑚高六七尺者二十株，其他珍玩無算」。

至於王振族人的命運，《明史紀事本末》的記載是「族屬無少長，皆斬」，[88]但這種說法似乎並不十分可信。根據《明英宗實錄》的記載，王振家屬二百六十多口被拘押在都察院，其中不少人都沒有判死刑，他們每人每日甚至有一升米的配給，[89]有的族人後來充軍遼東鐵嶺衛。[90]

馬順的家族沒有受到太大的影響。景泰二年六月，馬順的兒子甚至與尚寶司的官員一起，請求皇帝下旨，命王竑（他已晉升為正四品

86.《明史》卷177〈王竑傳〉、卷164〈曹凱傳〉。
87.《明史》卷177〈王竑傳〉。
88.《明史紀事本末》卷29。
89.《明英宗實錄》卷181。
90.《明英宗實錄》卷283。

都察院右僉都御史）找回馬順被打死後遺失的錦衣衛牙牌，皇帝答應了他們的請求。[91]

五百多年後，馬順的牙牌成為北京首都博物館的珍藏。它長約7.5公分，寬約6.5公分，呈橢圓形狀。牙牌正面雕了兩條螭龍，豎刻「錦衣衛指揮使馬順」八字；牙牌背面雕有雲紋，豎刻「正統十四年八月吉日」九字。如果這塊牙牌是真品，而且關於馬順之死的記載屬實，那麼，他被毆打致死時，擁有這塊牙牌還不到一個月。

在清除王振黨羽的整個過程中，郕王朱祁鈺的態度始終都是被動而消極的。這或許與他少不更事有關，畢竟他才二十一歲，而且一直養在深宮，此前從未親自參與過充滿血腥的政治事件，因而還能保持相對仁慈的性格。當然也不能排除這樣一種可能性，即郕王與王振打過交道，甚至可能建立了一定程度的感情。因此，他既沒有答應陳鎰等人提出的誅滅王振家族的請求，也沒有籍沒馬順、毛貴、王長隨等三人的家族。[92]

據說，馬順等三人遭到痛毆時，在場親軍衛卒一度失控，朝班大亂，郕王十分恐慌，想要拔腿離開。于謙見狀，趕緊排開眾人，走上前，穩住了郕王，並請他表態，謂馬順等罪該論死，群臣的做法無罪。這才穩定住了局面。[93]

十一、岳謙：通事錦衣衛

正統十四年九月六日，郕王朱祁鈺在十分簡單的儀式下登基為帝，史稱景帝，被瓦剌人俘虜的英宗被尊為太上皇。

景帝在詔書中解釋說，他之所以繼承皇位，是遵照皇兄英宗的旨

---

91. 《明英宗實錄》卷 205。
92. 《明英宗實錄》卷 181。
93. 《明通鑑》卷 24。

意行事。英宗通過出使瓦剌的錦衣衛都指揮使岳謙傳旨：「宗廟之禮，
不可久曠。朕弟郕王，年長且賢，其令繼統，以奉祭祀。」[94]

　　關於岳謙其人，史籍的記載並不完備，故而無法得知其出身，但
他應該不是漢人，且有可能是女真或者瓦剌人，因為他的孫子名叫「鎖
住」。[95]可以確定的是，至遲從宣德元年開始，岳謙就肩負了通使瓦剌
的職責。

　　根據《明宣宗實錄》的記載，宣德元年正月，宣宗命當時尚是錦
衣衛千戶的岳謙與指揮僉事孫觀一起出使瓦剌，敕命瓦剌賢義王子捏
烈忽承襲王爵。[96]兩年後，他被擢升為錦衣衛指揮僉事。正統二年十
一月，再晉升為錦衣衛指揮同知。從宣德元年至正統十四年，在長達
二十二年的時間裡，岳謙的主要職責就是奉旨出使瓦剌。

　　在景帝登基前兩日，即九月四日，岳謙被擢升為錦衣衛都指揮僉
事，並被賜予白銀二十兩以及紵絲四表裡，「以使瓦剌艱苦故也」。[97]
次日，他再度奉命出使瓦剌。

　　有趣的是，作為錦衣衛官員，岳謙還具有通事的身分，而且具有
通事身分的錦衣衛官員顯然也不止他一人。記載於《明英宗實錄》的
兩條史料即是證據。其一：「（正統八年正月）復錦衣衛帶俸都指揮使
昌英、都指揮僉事陳友、指揮同知丁全、岳謙職。英等皆通事，先是
坐罪，革冠帶辦事，至是復之。」[98]其二：「是日（正統十四年十月一
日），虜眾復奉上皇（英宗）至大同東門，也先遣得知院及太監喜寧、
通事指揮岳謙到城下言：『今送上皇回京，若不得正位，雖五年、十

94.《明英宗實錄》卷 183。

95.《明英宗實錄》卷 275。

96.《明宣宗實錄》卷 13。

97.《明英宗實錄》卷 182。

98.《明英宗實錄》卷 100。

年，務要仇殺。』」**99**

　　顯然，岳謙具有的通事職務，與四夷館、鴻臚寺等機構設有的通事職務不可能完全一樣，但一定存在某種關係。

　　在四夷館中，通事的職務相當於翻譯。早在永樂五年，成祖即設立了蒙古、女直、西番、西天、回回、百夷、高昌、緬甸等八館，培養翻譯人才。四夷館起初隸屬於翰林院，後來改隸太常寺。鴻臚寺（掌朝會、賓客、吉凶儀禮之事）則設有外夷通事機構。可見，無論是四夷館的通事，還是鴻臚寺的通事，都與民族或外交事務有關。**100**

　　正如前文所述，早在洪武年間，錦衣衛即被授予了某些涉及民族及外交事務的職能，例如代表太祖接受外族首領的投降。因此，我們不妨推斷，岳謙等人原先有可能在四夷館或者鴻臚寺任職，隨著瓦剌與大明的關係日益頻密、日益重要，通曉禮儀以及瓦剌人語言的他被調入錦衣衛，專門負責出使瓦剌，與瓦剌人打交道。

　　從鴻臚寺選調合適的官員進入錦衣衛任職，可能是永樂年間形成的做法，因為那時的民族交往以及外交活動已經比較頻繁。但有史可查的最早案例，似乎發生在宣德二年五月。正是在這個月，行在鴻臚寺寺丞（從六品）何敏調入錦衣衛擔任指揮僉事（正四品）一職；而他之所以被調入錦衣衛，是因為他熟悉「番語」。他進入錦衣衛執行的第一項任務，是陪同都指揮僉事蔣貴一起去「招撫番寇」。在擔任寺丞之前，何敏也是一名通事。**101**

　　另一個案例發生在宣德二年十月。行在鴻臚寺序班（從九品）王息在該月被擢升為錦衣衛指揮僉事，「錦衣衛支俸，不任事，以使外夷功也」。**102**根據《明史》的記載，鴻臚寺序班負責主持侍班、齊班，糾

99.《明英宗實錄》卷 184。

100.《明史》卷 74〈職官志三〉。

101.《明宣宗實錄》卷 28。

正禮儀以及傳達贊唱（「典侍班、齊班、糾儀及傳贊」）。[103]

值得一提的是，與岳謙一樣，王息也並非漢人，他來自朝鮮，本姓金，「先世居朝鮮國海洋磨鐵嶺」。正統五年八月，他的親哥哥金振作為朝鮮使臣訪問了大明。[104]

何敏由從六品晉升為正四品，王息則由從九品直升正四品，由此可見，對於鴻臚寺中的那些具有語言才華的低級官吏來說，進入錦衣衛任職無疑是飛黃騰達的捷徑。

但岳謙是一位不幸的人。正統十四年十月十一日，瓦剌人擁著英宗車駕抵達盧溝橋，英宗命身邊的錦衣衛校尉袁彬（他將是錦衣衛歷史上的一位傳奇人物）寫了三份詔書，分別給孫太后、景帝以及文武百官，「通報虜情，俾固守社稷」。英宗派岳謙帶著書信，與瓦剌使節納哈出一起行至彰義門外，與明朝官員進行接洽。結果岳謙（可能因為他是瓦剌人的面目）被明朝官軍誤殺，納哈出則十分幸運地逃回了瓦剌軍營。

景泰元年（1450 年）二月，岳謙的長子岳寬承襲了錦衣衛帶俸指揮同知一職。不久以後，岳寬也因公殉職。天順元年二月，英宗念在岳謙、岳寬「殉身報國」，將岳寬的兒子鎖住擢升為錦衣衛都指揮僉事，並賜予世襲指揮使的職務。[105]

102.《明宣宗實錄》卷 32。

103.《明史》卷 74〈職官志三〉。

104.《明英宗實錄》卷 70。

105.《明英宗實錄》卷 275。

第六章　景帝之誤

在景泰年間，錦衣衛及東廠的建制並未發生大的變化；至於人事上的變動，在錦衣衛方面，畢旺及門達先後成為錦衣衛的掌事者，東廠則可能是司禮監太監興安的勢力範圍。繼紀綱之後，錦衣衛歷史上第二位極具知名度的人物仍默默無聞，他將在英宗復位後隆重登場——他就是袁彬。

一、畢旺平庸

畢旺的出身不詳，他先前有可能是郕王府的侍衛，郕王攝政後，任命他為錦衣衛千戶。正統十四年十月，即景帝登基一個月後，將他擢升為指揮僉事。兩年後，景帝又擢升他為錦衣衛指揮同知，並且將緝察謀反等事項的任務委託給他。景泰三年三月十一日，景帝在一份詔書中如此叮囑畢旺：

> 今後凡是謀逆，反叛，妖言惑眾，窺伺朝廷事情，交通王府、外夷，窩藏奸盜，及各倉場庫務虛買實收，關單官吏受財賣法，有顯跡重情，方許指實奏聞，點差御史，覆核屬實，方許執訊。其餘事情，止許受害之人告發，不許挾仇受囑，誣害良善，及將實事受財；賣放法司，亦不許。聽從脅制囑託，致有冤枉違法重情，罪不宥。**❶**

這份詔書明確交代了錦衣衛緝事範圍。顯然，錦衣衛的監督對象

1.《明英宗實錄》卷 224。

不僅包括可能威脅皇權的政治力量，還包括其他可能侵犯國家以及皇室經濟利益的勢力。《明通鑑》曰：「自此，錦衣衛官校復漸用事」。**2**

　　需要交代的背景是，英宗北狩、馬順伏誅之後，曾有不少官員疏陳錦衣衛官校緝事弊端。吏部聽選知縣黎連即是其中一位。**3**

　　正統十四年十二月，黎連上呈奏本：

> 自太監王振專國，官無大小，事無輕重，悉送錦衣衛鎮撫司拷訊，遂使掌司事指揮馬順得以阿比權勢，高下其手。是以翰林侍講劉球以直諒而死，監察御史李儼以不屈而貶，負屈銜冤比比而有。乞今後大臣有犯重罪，或皇上親賜推問，或命六部、都察院、堂上官會勘，奏請處分，如此則刑獄清，而待臣下之禮得矣。**4**

　　景帝將奏本下發給禮部商議。最終，黎連的主張得到認可。景帝命錦衣衛將所緝人犯悉送法司，官校的氣勢有所收斂。**5**

　　顯然，從景泰三年景帝對畢旺的叮囑，意味著景帝態度有了轉變。這一切都與政治形勢的變化有關。

　　景泰元年七月，也先終於認識到，以英宗為人質勒索明朝的做法不再有效，因為明朝已經擁立了一位新皇帝。而且，從種種跡象上看，這位新皇帝並不想讓英宗回朝，整個朝廷也無意與瓦剌人妥協。因此，他做出了釋放英宗的決定。

　　也先對出使瓦剌的禮科都給事中李實以及大理寺丞羅綺等人說：「我（也先）亟欲送上皇（英宗）歸，而敕書無奉迎語。今汝之來，

2.《明通鑑》卷26。

3.據《明史》卷71〈選舉志三〉：「初授者曰聽選，升任者曰升遷。」

4.《明英宗實錄》卷186。

5.《明通鑑》卷26。

通問而已，若欲奉迎，宜亟遣大臣來。歸語皇帝（景帝），迎使夕來，大駕朝發，決不食言。」

也先確實遵守了承諾。八月十五日，被俘整整一年之後，英宗在右都御史楊善的陪同下返回北京。在東安門，英宗見到了前來相迎的景帝，二帝互拜，「相持泣，各述授受意，推遜良久，遂送上皇（英宗）至南宮。上（景帝）率百官行朝謁禮」。**6**

英宗的回朝，讓景帝感到莫大的壓力，因為英宗的皇位，正如他的年號一樣，是「正統」，而他本人只是臨危受命，頗有名不正、言不順的感覺。而且，無論是朝臣還內使，效忠英宗者大有人在。對景帝來說，重用錦衣衛，伺察百官，防範各種陰謀，實在是不得已的選擇。

可是，畢旺不堪大用，用王世貞的話說，他只是「碌碌循職而已」。**7** 畢旺並沒有在錦衣衛樹立起自己的威信，以至於竟然會被下屬盧忠舉報受賄生事，結果二人同下三法司。景帝以「同僚不和，難居近侍」為由，將錦衣衛指揮僉事盧忠降為事官，發往廣西總兵官處任職，並將畢旺調任宣府左衛理事，**8** 時為景泰三年七月。

如果盧忠是英宗的效忠者，那麼，他對畢旺的舉報，還可以解釋為英宗一方瓦解景帝勢力的努力，可是，他並非英宗的人馬。盧忠甚至曾經與尚衣監太監高平合謀，指使錦衣衛校尉李善奏報英宗與太監阮浪、南城內使王瑤等人謀圖復位。結果王瑤、阮浪皆被打入錦衣衛監獄，前者被殺，後者病死。**9**

天順元年五月，即英宗復位四個月後，已經是廣西柳州衛千戶的盧忠與寧夏鎮守太監高平一起被凌遲處死，曝屍三日，並被抄家。

6.《明通鑑》卷 25。

7.《弇州四部稿》卷 79。

8.《明英宗實錄》卷 218。

9.《明英宗實錄》卷 278。

　　顯然，盧忠對畢旺的舉報，純粹屬於內耗，可能是因為分贓不均，可能是為了上位，也可能是被別人利用。當然，盧忠的指控也可能並非空穴來風。無論如何，這件事在一定程度上說明，畢旺雖然被景帝看重，但他沒有能力充分利用景帝給予的機會，壯大並鞏固自己的勢力。景帝所託非人，畢旺無法幫助他防範難以預料的政治危機。

　　不過，景帝並沒有將他放棄。景泰三年十月，即畢旺被調往宣府左衛三個月後，畢旺官復原職，重新當上了錦衣衛指揮同知，「仍掌衛事」。**❿**景泰五年（1454 年）十二月，景帝還讓他掌理專治詔獄的北鎮撫司。**⓫**不過畢旺應該過不久就去世了，因為在景泰六年十二月，他的兒子畢永承襲了錦衣衛指揮同知之職。**⓬**

二、門達反骨

　　如果說，將掌理錦衣衛及鎮撫司事的權力委託給畢旺，是景帝犯下的第一個錯誤，那麼，對門達委以重任則是他犯下的第二個錯誤，而且是在關鍵時刻犯下的致命錯誤。

　　景泰七年（1456 年）十二月二十一日，景帝命時任錦衣衛帶俸指揮僉事的門達，掌「理衛事」並兼「鎮撫司問刑」。**⓭**

　　二十六天後，即景泰八年（1457 年）正月十七日，擁護英宗的文武大臣發動「奪門之變」，將景帝趕下皇位；英宗復位，改年號為天順。門達因參與「奪門」有功，在英宗復位當月，即天順元年正月，被擢升為指揮同知。兩個月後，他再次高升，被擢升為指揮使。**⓮**

10.《明英宗實錄》卷 222。

11.《明英宗實錄》卷 248。

12.《明英宗實錄》卷 261。

13.《明英宗實錄》卷 273。

14.《明英宗實錄》卷 274。

　　門達是直隸豐潤人，父親是錦衣衛百戶。父親退休之後，他子承父職，當上了錦衣衛百戶。他為人機警而沉鷙（《明史》語），善於把握機會，迅速上位。正統末年，英宗擢升他為千戶，委任他專理鎮撫司刑獄。**15**

　　相對於英宗對門達的青睞，景帝對他似乎帶有一種複雜的厭惡情緒，這或許是導致門達參與「奪門之變」的原因之一。《明英宗實錄》記載了一則有趣的故事，它講述了英宗擢升門達為千戶的緣由，以及景帝對他的評價，大意如下：正統末年某日。京師。錦衣衛鎮撫門達正率校卒巡邏，一名手下發現有個人行蹤詭祕，認出他是浙江處州府通緝的賊寇，於是向門達彙報。他們成功地將這名賊寇逮捕入獄。英宗聽說了這件事之後，下詔擢升門達為正千戶，讓他繼續在鎮撫司理刑。幾年時間過去，門達仍是一名千戶，心有不滿。景泰五年十月，門達「乞恩求升」。景帝斥其「無廉恥，自求官」，在擢升他為指揮僉事的同時，剝奪了他在鎮撫司理刑的職務。此時，兵科左給事中王鉉等人以門達深諳刑名之事為由，建議景帝讓他繼續理刑。景帝卻說：「門達不知進退，豈能分理詞訟?」將王鉉等人的建議駁回。**16**

　　景帝對自己的厭惡，門達不可能一無所知。因此，當景帝因立太子一事引起群臣不滿，朝局暗流湧動時，門達選擇了倒向英宗這一邊。

　　平心而論，景帝的表現比他的前任，無能的英宗要好一些。景帝和英宗一樣，性格懦弱，不同的是，他任賢用能，在國難當頭之際，做出了正確的決定。他沒有聽信徐有貞的建議，將都城南遷，而是堅守北京，以于謙的「安邊三策」為原則，制定並執行了有效的防禦政策，頑強地與也先斡旋，最終保住了江山社稷（這是景帝最大的功績）。英宗首次親政後的表現則基本完全相反，他任由王振擅權，把國

15.《明史》卷 307〈門達傳〉。

16.《明英宗實錄》卷 246。

家推向了危險的深淵。

　　但景帝還稱不上是一位真正兼具魄力與能力的君主，否則當兵部尚書于謙與總兵官武清侯石亨發生矛盾，先後遞上辭呈時，他的做法應該不僅僅是將二人的辭呈退回，而是會通盤考慮，權衡利弊，防患於未然，做出更明智的決策。

　　當然，于謙一直以來對石亨的佳評，可能是導致景帝手足無措，不知計將安出的重要原因。景帝對于謙十分信賴，用《明史》的話說，「（景）帝知（于）謙深，所論奏無不從者」。**17**因此，于謙以及于謙極力推薦並扶持起來的總兵官石亨先後提出辭呈時，他有無所適從之感。

　　在某種程度上，于謙確實應該為景帝的無所適從以及後來發生的「奪門之變」負責，因為他只栽培出一個石亨，並且任由石亨獨大，卻沒有發現並且培養出另外一個足以與石亨抗衡的軍政人才，以至於當于謙因病而活力不再時，景帝無法通過權力制衡的手段，將石亨的勢力限制在安全可控的範圍之內。也正因為如此，石亨才敢在景泰五年二月用一種近乎戲謔的方式再度提出辭呈，而景帝也只能一如既往地不予批准。**18**

　　景帝犯下的最嚴重的錯誤是背信棄義，不明大局，不識大體。他的登基，實在是迫不得已的權宜之計，他本人起初也並不情願，再三推辭。確實，國家正陷於危亡之境，對於像他那樣懦弱的人來說，做皇帝絕對不是一件美差。可是，當局面穩定下來之後，他又十分迷戀君臨天下的感覺。當英宗結束足以讓他蒙羞一世的被擄命運，毫無顏面地返回京城之後，景帝沒有拿出一種可以幫自己俘獲人心的姿態來對待他受苦受難的兄長，對待那位曾在傳位詔書中讚美自己具有賢德

17.《明史》卷 170〈于謙傳〉。

18.《明英宗實錄》卷 238。

（「年長且賢」）的太上皇，而是卑劣地將其軟禁在南宮。

兩年之後，景帝再一次做出了大失民心的決定：他將五歲的皇太子朱見深（英宗的長子）廢黜為沂王，將自己只有四歲的兒子朱見濟立為太子。

但景帝同時也是十分不幸的。十八個月之後，即景泰四年十一月，景帝唯一的兒子太子朱見濟夭亡了，這意味著他必須將皇位傳給旁系。儘管如此，景帝並沒有明智地採納朝臣的意見，把握住挽回人心、穩定朝局的機會，重新冊立朱見深為太子，而是以一種讓人難以理解的任性態度將自己置於絕境。

景泰八年正月十二日，景帝抱病登輿，去南郊齋宮修養。兩日後，他因病不能臨朝，禮部尚書胡濙等人上疏問安，再次提出重新冊立太子的建議。景帝的答覆是「朕偶有寒疾，（正月）十七日當早朝，所請不允」。

然而，大變就發生在未來三天時間裡。

景帝去南宮休養的前夕，曾將武清侯石亨召至榻前，命其代行祭祀之事。此時石亨發現景帝已病入膏肓，出宮之後，對都督張軏、左都御史楊善及太監曹吉祥等人說，與其立太子，還不如幫助太上皇復位，更可以邀功請賞。張軏、曹吉祥等人都認同他的觀點。他們又去徵求太常寺卿許彬的意見。許彬認為這件事可成就「不世之功業」，但許彬又以年老為辭，建議他們去找都察院右僉都御史徐有貞，因為徐有貞「善奇策」，可共圖此功。於是，石亨與張軏當夜就去了徐有貞家。《明通鑑》寫道：

> （石）亨、（張）軏遂夜至（徐）有貞家。有貞大喜曰：「須令南城（即英宗）知此意。」軏曰：「已陰達之矣。」有貞曰：「必得審報乃可。」亨、軏遂去。……是日（辛巳日）夜，石亨、張

軏與曹吉祥矯稱皇太后制，復會有貞所。軏曰：「報得矣，計將安出？」有貞乃升屋步乾象，亟下，曰：「時在今夕，不可失。」因密語定計，倉皇出。有貞焚香祝天，與家人訣，曰：「事成社稷利，不成門族禍。歸，人；不歸，鬼矣。」時方有邊警，有貞豫令張軏詭言備非常，勒兵入大內。亨掌門鑰，夜四鼓，開長安門納之，既入復閉，以過外兵。值天色晦冥，軏等惶恐。有貞趣行，軏顧曰：「事濟否？」有貞大言曰：「必濟！」進薄南宮城，城門錮，毀牆入，見上皇（英宗）於燭下。上皇問故，眾俯伏，合聲請登位。乃麾兵進輿，皆驚戰莫能舉，有貞率諸人助挽以行。忽天色明霽，星月開朗，上皇顧問，各以職官姓名對。至東華門，門者拒弗納，上皇曰：「我太上皇也。」遂入。至奉天門，升座，有貞等常服謁賀，呼萬歲。時以明日有旨視朝，群臣咸待漏闕下，忽聞殿中呼譟聲，方驚愕。須臾，鳴鐘鼓，諸門畢啟，有貞出，號於眾曰：「太上皇復位，趣入賀！」壬午（十七日），上皇召諸臣入朝，諭曰：「卿等以景泰皇帝有疾，迎朕復位，其各任事如故。」方上皇復辟，（景）帝方病臥，聞鐘聲，問左右為誰。既知為上皇，連聲曰：「好，好！」踰月，癸丑，（景）帝崩於西宮。 [19]

　　這就是著名的「奪門之變」。顯然，二十多天前才被授予「理（錦衣）衛事」權力的指揮僉事門達在這個過程中背叛了景帝，使其在最後一刻才知道自己被趕下皇位，沒有機會進行補救。門達出賣了自己的職業操守，卻得到了飛黃騰達的機會。

---

19. 《明通鑑》卷27。

三、劉　敬

不過，得到褒獎及擢升的錦衣衛官員並非門達一人。英宗復位當月，原錦衣衛指揮同知劉敬被擢升為錦衣衛指揮使，受命與門達一起掌理錦衣衛。

劉敬是一位非常懂得鑽營的人，《明英宗實錄》用「專詣權要」四字概括他的升遷祕訣。據說，他十分懂得利用女人上位。他的妻子經常出入杭昱、唐興以及太監張永、阮簡等人的家。

在這幾個人中，杭昱與唐興都是國戚，他們二人的女兒都是景帝的妃子。杭昱的女兒為景帝誕下了唯一的兒子，即年幼夭折的朱見濟。景泰三年五月，景帝在將朱見濟立為太子的同時，還將朱見濟的母親杭妃冊立為皇后，原配皇后汪氏則被廢掉。

杭、唐二人都在錦衣衛任職，景泰五年十一月，唐興由百戶晉升為指揮僉事，杭昱則由指揮同知晉升為指揮使。兩年後，唐興再被擢升為錦衣衛指揮使。在景帝退位前，唐興已晉升為都督。

張永與阮簡都是司禮監太監，深得景帝信任。景泰六年五月，景帝將張永的兄長張琮調入錦衣衛擔任百戶。

劉敬還與李惜兒一家有深交。李惜兒本是禮部下屬機構，職掌樂舞承應事宜的教坊司官妓。景泰中，鐘鼓司太監陳義奉旨與教坊司左司樂（從九品）晉榮一起挑選才貌皆佳的女子入宮，李惜兒入選並得幸。[20] 景泰七年七月，景帝甚至破例將李惜兒的兄弟，教坊司伶人李安調入錦衣衛擔任百戶之職。[21]

不過，劉敬到底從這些人那裡得到何種幫助或者好處並不清楚，

---

20. 鐘鼓司是內廷二十四衙門之一，負責操辦出朝鐘鼓，以及內樂、傳奇、過錦、打稻諸雜戲。見《明史》卷74〈職官志三〉。
21. 《明英宗實錄》卷268。

可以確定的是，景泰五年三月，因為擒獲強盜有功，劉敬由指揮僉事晉升為指揮同知。

值得注意的是，在錦衣衛指揮僉事任上，劉敬執行過一項可以討好英宗的任務，即在景泰元年八月迎接這位被擄一年的君主回京。劉敬負責從居庸關至安定門這段路程的護駕事宜。[22] 劉敬在正統年間的表現無跡可查，不過，既然他在景泰元年已經是錦衣衛指揮僉事，我們可以推斷他在正統年間至少擔任了百戶之職。換句話說，他和門達一樣，早就為英宗效忠過。

英宗復位兩個月後，將劉敬從指揮使一職擢升為都指揮僉事，「仍掌衛事」。可是，他很快就陷入一場牢獄之災，因為六科十三道劾奏他在英宗復位前一日帶了校尉三百人，試圖幫助司禮監太監張永等人擒殺迎駕諸大臣，劉敬被打入都察院大牢。

儘管右都御史耿九疇引述會審記錄作證，在英宗復位前夕，劉敬正率領校尉執行警戒任務以護衛英宗的安全，「其罪可疑」，英宗還是將他降調為山東東昌衛指揮使。[23] 不過，四個月後，即天順元年八月，他又官復原職，調往南京錦衣衛管事。[24]

除了劉敬，在英宗復位之後得到晉升機會的錦衣衛官員還包括錦衣衛都指揮同知（從二品）吳良，以及錦衣衛帶俸都指揮使（正二品）馬政，他們分別被擢升為後軍都督同知（從一品），以及後軍都督（正一品）。其他得到晉升機會的錦衣衛官校不勝枚舉，例如，原錦衣衛千戶馬昺，晉升為錦衣衛指揮同知（從三品），等等。總之，這些人升職的原因主要有兩個：其一是「奪門」有功，其二是通使瓦剌期間給英宗留下良好的印象。

22.《明英宗實錄》卷 195。

23.《國榷》卷 32。

24.《明英宗實錄》卷 281。

眾多錦衣衛官員因英宗復位而晉升的事實，足以讓人得出這樣一個結論，即幾乎整個錦衣衛都背叛了景帝。

四、密探：大廚杜清

此外，還有不少原屬於其他系統的官員，因為上述兩個原因（「奪門」與通使瓦剌）而調入錦衣衛任職。例如，原旗手衛帶俸都指揮僉事王喜調任為錦衣衛帶俸都指揮僉事；原欽天監舍人湯賢、湯贊以及太醫院舍人徐塤調任為錦衣衛正千戶；大興縣民匠錢旻、張監等人，宛平縣民匠朱祥、袁比受等人，以及光祿寺的廚子藺小九，都調入錦衣衛擔任試百戶，「以太監吉祥奏其有奪門保駕功也」。**25**

最富傳奇性的人物莫過於廚役杜清，英宗復位五日後，竟然擢升他為錦衣衛帶俸都指揮同知（從二品），還賜予他世襲指揮使的職務，「以其有迎駕功也」。

毫無疑問，杜清是一位非常有心的廚子，不過，在前戶部左侍郎奈亨的眼裡，他一定是錦衣衛或者東廠的密探。

奈亨是順天府香河縣人。成祖靖難時，他只是一名不入流的小吏，因參與靖難有功，「授修武縣丞（正七品），秩滿，升吏部文選司主事」。此後，他一步一步升遷，至正統初年，已官至光祿寺卿（從三品）。通過「諂事太監王振」，他晉升為戶部左侍郎（正三品）。正統十四年，奈亨年老而多病，卻死活不願意退休，可是又擔心別人譏笑自己老朽，「乃染白髭為黑」。「廚役杜清」見到之後，「竊笑之」。奈亨惱羞成怒，叫人揍了杜清一頓。其結果是，因為杜清舉報其「奸贓數事」，奈亨被關進監獄，並被判了死刑。**26**最終，景帝「憫其年老」，讓他致仕了事。**27**以上是《明英宗實錄》記載的故事。

25.《明英宗實錄》卷 274。

26.《明英宗實錄》卷 189。

　　杜清被擢升為錦衣衛都指揮同知後，只過了一個月，又晉升為中軍都督僉事（正二品）。六個月後，即天順元年八月，再晉升為都督同知（從一品），「仍管府事」。28他之所以能夠官運亨通，總兵官、忠國公石亨應該出了不少力，關於這一點，後文將會提出佐證。

27.《明英宗實錄》卷 185。

28.《明英宗實錄》卷 281。

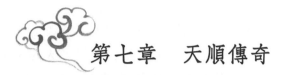

第七章　天順傳奇

英宗復位之後，給予幫助他重登大寶的內外大臣的獎賞之一，是賜予錦衣衛官職，有的甚至是世襲官職；原先即在錦衣衛任職的，則擢升其官職。例如，太監曹吉祥的嗣子、錦衣衛帶俸指揮僉事曹欽被擢升為都督同知。曹吉祥的姪子曹鉉、太監劉永誠的姪孫劉聚、太監蔣冕的兄弟蔣成，以及太監葉達的兄長葉成等人，都被授予錦衣衛世襲指揮僉事的職務。不久後，劉聚再被擢升為正一品左都督。

太平侯張軏（前面提到過他的父親是英國公張輔）的兒子張瑾，被授予錦衣衛帶俸指揮同知的職務。忠國公石亨的家人石溟、石永興、王亮授職錦衣衛都指揮使，石沖、石濬授職錦衣衛指揮同知，石綱、范進、石增授職錦衣衛指揮僉事，石金、石溥、石洶則被授職錦衣衛正千戶，皆帶俸任職。

英宗甚至對馬順的家人也十分照顧，馬順的兒子馬升被授予世襲錦衣衛副千戶的官職。

一、多喇之泣

英宗復位之後做的事情，除了濫封濫賞，還有任性而瘋狂的打擊報復。他的行事作風還是像以往一樣幼稚，或者說是幼稚的殘忍。英宗似乎沒有從被擄的經歷中得到任何教訓，所有被他認為是背叛了自己的內外臣子，都是他打擊報復的對象，不論他們是否有功於江山社稷。在這一點上，王振對他的影響與教育無疑是成功的。確實，任何一位具有理性的人都不會指望一個有著強烈權力欲望的太監會培養出

一位英明的君主。

通過對兵部尚書于謙、吏部尚書王文等人的報復，英宗將自己永遠地釘在了恥辱柱上。儘管他十分清楚于謙、王文等人的貢獻，也十分清楚于謙的品性，但這不足以熄滅他內心的仇恨之火。然而，最令英宗蒙羞的事情，並非明知于謙等人有功還要進行報復，而在於他依然像過去一樣，是一位容易被唆使和鼓動的君主，只不過唆使他的不再是王振，而是徐有貞。

在此之前，包括武清侯（其時尚未封為忠國公）石亨、都御史蕭惟禎等在內的內外大臣都上本，主張處死于謙。英宗看了他們的奏本後，有些猶豫。他對徐有貞說，「于謙實有功」。徐有貞則回應，「不殺于謙，此舉為無名」。帝意遂決。■

顯然，將責任全部歸咎於徐有貞是不公平的，因為有權做出決定的是英宗，徐有貞所做的，只是效法王振，讓英宗有理由任性下去。只不過，如果沒有徐有貞的鼓動，英宗的做法可能不會那麼決絕，但也僅僅是可能而已。

事實上，英宗復仇的心情是如此的迫不及待，以至於復位當日，在將都察院右僉都御史（正四品）徐有貞調入內閣參與機務之後，他做的第一件事就是將兵部尚書于謙、吏部尚書王文、司禮監太監王誠、舒良、張永、王勤等人打入錦衣衛監獄。據說，于謙等人被帶走的時候，甚至還沒有聽完宣諭。■

兩日後，六科給事中彈劾于謙、王文「內結王誠、舒良、張永、王勤，外連陳循、江淵、蕭鎡、商輅等朋奸惡黨，逢迎景泰（景帝），易立儲君，廢黜汪后，賣權鬻爵，弄法舞文，……包藏禍心，陰有異圖，欲召外藩入繼大位。事雖傳聞，情實顯著，……乞將謙、文等明

---

1. 《明史》卷 170〈于謙傳〉。
2. 《明英宗實錄》卷 274。

正典刑」。再三日後，于謙、王文以及司禮監太監王誠等四人被斬於市，「籍其家，子弟皆戍邊」。

據說，于謙臨刑入市之時，「陰霾四合，天下冤之」。對於于謙的下獄及行刑，孫太后起初並不知情，得知消息後，「嗟嘆累日」。

有一個動人的故事可以表達時人對于謙的敬愛之情。大意是：于謙在鬧市被處死後，一位名叫多喇的錦衣衛指揮僉事（也可能是指揮同知或者指揮使，他顯然不是漢人）經常去行刑的地方祭奠于謙，並且總是慟哭不止。他原先的上司曹吉祥知道後，非常憤怒，狠狠抽打了他一頓，可是到了第二日，多喇「復酹奠如故」。**3**

明人王瓊、于慎行、屠隆等人皆為于謙鳴不平。他們暗諷英宗以怨報德。事實上，英宗之所以可以從瓦剌回到京師，是因為于謙說服了原本無意接受這一安排的景帝。而且，他擁立景帝也是「以社稷為重」，而非出於自身利益考慮。用于慎行的話說，于謙擁立景帝時，「無一語及於奉迎，豈非慮禍之深，不暇兩全耶」。

屠隆則說，徐有貞、石亨二人的奪門密謀，「左右悉知而以報（于）謙」，于謙當時重兵在握，「滅徐、石如摧枯拉朽耳」；可是，他擔心挫敗徐、石陰謀之後，「兩主勢不俱全」，「全身死則禍止一身，而兩主亡矣」。因此，徐、石率軍夜入南城時，「公（于謙）悉知之，屹不為動，聽英宗復辟，景廟自全，功則歸人，禍則歸己。公蓋可以無死，而願以一死保全社稷者也」。**4**

明人袁袠也認為英宗對于謙不公。他說：「（于謙）謀國之善，古未聞也，而以駿功取奇禍。夫功蓋天下者不賞，于公之謂矣！」但他同時又認為，于謙在景泰末年的表現實在有值得商榷之處，例如，在景帝身體狀況不佳時，他完全可以率領百官，或者迎復英廟於南城，或

3.《明通鑑》卷 27。

4.《國榷》卷 32。

者請立英宗之子朱見深為太子並助其早日登基，這樣就可以避免奪門之變帶來的動盪。**5**

　　前面提到過的景帝的外戚杭昱與唐興等人也遭到報復。唐興在英宗復位當月即被關進了錦衣衛的監獄，而且被抄了家。兩個月後，英宗將他發配到河南充軍。**6**杭昱則在英宗復位的第二個月被降職為錦衣衛副千戶。**7**

　　深得景帝歡心的妓女李惜兒在英宗復位當月被釋放出宮。將她選入後宮的鐘鼓司內官陳義，以及教坊司左司樂晉榮，被英宗斥為「奸邪小人，逢迎以圖富貴」。二人被關進錦衣衛的監獄，最終都被處死。**8**

　　將馬順毆打致死的王竑（他在景泰四年十月晉升為正三品都察院左副都御史），則在天順元年二月六日調往浙江布政司擔任參政一職（從三品）。但是，任命詔書下達僅八日後，又被罷職為民，而且「子孫永不敘用」。

　　具有諷刺意義的是，四年之後，確切地說，是天順五年七月，當瓦剌人再次入侵時，英宗不得不重新任命王竑為左副都御史，並讓他參贊軍務。天順八年（1464 年）八月（時憲宗已經即位），王竑被擢升為兵部尚書。

二、袁彬發跡

　　在錦衣衛歷史上，袁彬絕對是一位重量級的人物，他與英宗的命運息息相關，但是在很大程度上，他的成功，建立在英宗的失敗和痛

5.《國榷》卷 32。

6.《明英宗實錄》卷 276。

7.《明英宗實錄》卷 275。

8.《明英宗實錄》卷 274。

苦之上。

　　袁彬是江西新昌人，隸籍錦衣衛，他的父親袁忠，在建文四年被選為錦衣衛校尉。正統四年，袁忠告老還鄉，三十八歲的袁彬子承父業，當上了錦衣衛校尉。

　　正統十四年八月，英宗出征瓦剌期間，袁彬仍然是以校尉的身分相隨。土木堡之變當日，英宗身邊的太監與朝臣死的死、散的散，英宗本人被俘。御用監太監喜寧降敵，將明朝虛實托盤而出。袁彬被擄後，繼續服侍英宗，「遂不離（英宗）左右」。❾

　　成化元年（1465 年）七月，袁彬奉憲宗的旨意，將「英宗皇帝車駕北征往還事蹟」記錄成文，題為《北征事蹟》。這篇文章成為後人研究此段歷史（正統十四年八月至景泰元年八月）的重要史料，它記載了英宗的屈辱史，也記載了袁彬的發跡史。

　　《北征事蹟》的文風有些類似流水賬，口語化的文字十分簡單、粗獷，毫無修飾。不過其內容（那些明顯為了烘托皇帝的身分或者強調「神蹟」的文字除外）的可信度並沒有因此而打折扣，反而有所加分。以下這段講述袁彬與英宗劫後重逢的文字尤其樸素而真實：正統十四年八月十五日，臣（袁彬）在土木為回回賽伏剌所虜。十六日，皇上（英宗）在雷家站高崗地上坐，眾達子（韃子）圍著。是臣遠觀，認的是我英宗皇帝。臣叩頭哭。上問：「你是甚麼人？」臣說：「是校尉，當奉聖旨。」（英宗回答說：）「你不要說是校尉，只說是原在家跟隨的指揮。」（英宗）又問：「你會寫字不會？」臣說：「會寫。」就令（臣）在左右隨侍答應。

　　英宗讓袁彬冒充「在家跟隨的（錦衣衛）指揮」，是為了方便與瓦剌人進行溝通，因為他親自與瓦剌人溝通會有失身分，派一名校尉進行溝通又顯得不夠尊重對方，讓一位親信錦衣衛指揮代替自己則可以

9.《明通鑑》卷24。

解決這兩方面的顧慮。

英宗確實也需要一位識字的侍臣，以充分維護自己作為皇帝的尊嚴，否則，他勢必要親自書寫詔書，甚至包括那些向朝廷討要財物的詔書，這將有損其作為帝王的顏面。事實上，就在與袁彬相見當日，英宗就讓他寫了一份詔書，並命他交予千戶梁貴（英宗復位後將他擢升為錦衣衛都指揮僉事），進京討要「珍珠六托、九龍緞子蟒龍、金二百兩、銀四百兩」，作為「賞賜」也先的禮物。五日後，袁彬又奉旨向大同總兵官劉安（英宗復位後晉爵廣寧侯）討要了白銀一萬五千兩，其中五千兩賞給也先，另外一萬兩賞給也先的大臣及士卒。據說，大同當時的錢糧共計只有大約十四萬兩銀子。❿簡言之，自此之後，正是通過袁彬，英宗向朝廷甚至軍事重鎮的總兵官多次討要財物。

英宗之所以將大筆銀子「賞賜」給瓦剌人，是為了換來自身境遇的改善。第一次下旨討要財物後的第三日早上，也先就命人將熟肉、鋪蓋、皮襖送給了英宗。到後來，也先每日都會命人送上牛乳、馬乳，每個月的二、十二、二十二日都會進獻一頭羊，每逢七、十七、二十七日都會進獻一頭牛，每逢五、七、十日都會設筵席一次。也先甚至還安排了蒙古婦女打理英宗的生活起居。

無論如何，從相見之日起，君臣二人患難與共，建立了特殊而深厚的情誼。

袁彬對英宗的照顧可謂無微不至。如果說，英宗騎馬過宣府河的時候，袁彬跳入冰涼的河水中，牽馬渡河，只是盡到了侍臣的一般責任，那麼「夜則與帝同寢」，在寒冷的季節「恆以脅溫帝足」，⓫應該可以讓八歲喪父、身處絕境、年輕而懦弱的英宗感到一些慰藉。當時，

10.此據《北征事蹟》。而根據《明英宗實錄》，英宗總共取了二萬二千兩銀子，五千兩賜也先，其餘一萬七千兩賜也先的文武大臣及士卒。見卷181。

11.《明史》卷 167〈袁彬傳〉。

英宗二十二歲，袁彬已經四十八歲，比宣宗（英宗的父親）只小三歲。因此，英宗從袁彬那裡感受到類似父愛的溫暖，應該是可以理解的情感邏輯。

確實，在英宗眼裡，袁彬是無人可以取代的。用《明通鑑》的話說，在漠北的一年時間裡，袁彬周旋左右，寒暑飲食，未嘗有一刻不在英宗身邊，「上（英宗）視（袁）彬猶骨肉也。」 **12** 英宗也多次在危急關頭挽救了這位侍臣的性命。

根據袁彬的記載，喜寧與也先本想帶英宗去寧夏，但袁彬以英宗身體孱弱，無法適應冷凍的天氣為由提出反對意見。也先大概也擔心英宗出事，於是放棄了原先的計畫。喜寧痛恨袁彬從中作梗，命人將他捆了，帶至蘆葦地，欲將他開膛破肚。忠勇伯蔣信得知消息後，偷偷派人告訴了英宗，英宗派遣通事（翻譯）哈銘向也先求情，救下了袁彬。

忠勇伯蔣信本是蒙古軍人，原名「把台」，永樂二十一年降明，授都督僉事一職。宣德初，御賜姓名蔣信。蔣信追隨英宗北征，遇「土木堡之變」被俘。也先本想讓他在賽罕王帳下效力，可是「（蔣）信雖居朔漠，志常在中國」，主動承擔了護衛英宗的職責。景泰元年八月，他追隨英宗回朝，四年後去世，被追封為忠勇侯。 **13**

據說，喜寧（他已經成為也先的心腹以及軍事顧問）與也先的最終目的，並非讓英宗去寧夏，而是「西犯寧夏，掠其馬，直趨江表，居帝（英宗）南京」，也就是說，要讓英宗作為皇帝居住在南京，與身在北京的景帝共分天下。

在上述事件發生前幾日，也先還表示過願意將自己的妹妹嫁給英宗，但被英宗拒絕。也先的如意算盤是，讓妹妹為英宗生下一個皇子

12. 《明通鑑》卷 27。

13. 《明史》卷 156〈蔣信傳〉。

甚至太子，間接獲取明朝的天下。不過，袁彬沒有交代英宗拒絕也先的理由，但這項功勞被《明史》的編撰者記在他的名下：

> 也先將獻妹於帝（英宗），（袁）彬請駕旋而後聘，帝竟辭之。也先惡彬、（哈）銘二人，欲殺者屢矣。一日縛彬至曠野，將支解之。帝聞，如失左右手，急趨救，乃免。**14**

顯然，這段史料是以袁彬的記錄為藍本創作而成，其可信度已經打了折扣。

英宗甚至親自為袁彬治病。據說，袁彬有一次得了傷寒病，「帝憂甚，以身壓其背，汗浹而愈」。

景泰元年八月初，英宗結束為期一年的「北狩」生涯，帶著袁彬等人啟程回京。行至距離北京不遠的雙泉鋪時，已經是八月十四日的夜裡。心情激動的英宗夜不能寐，索性將自己攜帶的衣物整理了一遍。他將一件自己穿過的白綾內衣以及一條也先進獻的戰裙賞給了袁彬，「以（袁）彬隨侍日久，效勞尤多也」。**15**

八月十五日，英宗進京，入住南宮。十日後，袁彬被擢升為錦衣衛試百戶。景帝不願意重用這位盡心服侍英宗的原錦衣衛校尉，直至七年以後，錦衣衛試百戶袁彬才以一種特別隆重的方式迎來了自己的時代。

在英宗因「奪門之變」而復位的當日，定襄伯郭登（武定侯郭英的孫子）奏陳八事，其中第一件事是請立太子，第五件事竟然是為袁彬求官。郭登建議英宗將袁彬擢升為指揮僉事，命其與國戚會昌伯孫繼宗的兄弟、錦衣衛指揮使孫顯宗「同管衛事，以關防機密」。**16**

---

14. 《明史》卷 167〈袁彬傳〉。
15. 《明英宗實錄》卷 195。
16. 《明英宗實錄》卷 274。

清代史家稱，郭登所陳八事，多為迎合英宗之辭，原因在於，他與總兵官劉安一起鎮守大同期間，得罪過英宗，想通過這種方式得到英宗的諒解。

據說，正統十四年八月二十一日，即前文提到的也先擁著英宗到大同索取財物那一日，「（英宗）使袁彬入城索金幣。（郭）登閉城門，以飛橋取彬入」。其後，英宗曾派人質問郭登：「朕與登有姻（郭登的姐姐是英宗祖父仁宗的貴妃），何拒朕若是？」郭登回答說：「臣奉命守城，不知其他。」郭登知道英宗對自己十分不滿，英宗復辟之後，他擔心自己會遭到報復，故而有迎合奏事之舉。**17**

對於郭登所奏八事，英宗只准了將袁彬擢升為錦衣衛指揮僉事一條，並以「勳戚不許干預軍政」為由，拒絕授予國舅、指揮使孫顯宗（他是孫太后的兄弟）管理錦衣衛事的權力。至於其他事項或建議，則以「朝廷自有處置」作為回復。

根據袁彬的自述，他就任錦衣衛指揮僉事僅六日後，英宗又將位於京城澄清坊的一座宅院賜給他。那座宅院原本是北向，英宗命內官監將其改造為南向。兩個月後，袁彬娶妻，英宗命國舅孫顯宗主持婚禮，並賜金三十兩，銀二百兩，彩緞八表裡。或許是為了達到雙喜臨門的效果，同月，英宗再次擢升袁彬，任命他為錦衣衛指揮同知。**18**

同年十二月，袁彬晉升為錦衣衛指揮使。對他來說，正六品百戶與正三品指揮使之間只有十一個月的距離。

根據《明通鑑》的記載，英宗復位之後，不時會邀請這位共過患難的侍臣參加各種歌舞宴會，「敘患難時事，歡洽如曩時」，凡袁彬所請，無不聽從。

---

17. 《明史》卷 173〈郭登傳〉。

18. 《明英宗實錄》卷 276。

三、門達治獄

　　袁彬的出現，在給錦衣衛注入了新鮮血液的同時，打破了原先的權力結構。前面提到過的王喜、門達、劉敬等人都是錦衣衛老臣，至少都經歷了正統及景泰兩朝，根基很深。他們的地位將面臨來自袁彬的挑戰。天順元年結束時，他們的權力劃分情況大致是：都指揮僉事王喜掌理錦衣衛事；指揮使門達從天順元年五月起，專理北鎮撫司事；指揮使劉敬掌理南京錦衣衛事；指揮使袁彬協助王喜掌管錦衣衛事。

　　在上述四人中，最有權力是專理北鎮撫司事的門達。若《明史》的記載屬實，門達可謂開創了一個新的時代。在此之前，詔獄由錦衣衛直接治理（「衛獄附衛治」），自從門達在京西建起了北鎮撫司監獄後，詔獄改由北鎮撫司治理。[19]不過，北鎮撫司要獲得獨立的人格，即擁有自己的印信，還要等待二十餘年。

　　王喜、袁彬的職責主要是負責禮儀、護衛禁宮等其他屬於錦衣衛許可權範圍內的事情。掌理南京錦衣衛事的劉敬距離權力中心相對較遠。劉敬與門達有深厚的交情，在景帝朝，門達曾經被革職過一段時間，正是在劉敬的幫助之下，門達才被重新起用。[20]

　　門達有兩個值得一提的手下，即謝通與逯杲。

　　謝通是浙江人，頗通文墨，深明事理，行事寬厚。[21]景泰年間，謝通曾擔任錦衣衛鎮撫司理刑官（百戶）。天順元年九月，英宗將其擢升為正千戶，仍舊理刑。[22]門達掌理鎮撫司事之初，對謝通十分倚重。《明史》記載「（謝通）用法仁恕，（門）達倚信之。重獄多平反，有

19.《明史》卷95〈刑法志三〉。

20.《明英宗實錄》卷332。

21.《明憲宗實錄》卷2。

22.《明英宗實錄》卷282。

罪者以下禁獄為幸，朝士翕然稱達賢」。[23]

　　可以證明謝通「用法仁恕」、「重獄多平反」的例子是徐有貞。這位因謀劃「奪門之變」而上位的內閣大學士，在天順元年六月（當時他入閣僅五個月）因為「得盡攬事權」、行事囂張，得罪了曹吉祥與石亨，遭到曹、石二人的報復。

　　英宗原本對徐有貞頗為信任，經常與之密談。曹吉祥令伺候英宗的小太監竊聽他們密談的內容。曹吉祥後來又將竊聽到的內容故意洩露給英宗。英宗大驚，問他如何得知這些內容。曹吉祥說得自徐有貞，並且說這些內容已在外界流傳，不再是祕密。於是，英宗開始疏遠徐有貞。後來，曹、石二人抓住另一個機會，讓英宗相信了「內閣專權」的說法，英宗因而指示言官彈劾徐有貞以及內閣學士李賢「圖擅威權，排斥勳舊」。結果，徐、李皆下詔獄。

　　徐、李二人並未遭受酷刑，並且很快就被釋放，最終只是貶職了事。這個結局，固然主要是英宗因「上天示警」而有所感悟，一時有了寬恤刑獄的念頭，可如果二人已經在獄中屈打成招，恐怕英宗也無能為力。

　　這種「仁恕」之風隨著朝局的變化而改變。石亨、曹吉祥的勢力日大，黨羽日多，英宗頗感不安，欲知外事，大治奸黨，於是逯杲有了出頭的機會。

　　逯杲是直隸安平人，原是門達、劉敬的心腹校尉。在英宗復位當月，逯杲通過不遺餘力地打擊景帝舊臣，引起了英宗對他的興趣。在總兵官忠國公石亨等人的推薦下，逯杲在當月即被擢升為錦衣衛百戶。六個月後，逯杲又因擒獲妖賊郭貴有功，晉升為副千戶。天順元年十二月，在曹吉祥的推薦下，再被擢升為錦衣衛指揮僉事。逯杲當上指揮僉事後做的第一件事，就是讓郭登的兄長，勳衛郭瓘坐罪削爵，並

23.《明史》卷307〈門達傳〉。

將郭登的兄弟趕出帶刀侍衛的行列。[24]

　　英宗欣賞逯杲「強鷙」(《明史》語)的行事風格,對他頗為器重,但凡自己想要知道的事情,都會委託逯杲進行緝訪。

　　據說,閣臣李賢曾向英宗講述錦衣衛官校害民之事,但英宗懷疑李賢言過其實,「密令指揮逯杲訪之」,果然查出某位校尉索賄三、四千兩白銀的事情。因此,英宗告誡錦衣衛管事指揮門達,「今後差官校,如有似前求索者,一體重罪不饒」。[25]

　　不過,在某種程度上,門達可能是代人受過,因為那些害民的錦衣衛校尉,大部分是逯杲本人派出的。《明通鑑》記載:

> 上(英宗)慮廷臣黨比,欲知外事,多倚錦衣官校為耳目,由是指揮門達、逯杲俱得幸,而杲更強鷙,上尤委任之。杲遣校尉偵事四出,所至官吏震恐,多進聲伎貨賄以求免,雖親藩亦然。無賄者輒被逮,每逮一人必破數大家。四方奸民,詐稱校尉乘傳,縱橫無所忌。[26]

　　不過,逯杲及其派出的校尉大肆索賄的情況固然有之,但是,達官顯貴恃寵不法並被他們彈劾的案例也不少。例如英國公張懋、太平侯張瑾、會昌侯孫繼宗,以及錦衣衛指揮同知孫紹宗,皆因「侵官田、立私莊」而被逯杲劾奏。他們全都認罪,「其田還官」。[27]

　　其實,即便是逯杲受賄害民的指控被查實,英宗也不會對逯杲予以嚴懲,因為英宗實在需要這樣一位強硬而可用的爪牙,幫他除掉心腹大患石亨和曹吉祥。

24.《明英宗實錄》卷 286。

25.《明英宗實錄》卷 296。

26.《明通鑑》卷 28。

27.《明英宗實錄》卷 307。

四、雙寡頭之敗

根據《明書》的統計，英宗復位之初，大封功臣，石亨一家，除石亨進封忠國公外，其兄弟子侄皆以「奪門」功得官，其中，授錦衣衛都指揮者三十二人，授千戶鎮撫者二十一人，其部屬親故冒名「奪門」冒官者竟然有四千餘人。[28]

曹吉祥的勢頭也不遑多讓。英宗復位後，曹吉祥即被任命為司禮監太監，總督三大營。他的嗣子曹欽，從子曹鉉、曹銳等，皆晉升為都督；曹欽還進封為昭武伯。曹吉祥門下還養了冒官者千人，「朝士亦有依附希進者」。大體而言，「權勢與石亨埒，時並稱曹、石」。[29]

首輔徐有貞在天順元年中被逐之後，朝中再無可以與曹吉祥、石亨相抗衡的勢力。更重要的是，曹、石二人之間，雖然也因權力角逐而齟齬不斷，卻也講究合作，前面提到的徐有貞和李賢下獄即是一例。

再舉一例，為了削弱年輕言官們的力量，於天順元年六月，即徐、李下獄的當月，曹、石一起說服英宗採納了這樣一條建議，即凡御史及給事中，年齡在三十五以上者留任，不及者調用。因此，給事中何玘、御史吳禎等三十六人被調到地方任職，「臺諫為之一空」。雖然不少人很快又官復原職，但這件事足以說明曹、石二人確實難以對付。

曹、石之間的這種既競爭又合作的關係，無損雙寡頭局面的形成。對於這個局面，英宗（儘管這種局面由他一手促成）日益感到不安。

相對於曹吉祥，石亨更為專橫跋扈。據說，石亨日日觀見，屢屢干預政事，如果英宗不同意他的意見，即「艴然見於辭色」，「即不召，必假事以入，出則張大其勢，市權利」。久而久之，英宗實在不能繼續容忍，就向首輔李賢問計。李賢鼓勵英宗獨自決斷。於是，英宗敕諭

28.《明書》卷 154。

29.《明史》卷 304〈曹吉祥傳〉。

左順門（今北京故宮協和門）守官，除非宣詔，禁止總兵官入宮覲見。自那以後，石亨覲見的機會少之又少。**30**

　　根據《明英宗實錄》以及《明通鑑》的記載，大概從天順元年六、七月開始，英宗就有意尋找瓦解曹、石勢力的途徑和方法。當時，翰林院修撰岳正進言說：「曹、石二人權力太重，恃寵驕橫，恐貽後患，臣請以計策離間二人。」英宗許之。於是，岳正找了個機會問曹吉祥說：「石亨常令杜清（前文已提到過此人）至此，意欲何為?」曹吉祥回答說：「石公抬愛，不過使其致意罷了。」岳正說：「不然，彼意在刺探曹公隱祕。最好將其請走，勿使其再來。」岳正還奉勸曹吉祥辭掉兵權，後來又勸石亨交出兵權。

　　但是，這套並不高明而且有些莫名其妙的離間計被曹、石二人識破。二人主動謁見英宗，「免冠泣請死，上內愧，慰諭之」。

　　打發走二人後，英宗召見岳正，責備其洩露聖意。岳正故作高深地辯解，「臣觀二家必以謀叛滅門，臣欲全上恩，故令其自為計耳」。最終，岳正外調為廣東欽州同知。**31**

　　天順二年正月發生的一起案件，加深了英宗對石亨等人的厭惡之心。當月，經石亨舉薦而擔任兵部尚書的陳汝言因貪贓事發下獄。查抄陳宅時，英宗也在現場，發現其財物累計巨萬，於是將石亨叫去，神色愀然地說：「于謙在整個景泰朝都極受重用，死時卻沒有餘財。陳汝言上任還不到一年，卻貪汙了這麼多!」據說，石亨聽完英宗的感慨之後，無言以對。陳汝言最終伏法，而英宗自此「始益悟（于）謙冤而惡（石）亨等」。**32**

　　到了天順三年（1459年）五月，英宗對曹吉祥、石亨等人的「奪

30.《明史》卷173〈石亨傳〉。

31.綜合自《明通鑑》卷27；《明英宗實錄》卷280。

32.《明通鑑》卷28。

門」功勞有了新的認識，這主要歸功於內閣學士李賢的坦誠剖析。

「奪門之變」一直是英宗的心病，因為他雖然重新登上了皇位，但是，他並不能確定此後一定不會發生類似的事件。確實，對於同一件事情，立場不同，看法則不同。在大多數情況下，立場變了，看法也會隨之改變。

五月二十八日，英宗召見首輔李賢，問他對「奪門之變」的看法。李賢的回答十分誠懇，他說：「當時亦有邀臣與謀者，臣以為不可，不敢從。」

英宗問他原因。這位首輔解釋道，皇位本來就是陛下您的，當時景帝已經重病不起，離大去不遠，文武百官本可以上表請陛下復位，何必採用這種極端的方式？「此輩其實貪圖富貴，非為社稷計」。此外，如果事跡敗露，石亨等人固然死不足惜，但陛下又該如何自處？「幸而事成，此輩得以貪天之功」。

李賢進一步解釋說，天下人心之所以歸心陛下，是因為「正統十數年間，凡事減省，與民休息之所結也」，可如今曹、石這幫人已「損其太半矣」。

對於李賢的看法，「上（英宗）深以為然」。**33** 很快，石亨及其追隨者的苦難真的開始了。

同年八月一日，石亨的侄子、定遠侯石彪被打入錦衣衛監獄，因為英宗有理由懷疑他有不臣之心。事情的始末大致如下。

石彪（當時在大同擔任遊擊將軍）有意鎮守大同，與石亨內外為援。大同總兵官、高陽伯李文認為石彪有「異志」，英宗也心有所疑，想以封爵為藉口，將其召回京城。石彪使出的手段是，唆使大同的致仕千戶楊斌等五十三人進京，保奏自己鎮守大同。英宗覺得其中有詐，將楊斌等打入監獄。經審，他們果然是受石彪指使。**34**

33.《明英宗實錄》卷303。

　　於是，英宗下旨催促石彪火速回京。七月二日，石彪進京，八月一日下獄。門達與逯杲奉旨對其進行審訊，「得其繡莽龍衣及違式寢床諸不法事，罪當死」。八月五日，忠國公石亨以管教無能自責，請旨下獄，英宗回覆：「(石)彪貪圖權利，欺罔朝廷，朕遵祖宗法度，特置於法。今彪已自服罪，於卿無預，不必介意。」八月十四日，石亨再奏：「伏望皇上憫臣愚昧，將臣同臣弟姪在官者俱放歸田里，以終餘年，則雖死九泉之下，亦不勝感恩。」英宗的答覆依然如舊：「彪自犯法，於卿無預。卿當盡忠，以輔朝廷，不必疑慮，所辭俱不允，毋再煩擾。」

　　但是，英宗打擊石家的動作並未停止。五日後，英宗命錦衣衛指揮僉事逯杲與都察院左僉都御史王儉一起前往大同，將石彪的黨羽、都指揮使朱諒等七十六人拘押回京處置。八月二十九日，逯杲請旨將依附石彪，假冒軍功以升職的大同等衛都指揮同知杜文等三十三人拘押回京。九月二十一日，大同總兵官、高陽伯李文奉旨查抄石彪私莊，「得其駝馬騾驢牛羊七百有奇送至京」。**35**

　　十月四日，逯杲上奏，石彪的兄弟石慶「擅乘官馬」，「嘗參將張鵬等如奴隸」，但至今尚未將其逮捕。英宗「命索之於石亨」。兩日後，「三法司、錦衣衛會鞫石彪侮親王事」。據說，石彪擔任大同遊擊將軍期間，曾當著代王朱仕壥的面說：「王爺最近增加的俸祿，全靠石亨與石彪多次在皇上面前美言。」結果代王竟然向其下跪道謝。此後，石彪經常向代王「索妓女勸酒」。十月二十二日，英宗「命忠國公石亨閑住」，其詔諭言「(石)亨招權納賂，竊弄威福，縱容(石)彪奸貪壞法，欺罔朝廷，論法本難容，第念其曾效微勞，姑從寬貸其令閑住，不許管事朝參」。**36**

34.《國榷》卷32。

35.《明英宗實錄》卷306、307。

兩個月後，即天順三年十二月，逯杲被擢升為錦衣衛指揮同知。**37**

天順四年（1460年）正月二十五日，逯杲再上奏本，控告忠國公石亨「怨望愈甚」，與其侄孫石俊等人「日造妖言」，且蓄養無賴二十餘人「專伺朝廷動止」，「其心實怏怏，懷不軌」。英宗將奏本向在廷文武大臣出示，廷臣皆言石亨罪無可恕。英宗稱「（石亨）不自悔悟，敢背義孤恩，肆為怨謗，潛謀不軌」，命錦衣衛將其拘押至朝堂之上，「會百官廷鞫之」。次日，文武群臣進言：「石亨誹謗妖言，圖為不軌，具有實跡，論謀叛，罪當斬，其家當籍。」英宗回應：「然。其令內官同御史及錦衣衛官籍之。」**38**

二月七日，英宗在一份下發給宗室諸王的詔諭中提到，查抄石亨家所得，金銀數以萬計，其中「器服類多用龍鳳，其凶逆如此，雖欲保全，不可得矣」。九日後，石亨死於刑部獄中，法司請將其梟首示眾，但英宗法外施恩，留其全屍。**39** 二月二十日，石彪棄市。**40**

眼見石亨的勢力在短短幾個月內即被肅清，曹吉祥知道，英宗的下一個要清除的目標就是自己，於是未雨綢繆，漸蓄異謀。曹吉祥每日犒賞軍中韃官（即投降大明的蒙古將領），金錢、穀帛任其索取。眾韃官也認為曹吉祥的沒落對自己不利，都表示願意盡力效死。

據說，曹吉祥的侄子昭武伯曹欽曾問其門客馮益：「自古以來，是否有宦官子弟坐上龍椅的先例？」馮益回答說：「您的本家曹操即是例子。」曹欽聽了大喜。**41**

36.《明英宗實錄》卷308。

37.《明英宗實錄》卷310。

38.《明英宗實錄》卷311。

39.《明英宗實錄》卷312。

40.《明史》卷12〈英宗後紀〉。

41.《明史》卷304〈曹吉祥傳〉。另，曹操的父親曹嵩，是東漢末年宦官曹騰的養子。

　　天順五年七月二日，是曹吉祥的黨羽，掌欽天監事太常寺少卿湯序為其擇定的謀反日子。曹吉祥的計畫是：於天色未明之時，其姪昭武伯曹欽自外擁兵入，曹吉祥則以禁兵為內應。據說，在舉兵前一日的晚上，曹欽「召諸韃官及其黨，群飲於家，厚贈之」。

　　但是，湯序擇定的日子實在不是吉日。曹吉祥決定在這一日舉事，似乎也可以說明，他和他的子姪很久沒有參預軍事決策了。

　　事實上，在一個月前，英宗已下了西征的命令，命兵部尚書馬昂總督軍務，懷寧伯孫鏜佩印充總兵官，統率京師精銳騎兵一萬五千人，前往陝西擊虜寇。七月一日夜，當曹吉祥與諸韃官痛飲時，孫鏜正宿於朝房之內，待天亮後向英宗辭行。

　　韃官都指揮使馬亮等人擔心事敗，逃離了曹欽的家，並迅速將謀反事報告了恭順侯吳瑾、廣義伯吳琮。當時，吳瑾、吳琮二人「亦以陪祀罷，宿朝房」。他們趕緊將這個消息告知了孫鏜，然後又趕至長安右門，從門縫裡將奏本塞了進去，命人火速呈給英宗。**42** 吳瑾、吳琮二人都是武官，拙於修辭，僅在奏本上寫了六個字：「曹欽反，曹欽反。」英宗得到奏報後，趕緊命人逮捕身在禁宮中的曹吉祥，同時敕令皇城四門、京城九門關閉城門。

　　曹欽得知馬亮等逃走的消息後，知道謀反事洩，於子夜時分帶人趕至逯杲家，將他殺死，並砍下其首級，然後又拎著逯杲的首級趕至東朝房，將閣臣李賢砍傷，並提出一項頗有些荒謬的要求。曹欽對李賢說，自己之所以有今日之舉，全怪逯杲，曹欽要求李賢寫份奏本，陳述自己舉兵復仇的原因。李賢迫於無奈，只得照做。**43**

　　曹欽釋放了李賢，又趕至西朝房，將都御史寇深殺死，然後率軍攻打東、西長安門。孫鏜命其子從宣武門外調動西征軍入城與其對抗，

42.《明英宗實錄》卷330。

43.《明英宗實錄》卷330。

曹欽敗走，逃回家裡。《明通鑑》寫道：「會大雨如注，（孫）鎧督諸君奮呼入，（曹）欽投井死，其家無大小盡誅之。」七月五日，「磔（曹）吉祥於市，夷其族」。三日後，「磔吉祥黨湯序、馮益、陳守忠、丁順等，皆籍其家」。**44**至於告密的馬亮，則被授予都督僉事（正二品）的職務。**45**

七月九日，英宗追授逯杲錦衣衛指揮使之職。**46**次年五月，儘管兵部以逯杲「得官非有汗馬功，例不承襲」為由，反對其子逯增承襲錦衣衛指揮僉事的職務，但英宗還是破例授職，並且在俸祿上予以特別照顧。據說，逯杲因為擔心為仇家所害，居家之時，一向杜門絕客，非交厚者概不見客，其防範不可謂不謹慎小心，但最終還是沒有逃脫身首異處的命運。

五、官海沉浮

逯杲被殺當月，錦衣衛指揮使門達被擢升為都指揮僉事，仍掌衛事，「以曹欽反時守衛效勞故也」。兩個月後，在門達的說明下，被貶為遼東邊衛千戶的原南京錦衣衛指揮使劉敬重新調回南京錦衣衛，擔任指揮僉事的職務。

石亨事敗，連累了距離政治風暴中心較遠、在南京任職的劉敬。他們二人的交往記錄，是劉敬被貶職的主要原因，另一個原因是「冒迎駕功」。天順三年十月，英宗（在李賢的勸導下）有感於「奪門之變」只不過是徐有貞、曹吉祥、石亨等人為了私利而鋌而走險，並非為了自己和大明江山的命運，下旨重新審查「奪門」迎駕之功，「諸冒功得官者，許自首更正」，**47**試圖通過這種方式打擊曹、石二人的黨

44.《明通鑑》卷28。

45.《明史》卷304〈曹吉祥傳〉。

46.《國榷》卷33。

羽。結果有四千多人自首，其中包括不少錦衣衛官員，例如錦衣衛帶俸都指揮僉事楊善等。劉敬因為沒有「自首更正」，被英宗斥為奸詐之徒，故將其貶職外調，時間是天順四年四月，即石亨、石彪伏誅兩個月後。[48]

　　至於袁彬，儘管他因「剿反賊曹欽功」而在天順五年八月被擢升為錦衣衛都指揮僉事，「仍管本衛事」，[49] 但是，他已經不再像英宗復位之初那麼受寵。

　　事實上，自天順元年十二月當上指揮使後，他已經快四年沒有晉升了。在肅清石亨以及曹吉祥勢力的過程中，他本人並沒有做出值得一提的貢獻。這應該與他的能力有關。英宗一定是鑑於他能力的不足，才沒有將最為重要的北鎮撫司交給他管理，而是讓他打理尋常的錦衣衛事。更為重要的是，他似乎真的不太懂得宮廷政治的險惡，這應該是他逐漸失寵（儘管並沒有完全失寵）的原因。

　　天順三年十二月，當逯杲因清剿石亨一黨有功而被擢升為錦衣衛指揮同知時，袁彬卻與錦衣衛掌衛事都指揮僉事王喜一起在都察院監獄接受審訊，因為他們做了一件讓英宗十分失望的事情。事情的原委大致如下：應一位名為夏時的太監的囑託，王喜與袁彬將錦衣衛百戶季福（一說李福）派往江西公幹。英宗得知這件事後，詢問左右侍臣：「季福是朕的乳母的丈夫，是誰派遣他外出公幹的？」王喜與袁彬主動承認。但英宗認為這件事必有人主使，希望王、袁二人不要隱瞞。王喜與袁彬則堅稱是季福主動要求出差，「應其所請而已」。於是，英宗將二人打入都察院監獄審訊，二人最終據實招供。都察院請旨問罪夏時，但英宗寬宥了這位太監。都察院上奏本言「喜、彬奏事不實，當

---

47. 《明通鑑》卷 28。

48. 《明英宗實錄》卷 314。

49. 《明英宗實錄》卷 331。

贖徒還職」，[50]英宗同意所請，並警告此後凡應內外官私下請託，派錦衣衛官校外出公幹者，必殺無赦。[51]

英宗動怒的原因在於，錦衣衛是皇帝的親軍侍衛，只能為皇帝所用，但凡未經皇帝同意而私下調用錦衣衛官校的行為，都屬於僭越之舉。

天順四年十二月，王喜和袁彬又因錦衣衛管理不善而受到懲處。事情的經過大致如下：某日夜裡，監察御史楊紹、刑部主事張翀、錦衣衛千戶陳璉、百戶宋瑛等四人，奉命將關在監獄裡的四名劫匪押至犯罪現場行刑，可是，走到半路上的時候，其中一名劫匪逃走了。雖然這名逃走的劫匪後來又被其他人捕獲，但相關官員皆受到懲處。其中，都指揮僉事王喜貶為指揮使，袁彬以及錦衣衛指揮同知張壽、指揮僉事郭瑛、陳綱等人各罰俸三個月。楊紹、張翀降職一級，且外調地方任職，陳璉、宋瑛二人也降職一級。[52]

儘管聖寵漸衰，袁彬並未妄自菲薄，在呼風喚雨、權勢熏天的門達面前，袁彬依然故我，毫無退讓之意。因此，二人之間的矛盾日益加深。

袁彬不是門達的對手。他第一次遭到門達的打擊，是因為小妾的父親，千戶王欽仗著他的勢力，誆人錢財。門達查實之後，奏報英宗，其結果為「法司論（袁）彬贖徒還職」。

門達覺得還不夠痛快。正好在他管理的鎮撫司監獄裡，關押著一位名叫趙安的人。趙安此前是錦衣衛力士，曾在袁彬手下當差，因罪充軍鐵嶺衛，後遇赦回京，進入府軍前衛當差，又因石亨事敗株連，罪下錦衣衛鎮撫司監獄。門達讓趙安誣告袁彬，自陳之所以能調入府

50.贖徒：交納錢物以減免徒刑。

51.《明英宗實錄》卷312。

52.《明英宗實錄》卷325。

軍前衛，是因為有袁彬在背後出力。於是，門達又一次逮訊袁彬，指控他曾經收受石亨、曹欽等人的賄賂，並且還有其他不法行為，例如建造私宅時，挪用了大量官木，奪人子女為妾等。

但是，在門達奏報英宗之前，曾經受恩於袁彬的軍匠楊塤等人擊打登聞鼓，替袁彬鳴冤。他們的言語對門達多有冒犯。門達將楊塤等打入監牢審訊，要求他們供出主使之人。楊塤知道門達懷疑內閣大學士李賢為主使者，因為在此之前，李賢曾多次當面譏諷門達勒索官民財物，門達對其十分厭惡。於是，楊塤索性承認李賢是主使者。

其時為天順七年（1463 年）十一月。石、曹二人早已伏誅，李賢當令。門達對他頗有顧忌，一直發愁找不到打擊他的機會，因此，聽到楊塤所言後，十分高興，奏請三法司一同審訊楊塤。英宗派太監裴當監審。門達提議將李賢拘押到堂對質，裴當對此表示反對，以為「大臣不可辱，況此小事耶」。讓門達沒有想到的是，在三法司會審時，楊塤竟然自陳之所以誣告李賢，是受門達的指使。因此，門達打擊李賢的計畫落空。但是，袁彬及楊塤都沒有逃脫刑責，法司「論（袁）彬贖絞，（楊）塤斬獄」。最終的結果是，英宗法外開恩，將袁彬謫往南京錦衣衛帶俸閑住，楊塤則遭禁錮。據說，在三法司會審期間，袁彬曾多次聲稱，門達收受的賄賂遠多於自己。但是，法司害怕門達報復，不敢將袁彬所言上報英宗。🔢

這個案例見諸《明英宗實錄》、《明通鑑》、《國榷》等史籍，明人馮夢龍以其情節有趣，且楊塤的忠義及機智頗有值得讚賞之處，將其收錄在《智囊全集》中，只是人名更改為楊暄。

天順八年二月，即英宗駕崩一個月後，繼位的明憲宗朱見深（那位在幼時被景帝廢掉的太子）將已外調南京三個月的袁彬調回北京錦衣衛。毫無疑問，在朱見深小的時候，英宗一定不止一次對這位同樣

53.《明英宗實錄》卷 359；《明通鑑》卷 29；《國榷》卷 33。

命運多舛的皇子講過他與袁彬在瓦剌患難與共的故事。因此，這位未來的皇帝對袁彬有一種由衷的親切感與信任感。

成化二年九月，袁彬因為擒獲妖賊有功，被擢升為錦衣衛都指揮同知。十一年後，他晉升為都督僉事，再過四年，又晉升為都督同知（從一品）。[54]

袁彬在成化二十三年（1487 年）四月致仕時，憲宗賜予他一個極大的恩典，讓他的長子袁勛襲職錦衣衛都指揮僉事一職，並在錦衣衛管事。根據舊制，都指揮僉事以上的職位都是流官，例不世襲，而且，世襲官職一般只拿俸祿，並不管事。因此，憲宗的恩典等於是破壞了兩項祖制。

但是，袁勛三年之後就去世了。弘治三年（1490 年）八月，袁彬上本，請求孝宗讓次子中書舍人袁熹承襲都指揮僉事一職。儘管兵部武選司搬出「都指揮例不承襲」的祖制，表示反對，孝宗仍然感念袁彬「隨侍皇祖有功」，准其所請。[55]

於是，世襲錦衣衛都指揮僉事的恩典再一次得到確認，袁彬為他的子嗣在錦衣衛的前程打下了一個非常好的基礎。嘉靖初年，袁彬的孫子袁天章承襲的也是錦衣衛都指揮僉事一職，並且在南鎮撫司管事。後來，袁天章改錦衣衛堂上管事。嘉靖三十三年（1554 年），袁天章卒於錦衣衛管衛事都督同知任上。袁天章與錦衣衛歷史上的傳奇人物陸炳共事過很長一段時間。袁彬的曾孫袁承恩也是襲職錦衣衛都指揮僉事，在南鎮撫司管事。[56]

至於門達，在英宗駕崩十二日後，亦即憲宗即位七日後，遭外調為貴州都勻衛帶俸都指揮僉事，原因是與內官王綸私相授受，而憲宗

54.《明憲宗實錄》卷 2、34、166、214。

55.《明孝宗實錄》卷 41。

56.《明世宗實錄》卷 108；《明神宗實錄》卷 126。

十分厭惡王綸，即位後立即打發他去南京閑住，凡與王綸交厚者，幾乎都被降職或者外調。[57]

　　一個月後，即袁彬調回北京錦衣衛的當月，門達因罪入獄，並被判了死刑。

　　《明憲宗實錄》記載，門達外調的諭旨下發後，科道官知其勢敗，紛紛上本彈劾，謂門達之罪不止與內官私相授受。於是，憲宗命都察院會五府六部、通政司、大理寺、六科十三道官廷鞫之。都察院右都御史李賓等人上呈門達罪狀，確認科道官所彈劾者全部屬實，稱門達「素恃恩寵，不畏法度。以至內直垂簾，全無忌憚，竊弄威權，大張聲勢，忤其意者，察其細過，必加陷害。屢興大獄，巧於鍛煉，別置獄舍以鞫罪囚，有不承服，輒稱奉旨，殘酷特甚。薦用官校以為牙爪，分遣於外，騷擾州縣；又縱令諸子弟為奸利事，交通外人，多納賄賂」。

　　憲宗下旨「命（門）達坐斬，如所擬律。追其家私以萬計」。門達的黨羽錦衣衛指揮張山等人「同謀殺人罪」，論斬如律。其他黨羽諸如都指揮牛循、聶愚，千戶陳璉，以及門達的兒子門序、門班、門升，侄子錦衣衛千戶門清，女婿錦衣衛指揮楊觀等，「俱謫戍降調有差」。[58]

　　門達的最終命運為「詔謫戍廣西南丹衛而死」，關於他的死亡的具體情況不詳。[59]王世貞寫道，門達將離京時，袁彬曾率僚屬為其餞行，語多繾綣，且送行至京郊，在將重金購置的衣物等交給他後，握手而別，「眾咸多（袁）彬不念惡，有古長者風」。[60]

　　據說，逯杲之死讓包括門達在內的錦衣衛官員十分震驚。門達曾

57.《明憲宗實錄》卷1。

58.《明憲宗實錄》卷2。

59.《明憲宗實錄》卷2。

60.《弇州四部稿》卷79。

經的伯樂，錦衣衛指揮僉事呂貴曾警告門達，「武臣不易犯，曹欽可鑑也。獨文吏易裁耳」。[61] 因此，門達後來欺凌的對象僅限於文官。他一定想不到，正是他輕視的文官終結了他的仕途。門達被謫貴州都勻衛的同時，呂貴也被貶貴州平越衛（今貴州福泉），後卒於任上。

　　天順八年三月，門達在京西建的鎮撫司監獄被拆毀。

61. 《明史》卷307〈門達傳〉。

第八章　婦寺之禍

天順八年正月十六日，三十七歲的英宗行將大去，他將太子朱見深以及司禮監太監牛玉等人召至龍榻之前，下達了他帝王生涯中的最後一道，同時也是為數不多的可以展現其人性光輝的諭旨：在命太子「速擇吉日即皇帝位，過百成婚」後，他又交代「殉葬非古禮，仁者所不忍，眾妃不要殉葬」，以此終結了明朝殉葬的傳統。

次日，英宗駕崩。正月二十二日，十七歲的憲宗即位，「以明年改元成化，大赦天下」。《明書》以「廣額豐頤，威容如神」八字描述這位皇帝的相貌。據說，英宗每次愛撫這位尚在幼年的長子時，都會發出「（此子）福德非吾所及」的感慨。**1** 但也有傳言說，憲宗長相木訥，且有口吃之症。

憲宗應該稱得上是一位心胸比較寬大的君主。他幼年時承受的苦難（至少被幽禁了四年）沒有讓他變成一位狹隘、冷酷而殘暴的人。最不利的影響（如果存在因果關係的話）可能是使他養成一種比較畸形的戀母情結，以至於終生寵愛一位比他年長十九歲而且在常人看來並不可愛的女人，即萬貴妃。

憲宗即位之後做的最值得稱頌的事情之一，是聽從李賢的建議，將包括在浣衣局服刑的「沒官婦女」在內的大批宮女釋放出宮。**2**

第二件是在成化二年八月遣行人馬璘諭祭于謙，**3** 代父親承認過

---

1. 《明書》卷 10。

2. 《明通鑑》卷 29。

3. 據《明史》卷 74〈職官志三〉，行人官職正八品，「職專捧節、奉使之事。

錯，其制詞曰：「卿（于謙）以俊偉之略，經濟之才，歷事先朝，茂著勞績，當國家之多難，保社稷以無虞。惟公道而自持，為權奸之所害，在先帝已知其枉，而朕心實憐其忠。故復卿子官（于謙之子于冕，官復府軍前衛副千戶），遣人諭祭。」**4**

第三件是非但沒有繼續對那些在景泰三年四月聯名上書將他趕下太子之位的官員進行報復，而且，在成化三年（1467 年）三月，憲宗甚至召回了被貶職為民的原翰林院學士商輅，並復其職為「兵部左侍郎兼翰林院學士內閣，參預機務」。**5**

但憲宗究竟並非完人，他也有人類普遍存在的弱點，例如重視私情以及個人的享受，以至於對萬貴妃以及心腹太監過於放縱，並且營建了巨大的皇莊。憲宗也無法擺脫那個科學相對落後的時代的限制，過度癡迷於「左道」，以至於開了「傳奉」的先例後，使得入朝為官的僧道人數達到數千人。《明通鑑》以「婦寺之禍，與之終始」概括其為政之弊。**6**婦者，女人也，特指萬貴妃也；寺者，宦寺者也，太監也。

一、北司印信

憲宗在位期間，錦衣衛建制發生的最大變化之一，是北鎮撫司終於有了自己的印信，這意味著它不再受錦衣衛節制。

在此之前，北鎮撫司只是作為錦衣衛的下屬機構存在，即便是在門達的時代，他擔任錦衣衛都指揮僉事掌理鎮撫司事，並且在京西另建鎮撫司監獄（這說明鎮撫司有了很高的地位，並且擁有很大的實

凡頒行詔敕，冊封宗室，撫諭諸番，徵聘賢才，與夫賞賜、慰問、賑濟、軍旅、祭祀，咸敘差焉」。

4.《國榷》卷 34。

5.《明憲宗實錄》卷 40。

6.《明通鑑》卷 35。

權)，北鎮撫司在制度上仍然受到錦衣衛節制。但是，到了成化十四年，情況變得非常不同。

正是在這一年，憲宗命人「增鑄北司印信」。自此以後，「一切刑獄毋關白本衛，即衛所行下者，亦逕自上請可否，衛使毋得與聞。故鎮撫職卑而其權日重」。[7] 也就是說，北司印信（即北鎮撫司印信）的掌印者不再對錦衣衛負責，即便是上級錦衣衛長官交代下來的案件，也可以直接向皇帝彙報。

但是，北司印信的掌印者並不一定是北鎮撫司，完全有可能是錦衣衛的其他武官，例如指揮僉事、指揮同知、指揮使，甚至可能是級別更高的官員，例如都指揮僉事、都指揮使等。成化年間的錦衣衛指揮使朱遠，以及正德年間的錦衣衛都指揮使廖鵬，都曾是北鎮撫司印信的掌印者。[8]

值得注意的是，於現實情形中，北司印信的掌印者也不一定直接對皇帝負責，他完全有可能通過擅權的內外大臣間接對皇帝負責，吳綬即是例子。

作為錦衣衛的副千戶（從五品），吳綬可能是北司印信的第一任掌印者。根據《明憲宗實錄》的記載，成化十四年八月二十四日，「(憲宗)命問刑副千戶吳綬掌鎮撫司印」。三日後，吳綬被擢升為錦衣衛指揮僉事，「仍掌鎮撫司事」。[9] 但吳綬直接負責的對象並非憲宗本人，而是成化年間的風雲人物，提拔他的太監汪直。九個月後，吳綬因「忤(汪)直意，為所惡」，被調往南京錦衣衛當差。[10]

繼吳綬之後，北司印信的掌印者是錦衣衛指揮僉事趙璟。天順七

7.《明史》卷 95〈刑法志三〉。
8.《明憲宗實錄》卷 259；《明武宗實錄》卷 159。
9.《明憲宗實錄》卷 181。
10.《明憲宗實錄》卷 190。

年十一月時，趙璟還是錦衣衛右所副千戶；成化元年二月，調入錦衣衛鎮撫司理刑；成化九年（1473 年）升為指揮僉事，與另一位指揮僉事董璋同管錦衣衛事；成化十五年（1479 年）五月改管鎮撫司事；成化十六年（1480 年）正月，晉升為指揮同知，「仍掌鎮撫司事」；成化十八年十二月，卒於任上。憲宗聽聞吳綬的死訊之後，甚至派了太監去諭祭，可見對他頗為信任。

趙璟是山西陽曲縣人，宣宗朝時投身御馬監太監王瑾（前文提到過此人）的門下，為其所用。趙璟因從征福建有功，晉升為錦衣衛百戶，後又因從征湖廣平苗亂有功而升副千戶。據說，趙璟在掌理鎮撫司刑獄期間，「遇事頗明斷，亦申理冤抑」。但並非所有人都認同這個說法，至少在處理易州知州李憲非法杖殺部民一案上，趙璟有收受利益的嫌疑。

根據《明憲宗實錄》的記載，李憲於事發之後，賄賂了「當道者」。此位「當道者」叮囑其同鄉，巡按御史李延壽為李憲開脫。紫荊關守備太監鍾慶知情後，予以舉報，李憲因而又請了一位太監前去疏通關係。據這位太監說，司禮監太監懷恩（後文將提及此人）願意幫忙。懷恩聽到這個傳言後，十分生氣，奏請將李憲及李延壽等人拘押至京，交由錦衣衛鎮撫司審訊。「當道者」擔心事發累己，於是將趙璟的外甥，濟南府知府（正四品）王環擢升為山東布政司參政（從三品）。其結果是，趙璟只追究了李憲的罪行，沒有將「當道者」牽連出來。🔟

北鎮撫司的掌印者可能是一個人，也可能是多人，在多人的情況下，可能是輪流掌管，也可能由某一人主管。例如，與趙璟一起管理北鎮撫司的錦衣衛官員，就包括季福（前文提到過的英宗乳母的丈夫）的兒子錦衣衛指揮使季成，太監錢喜的姪子錦衣衛指揮使錢通，孫太

11.《明憲宗實錄》卷 235。

后的兄弟指揮同知孫純宗，以及保國公朱永的兄弟錦衣衛指揮使朱遠等人。趙璟去世後，他們繼續管事。

成化二十一年（1485 年），錢通改管錦衣衛事，已故太監裴當的侄子、錦衣衛指揮僉事張慶加入進來，接管鎮撫司事。兩年後，太監顧恆的侄子，錦衣衛指揮同知顧賢也成為鎮撫司管事者。但是，在憲宗駕崩的前夕，顧賢因為「毆傷人命」而被謫往福建永寧衛。

顯然，上述北鎮撫司的理事者，不是外戚（儘管有外戚不准干政的祖制），就是寵臣（主要是受寵的太監）的親信或者子侄。

值得一提的是朱遠，他的父親是永樂武臣朱謙。朱謙在景泰年間因功封為撫寧伯，死後被英宗追封為撫寧侯。朱遠的兄長朱永承襲了撫寧侯的爵位，並在成化十五年因功加封為保國公。**12**

朱遠本人是一位非常能幹且善於鑽營的人。成化十二年（1476年）七月，朱遠還只是一名錦衣衛副千戶，在錦衣衛指揮同知朱驥（他也是錦衣衛歷史上一位重要人物）手下當差，從事緝盜工作。但是，到了成化十七年（1481 年）三月，朱遠卻可以與季成一起，由指揮同知晉升為指揮使，同掌鎮撫司事。三年後，朱遠再晉升為都指揮僉事，「仍掌司印」。

但是，朱遠的好運氣只持續到成化二十三年。這一年發生了一起奇怪的案例，案情大致如下：因為一件小事，某衛指揮僉事周鐸與某衛軍人蕭興打了一架。蕭興打不過周鐸，晚上回家之後，將自己的侄子蕭鉉殺死，誣陷是周鐸所為。經審，周鐸被證明是清白的，蕭興因為擔心「反坐己罪」，又誘騙侄子蕭偏兒主動承認殺了兄長蕭鉉。結果蕭偏兒被判凌遲處死。周鐸的繼妻張氏與朱遠的妻子是姐妹。張氏性情淫蕩，與朱遠有姦情。周鐸被誣入獄後，張氏將家藏珍寶寄存在朱遠家。可是，周鐸出獄後，朱遠卻拒絕交還珍寶。與此同時，周鐸已

12.《明史》卷 173〈朱謙傳〉。

知張氏淫行，將其休掉。張氏因愧生恨，與朱遠合謀誣陷周鐸。張氏對緝事官校說，蕭鉉確為周鐸所殺，周鐸買通了證人，才得以免罪。其後「事聞，命三法司、錦衣衛官會鞫。（周）鐸苦拷訊，不得已誣服」。但憲宗查看卷宗時，覺得仍有疑點，「命從公會鞫於廷，毋得顧忌枉人」。周鐸的家人也擊打登聞鼓訴冤，「乃逮（朱）遠等廷鞫之，猶未有以白也」。司禮監太監奉旨監審，直到會審的最後一刻，才證實周鐸是被誣告。最終，蕭興坐罪，都指揮僉事朱遠被免職，緝事官校副千戶夏旺、趙恭降職為百戶，其他參與緝事的錦衣衛旗校「降罰者各有差」。 **13**

值得注意的是，《明史》所謂北鎮撫司「專治詔獄」的說法，可能並不適用於成化之後的所有時期，因為根據沈德符的記錄，至遲在嘉靖及萬曆年間，「朝廷有大獄，則不復專任北司」，而是由錦衣衛掌衛事者與東廠太監一起審訊（「惟錦衣帥與廠璫並讞」）。 **14**

二、京城巡捕

到了成化年間，錦衣衛的職權範圍又有了擴充，開始正式提督京城巡捕事宜。根據《明史》的記載，「京城巡捕」原屬五城兵馬司的職能，直至「成化中，始命錦衣官同御史督之」。 **15**

五城兵馬司設於洪武六年六月，南京清涼、馬鞍等城門設置了兵馬指揮司。 **16** 十七年後，兵馬指揮司進行了機構改革，原南城兵馬指揮司改為中兵馬指揮司，聚寶門外為南城兵馬指揮司，正陽門裡為東城兵馬指揮司，清涼門裡為西城兵馬指揮司，惟北城兵馬指揮司仍舊。

13. 《明憲宗實錄》卷 292。

14. 《萬曆野獲編》卷 21。

15. 《明史》卷 89〈兵志一〉。

16. 《明太祖實錄》卷 83。

於是，五城兵馬司正式建立起來，每司設正六品指揮一人，正七品副指揮四人，吏目一人，「以京師內外地方分隸之」。**17**

永樂二年二月，成祖設立了北京兵馬指揮司，「置指揮一員，副指揮四員，首領官吏目一員」；五年後再次下詔，表示要仿照南京之制，在北京增設五城兵馬指揮司，理由是「京師地大人眾，君子小人雜處，故往往有作奸犯科，若縱惡不治，善人何由自立」。不過，當時北京只設一處兵馬司，有巡察不周的問題，「宜如京師之制，增設五城兵馬司。授官之際，須詳擇得人，苟不得人，更益民患」。**18**

正六品兵馬司指揮的主要職能為「指揮巡捕盜賊，疏理街道、溝渠及囚犯、火禁之事。⋯⋯境內有遊民、姦民則逮治。若車駕親郊，則率夫里供事。凡親、郡王妃父無官者，親王授兵馬指揮，郡王授副指揮，不管事」。**19**

一套「譏察奸偽」的制度也得以建立。例如，每天晚上，兵馬司官兵在領取巡牌之後，要巡視城門的安全，核查夜行者的身分。**20**每逢使臣進貢到京，該司官兵要密切關注這些貢使的動向，約束「鋪戶、夷人在外私自交易」，發現到可疑的人與事，「許各該委官體察通行拿問」。**21**京城裡的客店，要「逐日附寫到店客商姓名、人數、起程月日」，到了月底，要去兵馬司查照。**22**

可是，即便有了這套看似嚴密的制度，京城盜案仍是頻頻發生，案子也依然難破。永樂十一年三月，六科給事中在奏本中抱怨道：「比

---

17. 《明太祖實錄》卷 205。

18. 《明太宗實錄》卷 95。

19. 《明史》卷 74〈職官志三〉。

20. 《明史》卷 89〈兵志一〉。

21. 《大明會典》卷 112。

22. 《大明會典》卷 35。

以京城多盜，命五城兵馬捕之，今月餘不獲一人。」正在監國的太子（未來的仁宗）在下發給五軍都督以及各衛官的諭旨中也語出驚人：「近獲劫盜，多是軍校及功臣家人。」太子還警告這些高級軍官，如果他們的下屬或者家人再犯這種罪行，「當隨坐」。[23]

但情形並沒有變得樂觀起來，盜賊們仍然具有通天之能。永樂二十一年三月，有盜賊進入南京大祀壇天庫，盜走了三件用於祭祀活動的珍貴玉器，包括兩件用於禮天的蒼璧，以及一件用於禮地的黃琮。[24]

儘管在宣德元年正月，五城兵馬司各增官軍一百人以協助捕盜，並且願意重獎捕盜者，其破案效率依舊不見改善。六年之後，監察御史揭稽上奏說，在五城兵馬司任職的官員大多「柔懦無為，貪暴不律」，而且欺善怕惡，「有勢之家，奸弊不問；無勢之人，擾害不勝」。[25]

正統年間，禮部尚書胡濙的官印甚至三次被盜。前兩次被盜，英宗寬宥了他的過失。正統三年七月左右，胡濙的官印第三次被盜，胡濙因此被關進監獄。此後，胡濙的獄詞剛被呈上，盜印者即被抓獲，竟然是在禮部任職的辦事小吏。最終，胡濙被釋放出獄，參與捕盜的錦衣衛官校千戶高英等九人得到獎賞。[26]

除卻監守自盜、瀆職無為的因素，自然災害以及諸如戰事、內亂等因素引致的經濟蕭條，更是滋生盜賊的溫床。

例如因為饑荒，景泰六年十月的京城即窩藏了大量的盜賊。《明英宗實錄》寫道：「時京城內外饑，強盜肆行，白晝殺人掠財。」[27]有趣

---

23. 《明太宗實錄》卷 138。

24. 《明太宗實錄》卷 257。

25. 《明宣宗實錄》卷 88。

26. 《明英宗實錄》卷 44。

27. 《明英宗實錄》卷 259。

的是，禮部尚書胡濙再次被盜，不過這次被盜的不再是官印，而是私宅。據說，景帝聽說了這件讓朝廷臉上無光的事件之後，十分生氣，甚至下詔說，如果不能捕獲盜賊，就讓五城兵馬等官賠償被盜財物。**28**

　　讓錦衣衛官員會同御史提督五城兵馬司緝盜，顯然是朝廷完善京城巡捕制度的嘗試。其實在成化以前，緝盜早已是錦衣衛的重要職能，前面章節已經提到過不少因為捕盜有功而被擢升的例子，例如宣德年間的馬順，以及景泰年間的劉敬。

　　發生在正統五年的某起案件頗富戲劇意味。《明英宗實錄》記載，在北京通州張家灣一帶，活躍著一群強盜，「各立郎頭鐵臉、閻王太歲、先鋒土地等名號」，他們往來上下碼頭，欺侮良善，嚇騙財物，肆惡恃強，卻無人敢問。正統五年三月，錦衣衛官校奉旨出動，將這群強盜一網成擒，並交付三法司審訊。三法司依法給出了「贖罪寧家」的處理意見。英宗則認為這群強盜「情犯深重，豈可以常律處之？皆決杖一百，與妻孥械發戍邊，再犯及逃，處死」。**29**

　　在緝捕盜賊方面，錦衣衛與五城兵馬司也早有合作。例如，正統二年七月，在聽到監察御史成矢有關「達官軍校、勇士人等，居止畿甸，多占民田地，及相聚騎射，強掠民財」的證言後，英宗「仍詔錦衣衛同五城兵馬司分捕之。犯死者於犯所梟首，徒流者發邊衛充軍，仍罪其頭目。若地方被劫奪而官校縱容者，亦治其罪」。**30**

　　御史奉命「嚴督」五城兵馬司的做法亦早已有之。宣德九年正月，都察院僉都御史吳訥即奉命「嚴督五城兵馬捕盜」。**31**禮部尚書胡濙的家被盜之後，「上詔巡捕御史督錦衣衛官、五城兵馬嚴捕之」。

28.《明英宗實錄》卷 262。

29.《明英宗實錄》卷 65。

30.《明英宗實錄》卷 32。

31.《明宣宗實錄》卷 108。

　　正統元年五月，十三道監察御史李略等上書陳奏十事，第八條即提議讓錦衣衛「巡視逮治」五城兵馬司不務正業的官兵。這些官兵不務正業，非但不巡視街衢、捕獲奸盜、點視更鋪、緝訪事情，反而「在街羅織生事，強取米果、蔬菜等物」。對於李略等人的提議，「上命廷臣會議，頗採用之」。[32]事實上，巡視逮治不法官兵本來就屬於錦衣衛的職權範圍。

　　無論如何，若史籍記載屬實，直至成化年間，錦衣衛提督五城兵馬司始成為正式制度。如果說，存在某種環境因素促成這項制度的確立，那麼，它還是老問題，即京中盜賊橫行。如果說，有人在這個過程中起到了關鍵作用，那麼，這個人應該是錦衣衛官員朱驥。

　　明憲宗成化三年五月，刑科左給事中毛弘等人上疏，表示京城盜賊實在過於猖獗，即便是長安大街兩旁的住戶，也沒有因為皇城近在咫尺、禁衛森嚴而免遭盜賊劫掠，究其原因，「蓋由（五城）兵馬司因循怠惰，不行禁捕，巡視御史提督不嚴」。他們建議皇帝對相關官員予以究治，憲宗同意他們所請。[33]

　　究治瀆職官吏顯然還是沒有解決問題，於是在次年四月，憲宗「命錦衣衛指揮僉事朱驥提督五城兵馬，緝捕盜賊」。[34]「提督」的意思是提調及監督。換句話說，五城兵馬司在事實上成為錦衣衛的下屬單位，但它並沒有因此而享有錦衣衛的特權。

　　朱驥是順天府大興縣人，根據王世貞的記錄，他承襲父職，當上了錦衣衛百戶，「家貧未娶，落魄不為人所知」。于謙主政期間，他表現忠勇，對于謙也十分尊敬。[35]英宗復位後，將他充軍威遠，但他很

32.《明英宗實錄》卷 17。

33.《明憲宗實錄》卷 42。

34.《明憲宗實錄》卷 53。

35.《弇州四部稿》卷 79。

快就官復原職，並晉升為千戶。

　　成化二年九月，朱驥晉升為錦衣衛指揮僉事，與指揮僉事馮瑤共同協助都指揮同知袁彬掌理錦衣衛事。在此後二十多年中，朱驥一直是錦衣衛的高層管事者，他的主要工作是緝捕盜賊，擒拿妖言惑眾的邪教人物。

　　成化四年（1468 年）六月，即朱驥奉命提督五城兵馬兩個月後，朱驥與巡城御史胡靖呈上了題為〈禁盜安民六事〉的奏本，其中建議包括「設軍馬」、「增夫役」、「責典守」、「禁淫泆」、「究容隱」、「清鋪舍」等六項。其中，「設軍馬」及「責典守」兩項講述了捕盜的主要困難及對策：

> 設軍馬：京城之外，東抵通州，南至張家灣，西抵良鄉，北至昌平四路，截路強賊多繫騎馬，巡捕官軍因是步行，不能追捕；今欲於四路各差千百戶一員，率領馬軍三四十名，分為二班輪流巡視。
>
> 責典守：近日所獲強盜，多繫各營操軍；乞敕總兵、管操、管隊官員務要用心鈐束所管軍士，不得縱容為非，如復有犯，即將本管官旗通參連坐。[36]

　　奏本呈上後，「詔下該衙門議，多從其言」。若「設軍馬」的提議被採用，則可以肯定，京外四路的巡捕工作將完全在錦衣衛的統領下，因為各路的首領都是正五品的千戶，而五城兵馬司最高的官職只是正六品的指揮，與百戶相當。也就是說，五城兵馬司指揮沒有當首領的資格，最多只能當副手。

　　但京城盜害未減。次年二月，「京城盜賊滋蔓，同夜強劫二家」，朱驥以及御史張進祿、何純等人因為提督不力、巡捕不嚴，被罰俸三

36.《明憲宗實錄》卷 55。

個月。

　　成化六年（1470 年）七月，兵部又呈上奏本，稱「近者京城內外，強竊盜賊數之成群，肆行劫掠」，請旨「嚴禁治之」。於是，憲宗再次斥責「兵馬司及錦衣衛應捕官校不用心緝捕」，並同時聲明「已往姑恕，復怠慢縱容，廢職誤事者，聽指揮朱驥等參奏究問，降調邊方。其能擒獲強賊，有勞者，具奏給賞」。 **37**

　　憲宗反復思量之後，可能覺得自己的處理方式過於寬大，因此，八日後又命吏部尚書姚夔、兵部尚書白圭、錦衣指揮僉事朱驥一起對五城兵馬司的三十名官員（每司設指揮一人，副指揮四人，吏目一人）進行考核，結果有二十二人被淘汰，只有八人留用。在姚夔等人的建議下，兵馬司的建制也有所改變，每城副指揮的人數增至六人，每城吏目人數增至二人，每城增加弓兵二十名。

　　但這些改革措施仍然於事無補，五城兵馬司指揮張寧在一道奏本中指出了問題的關鍵。張寧認為在這個機構中任職的官兵，不少人都是內外官家屬，他們往往不聽提調，例如「恃勢不肯坐鋪」。而京中達官顯貴又隨意差遣在兵馬司服役的役夫，「至於內官放河燈之類，往往追呼兵馬，急於星火，稍不如意，輒市辱之。一日之內，奔走無時」。總而言之，官少事多，無法職專巡捕。

　　張寧提到的「坐鋪」，是一項十分不合理的制度，不僅內外官家屬不願意執行，普通百姓對它更是深惡痛絕。這項制度承襲自元代，大致指的是夜晚巡更的制度，其主要目的在於防盜。《元典章》有載：「當該圍宿軍官號令軍人坐鋪知更，提鈴擊柝（即打更用的梆子），相繼巡警不絕。若於何處先覺於內有賊，此鋪軍人隨時通報餘鋪……若賊逾墻而入，盜訖官物者，在處坐鋪軍人照依『不獲竊盜限末限例』斷罪。」 **38**

37.《明憲宗實錄》卷 81。

「鋪」是「坊」的下屬單位，成祖定都北京後，將京師五城分為三十六坊，坊下設「牌」及「鋪」。例如，根據世宗朝人張爵所撰《京師五城坊巷胡同集》，戶部、禮部等外廷衙門所在地「南薰坊」下設八鋪，司禮監、內官監等內廷衙門所在地「積慶坊」下設四鋪，錦衣衛所在「大時雍坊」下設十八鋪，東廠所在「保大坊」下設四鋪，武學、關王廟所在「黃華坊」下設四牌、二十一鋪等。**39**

「坐鋪」指的是鋪一級的治安制度，根據《明憲宗實錄》的記載，京城坐鋪，每鋪設總甲一人，「以丁多者充之」。總甲的人選大概每三個月一換，因為這個職務實在是一項苦差。每天早上，總甲要去官府領事，一直忙到晚上都不得空閒，「一月之間，所經衙門二十七處，謂之打卯」。但最苦的是經常要忍受上級官吏的盤剝和欺辱：

> 官中供應皆取之更夫，謂之紙筆燈燭錢，不足，總甲輒出私錢補之。錦衣衛旗校夜巡，需索酒食，即不得，輒加箠楚。害甚於盜，貧民苦之。**40**

因此，為了避免「坐鋪」，無依無靠的京城住戶不得不賣屋遷居，有勢力者則「各庇其私人當坐鋪者，盡為奏免。守更之夫皆雇丐者充之。夜聞盜起，皆反關不敢出，明日止報某處有盜，或劫財、或傷人與否而已」。**41**憲宗了解到這一情況後，規定「官旗匠役之家，丁多者，皆令坐鋪」，但這項規定最終並沒有完全落實。

無論如何，京城的治安狀況惡劣如故，除卻制度上的因素，最重要的原因在於，在遭遇天災人禍的時期，捕盜力量的有限補充，遠比

---

38. 《元典章》刑部 13。

39. 《京師五城坊巷胡同集》。

40. 《明憲宗實錄》卷 81。

41. 《明憲宗實錄》卷 81。

不上流民數量的無限增加。

成化六年七月，前述兵部上本劾奏緝盜官兵辦事不力的六日後，朱驥上本稱京畿以及山東一帶，旱澇相繼，京城內外的饑民多將子女、牛畜減價賤賣，「其勢必至於攘竊劫掠」。更糟糕的是，各處屯兵軍營中的韃子軍官「亦隨處群聚，強借穀米，或行劫奪」。朱驥認為，未雨綢繆之計，是趕緊賑濟災民。

錦衣衛提督五城兵馬緝盜也並非毫無成績。朱驥之所以可以在成化十二年七月之前升任為錦衣衛指揮同知，成化十四年九月升任為錦衣衛指揮使，成化十九年（1483 年）二月升授錦衣衛掌衛事都指揮僉事，成化二十二年（1486 年）升授錦衣衛掌衛事都指揮使（正二品），主要就是因為「緝事有勞」。他最出色的一次表現，是在成化十四年破獲的「入貢使節遭劫案」。其案情大致如下：某月某日，來北京入貢的朝鮮使臣啟程回國，行至某處時，遇上強盜張政等人，財物被搶掠一空，還有人被射傷。錦衣衛指揮同知朱驥知情後，立即率官校緝捕，將張政等十一人擒獲。因為使臣被劫一事「有失夷情，且虧國體」，為了「彰國法」、「以慰遠人之心」，在都察院都御史王越的建議之下，憲宗命通事將案情進展曉諭朝鮮使臣，而且在會審之後，於成化十四年四月某日，將張政等十一人斬於市集，並將他們的首級示眾於使臣將要經過的路旁。**42**五個月後，朱驥被擢升為錦衣衛指揮使。

朱驥卒於明孝宗弘治三年十二月，據說，孝宗還特地派人諭祭。《明孝宗實錄》的編撰者對朱驥給予了很高的評價：

> （朱）驥任事最久，得憲廟倚柱甚深。（朱驥）性本寬大，且識
> 事體，成化間，饑民有攘奪以苟朝夕者，所司逮捕得斗粟者，
> 輒坐死圜圄，至不能容。驥曰：「此窮民耳！其情可憫，多從末

42.《明憲宗實錄》卷 177。

減。」有妖人真惠者，為偽書惑眾，語涉不道，事覺逮繫，數百人皆當死，驥獨罪真惠，餘並請釋戍邊。其持法平恕，多類此。[43]

次年六月，他的兒子朱宸承襲錦衣衛指揮同知的職務，但他無法與他的父親相提並論。

朱驥可能是西司房的提督者，根據查繼佐的記錄，至遲在憲宗成化年間，錦衣衛創設了另外兩個重要的下屬辦事機構，即東司房與西司房。主管東司房的是「理篆者」，統領錦衣衛旗校百人，「專司察不軌、亡命、機密大事」。另有巡捕一人，統領錦衣衛旗校二百人以上，「責專賊曹」。[44]另據《弇州四部稿》，隸屬於東、西司房的錦衣衛旗校大部分是「大俠」，或者是商賈的兒子（「其縱多大俠或賈人子」）。[45]

總之，東、西司房設立後，專責緝拿嫌犯。拿獲後，交由北鎮撫司拷問。獄詞證據俱全時，再交由法司定罪。

值得一提的是，東廠也成為緝捕盜賊的一分子。《明神宗實錄》記載，萬曆四十三年（1615 年）十一月，東廠擒獲強盜高進朝等十三人。[46]三年後的九月，又緝獲盜換庫銀的施一棟等人。

需要進一步交代的是，讓錦衣衛提督五城兵馬，並非提高京城巡捕效率的最後嘗試。

根據《明史》記載，成化末年，憲宗下旨將二百名團營士兵調歸五城兵馬司支配。到了弘治元年（1488 年），又從三千營「選指揮以下四員，領精騎巡京城外，又令錦衣官五、旗手等衛官各一，分地巡警，巡軍給牌。五年，設把總都指揮，專職巡捕」。

43. 《明孝宗實錄》卷46。
44. 《罪惟錄》志卷之24。
45. 《弇州四部稿》卷79。
46. 《明神宗實錄》卷539。

　　正德年間又添設了把總四員，「分劃京城外地，南抵海子，北抵居庸關，西抵盧溝橋，東抵通州。復增城內二員，而益以團營軍，定官卒賞罰例。末年，邏卒增至四千人，特置參將」。嘉靖元年（1522年），又增設城外把總一名。自此，把總人數達到五位，分轄城內東西二路，城外西南、東南、東北三路。後又增加了五千兵馬，以及尖哨五百騎。

　　但京城治安仍然沒有起色。用《明史》的話說，「是時京軍弊壞積久，捕營亦然」。到了萬曆年間，兵馬司的建制已經非常龐大，包括捕營提督一名，參將二名，把總十八名，巡軍一萬一千名，馬五千匹。然而，治安上仍是「盜賊縱橫，至竊內中器物。獲其檔索，竟不能得也」。

　　到了崇禎年間，朝廷專設一位兵部左侍郎督管五城兵馬，此外，在兵部左侍郎之上，還設有一位總督京城巡捕的太監，後者來自御馬監或者內官監。例如，崇禎十年（1637年）正月，思宗命御馬監太監李名臣提督京城巡捕。六年後，又命內官監太監王之俊提督京城巡捕。**47**可是「營軍半虛廩，馬多雇人騎，失盜嚴限止五日，玩法卒如故」。**48**

　　最後補充一句，錦衣衛提督五城兵馬司，並不限於捕盜一事。例如，成化二十一年閏四月，憲宗下發了一道諭旨，命「錦衣衛指揮同知劉綱提督疏浚京師溝渠」。**49**

　　另外，錦衣衛出京巡捕盜賊期間，下至州府，則主要由同知（主管捕盜的官員）提供具體協助。再下至縣，則由縣丞具體協助。在各

47.《國榷》卷96、99。

48.《明史》卷89〈兵志一〉。

49.《明憲宗實錄》卷265。前文已有交代，除了緝盜，五城兵馬司指揮的職責還包括「疏理街道溝渠及囚犯、火禁之事」。見《明史》卷74〈職官志三〉。

府州縣關津要害處，凡設有巡檢司的地方，則主要由巡檢提供協助。

三、錦衣傳奉

憲宗在位期間，錦衣衛裡有了傳奉官。前文提到過的太監顧恆之侄，錦衣衛指揮同知顧賢，即是傳奉官。50

傳奉官，指的是皇帝沒有經過法定的選拔程序，僅憑個人的意願或喜好，經由太監「傳奉聖旨」而授予的官職，這種授職方式也被稱為「內批授官」。

傳奉官的出現，可以理解為皇權專制程度的加深，但更不容忽視的，是隱藏在這個現象背後的邏輯。從表面上看，有權力憑個人意願或喜好而授官的只有皇帝，實際上，除了具有自由意志的皇帝本人，那些經常可以見到或者有機會陪伴皇帝，並且了解皇帝的性情以及心思的人，例如，皇帝的某位或者某幾位寵妃，某位或者某幾位受寵的太監，完全有機會通過影響皇帝的情緒、左右皇帝的意願，或者刺激皇帝對某些事情的興趣，最終使皇帝按照自己的想法授予他們（她們）心中的「自己人」以官職。

憲宗被認為是傳奉官制度的肇始者，他即位的次月，確切地說，是天順八年二月庚子日（即十七日），第一位傳奉官出現了。當日，司禮監太監牛玉傳奉聖旨，將司禮監工匠姚旺任命為工部文思院副使。51根據舊制，「授官必由閣部」，也就是說，憲宗甫一即位，內閣及六部的人事權即被削弱。

文思院是工部的下屬機構，主管宮廷以及在京衙門使用的疋帛用品的設計與製造。《大明會典》有載「凡供用器物及祭祀器皿，並在京各衙門合用一應什物」，屬於疋帛類者，「行下文思院，如法成造」。52

---

50. 《明史》卷 180〈汪奎傳〉。

51. 《明憲宗實錄》卷 2；《明通鑑》卷 29。

這個機構規模原本非常小，只設正九品大使一人，從九品副使二人，[53]可當它成了「傳奉官」的主要去處以後，很快就冗員無數。

太監牛玉早在英宗在位時就已經受寵，天順元年，他的侄子牛綬被授予錦衣衛百戶的職務。天順六年（1462 年）五月，牛玉與太監裴當一起，負責在京城中為太子（未來的憲宗）選妃。[54]天順八年正月，英宗去世前夕，召他在龍榻旁吩咐後事。憲宗即位當月，也是在他的幫助下，除去了內宮中以王綸為首的另一股勢力。

憲宗還是東宮太子時，王綸是東宮典璽局的局丞，官級雖然只有從五品，但因為掌東宮機務，極受重視。包括門達在內的許多內外大臣都以為，憲宗即位後，王綸「必典機務」，對他百般巴結，因此，他的身邊聚合了一股不容小覷的勢力。但因為王綸過於得意忘形（英宗大殮時，「（王）綸衰服襲貂裘於外觀望」）而被憲宗厭惡，最終被謫往南京閑住。

牛玉也沒有笑到最後，僅七個月後，他就因為在為太子選妃的過程中徇私受賄而被謫往南京。他為太子挑選的妃子，亦即憲宗的皇后吳氏，也在當月被廢。

但傳奉官制度並沒有偃旗息鼓，反而愈演愈烈。文思院也不再是以前那個性質單純的機構，它成了傳奉官們升遷的跳板。根據吏部的記錄，截至成化七年（1471 年）十二月，「工匠任文思院副使等官已二百八十餘員，升中書舍人等官已二十餘員」。[55]

除了文思院，工部的營繕所，太常寺、鴻臚寺、通政司，甚至禮

52.《大明會典》卷 201。

53.《明史》卷 74〈職官志三〉。

54. 時年，負責選妃的太監有多位，其中，裴當與牛玉負責京城，顏義負責直隸和山東，夏時負責南京與河南。見《明英宗實錄》卷 340。

55.《明憲宗實錄》卷 99。

部和錦衣衛等機構，都是傳奉官的去處。除了工匠，任何人只要擁有足以引起皇帝興趣的東西，通過受寵太監的引薦，也都有機會成為傳奉官，例如，太監的兄弟子侄、畫家、方士道士、僧人等。

太監的兄弟子侄，凡被授予傳奉官的，基本上都進入錦衣衛當差。例如，成化六年十一月，「奉旨升太監懷恩侄馬瑛為錦衣衛百戶」；[56]成化七年十一月，太監黃賜傳奉聖旨，升太監梁方的兄弟梁瑄為錦衣衛所鎮撫（正六品）；[57]成化十八年六月，太監蕭敬傳奉聖旨，授已故太監劉斌的侄子劉政、劉敏為錦衣衛世襲百戶；[58]同年十二月，太監李榮傳奉聖旨，授神宮監太監尚亨的兄弟尚興為錦衣衛所鎮撫。[59]進入錦衣衛當差的傳奉官，有的甚至是太監的家僮，例如南京守備太監黃賜的家僮黃涎，太監梁方的家僮梁順，即分別被授予南京錦衣衛所鎮撫，以及錦衣衛正千戶的職務。[60]

但是，進入錦衣衛當差的傳奉官，並不限於太監的兄弟子侄。例如，成化十一年（1475 年），文思院副使王綱、高明被擢升為錦衣衛所鎮撫；五年後，鴻臚寺序班（從九品）許暘、通政司經歷（從七品）何璋、文思院副使周貴、周六一、劉榮、馮宇等被擢升為錦衣衛所鎮撫；文思院大使毛祥、營繕所副使沈智、姚興等則被擢升為錦衣衛副千戶；成化十八年，文思院副使顧羊保、孟林被擢升為錦衣衛所百戶。[61]事例不勝枚舉。

有的傳奉官甚至當上了錦衣衛指揮同知，前面提到的顧賢是一例。

56. 《明憲宗實錄》卷 85。

57. 《明憲宗實錄》卷 98。

58. 《明憲宗實錄》卷 228。

59. 《明憲宗實錄》卷 235。

60. 《明憲宗實錄》卷 290。

61. 《弇山堂別集》卷 9。

此外，楊輅也是一例，楊輅的出身不詳，換句話說，他到底因何而被授予官職並不清楚。可以確定的是，楊輅是以傳奉官的身分進入錦衣衛，而且在成化十七年十月，他以千戶的職位晉升為指揮僉事，並在兩年後再晉升為指揮同知。[62]

如果說，太監的兄弟子侄被授予傳奉官憑的是太監與皇帝的親近關係，那麼，其他傳奉官憑藉的則主要是可以引起皇帝興趣的技能，例如「方士以煉服之術，伶人以蔓延之戲」，或者其他一些可以打動皇帝看重的人（寵妃或受寵的太監）的東西，例如金銀財寶。而且，所需的花費其實並不多，用吏科給事中李俊的話說，「彼所進奉，不過價直百金或五百金，至千金者少矣」。[63]

明人鄭曉在所著《今言》一書中，即提到一則某個人以寶石換取錦衣衛鎮撫官職的故事：

> 章瑾進寶石，求錦衣鎮撫，（憲宗）命恩（即司禮監太監懷恩）傳旨，恩曰：「鎮撫掌詔獄，武臣極選，奈何以貨故與（章）瑾？」上曰：「汝違我命乎？」恩曰：「非敢違命，恐違法耳。」改命（司禮監太監）覃昌傳旨。[64]

章瑾確有其人，根據《明孝宗實錄》的記載，他本是御用監的工匠，「作奇巧以媚太監梁芳，因鬻寶石，盜內府，財物不可勝紀」。[65]成化十九年六月，章瑾被授予錦衣衛所鎮撫一職（從六品）。次年四月，升為錦衣衛鎮撫（從五品），「署經歷司印」。十二月，太監覃昌傳奉聖旨，將其擢升為錦衣衛指揮僉事（正四品），「命同驥（錦衣衛都

62.《明憲宗實錄》卷 220、245。

63.《明憲宗實錄》卷 260。

64.《今言》卷 3。

65.《明孝宗實錄》卷 11。

指揮同知朱驥）管事，理刑如舊」。❻❻孝宗即位後，將其發配到陝西肅州衛「永遠充軍」。

出身方士、僧道的傳奉官更是比比皆是，其中，最臭名昭著的是李孜省。李孜省是南昌人，原本在江西布政司任職，因為貪贓枉法而被貶職為民。但他通過一種不可思議的手段重新入仕，並且極受重用，他的這段經歷堪稱傳奉官的樣本。

根據《明通鑑》的記載，憲宗喜好方術，李孜省投其所好，特地學了一種「五雷法」，通過賄賂得勢的太監梁芳、錢義，順利地「以符籙得幸」，憲宗授李孜省太常寺丞（正六品）。由於太常寺掌祭祀之事，「厥選尤重」，御史楊守隨、給事中李俊等人強烈反對這項任命，憲宗不得不更改旨意，授予其上林苑左監副的官職（正六品）。

李孜省十分得寵，憲宗曾賜予他兩枚印章，分別刻了「忠貞和直」以及「妙悟通微」的字樣，並且特許其密封奏請。❻❼

李孜省授職上林苑左監副的時間，是成化十五年四月。兩年後，他被擢升為通政司帶俸右通政（正四品）。

自李孜省授官後，方伎僧道，無不夤緣太監以冀恩澤，有人甚至從一介布衣直升太常寺卿（正三品）。正如監察御史張稷所言：

> 比年以來，末流賤技，多至公卿，屠狗販繒，濫居清要。有不識一丁而亦授文職，有不挾一矢而冒任武官，有布韋而驟登金紫者，有一歲而累遷官秩者，有父子同坐一堂者，有兄弟任各署者，甚至有在逃軍囚改易姓名而冒進者。❻❽

例如，道士鄧常恩通過太監陳喜的關係進入道籙司，任右至靈一

66.《明憲宗實錄》卷 233、241、251、259。
67.《明通鑑》卷 34。
68.《明憲宗實錄》卷 247。

職（正八品），後於成化十七年十月晉升為太常寺卿。[69]一位名叫顧玒的方士憑藉「扶卟術」得到憲宗的賞識，官授太常寺丞，後於成化十七年正月，被擢升為太常寺少卿（正四品）。再兩年之後，晉升為太常寺卿。

到了成化二十年（1484 年）前後，傳奉官已氾濫成災，吏科給事中李俊提到過一組驚人的數字：「一歲中傳奉或至千人，數歲中則數千。數千人之祿，其大者，歲或千石，其小者，不下數十百石。」此外，軍隊系統也有不少傳奉武官。根據兵部尚書張鵬的記錄，從成化元年至成化二十年（1465～1484 年），「傳奉升授軍職八百有餘」。

在科道官及言官們的壓力下，憲宗一度罷免過不少傳奉官。例如，就在張稷等上本的當月，即成化十九年十二月，憲宗將李孜省貶官一級，將太常寺卿淩中等十二人罷黜。

但是，正如《明通鑑》所說，這只是憲宗暫塞中外之口的權宜之計，其實，他非但沒有徹底禁絕傳奉官的做法，而且甚至委任傳奉官擔任六部高官。例如，成化二十年八月，太監覃昌傳奉聖旨，將「以星命夤緣而進傳奉官」的工部司務高鳳，任命為工部都水司員外郎，「傳奉官為部曹得見任者，自（高）鳳始」。[70]

兩個月後，刑部員外郎林俊，以及後軍都督府經歷張黻，因為上書諫言處斬妖僧繼曉「以謝天下」，激怒了憲宗，被關入錦衣衛監獄。憲宗本想誅殺林、張二人，在司禮監太監懷恩的勸解下才作罷。但是，死罪可免，活罪難逃，二人皆被杖責三十，林俊被謫為雲南姚州判官，張黻則被貶為雲南師宗知州。[71]

方士、僧道出身的傳奉官之所以得勢，主要緣於憲宗本人對各種

69.《國榷》卷 39。

70.《明憲宗實錄》卷 255。

71.《明通鑑》卷 35。

宗教（包括旁門左道）的癡迷，這種癡迷，在他即位之後不久就表現出來了。

天順八年十二月，憲宗封道士孫道玉為「真人」，並賜誥命，開啟了「道士乞恩膺封，夤緣受賞」的時代。[72] 需要說明的是，憲宗親自封授的官職，不屬於傳奉官。

四年之後，憲宗封藏僧劄巴堅參為「萬行莊嚴功德最勝智慧圓明能仁感應顯國光教弘妙大悟法王西天至善金剛普濟大智慧佛」，封其徒劄實巴為「清修正覺妙慈普濟護國衍教灌頂弘善西天佛子大國師」，封鎖南堅參為「靜修弘善國師」，封端竹也失為「淨慈普濟國師」，此後「西僧以祕密教得幸，服食器用，僭擬王者，出入乘棕輿，衛卒執金吾杖前導，達官貴人莫敢不避路……中貴人見輒跪拜，坐而受之。法王封號有至累數十字者」。[73]

根據禮部尚書周洪謨的資料，截至成化二十年末，僅京城護大慈恩、大能仁、大隆善國三寺，就有番僧千餘人，法王七人，國師、禪師數十人，以至於「廩餼膳夫，供應不足」。

因此，只要皇帝繼續沉迷於宗教的幻相，只要受皇帝寵愛者繼續渴望財寶，傳奉官的土壤就依然還有生命力。

成化二十一年正月一日，星變有聲，呈災異之相，憲宗心有所懼，詔群臣直言時政。於是，吏科給事中李俊率百官上本，請旨裁汰傳奉官。他們試圖讓憲宗相信這樣一個事實，即傳奉官對他的討好或者進獻，並非出於忠義，而是出於漁利的目的。例如，他們告訴皇帝，京城大規模地建設佛剎，其實是國師繼曉等人「假公濟私」的名目，「靡耗特甚」，但這並未能阻止星變的發生。他們說：「近來規利之徒，率假進奉為名，或錄一方書，市一玩器，購畫圖，製簪珥，所費不多，

72.《明憲宗實錄》卷 12。

73.《明憲宗實錄》卷 53。

獲利十倍。願陛下留府庫之財為軍國之備，則進獻息而天意可回矣。」

這一次，憲宗有了更大的動作，在吏部呈上的建議裁汰的傳奉官名單中，除了「御筆點留」的六十一人，其餘皆被罷黜。[74]繼曉「自知請議不容」，請乞歸家侍奉老母，「至是亦革國師，黜為民」。李孜省則繼續留用。

僅數月之後，傳奉官死灰復燃，十月，道士劉太極被任命為太常寺丞，鴻臚寺序班、畫士王士歡被擢升為錦衣衛所鎮撫，文思院副使高清被擢升為錦衣衛百戶。次年三月，原被削職的傳奉錦衣衛副千戶弓聚復職管事，禮部司務李宗義被擢升為錦衣衛百戶。[75]

四、西廠始末

西廠的出現，無疑是憲宗朝最有趣、最值得關注的事件。

這個機構初期的歷史，牽涉到四個主要的歷史人物：李子龍、汪直、商輅，以及明憲宗。其中，李子龍是引子，他的出現導致了西廠的設立。汪直是西廠設立的發起人，同時也是西廠的執行官。商輅試圖充當西廠的終結者。明憲宗則是西廠的出資人，他試圖通過西廠的設立與運行，平衡宮廷內外的各種勢力，清除異己，鞏固皇帝的威權。總之，西廠的設立，相當於權力的聯合與鬥爭函數中，多了一個變數。

關於李子龍，《明史》的記載只有寥寥數語：「成化十二年，黑眚見宮中，妖人李子龍以符術結太監韋舍私入大內。事發，伏誅。」[76]《明史紀事本末》的相關內容稍稍豐富一些，但也只不過增加了兩位受其蠱惑的宦官的名字，補充了一兩個細節：「（李子龍）時（被）引至萬歲山觀望，謀不軌。錦衣官校發其事，伏誅。」[77]

---

74. 《國榷》卷40。
75. 《明憲宗實錄》卷276。
76. 《明史》卷304〈汪直傳〉。

　　這些史料顯然過於簡單粗略，不足以說明問題，要全面了解李子龍其人及其「謀不軌」的具體細節，以及這件事對權力結構的影響，必須參閱相關史料更為詳盡的《明憲宗實錄》，曾在嘉靖年間擔任吏部尚書的李默撰寫的《孤樹裒談》，以及查繼佐編著的《罪惟錄》等書。綜合這些史料，我們可以梳理出大致清楚的脈絡。

　　原來，李子龍的本名叫侯得權，小名「立柱兒」，是保定易州（今河北易縣）人。李子龍原先在狼山廣壽寺為僧（《孤樹裒談》指其為山西僧人），法號「明果」。作為僧人，李子龍不時要四處雲遊，而他的人生軌跡，在他雲遊至河南少林寺之後，有了戲劇性的改變。李子龍在那裡遇到了江湖術士江朝，江朝為他算了命，說他日後將「極貴」。

　　李子龍後來又雲遊去了陝西，並且在那裡遇到了一位名叫田道真的道士。這位道士傳給了他一部「妖書」，並且還告訴了他一件在民間廣為流傳的奇事：「陝西長安縣曲江村金盆李家，有母孕十四月生男，名子龍，有紅光滿室、白蛇盤繞之異。」

　　可能是得到田道真的點撥，也可能是他自己靈機一動，總之，「明果」和尚蓄起了頭髮，開始以「李子龍」自居。從這一天開始，他從一個被別人催眠的遊方和尚，變成了一個可以催眠別人的「異人」。

　　河北真定，是李子龍「謀不軌」事業的最初的基地，根據《明憲宗實錄》的記載，在成化六～十年（1470～1474 年）間，真定府先後遭遇旱災、水災和蝗災。至於災情的嚴重程度，我們可以根據下述史料進行推斷：

> 成化六年十二月，分遣戶部郎中桂茂之等十四人賑濟順天、河間、真定、保定四府饑民。時吏部尚書姚夔建言，水旱災傷之餘，米價騰貴。皇上軫念黎元，已發太倉米粟一百萬石分投賑

77.《明史紀事本末》卷 37。

耀，又慮米粟不及於無錢之家，澤靡下究，復敕有司勘貧難者設法賑濟。[78]

成化七年八月，順天、河間、真定、保定四府以人民缺食，俱免夏稅。[79]

成化八年十二月，免山東山西並順天、直隸保定、真定三府成化九年春夏季人夫柴價十分之三，以其地俱罹災傷也。[80]

成化九年八月，巡撫北直隸右副都御史葉冕奏：「順德、廣平、大名、河間、真定、保定六府，賑濟過饑民凡六十九萬一千七百三十六戶，用糧七十五萬三百石有奇。」[81]

成化十年（1474年）二月，免真定神武右衛平定御千戶所去年子粒八千六百石有奇，以水災故也。[82]

在天災之後繼起的是人禍。成化十年四月，兵部呈上奏本稱，真定府群盜肆行，劫掠毀損民居四十餘家，並且射傷許多百姓及捕快，「其勢日橫」。於是，在成化十年四月以及成化十一年三月，憲宗先後命守備德州都指揮僉事趙敬，以及神武右衛指揮使陳經提督追捕盜賊事宜。[83]

天災人禍，從來都是包括邪教在內的各種宗教滋生與發展的土壤，正是在這個背景下，李子龍「往來真定間，交結不逞之徒（即因不滿現實而為禍地方的人）」，他的信徒也逐漸多了起來。後來，李子龍又遇到一位江湖術士，這位名叫黑山的江湖術士對他說，如果遇到屬猴、

78. 《明憲宗實錄》卷86。

79. 《明憲宗實錄》卷94。

80. 《明憲宗實錄》卷110。

81. 《明憲宗實錄》卷119。

82. 《明憲宗實錄》卷125。

83. 《明憲宗實錄》卷127、139。

屬雞的人，一定要傾力結交，因為他們將是你命中的貴人。因為這個說法與前文提到的江朝的說法十分相符，李子龍篤信不疑。

道士方守真或許就是黑山所謂的「貴人」，因為他的出現，李子龍朝著「極貴」的理想邁出了最為關鍵的一步。需要交代的背景是，從永樂年間開始，道教逐漸受到明代皇室的推崇，其受重視的程度，甚至一度凌駕於開國皇帝朱元璋信奉的佛教之上。

總之，經常混跡於北京的道士方守真，與同樣寓居北京的軍匠楊道仙相熟。楊道仙並非安分守己的軍匠，他擅長偽造「朝章勘合」。所謂「朝章」，指的是代表「國之禮容」的朝服；**84**而所謂「勘合」，指的是足以證明身分或其他事項合法性的印信，例如軍勘合、軍籍勘合、地產勘合、馳驛勘合等。當然，出入宮廷亦須勘合。

方守真將李子龍帶到了楊道仙的家裡，他們「勾籌符印，散與內使鮑石、崔宏，長隨鄭忠、王鑑、常浩，左少監宋亮，右副使穆敬」。根據《明史・職官志》，內使與長隨都是從六品，左少監是從四品，右副使是從五品。**85**

李默在《孤樹裒談》一書中特別交代，事發時，李子龍「年三十餘人物，俊秀無鬚，類小宦監」。因此，借助楊道仙偽造的勘合，再加上有內使鮑石等人的指引，「類小宦監」的李子龍輕易就混入了禁宮。不過，李子龍顯然並非虛有其表，而是真的具有蠱惑人心的本事，因此，「（鮑）石、（鄭）忠等皆為所誑，敬信之」。

接下來的故事有些類似現代中國大陸風靡一時的傳銷手法，內使鮑石以及長隨鄭忠，偷偷地將李子龍的本事告訴了他們的老相識，承擔護衛禁宮職責的羽林衛百戶朱廣。於是，朱廣與小旗（相當於班長，領士兵十位）王原一起去拜訪了李子龍。他們認為李子龍有「貴相」，

---

84. 「朝章」另有朝廷的典章及樂章的意思。

85. 《明史》卷 74〈職官志三〉。

隨後又將這件事向左少監宋亮、右副使穆敬等人做了彙報。久而久之，這些人都成了李子龍的忠實信徒，他們還分別將「鞍馬服用等物」贈送給了李子龍。

在鮑石等人的鼓吹和幫助之下，禁宮內追隨李子龍的人越來越多，「執蓋、司扇等執事不得志者，拜以為師，遂有非分之冀」，織染局內官韋舍（一說韋寒）也是其中的一個。韋舍偷偷地將李子龍安置在內侍韋瑛的外宅，也就是在宮外置下的宅邸，同時還將義子的女兒嫁給他做正室，至於「設饌具以待」，更是稀鬆平常。

據說，鮑石、鄭忠等人見到李子龍，會口稱「上師」，並且「北面拜」，李子龍則安然受之，不回禮。李子龍甚至時常進入萬歲山的內殿，不僅在皇帝的「御床」上休憩，還「與宮人亂」，「諸侍臣多拜禮為佛」。總之，他在內宮的勢力越來越大，已無法藏而不露。

錦衣衛刺事旗校孫賢等人聽到這些事之後，以投禮為名，打入了鮑石等人的圈子。他們探聽到了一個重大消息：李子龍等人將於八月某日在真定府舉事。他們趕緊將這個消息向司禮監掌印太監黃賜報告，黃賜則立即派人緝拿李子龍。

最終，韋舍在得知舉事消息外泄之後自殺身亡，李子龍、鮑石、鄭忠等人一併被緝獲入獄，他們私造的「黃絹、袍、笏、冠等器」也全部被搜獲。其後，都察院審訊得實，李子龍、楊道仙、黑山、朱廣、鮑石等五人伏誅，「餘黨俱發充軍」，時為成化十二年九月。🔢86

後來，刑科給事中雷澤等人上疏，認為李子龍、鮑石等人「內外交通，陰謀不軌，醞釀禍亂，死有餘辜」，只處死五名主犯，宥免王原等九名餘黨，「刑罰太縱，恐無以謝神人之怒，彰朝廷之法」，他們懇請皇帝將餘黨全部處死。但憲宗認為，既然判決已經執行，就不宜再改。兵部官員則上疏為錦衣衛官校孫賢等人請功。鑑於孫賢等人皆是

86.《孤樹裒談》的記載是成化十一年七月。

都指揮袁彬的屬下，憲宗下詔：「升（袁）彬俸一級，賞白銀十兩，絲段二表裡。（孫）賢等各升一級。」**87**

但事情並沒有結束。

李子龍「謀不軌」一事讓憲宗深感不安，畢竟，從萌芽、發展到幾近舉事，這件事的跨度至少在一年以上，憲宗卻一直被蒙在鼓裡。更有甚者，有多位內使和侍衛都牽涉事中，他們或者穿針引線，或者搖旗吶喊，將「忠義」二字忘得乾乾淨淨，憲宗很自然地會有以下懷疑：現有的安全體制是否存在漏洞？東廠是否完全值得信任？如果答案是肯定的，那麼為何李子龍仍能潛入內宮，並且能在內宮培植如此大的勢力，而且很長一段時間沒有被發覺？將來是否還會有類似的事件發生？又該如何防患於未然？

史籍記載，李子龍伏誅後「帝（憲宗）心惡之，銳欲知外事」，於是在次年「選錦衣官校善刺事者百餘人，別置廠於靈濟宮前，號西廠」。**88**而憲宗之所以將西廠設在位於皇城西的靈濟宮前，或許是出自一種心理上的需求。

北京靈濟宮建於明成祖永樂年間，這位以武力奪取天下卻有著「文皇帝」諡號的皇帝，在其生命中的最後幾年，一直在尋找一位可以將他的肉體與靈魂從糾纏不休的病魔手中解脫出來的真神。《明史》記載，禮部祭祀清吏司周訥從福建回京之後，向成祖彙報，福建人祭祀南唐徐知諤與徐知誨兄弟，「其神最靈」。於是，大概在永樂十五年前後，成祖命人去福建迎來「二徐」的神像以及廟祝，並且專門為他們在京城蓋了靈濟宮。

而據《帝京景物略》記載：「永樂十五年，文皇帝有疾，夢二真人授藥，疾頓瘳，乃敕建宮祀，封玉闕真人、金闕真人，封其配曰仙妃。

87.《明憲宗實錄》卷157。

88.《明史紀事本末》卷37。

十六年，改封真君。成化二十二年改封上帝。」[89]此後，成祖每次有大病小災，都會派人去靈濟宮問神。[90]

因此，我們不妨提出一種設想，去除心病，或許就是憲宗將西廠設在靈濟宮前的心理上的需求或者深層原因。

毫無疑問，西廠的設立，在很大程度上制約了東廠的權力，只要西廠存在一日，東廠就必須應對來自西廠的壓力，就必須打起精神，應付來自它的競爭。通過平衡這兩個機構的權力，促進它們之間的競爭，以改善禁宮的巡防品質，同時利用它們去打擊那些忠心可嘉，卻不那麼聽話，因而不太好對付的朝臣，以滿足皇帝個人的需要及穩固皇帝的威權，正是憲宗設立西廠的目的。

憲宗可能不太願意去想像，增設一個像西廠這樣的權力機構，會對朝政產生怎樣的深遠影響。此外，他也肯定不會想到，世宗朝將會出現一個比李子龍有過之而無不及的「異人」李福達。

對當時提督東廠的太監尚銘來說，西廠的出現不是一個好兆頭，儘管掌管西廠的是他的上級汪直，但他沒有任何理由感到委屈，因為李子龍在禁宮的一舉一動，都發生在他的眼皮底下，而他卻一直渾渾噩噩，如在夢中。對他來說，憲宗沒有處置他的失職已是皇恩浩蕩，因此，他只能眼睜睜地看著自己手中的實權被分割，卻無能為力。

李子龍「謀不軌」一事應該是汪直等待已久的機會，汪直本人已經是御馬監太監，其推薦的尚銘在提督東廠，宮廷內外有不少人要看他的臉色行事，但他還不是最有權勢的太監，至少司禮監太監黃賜就在汪直之上。大概就在一年前（成化十一年十一月），借著「立皇太子朱祐樘，詔赦天下」的春風，黃賜的兄弟黃賓已被擢升為錦衣衛指揮僉事（正四品）。黃賜已經是一座不易搬動的大山，更不用說，汪直還

89.《帝京景物略》卷4。

90.《明史》卷299〈袁忠徹傳〉。

必須警惕已有反骨跡象的尚銘。

汪直渴望有更大的權勢，因此，當憲宗密召，命已經身為正四品的他改裝易服，帶領一兩位同樣換了裝束的錦衣衛校尉祕密伺察宮內外的消息時，他一定不會有「殺雞焉用牛刀」的抱怨。事實上，他在這項差事上勝任愉快。《國榷》記載，汪直經常穿戴布衣小帽，乘驢騾往來都下，「大小政事，方言俚語，悉采上（憲宗）聞，上悅之」。[91]

汪直是廣西大藤峽（今廣西桂平轄地）瑤族人，在他年幼的時候，大藤峽爆發了叛亂，他被平定叛亂的明軍俘虜，後在都御史韓雍的建議之下，所有幼小俘虜都被施以宮刑。最終，汪直被送進宮當了小太監。

任何試圖用西方心理學（尤其是佛洛依德心理學）去準確分析或解構汪直幼年時的遭遇對其未來人生所產生的影響都將是徒勞的，因為關鍵的史料是如此的不足。而且，同樣在明朝，還有一位宦官的遭遇與汪直基本相同。同樣出身少數民族，同樣有著不幸的童年，同樣親身經歷過血腥的戰爭場面，同樣被投入到另一個可能比戰爭場面更加危險的環境中，但是，此人的人生之路卻截然不同。此人就是前文提到過的鄭和，因為七下西洋而蜚聲海內外的內官監太監。

鄭和家族世居雲南，本為元朝效命，在他十一歲左右（洪武十五年），明軍遠征雲南，其父親戰死沙場，鄭和被俘之後，也慘遭宮刑，被迫當了小太監。可是，鄭和通過自己的努力，儘管後人對其下西洋的壯舉褒貶不一，但也博得一個比汪直好得多的名聲。不過，有一點大概是相同的，童年時期的悲慘經歷，迫使他們比一般孩子（包括他們未來的敵人）更早熟、更堅忍，迫使他們更早懂得人情世故，更早懂得如何在危險的環境中尋找機會，生存下來，甚至爬上權力的巔峰。

汪直起初在昭德宮當值，服侍萬貴妃，一位比憲宗年長十九歲，

91.《國榷》卷 37。

且「貌雄聲巨，類男子」，[92]卻終其一生都得寵，似乎擁有某種神祕魔法的女人。《明史》對萬貴妃的評價是「機警，善迎帝意」。[93]聯繫史家給予汪直的「年少黠譎」的評語，不難想像，萬貴妃一定會對身邊這位小太監多加提點，因為能將一位聰明的小太監培養成心腹或眼線，在宮廷爭鬥中多多少少會增加一些勝算。儘管這種聰明的心腹或者眼線一旦反目，一定會給自己帶來更大的傷害，但對「萬千寵愛集於一身」的萬貴妃來說，這點風險實在不算什麼。

隨著年齡的增長、閱歷的增加、功勞的累積，汪直當上了御馬監太監，他沒有辜負萬貴妃的栽培，經常「苛斂民財，傾竭府庫，以結（萬）貴妃歡」。[94]至於他何時將尚銘收為「私人」（《罪惟錄》語，即親信、心腹），又在何種情況下設法幫助這位「私人」當上了東廠提督，作者無法給出足以令人信服的答案。事實上，能夠證明他們二人之間存在「主上」與「私人」關係的史料是少之又少，僅有「內監尚銘，初為（汪）直所薦」、[95]「內監尚銘，初為直私人」，[96]以及「直聞，怒曰：『（尚）銘，吾所用，乃背吾獨擅功』」等語。[97]

在汪直與尚銘公然反目之前，西廠與東廠之間日益猖獗的權力角逐，已經將下至商賈百姓，上至朝中大臣中的許多人折磨得苦不堪言，「雖王府不免」。[98]

92.《罪惟錄》列傳卷之2。同卷有語：「孝肅（周太后，憲宗生母）嘗謂上（憲宗）曰：『彼（指萬貴妃）有何美，而承恩多?』上曰：『彼撫摩，吾安之。不在貌也!』可見，萬貴妃得寵的原因之一，在於她有一套有效的按摩手法，能夠讓憲宗安心安枕。

93.《明史》卷113〈憲宗萬貴妃傳〉。

94.《明史》卷113〈憲宗萬貴妃傳〉。

95.《罪惟錄》列傳卷之29。

96.《罪惟錄》列傳卷之32。

97.《明史紀事本末》卷37。

汪直入主西廠之後，在志得意滿的同時，不免有些忘形。根據《御批歷代通鑑輯覽》的記載，汪直的西廠「所領緝騎，倍東廠，勢遠出（錦衣）衛之上」。[99]《明書》則言：「自（西廠）置獄，凡街市鬥毆、罵詈、爭雞、縱犬，及一切回避不及者，即加梐杵……誘人密以情告行事者，捕下獄，加以法外之刑，冤死相屬。託以捕妖言圖官賞，無敢言者。」[100]

成化十三年（1477 年）二月，西廠設立還不到一個月，就查出一件大案子。已故太子少師楊榮（前文提到的「三楊」之一）的曾孫，建寧衛指揮同知（正四品）楊曄，是這起案子的核心人物。

《明史》記載，楊曄及其已致仕的父親指揮同知楊泰「為仇家所告」，楊曄逃入京師，藏匿在姐夫董璵的寓所。董璵商請錦衣衛百戶韋瑛幫忙疏通關節，韋瑛表面答應，背地裡將此事報告汪直。汪直立即命人將楊曄、董璵逮捕入獄，嚴刑拷問，「（楊）曄不勝苦，妄言寄金於其叔父兵部主事（楊）士偉所」。於是，汪直又命人逮捕楊士偉下獄，並掠其妻孥。最終的結果是，楊曄死在獄中，楊泰論斬，楊士偉謫官，郎中武清、樂章，行人張廷綱等人皆無故受到牽連。[101]

此處提到的錦衣衛百戶韋瑛，即是曾經讓李子龍住在自己家的韋瑛，他原本只是一個無賴的兒子，後來「投內官，蒙其姓，從征冒功而得官」，搖身一變，成了錦衣衛百戶。他能在李子龍事發之後而不被牽連，顯然極有能耐與手腕。從上文透露的信息看，韋瑛已經成為汪直的眼線，那麼，他到底是在何時成為汪的眼線？李子龍事發之前，還是事發之後？如果是事發之前，那麼，汪直肯定早已經知道李子龍

98. 《欽定續通志》卷 149。

99. 《御批歷代通鑑輯覽》卷 106。

100. 《明書》卷 158。

101. 《明史》卷 304〈汪直傳〉。

的事，但他卻隱忍不發，等待時機；如果是事發之後，那麼，他可能出賣了李子龍，投靠了汪直，故而沒有受到牽連。

根據《明憲宗實錄》記載，楊曄與楊泰之所以被仇家告發，是因為父子二人「暴橫鄉里，戕害人命」。憲宗曾命刑部主事王應奎、錦衣衛百戶高崇去福建調查案情，可是，楊曄卻偷偷潛入京城求救。[102] 楊曄的姐夫董璵是中書舍人（從七品），叔父楊士偉的官級是七品。

《明史》並未交代楊士偉被牽涉進來的原因，根據《國榷》記載，韋瑛得知楊曄入京求救的事情之後，「（挑）唆西廠邏校捕之（楊曄），搜得其擬賄錄（即將要行賄的對象的名錄），內閣商輅及法司大臣、司禮監太監黃賜、陳祖生皆有名」，於是一早就向汪直做了彙報。汪直命他們搜出賄金，最終，楊曄熬不過錦衣衛的酷刑，謊稱寄放在他叔叔楊士偉家中。於是，「汪直不用駕帖，直捽（楊）士偉至。掠之，並逮其孥」。[103] 而據《明書》，韋瑛挑唆西廠邏校的藉口為「（楊）曄家資巨萬，曾納生人棺中，招集亡命下海，謀不軌」，[104] 也就是說，以「謀不軌」的罪名去逮捕楊曄。此時距李子龍伏誅尚不足半年，因此「謀不軌」事極受重視，西廠寧可錯抓，也不可錯放。

楊士偉下獄之後，經審，並不存在藏有楊曄賄金一事，後來被調到台州任通判。楊曄則死於獄中。而在此之後，汪直還讓太監錢喜及百戶韋瑛前往福建「籍其（楊曄）家，械男女百餘人入京」。

楊曄案只是一個開始。

一個多月後，即成化十三年三月，汪直再次挖到大案，這一次牽涉進來的是已故名臣曹鼐的家人。曹鼐與楊榮交厚，正統六年在楊榮、楊士奇的推薦下，曹鼐進入文淵閣，參預機務。「（楊）榮既歿，（楊）

---

102. 《明憲宗實錄》卷 162。

103. 《國榷》卷 37。

104. 《明書》卷 158。

士奇常病不視事，閣務多決於（曹）鼐。帝（英宗）以為賢，進翰林學士」，此後曹鼐入閣成了首輔，並在「土木堡之變」中殉難。[105]

根據《明憲宗實錄》、《國榷》的記載，成化十三年三月某日，錦衣衛旗校逮捕了寧晉縣人王鳳等人，理由是，王鳳與瞎子康文秀等人在臨清縣于源家謀逆，「拜受妖書、偽職」。知縣薛方以及曹鼐的兄弟，致仕通判曹鼎也被株連。於是，錦衣衛發動地方衙役「圍其家搜檢」，雖沒有發現證據，但卻將二人屈打成招。其後，薛方與曹鼎「先後令子婿擊登聞鼓稱冤……事下法司」。[106]最終查實，薛方與曹鼎實屬無辜，無罪釋放。[107]

在成化十三年三月至五月期間，西廠連續經辦了多起案件，主要案件如下：

四月，刑部郎中武清廣西勘事，還至通州，西廠官校言其有所齎載，太監汪直執而繫之廠，訊鞫無實，已而釋之，竟不以聞。[108]

四月，汪直執郎中武清、樂章，太醫院院判蔣宗武，行人張廷綱，浙江布政使劉福下西廠獄。[109]

四月，宥南京兵部右侍郎馬顯罪。顯考滿還任，載米官舫。御史戴縉發之，下南京法司，得釋。浙江左布政使劉福起復至京，或構之汪直，下西廠獄。[110]

五月，發監察御史黃本為民，本往雲南、貴州清軍兼刷卷而還，

105.《明史》卷 167〈曹鼐傳〉。

106.《明憲宗實錄》卷 164；《國榷》卷 37。

107.《明通鑑》卷 33。

108.《明憲宗實錄》卷 165。

109.《明史》卷 14〈憲宗本紀二〉。

110.《國榷》卷 37。

> 百戶韋瑛承太監汪直風旨，就其寓搜檢，得象笏等物，送錦衣
> 衛究問，遂以罪坐之。[111]
> 五月，太監汪直令百戶韋瑛執掌太醫院事，左通政方賢下西廠
> 獄。[112]

由於史料有限，我們很難對汪直先後拿內閣首輔楊榮的曾孫楊曄以及內閣首輔曹鼐的兄弟曹鼎開刀的原因做出有說服力的解釋，不過，震懾或者警告內閣應該是其主要動機之一。與此同時，我們也很難判斷其他涉案官員到底在多大程度上是被冤枉的。可以肯定的是，這些案件一定會讓朝中大臣人人自危。

成化十三年五月，內閣首輔商輅及閣臣萬安、劉珝、劉吉等人忍無可忍，聯名上疏，彈劾汪直及西廠罪行。而最為嚴重的罪行，是西廠官校對職官擅拿擅放，恣意妄為，「遇官員有犯，正身未曾問招，先將本家門封閉。或貪夜越牆進入，搜撿財物。或將命婦剝去衣服，用刑辱打。被害之家，有同抄劫」，使得官員們憂心忡忡，各懷疑畏。這份題為〈體天道‧循舊章‧安人心‧弭災異事〉的疏稿寫道：「內外文武重臣，託之為股肱心膂者也，亦皆不安於位。百司庶府之官，資之以建政立事者也，舉皆不安於職。商賈不安於市，行旅不安於途，士卒不安於伍，庶民不安於業。承平之世，豈宜有此？」[113]

商輅等人直言，西廠官校之所以恣意妄為，歸根結底，是因為「陛下委聽斷於汪直之一人。而汪直者，轉寄耳目於群小。汪直之失，雖未為甚，而群小之中，其奸謀足以顛倒是非，其巧佞足以蠱惑人心」。他們建議憲宗革去西廠，罷黜汪直，調為閒職，以全其身。至於汪直

111. 《明憲宗實錄》卷166。
112. 《明憲宗實錄》卷166。
113. 《商文毅疏稿》。

的黨羽韋瑛、王英等人，則拿送法司，會同錦衣衛推問明白，治以重罪，「如此則人心可安，天意可回矣」。[114]

可是，憲宗見到這份奏本後的第一反應是「震怒」。《明憲宗實錄》寫道：

> 疏入，上（憲宗）震怒，命司禮太監懷恩、覃昌、黃高至閣下屬色傳旨，謂（商）輅等曰：「朝廷用汪直緝訪奸弊，有何壞事？爾等遽如此說，是誰先主意？」輅等對曰：「汪直違祖宗法，壞朝廷事，失天下人心，輅等同心一意為朝廷除害，無有先後。」（懷）恩曰：「不然，聖意疑此奏未必四人同然下筆，必有先之者。」（萬）安曰：「汪直挾勢害人，人人要說，但不敢耳。某等同受朝廷厚恩，同一主意，誰獨為先？」（劉）珝奮然泣曰：「某等奉侍皇上於青宮，迨今幾二十年。幸而朝廷清明，四方無事。今忽汪直為害，使遠近不安，何忍坐視？某等誓不與彼共戴天！」（劉）吉曰：「汪直之罪，縱使某等不言，不日必有言之者。今既奏入，貶謫黜罰，亦惟命耳，所不避也。」[115]

懷恩等人將這些話如實報告憲宗，閣臣們的強硬態度讓憲宗冷靜了下來。憲宗隨後做了兩件事：一是命懷恩傳旨慰勞商輅等人，二是撤了司禮監太監黃賜、陳祖生的職務。黃、陳都是福建人，汪直誣陷其與楊曄私相授受，而憲宗聽信汪直所言，懷疑商輅等人之所以上疏，是黃、陳二人的鼓動，意在為楊家報復。

商輅等上疏的次日，兵部尚書項忠及其他多位大臣也上疏請旨罷西廠。最終，憲宗迫於形勢，不得已而罷西廠，並且派懷恩當面「數（汪）直罪而宥之」，命其回御馬監當值，同時罰韋瑛去宣府戍邊（一

---

114. 《商文毅疏稿》。

115. 《明憲宗實錄》卷166。

說韋瑛「坐誣緝妖言，斬於市」）。[116] 解散西廠旗校，令其重回錦衣衛當值。[117] 時間是成化十三年五月十日。詔諭一下，「中外大悅」。[118]

汪直顯然不會甘心就此服輸，對他來說，這只是第一回合的較量，在這一回合上，他確實是敗了，而且敗得很快，畢竟西廠才設立五個月。但汪直並沒有一敗塗地，他至少瓦解了憲宗對黃賜的信任，更重要的是，他並沒有失寵，證據之一是，裁撤西廠之後沒過幾日，憲宗就將他推薦的錦衣衛副千戶吳綬調任錦衣衛鎮撫司做理刑官。[119] 因此，汪直可以利用手中的籌碼從容扭轉局面。

西廠在經辦楊曄案過程中搜到的行賄名錄，就是汪直手中的籌碼之一。至於這本所謂的名錄到底是楊曄在刑訊之下被迫寫出來的，還是西廠旗校從楊曄身上或董璵家裡搜查出來的，實在難以判斷。可以肯定的是，上面的字跡來自楊曄或者他的父親楊泰等楊家人，否則汪直無法用它來對付商輅。

萬貴妃對商輅的不滿，是汪直手中的另一個籌碼。

在有明一代，只出現過兩位「三元及第」（即鄉試、會試及殿試都是第一名）的學子，一位是在洪武二十四年中殿試一甲第一名的貴州學子黃觀，他當時年僅二十七歲；另外就是在正統十年中殿試一甲第一名的浙江學子商輅，他當時三十一歲。

正統十二年二月七日，商輅中狀元還不到兩年，英宗就讓他進了東閣，「務期大用」。兩年之後，在「胡虜也先」進犯，「英廟北狩，國勢危疑」之時，他與群臣上本，「伏文華門懇請郕王朱祁鈺即皇帝

---

116. 《罪惟錄》帝紀卷之 9；《商文毅公年譜》，見《北京圖書館藏珍本年譜叢刊》（北京：北京圖書館，1999），第 39 冊，頁 330。

117. 《明史》卷 176〈商輅傳〉、卷 304〈汪直傳〉。

118. 「中」指的是禁宮，宮內；「外」指的是宮外，即朝廷。

119. 《明憲宗實錄》卷 166。

位」。**120** 因此，英宗復位後，立即將他貶職為民。直至十年之後，於成化三年二月，憲宗才「召至京，命以故官入閣」。

而商輅之所以能重新入閣，是因為他洞悉朝局，在關鍵時刻表達了自己對皇室正統的忠心。

郕王登基為景帝後，在景泰三年五月，將英宗立的皇太子朱見深——未來的憲宗——廢為沂王，改立自己的兒子朱見濟為皇太子。可是朱見濟命薄，一年多之後（景泰四年十一月）即夭亡。此後，在景泰五年五月，以及景泰六年八月，禮部尚書章綸、御史鍾同、南京大理少卿廖莊等先後奏請皇帝復立朱見深為太子，結果前兩位「俱下錦衣衛獄拷訊」，後者則被「錦衣衛拿午門前杖八十」。**121**

從現有史料上看，這兩次奏請商輅都沒有參與。就在「奪門之變」的前夜，商輅聯同禮部尚書姚夔率百官請旨復立朱見深為太子。**122** 憲宗朝入閣後，同樣是在立太子一事上，商輅再一次表現出了自己的政治智慧，因為他擁立的太子日後成為了皇帝（即孝宗），但他同時也付出了代價，因為他得罪了擅寵的萬貴妃。

與早夭的朱見濟一樣，憲宗在成化七年十一月冊立的太子朱祐極（柏妃之子）也十分命薄，只當了兩個月太子就夭折了，年僅三歲。**123** 此後，憲宗一直為皇嗣之事發愁。憲宗眼裡只有萬貴妃，完全不知道曾經在極偶然的情況下被他寵幸過的一位姓紀的女官也為他生了一位皇子，直至這位皇子長到五周歲（虛歲為六歲）。**124**《明史》寫道：

> 帝（憲宗）自悼恭太子（朱祐極）薨後，久無嗣，中外皆以為

120.《商文毅公年譜》，頁 185、188。

121.《商文毅公年譜》，頁 225、228。

122.《國榷》卷 31。

123.《明史》卷 14〈憲宗本紀二〉。

124.《明史》卷 15〈孝宗本紀〉。

憂。成化十一年，帝召張敏櫛髮，照鏡歎曰：「老將至而無子。」
敏伏地曰：「死罪，萬歲已有子也。」帝愕然，問安在。對曰：
「奴言即死，萬歲當為皇子主。」於是太監懷恩頓首曰：「敏言
是。皇子潛養西內，今已六歲矣，匿不敢聞。」帝大喜，即日幸
西內，遣使往迎皇子。使至，（紀）妃抱皇子泣曰：「兒去，吾
不得生。兒見黃袍有鬚者，即兒父也。」衣以小緋袍，乘小輿，
擁至階下，髮披地，走投帝懷。帝置之膝，撫視久之，悲喜泣
下曰：「我子也，類我。」使懷恩赴內閣具道其故，群臣皆大喜。
明日，入賀，頒詔天下。[125]

同年冬，這位皇子被冊立為太子，他就是後來的明孝宗。

其實，萬貴妃曾在成化二年正月為憲宗誕下第一位皇子，但這位
皇子後來意外夭折。此後，她再也沒有懷孕。看到憲宗無子繼嗣，禁
宮內外深以為憂，包括商輅在內的許多臣子多次建議皇帝不要專寵一
人，「請溥恩澤以廣繼嗣」，但憲宗認為這件事屬於家事，他自有主張，
不許外臣干預。喪子之後的萬貴妃日益驕橫跋扈，太子朱祐極的夭折，
以及後宮頻頻上演的有孕妃子「飲藥傷墜」的例子，被認為是她的陰
謀。

朱祐樘被立為太子後，留在宮裡居住，其母紀妃則繼續住在西內。
因為擔心太子的安全受到萬貴妃的威脅，同時又不便明言，商輅偕同
其他朝臣上疏，皇子的成長事關國本，萬貴妃被委以重任，待他視若
己出，可是外界對紀妃母子很長時間見不著面議論紛紛，若紀妃母子
可以朝夕相處，而皇子的撫育大任又可以繼續依賴萬貴妃，則「宗社
幸甚」。於是，紀妃搬到了永壽宮居住。[126]但即便如此，紀妃也很快就

125.《明史》卷 113〈憲宗孝穆紀太后傳〉。

126.《明史》卷 176〈商輅傳〉。

去世了。按照《明史‧后妃列傳》的說法：「紀淑妃之死，實（萬貴）妃為之。」 [127]

商輅還在另外一件事上得罪過萬貴妃，但這件事發生的時間已難考證。

前文提到，商輅乃大明「三元及第」的第二人，其名其才天下皆知，萬貴妃自然也不例外。她曾經遣使攜帶重金請求商輅在自己父親的畫像上題字，但遭到拒絕。商輅拒絕的理由是「非上命，不敢承也」。這件事讓萬貴妃十分不悅。 [128]

正因為有這些背景，換句話說，即在萬貴妃的支持下，汪直很快就做出反擊。成化十三年六月，也就是罷西廠的第二個月，年滿五十歲的監察御史戴縉（正七品）呈上了一份與商輅完全針鋒相對的奏本。

這位御史一方面暗諷以商輅為首的朝臣失職無為，批評他們既沒有薦舉賢臣、罷黜不肖以固邦本，亦沒有革除宿弊、進獻謀猷以匡治理，另一方面則極力稱讚汪直有功於社稷，並且舉例證明其緝捕奸惡、打擊贓貪、奏釋冤獄、懲治宿弊的舉措「皆允合公論，足以服人而警眾」。戴縉還說，西廠官校韋瑛等人的違法作為，是他們「不體聖心，張狂行事」，與汪直無關。此外，戴縉還提出若干建議，幫助汪直打擊異己，例如，繼續究治前司禮監太監黃賜在宮中的黨羽。 [129]

看完這份奏本，憲宗「悅其言，命所司詳議」。最終，奏本中的建議很多都被採用。

戴縉之所以呈上這份奏本，是因為他已經九年沒有升職，「久無聊，探知西廠雖革，汪直猶幸，乃假災異建言，頌（汪）直功德，以覬倖進」。據說，戴縉先是將奏本的草稿拿給汪直的親信吳綬看，吳綬

---

127. 《明史》卷 113〈憲宗孝穆紀太后傳〉。

128. 《明史》卷 176〈商輅傳〉。

129. 《明憲宗實錄》卷 167。

又將它傳給汪直看，汪直看了之後，又說給了憲宗聽，得到憲宗的認可之後，汪直才讓戴縉上奏。在戴縉之後，御史王億也呈上了類似內容的奏本，稱讚汪直的所作所為「不獨可為今日法，且可為萬世法」。[130]

吳綬是在西廠裁撤之後才投奔汪直的，《明憲宗實錄》對他的評價是「貌陋而心險，頗通文移（即公文），善詞翰（即詞章）」。

根據《明憲宗實錄》的記載，西廠裁撤後，憲宗仍一如既往，繼續密召汪直探察外間動靜。憲宗還讓汪直找一位「能文事者」作為助手，某個軍卒因而向汪直彙報，錦衣副千戶吳綬具有這個本事。於是，汪直召見了吳綬，並且當場對他進行了考試，最終錄用了他。吳綬後來送了一把銀壺給那位推薦他的軍卒。[131]

在西廠被裁撤後短短一個月的時間裡，憲宗對汪直的支持，遠不止體現在對戴縉奏本的認同上，事實上，西廠被裁撤之後，僅僅過了兩天，黃賜與陳祖生就被謫貶到了南京。又過了三天後，黃賜的朋友，文華門供奉尚寶司卿朱奎就被謫為保寧府同知。至於兵部尚書項忠，在戴縉上疏之前，已經被撤職。

《國榷》記載，汪直命錦衣衛官校向憲宗彙報，謂武選郎中姚璧受了黃賜之託，將劉江以及黃賜的兄弟黃寶從京衛分別升調為江西都指揮使與指揮。多名科道官也交章彈劾項忠違法。憲宗命法司及錦衣衛在朝堂之上拷訊項忠，最終「（項）忠坐贓革秩，（劉）江戍邊」。與項忠交好的興寧伯李震，也因吳綬誣告他非法撥給項忠土地建造房子而被抓進錦衣衛監獄，「（李）震不勝掠，誣服」，降級為右都督。[132]

正是在項忠「坐贓革秩」之後不久，戴縉、王億等人呈遞奏本巴

130.《明書》卷 158。

131.《明憲宗實錄》卷 166。

132.《國榷》卷 37。

結汪直，毫無疑問，憲宗對汪直的支持，相當於給朝臣施加心理壓力，讓他們得出這樣一個結論，即得罪汪直就是間接得罪憲宗，而巴結汪直就是間接討好皇上。

明末學者朱睦㮮曾如此評價戴縉上疏一事：「自古閹豎之禍，未有無黨助以成者。戴縉之罪，可勝誅哉！」這句評語不能說沒有見地，但是有失客觀，因為它在一定程度掩蓋了皇室的錯誤。汪直入宮之時，只不過是一個孑然一身、毫無憑依的可憐孩子，如果沒有憲宗及萬貴妃等人的支持，他不可能有呼風喚雨、影響朝局的能耐。事實上，曾與商輅一起上疏彈劾汪直並且發誓與汪直「不共戴天」的劉珝，在西廠重新設立之後，「亦與（汪）直通」，不敢忤逆汪直的意思。**[133]**

戴縉、王億等人對汪直的支持，也可以從權力結構上進行解釋。御史肩負監察百官的職責，卻沒有執法的權力，因此，對同時兼具監察與執法權力的錦衣衛、東廠和西廠，某些急功近利的御史會生出一種兼帶「羨慕」與「同仇敵愾」的複雜情緒，或者說會產生一種職責上的親近感，儘管有一天他們也能成為執法對象。

無論如何，戴縉上疏之後，憲宗下令「復開西廠」，時間是成化十三年六月十五日，即項忠「坐贓革秩」六日之後。自此以後，在汪直的提督之下，西廠「訶察益苛，人不堪命，至有破家毀族者。勢焰熏灼，天下聞而畏之」。

西廠由裁撤到復開，不過三十餘日時間，我們不難從中看到憲宗在調整權力結構方面的固執，以及他對商輅等人的不滿。正如《明憲宗實錄》的編撰者劉吉所言：「（戴）縉奏內自陳一事，尤迎合（汪）

133.《明憲宗實錄》卷172。《明史》卷168〈劉珝傳〉記載：「已而西廠復設，（劉）珝不能有所諍。至（成化）十八年，（萬）安見（汪）直寵衰，揣知西廠當罷，邀珝同奏，珝辭不與，安遂獨奏。疏上，帝（憲宗）頗訝無珝名。」

直意。蓋直嘗謗楊曄投大學士商輅、都御史李賓、尚書董方，求緩其罪。上信之（即汪直對商輅等人的指控），而難於施行。」戴縉的奏本，可謂正中憲宗與汪直的下懷。[134]

對於憲宗的心思以及朝局的變化，年過六旬，宦海歷練沉浮逾三十年，甚至曾經在鬼門關前走過一趟的商輅，不可能看不明白。在他開罪萬貴妃之後，在他於一年前以「發災變」、「出妖孽」為由，提醒憲宗「應天當以實不以文，弭災當以行不以言」，不要只在口頭上「修德」，而是要做實事，並且建議憲宗「節財用、開言路、慎刑罰、省工役」（這相當於指責憲宗鋪張浪費、閉目塞聽、刑罰任性、不體民情）的時候，大概就已經做好了離開朝廷的準備。

因此，西廠復設六日後，商輅上疏請求致仕。憲宗次日回復他說：「卿歷練老成，朕方倚任，但自陳衰朽，力求退休，特茲諭允，以遂悠閒。」為了褒獎商輅的合作態度，憲宗特擢商輅為少保，還讓沿途驛站護送他回鄉。兩天後，商輅再次上疏，請求辭去少保之職，憲宗「不允所辭」。一週之後，商輅離京返鄉。[135]

商輅致仕之後，包括刑部尚書董方、戶部尚書薛遠、兵部左侍郎滕昭、戶部右侍郎程萬里等在內，數十名朝廷高官被劾免職。於是「士大夫益俛首事（汪）直，無敢與抗者矣」。[136]同年十一月，戴縉晉升為尚寶司少卿（從五品），不久之後又擢為僉都御史（正四品），王億也晉升為湖廣按察副使（正四品）。[137]

有一則故事生動地反映了汪直在當時的聲勢。其時，有一位名叫楊福的江西人，因為長得像汪直，於是冒充汪直的身分行騙。從江蘇

134.《明憲宗實錄》卷 167。

135.《商文毅公年譜》，頁 334–338。

136.《明史》卷 176〈商輅傳〉、卷 304〈汪直傳〉。

137.《明史紀事本末》卷 37。

到浙江，再從浙江到福建，凡他去過的地方，官員們都爭相巴結，甚至跪著拜見他。他的同夥假冒校尉，「索賄無算」。他的身分最終被鎮守太監盧勝等人識破，入獄問斬。 138

汪直「年少喜兵」，在順利將兵部尚書項忠趕下臺之後，他安排自己的親信，都察院左都御史王越兼任兵部尚書（皆正二品），讓另一名親信、都察院右副都御史陳鉞（正三品）巡撫遼東。

成化十五年七月，因遼東、宣府、大同總兵等官屢報虜賊犯邊，憲宗命汪直巡邊。

客觀地說，在巡邊過程中，汪直並非完全沒有做實事，在巡視大同時，他發現大同十五衛負責養馬的軍士過得很悲慘。在永樂及宣德年間，大同衛有一萬六千匹馬相繼死亡，朝廷命養馬軍士自己掏錢「追補」，但是，歷時三十餘年仍未「追補」完成，以至於軍士有「典賣妻女者」。汪直將實情向憲宗彙報之後，憲宗免去了他們的責任。 139

正如大學士萬安在汪直第一次請旨巡邊時所擔心的，汪直身在京城「尚動搖人心如此」，如果到了邊地，「恐各邊巡撫、總兵等官，從此聞風皆各憂禍及，無復能盡心防守之事矣」。 140

史籍記載說，汪直巡邊期間，率飛騎日馳數百里，御史、主事等官迎拜馬首，守令動輒遭受鞭打。各邊都御史為了討好汪直，表示願意陪同巡邊，也身著戎裝，背上弓箭，迎出上百里地。汪直進入遼東境內後，巡撫陳鉞下跪相迎，大擺筵席，為其接風洗塵。汪直的左右隨從，也得到不少好處。 141

同年十月，陳鉞請討海西，於是，憲宗命撫寧侯朱永為總兵，命

陳鉞提督軍務，汪直充任監軍。可是，汪直等人抵達遼東後，卻無敵可殺，無功可立。就在此時，在廣寧（今遼寧北寧）附近，汪直等人遇到海西某部落首領「郎秀等四十人入貢」，於是汪直誣陷他們刺探軍情，出其不意地將他們殺死，「焚其盧帳而還，以大捷聞（於皇上）」。憲宗論功行賞，加汪直歲祿，命其提督十二團營，朱永進爵保國公，陳鉞則被擢升為戶部尚書。[142]

後來，海西諸部以復仇為藉口，深入雲陽、青河等堡，「殺掠男婦，皆支解」。次年四月，巡按遼東御史強珍上疏彈劾汪直、陳鉞等在遼東的過失和罪行。後來，汪直尋了個理由「械（強）珍至京，下錦衣衛獄，戍遼東」。[143]

成化十七年七月，胡虜進犯大同，憲宗再次任命汪直總督軍務，命威寧伯王越佩平胡將軍印充總兵官，「征剿北虜」。[144]

三個月後，巡撫宣府都御史秦紘密疏汪直「縱旗校擾民」。次年二月，憲宗命汪直總督大同、宣府等處，在此之前，遊擊參政、京營等官已被召回京師，因此，現在只有汪直和王越還留在當地。五日後，憲宗改命汪直專職鎮守大同，也就是說，暫時不想將他調回京城了。據說，這是因為汪直以往「交構欺罔之狀」漸被皇帝掌握，故而「漸疏之也」。[145]

這個信號很快就被敏感的朝臣捕捉到了。八日後，即成化十八年三月四日，「科道交章奏西廠苛察非國體」。內閣首輔萬安認為時機成熟，試圖說服內閣大學士劉珝一起上疏，建議憲宗裁撤西廠。然而，劉珝卻認為西廠行事並無不公道之處。於是，萬安單獨上疏言：

---

142. 《明史紀事本末》卷37。

143. 《明史紀事本末》卷37。

144. 《明憲宗實錄》卷218。

145. 《明憲宗實錄》卷224。

> 汪直已受敕鎮守大同地方，京都大小官員以及軍民人等眾口一
> 辭，皆謂朝廷革去西廠為便矣。伏望聖明洞察事機，俯順下情，
> 將西廠特頒敕旨革罷，官校悉回本衛……西廠存革，實於人心、
> 治體關係最大，臣不敢緘默。[146]

奏本呈上之後，憲宗再次裁撤西廠，「中外欣然，（劉）珝有慚
色」。

西廠的這一次被裁撤，東廠太監尚銘功不可沒。

對於過分自大的汪直來說，黃賜被謫南京，商輅主動致仕之後，
沒有及時應對尚銘的威脅，因貪功巡邊而遠離憲宗的做法，無疑十分
失策。

汪直可能低估了尚銘對他的猜忌與恨意。據說，在汪直離開京城
之前，曾經發生了這樣一件事情。有飛賊越過皇城，進入西內宮，被
東廠校尉緝獲。憲宗知道後十分高興，給了尚銘很多賞賜，對此，汪
直感到非常憤怒，「（尚）銘，吾（汪直）所用，乃背吾獨擅功」。尚銘
知道汪直對自己不滿，十分害怕，故而不時想辦法讓憲宗聽到汪直的
罪行（「潛以直構禍事達於上」）。[147]

汪直離宮巡邊後，與昭德宮萬貴妃一直保持良好關係的萬安「頗
攬權」。為了維護自己的權勢，他也不時地通過萬貴妃在憲宗面前說汪
直的壞話。再加上不時能收到遼東、宣府等地密報汪直罪行的奏本，
憲宗從心理上逐漸疏遠汪直，這是他讓汪直「專鎮守大同」的原因。

萬安是四川眉州人，「長身魁顏，眉目如刻畫，外寬而深中」。他
是正統十三年的進士，比商輅晚三年。萬安的學問一般，卻精於權術，
平時注意結交內臣。對尚銘與汪直之間的仇恨，以及梁芳對懷恩的不

---

146. 《明憲宗實錄》卷 225。

147. 《明史紀事本末》卷 37。

滿，他十分清楚。[148]

　　萬安十分巴結萬貴妃，甚至在她面前自稱子姪。萬貴妃一直以內閣沒有親信為憂，「聞則大喜」，讓她的兄弟，錦衣衛指揮使萬通以同族的關係與萬安相交。

　　商輅致仕後，內閣以萬安為首輔，在閣者為劉珝、劉吉二人。萬安與南人相黨附，劉珝則與尚書尹旻、王越等人以北人為黨，兩黨互相傾軋，但最終「（劉）珝疏淺而（萬）安深鷙，故珝卒不能勝安」。[149]汪直寵衰之後，劉珝等大臣相繼被逐，再無可以與萬安相抗衡的朝臣，直至成化二十三年憲宗駕崩，萬安才從首輔的位置上退下來。

　　西廠被裁撤之後，汪直的際遇每況愈下。成化十九年六月，大同巡撫郭鏜上疏稱汪直與總兵許寧不和，「恐誤邊事」，於是，憲宗將汪直調去南京御馬監。兩個月後，御史徐鏞又上疏彈劾汪直與王越、陳鉞犯了「結為腹心」、「自相表裡」、「欺君罔上」等罪，「乞陛下明正典刑，以為奸臣結黨怙勢之戒」。[150]

　　憲宗採納了徐鏞的建議，將汪直降為奉御（從五品），罷削王越威寧伯的爵位，並追奪誥券，兵部尚書陳鉞、工部尚書戴縉、錦衣衛指揮使吳綬等人則革職為民。原先被革職的項忠則官復原職，再任兵部尚書。[151]

　　其實，徐鏞奏本中所謂「天下之人但知有西廠，而不知有朝廷；但知畏汪直，而不知畏陛下」的情況，早已有一位小太監通過表演的形式向憲宗作了諷諫。

　　宮裡有一位名叫阿醜的小太監擅長演戲，有一日，阿醜假裝喝醉，

148.《弇山堂別集》卷 25。

149.《明史》卷 168〈萬安傳〉。

150.《明史紀事本末》卷 37。

151.《明憲宗實錄》卷 243；《明史紀事本末》卷 37。

指天罵地。有人對他說，大官某某來了，他置若罔聞。又有人對他說，聖駕到了，他依然謾罵如故。阿醜說，如果汪（直）太監來了，我就回避，「今人但知汪太監也」。又一日，阿醜忽然又扮起了汪直的樣子，手裡拿著兩把鉞在宮裡行走。旁人問他緣故，他回答說：「吾將兵，仗此兩鉞耳。」旁人又問他，為什麼是鉞而不是其他兵器。他回答說：「王越、陳鉞也。」據說，憲宗聽到這些事情也笑了，並且若有所悟。[152] 不過，即便上面這件事是真事，也只能發生在汪直離宮巡邊期間。

西廠被撤、汪直被謫之後，尚銘提督的東廠氣焰日囂，只要聽說京城哪裡有巨賈富賈，尚銘就會想盡辦法羅織罪名，登門索賄，「得重賄乃已。賣官鬻爵，無所不至」。

成化二十年正月，尚銘因罪黜往南京，有官員請旨將尚銘押回北京追究其罪，但憲宗沒有同意，他下發了一道諭旨：「（尚）銘管理東廠不公，欺心罔上，大肆奸貪贓濫，顯著有壞成法，當置之死刑。姑從輕處治，不必來京，仍令押赴南京守備太監，杖之百，充淨軍，孝陵種菜。」[153]

尚銘獲罪後，東廠和錦衣衛抄了他的家，所抄家財數之不盡，往內府運了幾日都沒有運完。[154]

尚銘被黜南京實在有些突然，因為就在四個月前，即成化十九年九月，他還查辦了一件大案，即「妖人王臣」為禍一事。

王臣本是江湖術士，因跛一足而有「王瘸子」的名號。王臣因為懂妖術而得到太監王敬的信任與敬奉，在這位太監的幫助下，他竟然

---

152. 《明史紀事本末》卷 37；《明史》卷 304〈汪直傳〉。兩個版本略有出入，此據《明史紀事本末》。

153. 《明憲宗實錄》卷 248。

154. 《明史》卷 304〈尚銘傳〉。

還謀到一個錦衣衛副千戶的身分。[155]在隨王敬出差江南期間，所至之處「陵轢[156]官吏，毒害良善，詐傳詔旨，括取奇玩等物」，甚至還「多取美女」。回京之後，「太監尚銘發其事，下都察院，鞫治得實」。最終，王臣被斬首，傳首示眾於江南，王敬則罪充南京孝陵衛淨軍。

憲宗在下令重戮王臣的詔書中提到：「民情常患於不能上達，王臣等在外矯詐，為奸惡，使東南赤子重罹荼毒，朕安得知之？罪狀既露，非重戮不足以謝天下。」[157]在「民情常患於不能上達」這一點上，所有帝王都心有戚戚，以布衣起家的朱氏皇帝的感受更為強烈，因此，東廠的使命一直持續到明朝結束。西廠雖然再次被撤，但是在條件具備時，它將再次重生，加入到充滿陰謀和血腥的權力角逐的遊戲之中。

155.《明憲宗實錄》卷 227。

156.陵轢：同「凌轢」，意為欺壓、欺凌。

157.《明憲宗實錄》卷 244。

第九章　弘治宏治

　　成化二十三年八月二十二日，四十歲的憲宗駕崩。在憲宗去世前三日，內閣大臣萬安、劉吉、尹直三人曾上疏表達關切之意，憲宗對他們說：「朕今服藥，疾已漸減，卿等宜少憂慮，安心辦事。」三天之後，天人永隔。

　　彌留之際，憲宗將十七歲的太子朱祐樘召至榻前，命他早即帝位，叮囑他要「敬天法祖，勤政愛民」，並且就重要的國事面授機宜，「誨諭備至」。❶

　　對於憲宗，明人李維楨引用了《詩經》中的八個字作為評價：「靡不有初，鮮克有終。」他說，憲宗即位之初，為政可圈可點，可是到了後來，「中官幸，禱祠繁，而治隳矣」。在他看來，憲宗前後迥異的表現符合人之常情，但就整體而言，其早期的盛德，難抵其中後期為政之過。《國榷》的編撰者談遷則評論，憲宗在位期間，上恬下熙，風淳政簡，雖有汪直擅權、傳奉官氾濫等不足之處，「於全照無大損也，尺璧之瑕，烏足玷帝德哉」。❷

　　太子的切身感受肯定有所不同，父親留下的遺產，是多是少，是好是壞，他比外人清楚得多。但他是一位「寡言笑慎」(《明孝宗實錄》語)的人，無論是他的性格，還是他所處的地位，都不允許他像一般人那樣評價他的父親，他只能通過行動表達自己的態度。事實上，他只有在即位之後，才能夠真正理解自己的父親。

1.《明憲宗實錄》卷 293。

2.《國榷》卷 40。

一、整肅內外

憲宗駕崩半個月後，即九月六日，太子登基為帝，是為孝宗，以次年改元弘治。在其後的四日時間裡，孝宗幾乎每日都在應付重要而繁瑣的禮儀，到了第五日，他下發了一道旨意，將「引用奸邪左道害正」的李孜省、鄧常恩等人全都謫戍甘州等衛，將引薦李孜省等人的太監梁芳、韋興、陳喜降調為南京御用監虛職少監；「冒濫升賞，靡費錢物數多」的法王、佛子、國師、禪師、番僧送禮部「審處」；包括通政司左通政施欽、右通政仲蘭，御醫蔣宗儒、宗甫，醫士胡廷寅等在內的其他許多傳奉官，則或者丟官，或者被降職。

同日，萬貴妃（她已在當年正月去世）的家族也遭到了打擊，她的兄弟，錦衣衛都督同知（從一品）萬喜被降為指揮使（正三品），另兩位兄弟，即錦衣衛都督同知萬達，以及錦衣衛指揮同知（從三品）萬祥，都被降為副千戶（從五品）。

孝宗厭惡梁芳、李孜省、萬喜等人完全是可以理解的，因為這些人的存在，他只能接手一個空虛的家底。

早在成化二十一年，即孝宗即位前兩年，歷經數朝而積累下來的內帑——整整七窖金銀——已全部被花掉。《明通鑑》記載說，憲宗曾當面斥責梁芳、韋興「靡費帑藏，實由汝二人」。韋興無言以對，梁芳則辯解說，「建顯靈宮及諸祠，為萬歲祈福耳」。憲宗聞言不悅，明白表示「吾不汝瑕，後之人將罪汝」的意思。 **3**

憲宗所謂「後之人將罪汝」，顯然是暗示太子登基後將會對梁、韋等人的罪行進行清算。根據常理，憲宗是不太可能對梁芳等人說這些話的，因為這樣做相當於為太子樹敵，對太子不利。憲宗即便並不十分喜歡太子，卻沒有理由為太子埋下危險的種子。但是，在心情「不

3.《明通鑑》卷35。

懌」的情況下，憲宗並非沒有說這番話的可能。

不過，如果這番話確實表達了憲宗的心聲，那麼，他在彌留之際對太子的面授機宜，很可能涉及到對梁芳等人的處置意見。

孝宗之所以厭惡梁芳、韋興等人，還有一個原因，即當他還是東宮太子時，梁、韋曾鼓動萬貴妃規勸憲宗廢掉太子，另立邵賢妃之子興王朱祐杬（比孝宗小六歲）為太子。

憲宗確實也要求懷恩將這件事提上日程，但這位司禮監掌印太監不敢承命，甚至表示寧可因為抗旨而被處死，也不願意因為遵旨而被天下人唾棄，懷恩最終被謫往中都鳳陽守陵。司禮監太監覃昌也拒絕遵旨行事。

巧合的是，在這個過程中，泰山多次地震。有傳言說，這是因為東宮不穩所致。憲宗心有所懼，終於作罷。**4**

在罷黜梁芳、李孜省等人的次月，孝宗又將包括右通政任傑、侍郎蒯鋼、指揮僉事王榮在內的傳奉官兩千多人予以罷免或者降職，還罷遣了禪師、真人以及西藏法王、國師等一千多人，「並追奪誥敕、印章及儀仗諸玉器等物」。

錦衣衛系統中的大部分傳奉官也不得不接受降職甚至罷黜的安排。孝宗即位一個月後，將具有皇親身分的錦衣衛指揮同知王榮，以及正千戶郭勇、章瑄、張俊等十人降為百戶，將太監裴當、張敏等人的子姪錦衣衛指揮使張質以及千戶裴安、裴璽等十五人降為百戶，太監陳玄、覃禮等人的子姪錦衣衛千戶陳泰、覃安等七十五人則降為冠帶小旗。當然，繼續留用者也有之，例如太監韋泰（他與太監覃吉、覃昌等人被孝宗認為是具有賢德的人）的子姪、錦衣衛百戶韋璽等人。**5**

4.《明史》卷304〈梁芳傳〉。
5.《明孝宗實錄》卷5。

十一月，梁芳、李孜省等下獄。十二月，李孜省死在獄中，梁芳則徹底被棄用，直至死去。次年正月，方士鄧常恩、趙玉芝等遣戍邊衛。至此，大部分傳奉官已被清除，但這並不意味著孝宗朝徹底杜絕了「內批授官」的做法。例如，憲宗朝傳奉官太常寺少卿崔志端（道士出身）於弘治八年（1495年）四月被擢升為太常寺卿，**6**又於弘治十七年（1504年）正月被擢升為禮部尚書。儘管不少言官批評這種做法，信仰道教的孝宗堅持己見，謂「先朝有之，既擢用矣。」**7**根據南京監察御史餘敬的資料，截至弘治十五年（1502年）八月，「錦衣衛等衙門傳奉官無慮數千員，內府及南京各監局濫收軍民人匠無慮數千人，歲支俸糧無慮數十萬石」。**8**

孝宗即位後，很快就建立了自己的內閣班子，前朝留下的四名內閣成員（萬安、尹直、彭華、劉吉），與萬貴妃及梁貴都保持了良好關係的首輔萬安與尹直分別在十月和十一月被免職，取而代之的，分別是吏部左侍郎兼翰林學士徐溥，以及禮部侍郎兼翰林學士劉健。此外，彭華將在次年三月致仕，只有劉吉繼續留用，並升任內閣首輔。

這種新舊搭配的人事安排，既有利於內閣的穩定，又有利於內閣新成員的成長與成熟。劉吉於弘治五年（1492年）致仕後，由徐溥接替首輔一職，直至弘治十一年（1498年）。其後接替徐溥的是劉健，他將工作到孝宗朝結束，即弘治十八年（1505年）。

更重要的是，孝宗朝的內閣學士，無論是首輔徐溥、劉健，還是丘濬（弘治四年入閣，1491年）、李東陽（弘治八年入閣）、謝遷（弘治八年入閣），基本都具有正直而勤勉的美德。於是，內閣得人，再加上孝宗本人「仁心為質」（何喬遠語）、「清心寡欲」（鄭曉語），**9**成就

---

6. 《明孝宗實錄》卷99。

7. 《明通鑑》卷40。

8. 《明孝宗實錄》卷190。

了明朝歷史上一段難得而短暫的美好時光，史稱「弘治中興」。

二、平淡時光

不過，就錦衣衛的歷史而言，孝宗治下的這十八年，似乎顯得有些過於平淡了，大規模地賜予開國元勳後裔世襲錦衣衛官職（前文對此已作交代）似乎是最大的動作。但對士大夫們來說，這種平淡卻是他們夢寐以求的東西，他們終於不再像他們的前輩一樣，擔心受到來自東廠和錦衣衛的緝事官校的無理騷擾。《明史》的編撰者顯然注意到了這一點，故而有云：「孝宗仁厚，廠衛無敢橫，司廠者羅祥、楊鵬，奉職而已。」 🔟

在王世貞看來，「廠衛無敢橫」的原因，應該歸結為孝宗對三法司乃至三公九卿的倚重，孝宗甚至說過「與我共天下者，三公九卿也」的話。 🔢

確實，孝宗與宣宗一樣，試圖完成太祖的心願，將執法權力主要委託給三法司，而不是類似錦衣衛、東廠這樣的機構。孝宗雖然沒有批准戶部員外郎張倫提出的撤除東廠的建議，🔢卻認可了工部主事（正六品）林泝的主張，同意賦予法司對廠衛冤案進行複審的權力，時間是弘治元年四月。 🔢

正因為如此，在整個弘治時期，司法堪稱清明，冤假錯案相對較少。但不容否認的是，廠衛餘威仍在，三法司雖然備受重視，對廠衛仍存畏懼之心。而且，廠衛緝事官校徇私枉法的惡習也並沒有根除。

9.《國榷》卷45。

10.《明史》卷95〈刑法志三〉。

11.《弇州四部稿》卷79。

12.《明孝宗實錄》卷9。

13.《明孝宗實錄》卷13。

如果非要舉出一個案例，既能體現三法司枉法，又牽涉到廠衛徇私，還引起孝宗的重視，那麼，發生在弘治九年（1496 年）的「滿倉兒案」值得一提。

滿倉兒本是彭城衛千戶吳能的女兒，在她年齡尚幼時，吳能將她託付給張牙婆出賣。張牙婆將她賣給了樂婦張氏，卻騙吳能說，賣到了長寧伯周彧家。張氏帶著滿倉兒到臨清住了三年後，又將她轉賣給了樂工焦義，焦義再將她轉賣給了樂工袁璘，袁璘則讓她成為了娼妓。

吳能去世後，其妻聶氏尋找到了自己的女兒滿倉兒，滿倉兒怨恨母親賣了自己，不承認聶氏是自己的母親。於是，聶氏與她的兒子吳政帶著一夥人將滿倉兒搶回了家，袁璘想花錢將滿倉兒贖回，被聶氏拒絕。聶氏還將袁璘告上了刑部，由刑部郎中丁哲、員外郎王爵共同審理此案。在審案的過程中，因袁璘出言不遜，丁哲命人對其「重加笞楚」，袁璘回到家後，沒過幾日就死了。御史陳玉、刑部主事孔琦查驗了袁璘的死因後，以病死結案。

巧合的是，東廠提督太監楊鵬的義子曾經關照過滿倉兒，楊鵬的義子唆使袁璘的妻子向楊鵬訴冤，並且讓張氏謊稱滿倉兒是自己的妹妹，另方面，滿倉兒堅稱張氏所言屬實。此外，張牙婆也作證說：「聶氏交付出賣的女子確實賣到了慶雲侯（周彧）家，但此女非彼女。」其他證人因為害怕受刑，也支持這種說法。

楊鵬將案件奏報孝宗，丁哲、王爵等人隨後被關入錦衣衛監獄。鎮撫司上奏，以丁哲「苛刻偏徇，毆死無辜」，王爵「依阿枉斷」，陳玉、孔琦「相視不明」，請旨「各正其罪」。

孝宗認為該案「事關倫理人命」，令三法司、錦衣衛「務究其實」。通過調查慶雲侯周彧家，發現周家並未購買過聶氏之女。聶氏、張氏各執一詞，案子久拖不決。於是，孝宗又命「府部大臣及科道官廷鞫之」，張氏及滿倉兒才終於說了實話。

　　最終的判決是，滿倉兒受到杖刑，並被發送到浣衣局為奴。丁哲支付了袁璘的喪葬費，並遣回原籍為民。王爵、孔琦、陳玉「俱贖杖還職」。**14**

　　刑部典吏徐珪參與了這件案子的審訊過程，他在向孝宗彙報這個案子的進展時提及，皇上命三法司、錦衣衛會審此案，卻因三法司畏懼東廠，「始終莫敢辯明」，直到「群臣鞫之朝堂，乃不能隱」；東廠方面則一概不問緝事官校是否有挾仇誣陷、徇私枉法的可能，「惟任巡捕官校擅用刑罰，迫之誣伏」；結合以上情形，實在難以避免冤獄發生。**15**因此，徐珪建議「革去東廠以絕禍原」，如果皇帝不願意裁撤東廠，則可「推選謹厚中官如陳寬、韋泰者」提督東廠，並從在京各衛以及刑部抽調官員以充實鎮撫司，不必專用錦衣衛官理刑。結果孝宗以其「詞語妄誕」為由將其「發原籍為民」，兩年後才予以重新啟用。孝宗對徐珪的處理是可以理解的，因為徐珪的主張是對祖制的公然否定，換句話說，是要陷孝宗於「不孝」的境地。一般人對於背上「不孝」的罪名姑且不能忍受，更不用說君臨天下的皇帝。

　　但孝宗以自己的方式進一步完善了司法制度。例如，弘治十三年二月，他下詔更定的《問刑條例》，即十分有助於提高司法的公正性及效率。**16**他還確認法司具有複審廠衛冤案的權力，「凡廠衛所送囚犯，從公審究，有枉即與辨理，勿拘成案」。**17**

　　事實上，刑部典吏徐珪只能借性質不算特別惡劣的「滿倉兒案」來打擊東廠，在一定程度上可以支持這樣一個推論，即弘治年間廠衛的表現並不十分糟糕。否則的話，他應該可以找到更多更具說服力的

14.綜合自《明通鑑》卷38；《明孝宗實錄》卷120。

15.《明孝宗實錄》卷120。

16.《明通鑑》卷39。

17.《明史》卷95〈刑法志三〉。

案子來打擊獨立於三法司之外的廠衛勢力。

三、錦衣三人

在弘治年間，錦衣衛的建制並無變化。至於錦衣衛的高層人士，孝宗即位之初，憲宗朝留下的錦衣衛高官班底，包括錦衣衛掌衛事都指揮使朱驥，指揮使季成、錢通，指揮同知劉綱、孫瓚，署指揮同知劉良，指揮僉事楊綱，鎮撫司理刑副千戶韓璟等，俱供事如故。[18]

在朱驥於弘治三年，錢通及季成於弘治六年去世後，孝宗命錦衣衛掌鎮撫司事都指揮僉事李珍、帶俸指揮使趙鑑「同本衛管事」，時間是弘治八年十二月。[19]對於他們二人，王世貞給出的評語是「守祿俸而已」。

牟斌則不同，他是一位光芒四射的人物。李珍受命掌錦衣衛事時，牟斌只是一名千戶，而且，他在千戶一職上至少要待到弘治十四年（1501年）十二月。[20]牟斌很可能在弘治末年晉升為「掌鎮撫司事指揮僉事」。[21]

牟斌博學多才，很有氣節，他因為保全了戶部郎中（正五品）李夢陽而名留青史。史籍記載，李夢陽曾上疏彈劾壽寧侯，「忤旨下獄」。在鎮撫司監獄中，牟斌見到了李夢陽，他問李夢陽說：「公既然彈劾壽寧侯，為何不順帶彈劾其黨羽呢？」李夢陽表示擔心證據不足。牟斌對他說，他有辦法「剪厥（壽寧侯）羽翼」。最終，壽寧侯為保羽翼，不得不請孝宗寬恕李夢陽。

壽寧侯是張皇后的兄弟張鶴齡，而張皇后是孝宗唯一的妻子。如

---

18. 《明孝宗實錄》卷3。
19. 《明孝宗實錄》卷107。
20. 《明孝宗實錄》卷182。
21. 《明武宗實錄》卷22。

果說，孝宗在德政上有弱點，那麼，張皇后可能是他為數不多的死穴之一，對於張皇后的請求，孝宗無不應允。但這似乎並不十分影響史家對孝宗的評價，明人鄭曉誇讚孝宗「清心寡欲」，李維楨則說，在中國長達兩千多年的王朝歷史中，只有一位妻子的，只有孝宗一人而已「一帝一后，獨泰陵耳」。**22**

除了壽寧侯張鶴齡，張皇后的另一位兄弟張延齡被封為建昌侯。張皇后的父親是張巒，張巒的義兄是張岳。張岳的從弟張嶸、從侄張倫，以及張巒的連襟張麒等人，也都在錦衣衛帶俸任職，官職為指揮使、指揮僉事不等。而且，建昌侯張延齡的岳父是錦衣衛指揮使孫瓚。因此，張家的根基不可謂不深，勢力不可謂不大，牟斌卻敢保全李夢陽，甚至和李夢陽一起挑戰張家權勢，確實是忠勇可嘉。到了正德前期，奸閹劉瑾當道，牟斌依然保持本色，最終因保全言官而見罪，被謫戍邊衛。

除了牟斌，在弘治年間的錦衣衛，還有兩個人值得一提，他們算不上高官，其中一位甚至只是普普通通的軍人，但他們的事蹟有助於我們理解錦衣衛的特點。

第一位是錦衣衛軍人施義。從《明孝宗實錄》的記載上看，他應該是一位軍器設計及製造大師，製造了「偏廂解合車及倒馬撒、萬全槍、神臂弓、旋風砲等軍器」。施義向孝宗呈上了奏本，陳述了自己的特長，並且表示願意建功立業，討賊自效。孝宗看了他的奏本後，傳旨兵部，命人將他製造的軍器送到團營去進行試驗。

團營是景泰年間兵部尚書于謙創設的軍事組織，為提高軍營的戰技水準，于謙從京軍三大營（五軍、三千、神機）中抽調了十萬精兵，分成十個營進行操練。每營的建制為都督一人，號頭官一人，都指揮二人，把總十人，領隊一人，管隊二百人，「於三營都督中推一人充總

22.《國榷》卷45。孝宗駕崩後，葬於泰陵。

兵官，監以內臣，兵部尚書或都御史一人為提督」。這就是團營的由來。

　　英宗復位後，取消了團營的形式，但這種形式在憲宗朝被恢復，且擴充到十二營，由四武營、四勇營、四威營組成，只是在建制上有了一些變化，「命侯十二人掌之，各佐以都指揮，監以內臣，提督以勳臣」。[23]

　　孝宗命兵部試驗施義所造軍器的時間，是弘治十六年（1503 年），當時提督團營的是英國公張懋，而根據張懋等人的回饋，這些軍器似乎只能勝任平原作戰，「如遇山溪險隘或深林幽谷，皆難應敵」。他們建議讓施義回到錦衣衛當差。

　　孝宗的意見則是，既然施義能夠自製軍器，並且想通過征剿流賊立功，「豈無一長可取」。孝宗下令兵部「再考驗議奏」。

　　兵部官員回奏稱，車戰之法不傳已久，經過提督等官試驗，施義製造的戰車確實無法用於攻戰，但是，施義本人「頗諳武藝」，且對兵法也有所研究，建議工部對施義製造的軍器提供一些補貼，同時「籍其名於官」，待發生戰事的時候，再派他赴軍前效用。孝宗認可了這些建議。[24]

　　除此之外，關於施義的記載少之又少，他的最終命運成謎。但這並不妨礙我們從中得出三個初步結論：

　　其一，在有明一代，雖然軍有軍籍，匠有匠籍，且規定了職業世襲制度，但是，這些制度只能約束普通人，具有一技之長的人並不在此限。不過，即便是對於後者而言，轉籍的過程也並不簡單。

　　其二，雖然錦衣衛在所有軍事機構中具有特殊而優先的地位，但是，仍然有人不畏艱苦，願意調到負有作戰任務的軍隊中服役，以期

23.《明史》卷 89〈兵志一〉。

24.《明孝宗實錄》卷 198。

建功立業。對於武官來說，立下軍功畢竟是最迅速、最有力的晉升管道。

其三，在某種程度上，錦衣衛南鎮撫司扮演了軍械研究機構的角色，因此，它必定與工部下屬軍器局以及內廷的兵仗局、盔甲廠等機構有密切的聯繫。根據《國榷》的記載，嘉靖年間，南鎮撫司又出現了一位軍械大師，他就是軍匠馮經。馮經設計出的「雙矢三矢弩」有一個十分響亮的稱號——克敵弓。**25**

魏銘也是值得一提的人物，弘治十六年六月，這位錦衣衛百戶請乞「自備鞍馬，赴大同報效」，孝宗同意了他的請求。

與施義相同，魏銘之所以甘願放棄京中相對舒適的工作和生活，請旨赴前線殺敵，並非純粹為了報國，至少有部分是出於立功的目的。

前面提到過一些關於錦衣衛官員因「捕盜有功」、「出使（西洋）有功」或者「護駕（迎駕）有功」而晉升的例子，卻很少提到他們因立下戰功而晉升的事例，其實這樣的例子並不罕見。例如，永樂元年八月，錦衣衛校尉李政因「平內難有功」而被擢升為本衛指揮使；**26** 永樂九年十月，錦衣衛指揮僉事李實、何義宗因為錫蘭山戰功而被擢升為本衛指揮同知；**27** 以及成化年間的錦衣衛署指揮使劉文因軍功而晉升為錦衣衛署都指揮僉事。**28** 但是，到了弘治年間，錦衣衛官校主動請旨赴前線報效似乎成為風氣。

在批准魏銘所請的同時，孝宗將一道諭旨下發給了大同鎮守等官，要求他們加意約束魏銘的行為，禁止其「冒功生事，害及良民」。

顯而易見，在此之前，在前線效力的錦衣衛官校一定做了不少「冒

25.《國榷》卷 59。

26.《明太宗實錄》卷 22。

27.《明太宗實錄》卷 120。

28.《明憲宗實錄》卷 291。

功生事，害及良民」的事情，否則，孝宗不會在諭旨中如此交代。

　　按照《明孝宗實錄》的編修者李東陽的解釋，「時武職多覬功幸事」，只要聽到邊報、邊警，就立即「依託近幸以求報效」，到了前線之後，往往「勒買首級」，或者掠取軍士所獲，竄為己功，以邀爵賞，「甚至身不出門而功記於冊」。「宿弊已久，上知之」，孝宗才特別下發戒敕，要求「自後有乞報效者，兵部宜斟酌其可否具奏，不得一概濫許」。㉙

　　李東陽的解釋並非專指錦衣衛官校，但這些身分特殊的人物無疑涵蓋其中。

29.《明孝宗實錄》卷 200。

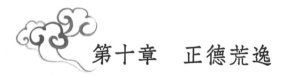

第十章　正德荒逸

　　相對於在孝宗朝的平淡表現，錦衣衛在明武宗正德年間的歷史要熱鬧得多，因為武宗朱厚照本人即是一位喜愛熱鬧的角色。而且，他對熱鬧的喜愛，已經荒誕到了病態的程度，以至於成為中國通俗小說以及傳統戲劇的戲謔對象，例如，清人何夢梅創作的《白牡丹》、《大明正德皇遊江南》，以及京劇傳統劇碼《游龍戲鳳》（又稱《梅龍鎮》），講述的都是這位有趣又可恨的皇帝的故事。

一、孝宗：落空的期望

　　孝宗朱祐樘和他唯一的妻子張皇后一共生了二子三女，長子朱厚照是唯一沒有早夭的孩子。朱厚照生於弘治四年九月，次年三月即被立為太子。

　　在冊立太子的詔書中，孝宗愉快而樂觀地表達了他對太子的厚望。他說，作為皇后所生之子，太子「天資秀發，曰表英奇，福慶誕鐘，統承攸屬」。他希望太子長大以後，可以德照天下，成為像堯那樣英明的君主。 **1**

　　太子十一歲時，他的舅舅，建昌伯張延齡上本，請孝宗敕命太子的隨侍儒臣「朝夕輔翼，諭以善道，益其見聞。日與講論修身治平之道，禮樂教化之端，取其善以為法，惡以為戒」。孝宗也認為「輔養儲德，誠為重事。皇太子年漸長成，正宜及時進學」，命太子的輔導老師們「務宜逐日進講，毋得虛曠歲月」，**2** 其望子成龍之心殷殷。

---

1. 《明孝宗實錄》卷61。

　　但是，與大多數普通人家的孩子一樣，太子並沒有按照父親的願望成長起來。

　　弘治十八年五月六日凌晨，孝宗彌留之際，命司禮監太監戴義急召內閣首輔劉健、閣臣李東陽、謝遷（後兩位都是在弘治八年入閣）至乾清宮東暖閣御榻前，孝宗要與他最為信任的三位重臣做最後一席之談，同時在場的還有司禮監太監陳寬、戴義、蕭敬、李榮、扶安、李璋等人。

　　根據《明孝宗實錄》的記載，孝宗回顧了自己在位十八年的經歷後，談到了他的心病──十四歲的太子朱厚照。這位年僅三十五歲的君主握著內閣首輔劉健（他在整個弘治年間都是內閣大學士）的雙手，憂心忡忡地說：「東宮聰明，但年尚幼，先生輩可常請他出來讀書，輔導他做個好人。」

　　劉健等人聽了孝宗所言，皆飲泣不止。劉健說：「東宮天性睿智，今年盡勤學，望皇上寬心少慮，以膺萬福。」❸

　　不過，根據李東陽所著《燕對錄》的記載，孝宗在談及太子品性時，說的並非「東宮聰明，但年尚幼」，而是「東宮聰明，但年少，好逸樂」。作為《明孝宗實錄》的主要編撰者之一，以及孝宗臨終召見的三位內閣學士之一，李東陽的記錄應該是可信的。而他之所以在編修《明孝宗實錄》時將「好逸樂」三字隱去，完全是為了顧全武宗的顏面，因為《明孝宗實錄》編撰於正德年間。

　　需要進一步說明的是，孝宗有關「東宮聰明」的評價，並非基於親情的盲目，而劉健等所謂「東宮天性睿智」的褒獎，也並非出於臣子的阿諛，他們的評價是有根據的。

　　《國榷》及《明武宗實錄》皆提到，太子七歲出閣就學，在聽翰

2.《明孝宗實錄》卷 184。

3.《明孝宗實錄》卷 224。

林春坊學士（正五品，隸屬於專責輔導太子的詹事府）講課時，容儀
莊重，舉止得體，尊師重道，「受書甚習」。太子很快就認識所有的春
坊學士，如果某位學士沒有上班，他一定會究問原因。據說，在孝
宗因喪事而輟朝的某日，有位學士誤佩花哨的服飾來上課，被太子發現
了，太子對左右侍臣說：「若是在朝班中，必以失儀為御史所糾矣！」
孝宗每次臨幸春坊，太子都會率同春坊學士等宮僚「趨走迎送，閑於
禮節，問安視膳，恭謹無違」。[4]

　　年齡雖幼，卻關心人事變動，對朝堂以及宮闈禮儀已有深刻理解，
無疑應該是「東宮聰明」的有力證據。

　　召見劉健、李東陽等人的次日，孝宗將太子召至榻前，囑其「進
學修德，用賢使能，毋怠毋荒，永保貞吉」。當日午時，孝宗駕崩。十
一日後，武宗即位。

　　年少、聰明而好逸樂的武宗顯然不願意像他的父親一樣，在朝中
大臣的勸誡下，成為儒家道德規範的囚徒。圍繞在他的左右、善於察
言觀色的太監以及其他侍臣，不可能無視他的心理需求，他們很自然
地投其所好，並為其出謀劃策。這些人在幫助他掃清享受皇權的障礙
的同時，也滿足了他們自己對權力的追求。

　　如果說，每一位皇帝的一生都是不停地在江山社稷的興亡與個人
享受的得失之間做出權衡與取捨，那麼，武宗一定非常高興有人幫助
他最大限度地實現個人享受。對於自己的弱點，他心知肚明，也並非
毫無掙扎，否則，他不會在去世的前一日給他的母親張太后以及內閣
學士們留下這樣一句話：「前事皆由朕誤，非汝曹所能預也。」[5]

　　4.《國榷》卷45；《明武宗實錄》卷1。

　　5.《明史》卷16〈武宗本紀〉；《國榷》卷51。

二、戊午之變

正德前期，錦衣衛發生的最大變化，是它基本完全被太監掌控，與東廠、復設的西廠以及新設的內廠一樣，淪為太監擅權的工具。在這個過程中，劉瑾是最為關鍵的人物。

劉瑾是陝西興平人，本姓談，幼年自宮，因投劉姓太監門下，改劉姓。《明書》謂其「鷙悍陰狡，有口辯」。他應該頗具才藝，至少對音樂歌舞頗為了解，因為根據《明史紀事本末》的記載，他在憲宗朝時「領教坊見幸」。[6]孝宗朝時，他犯法本當處死，刑部主事朱恩豁免了他的罪行，「憤鬱不得志，每切齒文臣」。[7]

另據《明史》的記載，劉瑾犯法免死後，「得侍武宗東宮」。[8]顯然，他一定十分善於偽裝，否則，以他的品性，孝宗應該不會讓他有服侍太子的機會。

在服侍太子期間，劉瑾「以俳弄為太子所悅」，因此，武宗即位之後，將其擢升為鐘鼓司掌印太監。作為內宮四司之一，鐘鼓司「掌管出朝鐘鼓，及內樂、傳奇、過錦、打稻諸雜戲」，換句話說，它的主要職能是安排皇帝的休閒娛樂活動。[9]對喜愛熱鬧的武宗來說，這是不可或缺的機構；對劉瑾而言，這個職務給了他更多取悅武宗的機會。

劉瑾掌印鐘鼓司之後，「日進鷹犬、歌舞、角觗之戲，導帝（武宗）微行。帝大歡樂之，漸信用（劉）瑾，進內官監」。根據《明武宗實錄》的記載，劉瑾掌印內官監（主管營造宮室、陵墓等事項）的時間，不會遲於正德元年（1506年）正月，因為司禮監太監陳寬在這個

6.《明史紀事本末》卷43。

7.《明書》卷159。

8.《明史》卷304〈劉瑾傳〉。

9.《明史》卷74〈職官志三〉。

月傳旨，命「神機營中軍二司內官監太監劉瑾管五千營」。**⑩**五個月後，太監陳寬再度傳旨，「以五千營內官監太監劉瑾為神機營把總，同提督十二營（即團營）操練」。**⑪**

與劉瑾同時受寵的，還有張永、馬永成、魏彬、高鳳、丘聚、羅祥、谷大用等七名太監，這八個人在當時被稱為「八虎」，或者「八黨」。其中，馬永成、丘聚、谷大用與劉瑾關係最為密切，為害也最為嚴重，張永的表現則相對溫和。不過，根據《明史》以及《明史紀事本末》的記載，在誘導武宗嬉戲娛樂方面，「八虎」皆不遺餘力。

劉瑾受命提督五千營時，御用監太監張永受命「管神機營中軍並顯武營」，司設監太監馬永成受命管神機營右掖。在劉瑾被任命為神機營把總時，御馬監太監魏彬受命管神機營中軍頭司並奮武營。在京軍三大營（五軍、三千、神機）中，神機營的武器最為先進，以火器為主，提督者是最受皇帝信任的臣子。

當劉瑾等人因為「誘帝遊宴」而日見寵信時，閣臣劉健、謝遷、李東陽，以及戶部尚書韓文、兵部尚書劉大夏、吏部尚書馬文升等人，則致力於約束武宗的人事權以及用度。

武宗即位三個月後，即弘治十八年八月，劉、謝、李三位閣臣上本，建議淘汰冗員，監察內帑收支，謂「內承運庫放支銀兩，全無印簿支銷，二十年來，累數百萬，以致府藏空竭。承領之人，豈無侵克本庫？……司鑰庫收貯銅錢，亦數百萬，托稱內府關支，其實置之無用」。此外，另建議釋放內苑珍禽奇獸，「以省食用之資」。**⑫**

對於這些建議，「上（武宗）雖溫詔答之，而左右宦豎日恣，增益日益眾。上每出，帶刀被甲擁駕後。內府諸監局僉書，多者至百數十

---

10. 《明武宗實錄》卷 9。

11. 《明武宗實錄》卷 14。

12. 《明武宗實錄》卷 4。

人，光祿日供，驟益數倍」。 **13**

　　正德元年二月，戶部尚書韓文上本，提議改革皇莊的管理體制，因為在現存體制下，管理皇莊的太監可以隨意調遣錦衣衛校尉並逮捕抗議徵收民田的百姓，激化了京畿附近百姓與皇莊之間的矛盾。韓文建議召回全部管莊太監，「庶地方得免侵漁之害」。武宗的答復是，皇莊於孝敬太后有用（「奉順慈闈」），委派太監管理皇莊，實在事非得已。但武宗勉強做了讓步，「管莊各留內官一人，校尉十人，餘悉召還」。 **14**

　　內閣首輔劉健隨後上本稱「皇莊既以進奉兩宮，自宜悉委有司，不當仍主以私人，反失朝廷尊親之意」，亟言太監管理皇莊容易擾民。但武宗堅持己見，不再退讓。 **15**

　　同年七月，武宗即將大婚，命司禮監傳旨，「以大婚禮需銀四十萬兩」，但最終禁不住韓文以及監察御史趙佑等人一再勸誡，不得不削減十萬兩。 **16**

　　不難理解，對於韓文等人，武宗一定會心有不滿。

　　九月二十六日，欽天監五官監候（正九品）楊源上本稱，大角星座近期呈現動搖的跡象， **17** 原因是「皇上輕舉嬉戲，遊獵無度」，占辭謂「人主不安，國有憂」。楊源還觀察到北斗七星中的第二、第三、第四星，不像往常那般明亮，其中各有寓意：

> 第二曰天璇法星，后妃之象，后妃不遇其寵則不明，廣營宮室、妄鑿山陵則不明。第三曰天機令星，不愛百姓、聚興征徭則不

13.《明通鑑》卷40。

14.《明武宗實錄》卷10。

15.《明通鑑》卷41。

16.《明通鑑》卷41。

17.出自《史紀》卷27〈天官書〉：「大角者，天王帝廷」。

明。第四曰天權伐星，號令不行則不明。[18]

楊源向武宗提出的建議為：「安居深宮，絕嬉戲，禁遊獵，罷弓馬，嚴號令，毋輕出入遠。寵幸節賞，賜止工役。親元老大臣，日事講習，克修厥德。」

禮部也認同楊源的說法，建議武宗「上畏天變，下恤人言，反躬自咎，恐懼修省。親儒講學，正心修身，聽政以時，起居有節，不恣情而輕出禁廷，勿玩狎而私行監局。痛戒遊逸，悉屏玩好，凡騎射、馳驟、狐兔、鷹犬之事，一切屏除。軟諛、佞巧、乞求升改之人，一切罷黜。廷臣建白為公者，不沮於幸，臺諫敷奏盡言者，必見諸行事。停不急之工，節無名之賞」。並且說，如果武宗可以身體力行的話，「則聖德新治化著，而天變自消矣」。[19]

星變之說引起了武宗的重視，大概在同一時期，武宗因為在是否授予內官監左少監崔杲一萬二千鹽引一事上與劉健意見相左，厲色斥責了這位已經七十三歲的內閣首輔，但事後卻「自愧失言」，認可了劉健的意見，「一時中外咸悅」，認為武宗勇於改過。於是，劉健、韓文等人萌生了除掉「八虎」的想法。

可是，接下來的較量，卻說明劉健等人對局勢的判斷出了差錯。

根據《明通鑑》的記載，戶部尚書韓文是對「八虎」最為痛恨的朝臣之一，每次退朝，只要與僚屬言及「八虎」用事，他就會泣下不止。戶部員外郎李夢陽曾勸他，諫官疏劾諸閹執政甚為積極，事有可為，「此時率大臣固爭，去八人易耳」。據說，聽了李夢陽的建議後，韓文將鬚昂肩、毅然改容，表示願意一試，「縱事勿濟，吾年足死矣，不死不足報國」。

18.《明武宗實錄》卷17。
19.《明武宗實錄》卷17。

韓文讓李夢陽為自己起草奏疏，李夢陽草擬完畢，呈給韓文過目。韓文認為疏稿長篇累牘，擔心武宗沒有耐心讀完，親自刪減潤色不少。

韓、李二人將自然界正在發生的天道失序、地氣靡寧、雷異星變、桃李秋華、考厥占候等異象，歸結為武宗受到劉瑾、馬永成、谷大用、張永、羅祥、魏彬、丘聚、高鳳等人的蠱惑，過於沉浸於擊球走馬、放鷹逐犬、俳優雜劇等享樂行為。他們還引用前代教訓，諸如「漢十常侍，唐甘露之變」等，提醒武宗「奮乾綱，割私愛，上告兩宮，下諭百僚，明正典刑，潛削禍亂之階，永保靈長之業」。

韓文將疏稿修改完畢後，於次日，即十月十二日，聯合首輔劉健、閣臣謝遷等人一起入宮上奏。據說，武宗讀完這篇奏本後，「驚泣不食」，派了司禮監太監陳寬、李榮、王岳去內閣進行商議。一日之內，李、王二人往返三次，武宗打算將劉瑾等人謫往南京，謝遷卻認為應誅殺劉瑾等人以絕後患，劉健則推案而哭曰先帝臨崩，執老臣手，付以大事。今陵土未乾，使若輩敗壞至此，臣死何面目見先帝?」總之，劉健、謝遷聲色俱厲，李東陽則相對比較冷靜，最終並沒有形成決議。

正好提督東廠的太監王岳是一位剛直嫉邪的人，他非常認同謝遷、劉健的意見，他與試圖擺脫劉瑾控制的太監范亨、徐智等人決定，要說服武宗當機立斷。

但朝廷本無祕密，劉瑾的黨羽，吏部尚書焦芳得知內閣的動作後，立即遣人通報劉瑾等人，「八虎」大懼。在「巧侫狠戾，敢於為惡」的劉瑾的主導下，他們定下了兩個策略，其一是「脫禍固寵」的長遠之計，即控制司禮監；其二則是利用所有皇帝都深惡痛絕的大忌——太監與朝臣相勾結，試圖先發制人。

當日夜晚，八人一起跪在武宗面前，叩首不止，泣曰：「若皇上不垂憐奴才等人，奴才等恐將被人剁碎了餵狗。」武宗意動。劉瑾進一步解釋說：「要加害奴才者，乃東廠太監王岳。」這個回答顯然出乎武宗

的意料，他原本以為劉瑾會說首輔劉健等人，於是問其緣故。劉瑾說出了一番十分厲害的話，他說王岳與閣臣勾結，試圖制約皇上出入自由，可是，要制約皇上，必然要先除掉能使其心有所忌的奴才等人。再者，皇上放鷹逐犬，乃小事一件，於萬歲江山無損，「若司禮監得人，左班安敢如此」。

武宗聞言大怒，當即下詔，任命劉瑾為司禮監太監兼提督團營，命丘聚提督東廠，命谷大用提督西廠。劉瑾馬上派人將太監王岳、范亨、徐智等人拘禁起來，在宮門當眾施以笞刑，並將他們發配南京。王岳、范亨行至山東臨清時被劉瑾派出的殺手殺死，徐智倖免於難。

戊午日，即十月十三日，韓文等人正欲再諫誅殺劉瑾，忽然有旨，傳召諸大臣入宮。諸臣行至左順門時，韓文等人遇上了內閣首輔劉健，《明通鑑》寫道：

> 至左順門，（劉）健迎謂曰：「事垂濟，公等第堅持。」尚書許進曰：「過激恐生變。」健不應。有頃，（司禮監太監）李榮手（持）諸大臣疏曰：「有旨問諸先生。諸先生言良是，第奴儕（指劉瑾等人）事上久，不忍遽置於理，幸少寬之，上當自處耳。」眾相顧無言。韓文乃抗聲數八人罪，侍郎王鏊助之曰：「八人不去，亂本不除。」榮曰：「上非不知，第欲少寬之耳。」鏊直前曰：「設上不除，奈何？」榮曰：「榮頭有鐵裹邪，敢壞國事？」遂退。[20]

眼見大勢已去，當日劉健、謝遷上本請求致仕，李東陽隨後也請求致仕。武宗同意了劉、謝二人所請，但挽留了相對溫和的李東陽。十四日，李東陽再次請求致仕，武宗再次予以挽留。

劉、謝致仕後，頂替他們進入內閣的是焦芳和王鏊，焦芳是劉瑾

20.《明通鑑》卷41。

的黨羽，王鏊則是廷議推舉的人選。根據《明通鑑》的記載，焦芳裁閱章奏，完全看劉瑾眼色行事；王鏊雖然持事公正，卻無力與焦芳相抗，遇上麻煩事時，李東陽「彌縫其間，多所補救」。[21]

次月，戶部尚書韓文被免職。據說，劉、謝二人致仕後，司禮監太監劉瑾、東廠太監丘聚、西廠太監谷大用等人伺機報復韓文，試圖找出他的過錯，卻不可得。最後，他們在內庫找到一些偽銀，於是，韓文被迫降一級致仕。據說，韓文離開京城時，行李僅滿一車，「（劉）瑾密遣官校伺察，無以加其罪，而益憾之」。[22]

這場權力鬥爭以劉瑾等人的勝利而告終。

三、僉事牟斌

《明書》及《明史》等史籍皆提到，劉瑾「嘗慕王振之為人」，是王振的崇拜者，很難說這句話是不是附會之詞，不過，從上述權力鬥爭的情況看，劉瑾與王振確實有些許相似之處。例如，他們都是在太子年幼的時候就開始侍奉太子，從而培養了比較深厚的感情；他們一開始都受到三位內閣學士的約束，王振面對的是「三楊」，劉瑾面對的是劉健、謝遷和李東陽，並且最終都在政治鬥爭中勝出。

但他們勝出的原因有所不同。王振勝在「三楊」的老弱與消極，劉瑾則勝在劉、謝二人的激進，這種激進不僅表現在急於逼迫武宗，還表現在較量失利後立即提出了致仕的請求——他們這種以退為進的做法正中武宗下懷。其結果是，內閣支柱三去其二。從此以後，武宗可以更加無所顧忌地貪圖個人享受，劉瑾等也可以更加肆無忌憚地施展自己的淫威。

不過，敢於挑戰劉瑾等人權威的，仍然大有人在。前面提到過的

---

21. 以上綜合自《明通鑑》卷 41；《明武宗實錄》卷 18；《國榷》卷 46。
22. 《明武宗實錄》卷 19。

錦衣衛掌鎮撫司事指揮僉事牟斌即是其中的一位。

　　劉、謝二人致仕後，許多大臣上疏「奏黜權閹，並乞留顧命大臣劉健、謝遷等」，結果不少人被打入錦衣衛鎮撫司監獄，其中包括刑科給事中呂翀、南京給事中戴銑、南京御史薄彥徽等二十餘人。對於他們，牟斌「輕刑奠居，曲為申救」。

　　在這些人中，有一位名叫任諾的南京御史，指陳上疏並非出自本人的意願，而是其同僚在上疏時，未經他的同意就署上了他的名字。任諾打算就此提出申訴，以期得到豁免。牟斌得知這個情況後，勸誡他說：「古有恥不與黨人，公乃為忠而悔耶？」❷❸

　　據說，戴銑的獄詞將劉瑾列為權閹第一人，劉瑾得知這一情況後，要求牟斌隱去他的名字，但牟斌沒有理會，仍然據實而奏。牟斌還對同僚說，據實保留劉瑾的名字，他日就可以保住諸公的清白，「昔宋鄒道卿以失原奏被害，吾儕務自為計」。發生這些事情的時間，大概在正德元年十二月與正德二年（1507 年）正月之間。

　　劉瑾顯然不會容忍像牟斌這樣的人繼續留在北鎮撫司治理詔獄。正德二年閏正月十三日，太監李榮傳旨，將牟斌調往南鎮撫司管事，命錦衣衛千戶潘傑與范宣在北鎮撫司理刑。三日後，劉瑾掌握了牟斌庇護言官的證據，於是「矯上命，謂其（牟斌）徇私壞法」，命人在朝堂之下杖責三十大板，並將其降為百戶，剝奪了其所有職務。❷❹直至正德五年（1510 年）十月，在劉瑾倒臺後，牟斌才官復原職。次年二月，受命「仍於鎮撫司掌印理刑」。❷❺

　　後來，牟斌又因為沒有順從權閹張雄的要求，拒絕誣陷淮安知府劉祥，再次被降為百戶。❷❻他再度官復原職後不久，長子去世，工部

23.《洹詞》卷 6。

24.《明武宗實錄》卷 22。

25.《明武宗實錄》卷 68、72。

循舊例捐給他「三百金」辦理喪事。他指著次子、三子說：「斌司刑不道，天禍一子，若再受此金，將禍及其餘二子。」

正德年間任職於翰林院史館的崔銑，對牟斌給予了很高的評價。他在《洹詞》一書中提到，牟斌雖身居要職，卻清廉一世，只有庫屋敝衣而已。崔銑甚至認為在正德年間「全臣節者」，只有大學士劉忠、尚書傅珪以及牟斌三人而已。

四、遍植私人

劉瑾等人控制錦衣衛的第一項措施，並非解除牟斌的職務，而是將自己的親信安插進這個擁有執法權力的特別機構。

正德二年閏正月初三日，即牟斌被解除職務的十三天前，太監魏彬、張永、谷大用、馬永成等人的兄弟，冠帶舍人魏英、張容、張寰，以及舍人谷大玘、馬山等被擢升為錦衣衛世襲百戶。四個月後，張容被擢升為錦衣衛正千戶，只過了三日，又被擢升為錦衣衛指揮僉事，「同覃泰南鎮撫司管事」；魏英也在當月被擢升為錦衣衛正千戶，谷大玘則被擢升為指揮僉事，「同朱成象房管事」。**27**

正德三年（1508 年）二月，谷大用的兄弟，錦衣衛冠帶舍人谷大寬被擢升為副千戶，谷大洪、谷大原授職錦衣衛百戶。同月，張寰被擢升為指揮僉事，馬永成的家人馬釗、馬鉞則授職百戶。**28**次年十月，錦衣衛指揮同知張容被擢升為都指揮僉事。

上述人事任命，皆見諸《明武宗實錄》，奇怪的是，王世貞在〈錦衣志〉一文中提到的錦衣衛都指揮使張文義，卻未被正史記載，甚至在其他野史中也找不到有關他的資料。對此，王世貞寫道：

---

26. 《弇山堂別集》卷 95。
27. 《明武宗實錄》卷 22、26。
28. 《明武宗實錄》卷 35。

（劉）瑾復用其私人張文義為錦衣（衛）都指揮使，與吏部尚書（張）綵表裡作威福，時稱瑾左右翼云。然（張）文義時時以掌傳瑾命，侍應對，不得治錦衣。治錦衣者都指揮高得林也。㉙

「張文義」之名應是王世貞的筆誤，此人實為石文義。《明史》有載：「錦衣衛指揮楊玉、石文義皆為瑾腹心。」㉚又載：「衛使石文義亦瑾私人。」㉛

另據《明武宗實錄》，石文義是南京守備太監石岩的侄子，正德三年四月時，他還是錦衣衛左所正千戶。㉜正德四年（1509 年）二月，經錦衣衛都指揮楊玉推薦，進入北鎮撫司理刑，並在三個月後升為錦衣衛指揮僉事。㉝正德五年四月，「太監劉瑾傳旨，錦衣衛掌鎮撫司事指揮僉事石文義、理刑副千戶郝凱各升一級」，即被擢升為指揮同知。㉞

上面提到的楊玉也出身不凡，他的姑母是孝宗的保母衛聖恭僖夫人。

至遲從憲宗朝開始，在錦衣衛供職者，除了宮人的父兄「女戶錦衣衛」，還有皇帝保母的家人，即「保母錦衣衛」。不過，善待保母的做法，並非始於憲宗，而是始於成祖。根據沈德符的記錄，永樂三年，成祖追封乳母馮氏為保聖貞順夫人，「此封保母之始」。㉟

---

29. 《弇州四部稿》卷 78。

30. 《明史》卷 304〈劉瑾傳〉。

31. 《明史》卷 95〈刑法志三〉。

32. 《明武宗實錄》卷 37。

33. 《明武宗實錄》卷 50。

34. 《明武宗實錄》卷 62。

35. 《萬曆野獲編》卷 21。

　　應保母衛聖恭僖夫人的請求，弘治十六年八月，孝宗將楊玉由錦衣衛指揮使擢升為錦衣衛都指揮僉事，「仍舊管事」。㊱他後來因為犯事而被降為千戶，「遇赦復職，調萬全都司帶俸」。正德元年十二月，楊玉以「衛聖恭僖夫人之墳在京師，乞留錦衣衛」，於是重新當上了錦衣衛都指揮僉事。㊲很可能劉瑾在這件事上出過力，因此，他感恩戴德，成為劉瑾的心腹。一年以後，他被擢升為都指揮同知。在劉瑾於正德五年八月倒臺之前，他已官至錦衣衛都指揮使（正二品）。

　　王世貞提到的吏部尚書張綵，被《明史》的編撰者列入〈閹黨列傳〉，同時被定性為閹黨者，還有內閣學士、吏部尚書焦芳，另一位內閣學士、吏部尚書曹元，兵部尚書劉宇，以及戶部左侍郎韓福。他們都是劉瑾的黨羽，在正德年間為禍天下。

　　至於高得林，他是「八虎」之一的司禮監太監高鳳的侄子。《明武宗實錄》記載，高鳳辦事得力，武宗有意升賞之，「高鳳辭免升賞，乃命其侄高得林錦衣衛堂上管事」。㊳至遲在正德元年十月，他已經是錦衣衛都指揮僉事（正三品）。

　　在劉健、謝遷等請旨誅殺劉瑾等「八虎」的四日之前，都察院都給事中艾洪等人上本稱，高得林與高鳳之間的關係可能導致「內外偏重，恐非國家之福」，建議武宗「並賜罷黜」。監察御史潘鏜隨後也上本說：「（高）鳳內為心膂，（高）得林外為牙爪，非朝廷之體，亦非高氏之福。」兵部也呈上了類似的奏本，可是，武宗不以為意。㊴

　　不僅如此，至遲在次年八月，高得林已晉升為錦衣衛都指揮同知（從二品）。武宗在該月二十二日下發了一道諭旨：「敕錦衣衛都指揮

36.《明孝宗實錄》卷202。
37.《明武宗實錄》卷20。
38.《明武宗實錄》卷19。
39.《明武宗實錄》卷18。

同知高得林掌本衛印，並提督官校辦事。」**40** 正德三年十月，高得林再度受命「兼管提督巡捕」。次年二月，劉瑾傳旨，「升錦衣衛指揮同知高得林為後軍都督府都督同知（從一品），帶俸」。**41**

除石文義、高得林、楊玉之外，劉瑾在錦衣衛的「私人」還包括沈彬、左堂、郝凱等人，其官職為千戶、百戶不等。其中，百戶沈彬在東司房辦事，「往往詐稱訪事，扇惑人心，以張（劉）瑾威」，千戶郝凱則與石文義一同在鎮撫司理刑，左堂的具體職掌不明。「（石、沈、左、郝等）入錦衣訶察諸司，事無巨細，必先關白（稟告劉瑾）而後奏聞（皇上）。」**42**

排除異己，是劉瑾等人控制錦衣衛的另一項措施，解除牟斌的職務，應該是這個環節中的最大動作。

牟斌被革職兩個月後，前東廠太監王岳的親信，錦衣衛百戶姚景祥、小旗張錦等人被謫遷東鐵嶺衛戍邊，並在朝堂各被杖責四十，後皆死於獄中。同月，曾在王岳手下辦事的錦衣衛官校王縉、郭仁、張欽等人也都被謫戍邊衛。**43** 除此之外，在正德前期的錦衣衛，有關人事清洗的案例寥寥無幾，因為這個機構很快就完全在劉瑾等人的掌握之中。

由於東廠由御馬監太監丘聚提督，西廠由御馬監太監谷大用提督，而東西二廠的緝事官校主要來自錦衣衛，「廠衛之勢合矣」。**44**

40.《明武宗實錄》卷 29。

41.《明武宗實錄》卷 47。

42.《明書》卷 159。

43.《明孝宗實錄》卷 25。

44.《明史》卷 95〈刑法志三〉。

五、廠衛合流

　　劉瑾等人對錦衣衛的控制，基於這樣一個前提，即武宗對劉瑾的放權。

　　隨著內閣學士劉健、謝遷在正德元年十月致仕，以及劉、謝的支持者在正德元年年底被清洗殆盡，劉瑾完全確立了自己的權威。可是，權威並非等同於權力，要獲得與權威相匹配的權力，還需要得到武宗的認可和支持。

　　劉瑾很快就做到了，他的策略堪稱高明。據說，劉瑾每日構思或者設計出新的玩法，或者帶武宗去好玩的地方，待武宗玩得入迷時，又捧出一大堆各司奏章，請武宗批示。武宗總是對他說：「吾用爾何為？乃以此一一煩朕耶？」於是，劉瑾不再去打擾武宗，「事無大小，任意剖斷，悉傳旨行之，上多不之知也」。[45]

　　劉瑾一方面想方設法讓武宗沉湎於玩樂，另一方面又趁其玩在興頭上時，用繁瑣的公務對其進行干擾，劉瑾的策略似乎並不十分高明，然而卻產生了實實在在的效果。在武宗對政務興趣大減的同時，大權落於劉瑾的手中。

　　劉瑾完成這個過程，大概只用了一個月的時間，也就是說，大概從正德二年正月開始，劉瑾已「全竊大柄」。

　　劉瑾用事、廠衛合流的結果是，官民備受荼毒。

　　對官員們來說，忠於職守非但可能無功，還可能有過。例如，監察御史王時中，就是因為在巡按直隸、隆慶等處期間，罷免了很多貪汙腐敗的守備太監，觸犯了劉瑾等的利益，故而成為東廠太監丘聚「附瑾立威」的對象。正德二年二月，丘聚以王時中執法「酷刻太甚」為由，將其關入鎮撫司監獄並痛加審訊，最後竟然給他套上沉重的枷鎖，

　　45.《明通鑑》卷42；《明史》卷304〈劉瑾傳〉；《明史紀事本末》卷43。

將其械拷在都察院門口達一個月之久。其後，王時中的妻子向其丈夫的上司，劉瑾的心腹，都察院左都御史劉宇哭訴。經劉宇向劉瑾求情，王時中才被謫戍遼東鐵嶺衛了事。[46]

同月，江西清軍監察御史王良臣因為上疏為戴銑等人求情而被關進鎮撫司監獄，劉瑾彈劾他與戴銑黨比相護，結果王良臣被廷杖三十，革職削籍。[47]

同年三月二十八日上演的一幕更為荒誕，《明武宗實錄》寫道：「是日，早朝罷，傳宣群臣跪於金水橋南。劉瑾以敕授鴻臚宣讀之（即武宗下發的一道奇怪的諭旨）。其文乃瑾私人屬筆，或曰焦芳為之。」

這道諭旨將王岳、范亨、徐智定性為「奸臣」，謂其「竊弄威福，顛倒是非」，並且斥責內閣學士劉健、謝遷，尚書韓文、楊守隨、張敷華、林瀚，以及給事中湯禮敬、陳霆、徐昂、陶諧、劉菃、艾洪、呂翀等，共五十三人，與王、范、徐三人「遞相交通，彼此穿鑿，曲意阿附，遂成黨比。或傷殘善類，以傾上心。或變亂黑白，以駭眾聽。扇動浮言，行用頗僻」。諭旨最後豁免了諸臣的罪行，同時又警告他們「以後毋蹈覆轍，自貽累辱」。[48]

立威行動的後果是，即便是內閣首輔李東陽也不得不避其鋒芒，委曲求全。

正德二年四月，即於金水橋南羞辱群臣的次月，劉瑾再次矯詔，命內閣起草敕令，授予鎮守太監干預刑名政事的許可權。根據舊制，類似敕令的頒布，必須先由六部奏准，再送內閣起草。對於這項命令，李東陽等人「不能執奏，唯唯而已」。

據說，劉瑾在北京朝陽門外建了玄真觀後，李東陽甚至親製碑文，

46.《明武宗實錄》卷 23。

47.《國榷》卷 46。

48.《明武宗實錄》卷 24。

「極稱頌」。㊾

　　劉瑾「自建白本，則送內閣擬旨，東陽等必極為稱美，有曰『爾剛明正直，為國除弊』等語，識者鄙之」。劉瑾確立的「白本制度」，指的是在京外鎮守、巡撫以下官員奏事要遵循的程序：他們必須先將奏本寫在紅揭帖上（謂之紅本），呈給劉瑾過目，得到認可之後，再寫在白揭帖上（謂之白本），下發給通政司。㊿然後再經正常的程序，由通政司呈給文書房。通過「白本」制度，「中外大權一歸瑾，不復知朝廷矣」。

　　不過，包括《明史》、《明史紀事本末》在內的大部分史籍都認為，李東陽的虛與委蛇，並非只是為了保全自己的祿位。

　　《明史紀事本末》即提到很多有關李東陽營救忠臣義士的例子，例如，東廠緝事官校以「違例乘轎」為由將尚寶卿顧璿、副使姚祥逮捕入獄，經李東陽營救，二人最終保住性命，各坐謫戍而已。又例如，都御史楊一清與劉瑾不睦，劉瑾以其「築邊糜費」為由，將其打入詔獄，「李東陽亦力救，乃得釋」。又例如，前兵部尚書劉大夏，因為劉宇、焦芳誣告其「激變土官」，被關入錦衣衛監獄，罪當坐死，也是經李東陽與王鏊等「婉解之」，最終免死，發配甘肅衛。《明史》對此一言以蔽之：「凡瑾所為亂政，東陽彌縫其間，亦多所補救。」

　　既然連內閣首輔都不敢正面攖其鋒，劉瑾自然更加囂張，凡是忤逆其意者，都是他打擊報復的對象，即便對方已經致仕，也不例外。

　　早前提議誅殺劉瑾的戶部尚書韓文雖已罷職回鄉，但劉瑾恨心未已。後來，劉瑾以戶部廣東司遺失簿籍為藉口，遣派廠衛官校將韓文械至京城，並將其打入錦衣衛監獄，數月後才將他釋放。

　　《明史紀事本末》及《明通鑑》記載，劉瑾知道韓文清廉，家無

49.《明史紀事本末》卷 43。

50.《明書》卷 159。

餘財，「因創罰米法以困之」。他罰韓文上交大米千石，並命其輸送至大同，以充軍糧。不久後，「又假他故罰文米再，家業蕩然」。

因「罰米」而受困的大臣，還包括致仕尚書雍泰、馬文升、劉大夏、許進，都御史楊一清、李進、王忠，侍郎張縉，給事中趙士賢、任良弼，御史張津、陳順、曹來旬等數十人，皆「鬻產不能給，稱貸以償」，「數十人悉破家，死者繫其妻孥」，縉紳為之騷然。[51]

不過，劉瑾固然可惡，「罰米法」卻並非其所創。早在宣德元年，因蘇杭諸郡、海寧諸衛軍餉不繼，大理寺卿熊槩向宣宗提議「出贓罰米」，以解決軍餉問題，宣宗批准了他的建議。[52]《大明律》也有規定：「文職五品以上官及各處大小土官，犯該笞杖罪名，不必奏提。有俸者，照罪罰俸，無俸者罰米。」[53]

至於普通百姓，似乎也動輒被廠衛緝事官校魚肉。例如，在江西南康縣，當地百姓本有端午節舉行龍舟競渡的習俗，可是，在正德三年六月，南康人吳登顯等人卻因「擅造龍舟」而被西廠緝事官校抄家。自此以後，「民間見鮮衣怒馬作都下語者，輒斂跡相告。長吏密賂，或亡賴子奸喝售利，天下皆重足屏息矣」。[54]

六、內　廠

劉瑾設立內廠之後，擅權的程度變得更加嚴重。

內廠，又稱內行廠，設立於正德三年八月，它有兩個辦公地點，其一是位於宮外的辦事廠，由惜薪司外薪廠改建而成，其二是位於宮內的內辦事廠，基於榮府舊倉地而建成。[55]內廠的職能是「訶察一切，

---

51. 《明史》卷304〈劉瑾傳〉；《明史紀事本末》卷43；《明通鑑》卷42。

52. 《明宣宗實錄》卷113。

53. 《大明會典》卷160；《大明律集解附例》卷之1。

54. 《國榷》卷47。

及二廠（東、西廠）不法事」。[56]

《明通鑑》寫道：「時東、西二廠橫甚，道路以目。（劉）瑾猶未慊，復立內廠，自領之，尤為酷烈，中人以微法，無得全者。凡所逮捕，一家有犯，鄰里皆坐，或瞰河居者，以河外居民坐之。屢起大獄，冤號相屬。」[57]《明書》則寫道：「民間稍有違禁事覺，即舉家收捕，殺人取貨……雖遠方小邑莫不畏威屏息，惟恐得罪。」[58]

不僅如此，內廠還開創了「罪無輕重皆決杖，永遠戍邊，或枷項發遣」的先例。《明史》有載：「枷重至百五十斤，不數日輒死……官吏軍民非法死者數千。」[59]

根據沈德符的記錄，廠衛一直以來遵循的先下駕帖，再送刑科審批，批定後才行事的程序，在劉瑾的時代初告終結。[60]不過，根據《明世宗實錄》的記載，至遲在嘉靖元年，這一程序重新得到遵行。[61]

司法專制必然會刺激專制者任性玩法，劉瑾自然不會例外。設立內廠之後，劉瑾先後矯詔下達了兩項害民不淺的敕令：其一是將在京城謀生的「市井、遊食、無業之人，如磨工、鬻水者」全部驅逐出京，結果上千名被驅逐者在城外東郊集結，他們手持棍棒，表示甘願賠上性命，也要刺殺劉瑾，劉瑾心生恐懼，這才撤回了先前的命令；其二是命所有寡婦再嫁，並規定「停喪未葬者，盡焚棄之」，以至「京師哄然」，劉瑾擔心有變，「乃罪其首倡言者一人，以安眾心」。[62]

55.《明武宗實錄》卷41。

56.《弇山堂別集》卷15。

57.《明通鑑》卷42。

58.《明書》卷159。

59.《明史》卷95〈刑法志三〉。

60.《萬曆野獲編》卷21。

61.《明世宗實錄》卷20、21。

62.《明武宗實錄》卷41；《國榷》卷47；《明通鑑》卷42。

　　值得注意的是，即便是在劉瑾用事期間，廠衛偶爾也會「秉公執法」。例如，正德二年五月，工部郎中劉汝靖因為侵奪官地而被東廠官校抓進錦衣衛監獄，最終杖責三十，削職為民。正德四年正月，大理寺少卿季春因為在勘事福建期間「納妾又多載私貨」，「為東廠校尉所發，逮繫錦衣獄」，最終也是削職為民，並罰米五百石。❻❸

　　但這種「秉公執法」也可能是因為執法對象沒有足額行賄所致。根據《明史》的記載，有不少犯了事的邊將，因為賄賂了劉瑾，最終沒有被問罪，甚至還有人被擢升軍職。❻❹

　　劉瑾「急賄」之說固然成立，據說，凡入宮觀見或者奉旨出使的官員，都會獻上一份豐厚的賄賂，甚至還出現了因為無金行賄而自殺的案例：兵科給事中周鑰，即因為這個荒誕的原因而「自刎於桃源舟中」。❻❺在劉瑾親信石文義掌詔獄期間，凡入獄官員，除非其賄賂讓劉瑾滿意，否則可能永遠關押在獄中，其案無人問理。

　　但這並不意味著只要賄賂了劉瑾就能得到好處，出差福建的刑部侍郎張鸞回京後，奉上了白銀二萬兩，劉瑾將這筆巨款收入內府承運庫，卻罷黜了張鸞的官職。言官歐陽雲、印綬監少監李宣、錦衣衛指揮同知趙良等人也都因為「賄瑾（而）削籍」。原因大概在於，無論是行賄，還是受賄，都需要以互相信任為前提，否則很可能誤入敵人計中，被人握住把柄，未得其利，先受其害。即便大權在握如劉瑾者，也不得不防。但是更重要的原因是劉瑾的黨羽，吏部尚書張綵的規勸起了作用。

　　張綵提醒劉瑾，官員們打著您的旗號去貪汙或者索賄，進獻給您的賄金，不是盜自官帑，就是索自小民，更重要的是，他們獻給您的

63.《明武宗實錄》卷 26、46。
64.《明史》卷 304〈劉瑾傳〉。
65.《明武宗實錄》卷 44。

賄金，還不到他們貪汙數額的十分之一，但全部罪名都背負在您的身上，您將何以謝天下？聽了這番話，劉瑾「大然之」，於是「因賄得禍者甚眾，苛斂之害為少衰」。[66]

七、誅瑾鬧劇

正德五年，劉瑾的時代結束。

因為劉瑾的獨斷專行，朝臣對他的不滿與忌恨與日俱增，他以往的盟友也在尋找機會打擊他，以期獲得更多的權力空間。不難理解，在劉瑾擅權期間，無所不在的政敵們一定是百般隱忍，無時無刻不在等待他犯下難以彌補的大錯。

在劉瑾以往的盟友中，御馬監太監張永被認為相對公正（《明書》謂其「稍持正」），他是扳倒劉瑾的關鍵人物。

張永是保定新城人。他與劉瑾的交情原本不錯，尤其是在正德初年同心協力對付劉健、謝遷、韓文等試圖說服武宗誅殺「八虎」的朝臣時，更是如此。但是，隨著劉瑾大權獨攬，行事日益跋扈毒辣，二人之間的矛盾也逐漸加深。

而且，與劉瑾有矛盾的不只是張永，「八虎」中的其他六人，例如谷大用、馬永成等，也日益對劉瑾不滿，因為劉瑾專政，「七人有所請，瑾俱不應，咸怨之」。[67]

到了正德五年二月，張永與劉瑾的矛盾已經公開化了。根據嘉靖十四年（1535 年）進士薛應旂所著《憲章錄》，正是在這個月，劉瑾誣陷張永有罪，並向武宗提議，將其謫往南京，「旨未下，即日逐張永出就道，榜諸禁門，不許永入。永覺之，直趨至御前，訴己無罪，為瑾所害。召瑾至，語不合，即奮拳毆之。谷大用等解之，（上）令諸

66.《明史》卷 306〈張綵傳〉。

67.《明通鑑》卷 43。

近臣皆置酒和解」。**68**

　　另一位關鍵人物是安化王（封地位於甘肅安化）朱寘鐇。根據《皇明祖訓》，朱寘鐇屬於慶王世系，慶王朱㮸是太祖第十六子，朱寘鐇是其三世孫。據說，其人「狀貌魁梧」（《明武宗實錄》語），「性素狂誕」（《明通鑑》語），先是有江湖術士預言「其當大貴」，後又有妖巫借鸚鵡之口印證前言，於是朱寘鐇「覬覦非分，與其黨指揮周昂，千戶何錦、丁廣，衛學生孫景文輩，潛蓄異謀」。

　　正德五年四月，朱寘鐇「以誅瑾為名」，起兵謀反。誅瑾檄文由孫景文草擬，「檄至，諸鎮皆畏瑾，不敢以聞」。

　　但造反的消息最終還是傳到了北京，武宗命涇陽伯神英佩戴平胡將軍印，充任總兵官，起用前右都御史楊一清為提督，率大軍討伐朱寘鐇，此外，又命太監張永總督寧夏軍務。可是，大軍尚未抵達安化，叛亂已被寧夏游擊將軍仇鉞平定。於是，神英奉命率師回京，張永及楊一清則仍往寧夏，安撫地方。正是在這個時候，張永與楊一清定下了剷除劉瑾的大計。

　　楊一清是雲南安寧人，「少能文，以奇童薦為翰林秀才」，十四歲時舉鄉試，十八歲中進士；其人「貌寢（即醜陋）而性警敏」。**69**正德四年四月，楊一清在右都御史任上時，因忤劉瑾意而「罰米三百石，致仕」。**70**顯然，他的官復原職，以及奉旨提督鎮壓朱寘鐇叛亂的大軍的人事安排，是一個微妙的信號。《明通鑑》寫道：

　　　　（張）永至寧夏，楊一清與之結納，相得甚歡。（楊一清）知永與（劉）瑾有隙，乘間扼腕言曰：「賴公力定反側，然此易除

68.《憲章錄》卷 44。

69.《明史》卷 198〈楊一清傳〉。

70.《明武宗實錄》卷 49。

也，如國家內患何?」遂促席畫掌作「瑾」字，永難之，一清慨然曰:「公亦上信臣，今討賊不付他人而付公，上意可知。曷以此時功成奏捷，請間論軍事，因發瑾奸，極陳海內愁怨，恐變生心腹。上英武，必聽公誅瑾。瑾誅，公益柄用，悉矯弊政，安天下心。呂強、張承業暨公，千載三人耳。」永曰:「脫不濟，奈何?」一清曰:「言出於公，必濟。萬一不信，公頓首據地泣，請死上前，剖心以明不妄，上必為公動。苟得請即行事，毋須臾緩!」永勃然起曰:「老奴何惜餘年不以報主哉!」意遂決。 **71**

八月十一日，張永自寧夏回京獻俘，武宗身著戎裝，親至東安門相迎。張永當日奉詔西征時，武宗也是身著戎裝，親送至東華門。

當日傍晚，武宗置酒慰勞張永，劉瑾、馬永成也在座。夜色深重時，劉瑾先行告退，張永乘機密告劉瑾謀反罪狀，並從袖中取出奏本，歷數劉瑾不法事十七件，並且說，劉瑾流毒海內，激變寧夏，「心不自安，陰謀不軌，其形已具，宜早擒之」。但武宗仍然猶豫不決，張永對他說，再不決斷，「我輩皆虀粉矣! 陛下安所之乎」。馬永成等人也表示支持張永的建議。於是，武宗即命錦衣衛逮捕劉瑾，並親至劉瑾宅第觀變。《明史紀事本末》寫道:「時漏下三鼓，瑾方熟寢。禁兵排闥入。瑾驚起曰:『事可疑矣!』趨出戶，遂被執。」 **72**

當夜，劉瑾被送出東華門，關押在菜廠胡同一帶，其私宅被錦衣衛官校查封，「時夜禁甚嚴，犯者至死。星出後，寂然無雞犬聲。有中夜竊聽者，聞兵甲聲錚然相繼」，京城中的百姓還以為是「傾朝送葬」。 **73**

71.《明通鑑》卷43。

72.《明史紀事本末》卷43。

73.《明武宗實錄》卷64。

　　據說，劉瑾確有謀反的意圖，他十分相信江湖術士俞日明的預言，即他的姪孫劉二漢「當大貴」，「遂謀不軌」。正巧他的兄弟，都督同知劉景祥過世，將在八月十五日下葬，於是，他們打算趁百官送葬之時起事。讓他們沒有想到的是，張永正好請旨在八月十五日獻俘，「瑾使緩其期，欲事成並擒永」。有人將劉瑾的陰謀馳告張永，因此，張永提前四日進京，破壞了劉瑾的陰謀。

　　武宗起初似乎並不十分相信劉瑾會背叛自己，他在擒下劉瑾的次日發布了一道詔書，謂自己「委劉瑾以腹心，整理庶務」，可劉瑾卻「不體朕心」，倒行逆施。儘管武宗對自己的失察表示「深悔焉」，可是，他對劉瑾的懲罰，卻只是降級，敕令其在中都鳳陽閑住而已。詔書發布後，京中官民震驚，這才知道劉瑾下獄之事，「是時，事猝從中發，邏卒飛騎，交馳於道，黃紙黑索，驚駭見聞，衣冠失度，府寺閭巷，喧囂如沸，浹日乃定」。

　　劉瑾被囚後，深知已瀕臨絕境，於是通過通政司的關係，呈上了他人生中的最後一道奏本，謂其「就縛時，赤身無一衣，乞與一二敝衣蓋體」。他試圖激起武宗的憐憫之心，以逃脫遭受極刑的命運。武宗似乎確實起了憐憫之意，命人給劉瑾送了上百件舊衣服。

　　但是，劉瑾的努力最終是徒勞。八月十四日，武宗親自督抄他的家，見到他所藏財物後，怒不可遏，起了殺心：

> 上親籍瑾家，黃金二十四萬錠，又五萬七千八百兩。元寶五百萬錠。銀八百萬錠，又百五十八萬三千八百兩。寶石二斗。金甲二。金鉤三千。金銀湯鼎五百。袞服（天子穿的衣服）四襲。蟒服四百七十襲。牙牌二櫃。金龍甲三十。玉印一。玉琴一。獅蠻帶一。玉帶四千一百六十。（於另一處私宅）又得金五萬九千兩，銀十萬九千五百兩。團扇飾貂皮，中置刀二。甲千餘。

弓弩五百。上見刀、甲、弓，怒曰：「瑾果反矣！」即下獄。[74]

鞫訊劉瑾是一場極具諷刺意義的鬧劇。《明通鑑》寫道：

> 六科給事中謝訥、十三道御史賀泰等列奏瑾罪凡十九事，請亟
> 賜誅戮。上是之，令法司、錦衣衛會百官鞫訊於午門外。都給
> 事中李憲，瑾私人也，至是亦劾瑾，瑾聞之，笑曰：「憲亦劾我
> 邪！」鞫之日，刑部尚書劉璟，嗫不敢發聲，瑾大言曰：「公卿
> 多出我門，誰敢問我者！」皆稍稍卻避。駙馬都尉蔡震曰：「我
> 國戚，得問汝。」即使人批瑾頰曰：「公卿皆朝廷用，云何由汝？
> 抑汝何藏甲也？」曰：「以衛上。」震曰：「何藏之私室？」瑾語
> 塞，獄乃具。[75]

劉瑾被抄家的次日，其黨羽掌錦衣衛事都指揮使楊玉、掌鎮撫司
事錦衣衛指揮使石文義，被打入都察院監獄。最終，楊玉被處死，石
文義則被凌遲。

八月二十日，張永將劉瑾的親信，內行廠官校彭玉等五十七人，
以及楊玉的親信，旗校秦志通等五人「置於獄，令拷訊以聞」。前文提
到過的在東司房辦事的百戶沈彬也被處死，在鎮撫司理刑的千戶郝凱
以及左堂等人發配到邊衛充軍，所有這些人都被抄家，其親屬遠戍廣
東、海南等地。

劉瑾本人於八月二十五日伏誅，「依凌遲律，磔之市三日」，怨恨
他的人「爭購其肉生啖之」。「當大貴」的劉二漢等人「俱坐反逆」，與
劉瑾的親屬劉傑等十五人一起被斬首，女眷則發配浣衣局。二十六日，
武宗下詔，盡數釋放被劉瑾譴戍的官員。

74.《國榷》卷48。

75.《明通鑑》卷43。

作為劉瑾的黨羽，吏部尚書張綵被處死，其餘諸如內閣學士焦芳、劉宇、曹元，戶部尚書劉璣，兵部尚書劉璟等人，則或謫戍，或謫外，或閑住，或除名。但沒被查處的黨羽大有人在。

劉瑾伏誅次日，楊一清被任命為戶部尚書，他將在五年後第一次入閣。李東陽則繼續擔任內閣首輔，他將在兩年後致仕。至於張永一脈，他的兄弟錦衣衛都指揮僉事張容，在劉瑾被抄家的當日受命「掌（錦衣衛）印管事，提督官校辦事」。次月，張永的兄長張富也因為平朱寘鐇、誅劉瑾有功，被封為泰安伯，張容被封為安定伯，張永本人則「加祿米歲四十八石」。太監谷大用的兄長谷大寬、馬永成的兄長馬山、魏彬的兄弟魏英，也分別被封為高平伯、平涼伯、鎮安伯。魏彬則接掌了司禮監印信。平定朱寘鐇叛亂有功的遊擊將軍仇鉞被封為咸寧伯。[76]

明人薛應旂評論說，由於武宗賞罰失當，劉瑾流毒尚在，魏彬、馬永成等人則繼續「濁亂朝綱」，以至於山東、河南、河北、江西、四川諸處，盜賊蜂起，「天下不勝煩擾矣」。[77]

劉瑾死後，他主持的變法事項，「吏部二十四事、戶部三十餘事，兵部十八事，工部十三事，詔悉釐正如舊制」。[78]

八、錢、江相爭

正德中後期，錦衣衛的歷史主要圍繞錢寧與江彬展開。

因為錢寧的存在，錦衣衛暫時脫離了太監的控制，不再附屬於東廠或者西廠，重新成為可以與之分庭抗禮的獨立主體，這是正德中後期錦衣衛的基本特徵。而且，錢寧本人開創了另一項記錄：作為錦衣

76.《明武宗實錄》卷 67。

77.《憲章錄》卷 44。

78.《明史》卷 304〈劉瑾傳〉。

衛的管事者，他的官級達到武官的極品，即左都督（正一品）。在此之前，錦衣衛管事者獲得的最高官職是都督同知（從一品），代表人物是英宗朝的袁彬。

根據《罪惟錄》的記載，錢寧是陝西鎮安人，本名朱安，小名「酒來」，或者「茶來」，因自幼在太監錢能家為奴而冠以錢姓。[79]錢能原是御用監太監，成化四年外派鎮守雲南，後因私通安南國王等事，十二年後被讁往南京閑住，後為南京守備太監。[80]他大概在弘治末、正德初年過世，按照推恩宦官家人的慣例，錢寧被授予錦衣衛百戶之職。

王世貞說，錢寧「生而警敏，巧媚異常」，深得錢能喜歡，錢能頗有造就他的意思，受命鎮守雲南時，特地帶他一起赴任，讓他增廣見聞。那時，錢寧還十分年幼，但待人接物已十分老成。據說，當時一位經常出入錢能門庭的官員見到他後，「異其相，因大贈遺金帛」，甚至鄭重其事地說出「苟富貴、無相忘」的話。[81]

根據王世貞的說法，錢寧是通過馬永成的關係，在豹房謁見了武宗，並表演了「握槊、走馬、手搏諸戲」，「上大悅，絕愛幸之，賜國姓，命為義子」。[82]而根據《明書》的記載，錢寧是通過巴結劉瑾而得到親近武宗的機會，並成功地得到這位年輕皇帝的賞識。[83]《明史》則謂錢寧「善射，拓左右弓」，可見，他頗會些武藝。在錢能的調教下，錢寧應該多少也會些文書工作，再加上他為人「猖狡」、「警敏」、「巧媚異常」，而武宗正好又極愛嬉戲熱鬧，因此，他能夠受寵，實在再正常不過的事情。[84]

---

79. 《罪惟錄》列傳卷之 30。
80. 《明憲宗實錄》卷 51、228。
81. 《弇州四部稿》卷 79。
82. 《弇州四部稿》卷 79。
83. 《明書》卷 155。

　　「豹房」建於正德二年八月，🮰因此，如果王世貞所謂「（錢寧）緣馬永成見上於豹房」的記載無誤，那麼，錢寧在豹房初次謁見武宗的時間，不會早於正德二年八月，同時也不會遲於正德三年四月，因為根據《明武宗實錄》的記載，正是在這個月，武宗命人在東公生門的南邊「增造御樂庫房庫」，「時樂官臧賢，交結權奸錢寧，為上所喜，故特允其請」。🮱

　　可是，錢寧是通過馬永成的關係，在豹房謁見了武宗，並表演了「握槊、走馬、手搏諸戲」，「上大悅，絕愛幸之」得到武宗寵信的時間，也可能早於正德二年八月。因為《明史》有所謂「（錢寧）請於禁內建豹房」的記載，《明書》也有所謂「（錢寧）引樂工臧賢及番僧等相比為奸，又請於禁內建豹房、新寺，誘上敗遊為娛樂，雜陳伎術以固寵」的說法，換句話說，如果這些記載屬實，則營建豹房的主意乃出自錢寧。

　　不過，由於《明書》對相關歷史事件的先後順序的記載比較混亂，上述史料的可信度在一定程度上受到了影響。事實上，錢寧「請於禁內建豹房」這句話的上文是「（錢寧）大被寵倖，賜國姓，為錦衣正千戶。累升左都督，掌錦衣衛事，典詔獄，權日益重」。後文將會談到，錢寧被賜予國姓，以及被授予錦衣衛千戶一職的時間，要比豹房設立的時間晚得多。

　　無論營建「豹房」是否出自錢寧的主意，可以確定的是，錢寧要上位，除了要有足以引起武宗興趣的才氣與性格，還要有陪伴這位年輕貪玩的皇帝的機會。由於劉瑾曾主管鐘鼓司，而鐘鼓司的職能主要是伺候皇帝玩樂，因此，錢寧通過劉瑾而接近武宗的可能性，似乎比

84.《明史》卷 307〈錢寧傳〉。

85.《明史》卷 16〈武宗本紀〉。

86.《明武宗實錄》卷 37。

通過司設監太監馬永成的可能性更大一些。[87]

因此，上述事件發生的順序也有可能是，正德元年或者正德二年初，錢寧通過劉瑾謁見了武宗，憑藉本身的才藝與氣質，他贏得了武宗的喜愛。過了一段時日之後，他提出了營建豹房的建議。正德二年八月，武宗將這個建議付諸實施。

豹房建於「西內」，即西華門內。《明通鑑》記載「上為群閹蠱惑，乃於西華門別構院籞，築宮殿，而造密室於兩廂，勾連櫛列，名曰豹房」。武宗又將豹房稱為「新宅」，朝夕流連其中，每日召教坊樂工入宅承應，久而久之，樂工承應不及，竟然又召來河南諸府精於歌舞器樂者，「教坊人至者日以百計。群小見幸者，趨承自便，不復入大內矣」。[88]

在此之前，嚮往宮外生活的武宗曾令太監仿設民間市集，謂之「廛肆」，他本人扮作商賈，做起買賣，又經常扮作賭客，進賭坊豪賭。武宗還令太監在宮內永巷蓋起酒肆，謂之「廊下家」，經常醉宿其處。

五年後，即正德七年（1512 年）十月，武宗下令擴建豹房，時有工部官員上本稱，五年以來，豹房花費高達白銀二十四萬兩，「今又增修房屋二百餘間，國乏民貧，何以為繼？乞即停止或量減其半」。[89]武宗不為所動。

武宗最為人所知的另一件事情是濫收義子，錢寧只是其中的一個。《御批歷代通鑑輯覽》及《明通鑑》解釋說，武宗對於自己喜歡的宦官、市井無賴，甚至是「亡虜」，動輒將其收為義子，並賜姓朱氏。[90]

87.《明史》有關司設監職掌的記載是：「司設監，員同內官監，掌鹵簿、儀仗、帷幕諸事。」見《明史》卷74〈職官志三〉。

88.《明通鑑》卷42。

89.《明通鑑》卷44。

90.《御批歷代通鑑輯覽》卷107；《明通鑑》卷44。

有史可查於正德七年九月，時年不過二十一歲的武宗，「賜義子一百二
十七人國姓」。[91]

　　錢寧被收為義子並被賜予國姓的時間，不會遲於正德四年十一月，
因為在該月初七日，錢寧已經以武宗義子朱寧的身分被擢升為錦衣衛
正千戶。同時晉升官職的，還包括武宗的其他十五位義子，例如朱鏷、
朱福、朱安、朱璽等，他們有的被擢升為千戶，有的被擢升為所鎮撫
等官。時年武宗十八歲。如果王世貞有關錢能赴任雲南鎮守太監時攜
帶錢寧同行的記載無誤，錢寧被收為義子時的年齡不會低於四十一歲。

　　《明武宗實錄》的編撰者，世宗朝內閣學士費宏記載了武宗擢升
錢寧等「義子」的程序：「是日，內出白紙小帖，直列諸姓名，注云某
『乞某官』，亦無籍貫。御批『如所乞，下兵部施行』，蓋前此傳奉所
未有者。（朱）寧、（朱）安之進，始此。」[92]

　　同為武宗的義子，這些人的前程並不相同，正如《明通鑑》所寫：
「永壽伯朱德及都督朱寧（即錢寧）、朱安為首，其次朱國、朱福、朱
剛，皆至都督，餘則授都指揮、指揮、千、百戶、鎮撫、旗舍之等。
時有朱靜等五人皆亡虜，亦至千戶。」[93]

　　有必要說明的是，皇帝收義子的做法並非始於武宗，在有明一代，
其肇始者實為太祖。若再往前，則至少可以追溯到後梁太祖朱全忠。
不過，太祖收義子的原因與武宗完全不同，清代史家趙翼解釋說，明
太祖以布衣舉事，「除一姪（朱文正）一甥（李文忠）外，更無期功強
近之親，故亦多養異姓子，幼兒撫之，長即命諸將分守，往往得其力
……周舍鎮江、道舍守寧國、馬兒守婺州、柴舍真童守處州、金剛奴
守衢州，皆義子也」。[94]

91.《明史》卷 16〈武宗本紀〉。

92.《明武宗實錄》卷 57。

93.《明通鑑》卷 44。

　　錢寧的前程沒有因為劉瑾的倒臺而受到大的影響。不過，在劉瑾被誅的次月，即正德五年九月，他以錦衣衛指揮使的身分受命與覃泰等人一同掌理南鎮撫司事。至於他晉升為指揮使的原因與時間，則尚不清楚。

　　覃泰是錦衣衛的老前輩，至遲在憲宗成化十四年，他已是錦衣衛千戶，因追隨指揮使朱驥「捕盜有功」，於當年九月被擢升為指揮僉事（正四品）。十一年後，即孝宗弘治二年（1489 年），他已經官至錦衣衛都指揮同知（從二品）。而從正德二年開始，覃泰已經在南京錦衣衛管事，張永的兩位兄弟（錦衣衛都指揮僉事，安定伯張容，以及錦衣衛指揮使，泰安伯張富）都曾受命與他一同掌理南鎮撫司事。

　　在南京期間，錢寧應該得到覃泰比較周到的照顧，因此，在他飛黃騰達後回報了覃泰。正德十年（1515 年）十月，正是應錢寧所請，武宗將已經在都指揮同知一職上停滯了二十多年的覃泰擢升為都指揮使。

　　將錢寧調往南京，應該是武宗的權宜之計，因為這位寵臣曾與劉瑾來往密切。不難想像，在劉瑾倒臺後，一定會有不少朝臣要求他懲治錢寧。但是，僅三個月後，當事態已逐漸平息下去，武宗就迫不及待地將錢寧調回北京，並命他與錦衣衛都指揮僉事劉璋等人一起「堂上管事」。[95] 錢寧很快就爬上了權力的高峰。

　　正德六年（1511 年）四月，「命錦衣衛指揮使朱（錢）寧提督巡捕」。同年九月，「升錦衣衛指揮使朱寧為都指揮僉事，本衛掌印，兼提督官校辦事」。次年十月，因錢寧緝盜有功，且累功加升，擢升其為後軍都督府都督僉事（正二品），仍在錦衣衛掌印管事，並賜其世襲錦

94.《廿二史劄記》卷 32。周舍即沐英，道舍即何文輝，馬兒即徐司馬，柴舍即朱文剛，真童及金剛奴不可考。

95.《明武宗實錄》卷 70。

衣衛指揮使的恩典。又過了兩個月，即正德七年十二月，因錢寧自陳
緝捕有功，再擢升為都督同知（從一品）。正德十年十月，還是因緝捕
有功，將錢寧擢升為後軍都督府右都督（正一品），「照舊管事」。兩個
月後，再擢至左都督（正一品）。正德十三年（1518 年）九月，武宗
甚至授予錢寧年僅六歲的兒子錢永安為「錦衣衛世襲正千戶，見任管
事」。96

　　錢寧在這幾年的仕途風光，說明他的固寵之計發揮了作用。《明
書》記載，為了維持武宗對自己的寵信，錢寧「朝夕侍上」。《明史》
則寫道：「帝在豹房，常醉枕寧臥。百官候朝，至晡莫得帝起居，密伺
寧，寧來，則知駕將出矣。」97

　　自正德六至十四年間（1511～1519 年），錢寧的權勢如日中天，
不少官員爭相賄賂。據說，雲南某位土官的兒子，為了確保世襲的官
職不至於變成流官，「載金寶二十萬賂寵臣錢寧」。98

　　避忌其權勢的大臣更是比比皆是，吏部尚書，內閣大學士楊一清
就是其中的一位。楊一清曾一度與錢寧相厚，但楊的政敵一直密切注
意他的言行，希望找到可以打擊他的機會。正德十一年（1516 年）八
月，他們的機會來了。

　　當時，楊一清借著天災異象的機會，極陳時政，有「狂言惑聖聰，
匹夫搖國是，禁廷雜介冑之夫，京師無藩籬之託」之語。99 於是，楊
一清的政敵在錢寧面前搬弄是非，「謂其言為寧而發也」。於是，錢寧
恨上了楊一清，「一清乃不安於位」，向武宗提出了致仕的請求，並得
到批准。100

96.《明武宗實錄》卷 79、93、95、130、132、166。

97.《明史》卷 307〈錢寧傳〉。

98.《滇考》卷下。

99.《明通鑑》卷 46。

　　與王振和劉瑾等人一樣，錢寧也利用自己的地位培植了一大批黨羽，其中，值得一提的是朱謙、廖鵬與朱安。

　　作為武宗的義子之一，朱謙的本名及籍貫已不可考，可以確定的是，他曾以錦衣衛百戶的身分跟隨太監陸誾討賊，「累冒軍功」。[101]

　　陸誾是一位資格比較老的太監，憲宗朝時曾輔助太監陳敬鎮守大同，孝宗朝時曾先後鎮巡甘肅，鎮守大同。正德初年，陸誾調回北京，與張永同任御馬監太監。正德五年四月，張永受命提督寧夏等處軍務時，他負責從旁協助。

　　在陸誾及錢寧的提攜下，朱謙的仕途十分順利。正德七年十月，他晉升為錦衣衛都指揮使。次年四月，再升為都督僉事。

　　至於廖鵬，其兄為劉瑾的黨羽，河南鎮守太監廖鎧。他的晉身之階是劉宇和曹元，劉瑾的另外兩名黨羽。

　　正德三年三月，冠帶舍人廖鵬自陳出差途經祥符（今河南開封）期間擒獲六名打劫商旅的巨盜。兵部尚書劉宇幫他向武宗求官，武宗授予廖鵬錦衣衛百戶之職。不久後，廖鵬又晉升為副千戶。次年三月，在兵部尚書曹元的幫助下，他再度「濫賞冒功」，被擢升為錦衣衛指揮僉事。《明武宗實錄》記載，廖鵬及其兄廖鎧自陳在河南擒斬賊寇一百三十四人，而根據覆勘軍功的官員們的記錄，「是舉實妄殺希功，男婦死於非辜者，踰百人」。但是，因為廖鵬「奸佞陰險，巧於彌縫」，這份記錄並沒有公開。[102]

　　在其後兩年時間裡，廖鵬繼續濫賞冒功，累官至錦衣衛指揮使。劉瑾倒臺後，他的前程受了些影響。正德六年三月，巡撫河南都御史鄧庠上本稱「河南盜起，民窮財盡，皆由先鎮守太監廖鎧與其弟指揮

100.《明武宗實錄》卷140。

101.《明武宗實錄》卷99。

102.《明武宗實錄》卷48。

使鵬括利害人，擅作威福，糾用群小朱文宪等所致。乞正鵬典刑，並
鬻其私宅以給公費」。於是，武宗下詔，降廖鵬職二級，謫其去南京閑
住，「仍鬻其私宅，並逮捕其黨治罪」。

　　但廖鵬迅速巴結上了他生命中的下一位「貴人」——錢寧。據說，
他甚至將自己十分寵愛的一位侍妾送給了錢寧。在錢寧的幫助下，再
通過兄長廖鎧的奏辨，廖鵬並未謫往南京，而是立即官復原職。「自
是，鵬拜寧為恩父。寧每自豹房休沐歸，輒過鵬家止宿。鵬恬不知恥，
反以誇詡於眾。罰未行，而寵賂益章矣」。[103]

　　正德十三年二月，經錢寧推薦，廖鵬被擢升為錦衣衛都指揮使，
「掌南鎮撫司印」。

　　至於朱安，按照王世貞的說法，他原名錢安，通過錢寧的關係受
寵於武宗。但是，根據《明武宗實錄》的記載，他認識武宗的時間可
能不會遲於錢寧，因為他們二人是一起被武宗收為義子的。正德四年
十一月，二人還一起被授予錦衣衛正千戶的職務。

　　正德六年九月，在錢寧晉升為掌錦衣衛事都指揮僉事的次日，朱
安以錦衣衛指揮使的身分奉旨「堂上辦事，提督官校巡捕」。[104]正德七
年十月，他與錢寧同時被擢升為都督僉事。兩個月後，二人又同時被
擢升為都督同知。但朱安晉升為右都督的時間比錢寧晚了整整一年，
晉升為左都督的時間，則比錢寧晚了兩年左右。[105]無論錢寧是否為朱
安的晉身之階，作為錢寧的副手，朱安一直在錦衣衛主管巡捕的事務。

　　從現有史料上看，朱安與司禮監太監張永的關係應該比較密切。
正德五年八月，即安化王朱寘鐇謀反事敗，劉瑾伏誅的當月，張永派
時為錦衣衛正千戶的朱安執行了一項簡單而又容易立功的任務：將朱

---

103. 《明武宗實錄》卷73。
104. 《明武宗實錄》卷79。
105. 《明武宗實錄》卷149。

寘鐇的黨羽，寧夏逆賊馮經等七人押解至京。完成這項任務的次月，
朱安官升一級，並被賜予「紵絲衣服一襲，鈔千貫」。[106]

　　錢寧的受寵，使其可以重塑錦衣衛的獨立人格。在他掌理錦衣衛
期間，東廠與西廠的提督太監只能通過與錦衣衛合作而非控制的方式
來完成自己的工作。

　　劉瑾伏誅，內廠被撤後，西廠似乎也退出了歷史的舞臺。《明史》
寫道：「瑾誅，（谷）大用辭西廠。未幾，帝復欲用之，大學士李東陽
力諫，乃止」。[107]可是《明通鑑》的記載正好相反：「（正德七年七月）
上以黑眚之異，京城內外偽言迭起，欲命谷大用仍舊提督官校內外緝
訪，大學士李東陽力諫，不納。」[108]也就是說，正德七年七月之後，西
廠可能還存續過一段時間，但是，因為相關史料過於貧乏，其具體情
形成謎。

　　至於東廠，至遲從正德七年三月開始，御馬監太監丘聚已經卸任
東廠太監之職，因為正是在這個月，內官監太監張雄受命「提督東廠
官校辦事」。

　　史籍記載，張雄與張永交厚，而張永與丘聚的關係比較惡劣，因
此，張永在這件事上一定發揮了作用。不過，丘聚雖然卸任提督東廠
的職務，其耳目仍在，因此，他很快就對張永進行了報復。同年十一
月，丘聚彈劾張永指使庫官吳紀等人將內帑白銀七千餘兩「舁入私宅，
造作玩好諸物」，因為證據確鑿，張永被罷免了司禮監太監的職務，調
御用監閑住。次年七月，因北虜犯邊，張永重新得到重用，受命「總
制提督宣府、大同、延綏等處軍務」。

　　張雄的出身不詳，據說，他有一個不幸的童年。張雄的生母寇氏

106.《明武宗實錄》卷 67。

107.《明史》卷 304〈谷大用傳〉。

108.《明通鑑》卷 44。

去世後，其父張銳再娶，後母對張雄百般虐待，但其父視若無睹，因此，張雄憤而揮刀自宮，但他入宮的途徑已不可考。在有明一代，自宮是被法律禁止的行為，例如，永樂二十二年出臺的禁令規定：「令凡自宮者，以不孝論。軍犯，罪及本管頭目總小旗。民犯，罪及有司里老。」成化九年出臺的規定則更為嚴厲：「私自淨身希求進用者，本身處死，全家發煙瘴地面充軍。」[109]很明顯，這些禁令沒能阻止張雄進宮當差。

張雄發達之後，對父親的怨恨一直沒有消除，《明武宗實錄》記載了一則讓人感到有些心酸的故事，大致意思是：張雄之父張銳求見張雄，為張雄所拒絕，張雄的同事勸他原諒父親。某日，張雄站在私宅的大堂上，面前垂下一簾帷幕，張銳則在帷幕的另一邊，被張雄的下人杖責二十。責罰完畢，二人相抱而泣。張銳一定認為自己付出的代價是值得的，因為在認回兒子的同時，他的仕途也平步青雲，最終官居一品，成為後軍都督府右都督。[110]

在提督東廠的任上，張雄似乎並無特別惡劣的表現，而且，他在這個職務上的時間不長，大概只有一年左右，其後被任命為司禮監太監，權勢益重。正德八年（1513年），調任司禮監後不久，張雄出資在北京香山蓋了一間寺廟，武宗賜匾額曰「大慧」，「寺有大悲殿，重簷架之中，笵銅為佛，像高五丈，土人遂呼為『大佛寺』」。[111]

接替張雄提督東廠者，是與張雄的父親同名的御馬監太監張銳。張雄、張銳以及另一位御馬監太監張忠，都是因為在豹房伺候武宗而得幸，時稱「三張」。

張銳的籍貫及出身背景不詳，他為人凶狡，「每緝事，先令邏卒誘

109.《大明會典》卷80。

110.《明武宗實錄》卷116。

111.《欽定日下舊聞考》卷98。

人為奸，乃捕之，得賄則釋，往往以危法中人」。[112]他與錢寧二人因豹
房而結緣，且朝夕侍奉在武宗身側，深明「合則兩利、爭則兩害」的
道理，相處非常融洽。武宗也樂見二人合作無間，凡遇需要隆重警戒
的大事，必定命二人一同提督官校辦事。

　　正德十二年（1517年）九月，武宗化身為「威武大將軍朱壽」，
總督軍務，親統六師北征虜寇，二人奉命一起「提督官校，防察周
密」。次年論功行賞時，張銳「歲加祿米二十四石，蔭弟姪一人」，錢
寧則「賞銀五十兩，紵絲四表裡，蔭一子錦衣衛世襲正千戶」。[113]正德
十三年六月，孝貞太皇太后（憲宗的第二任皇后）薨逝，二人受命一
起總督官軍，護送太后的梓宮（即棺木）「安厝山陵」。[114]正德十四年
（1519年）八月，武宗率軍討伐寧王朱宸濠前夕，命二人一同警戒京
城安全。[115]

　　他們的子姪也經常一起公幹。例如，正德九年（1514年）時，同
在錦衣衛擔任千戶的張銳的姪子張蘭，以及錢寧的女婿齊佐，一起參
與了發生在宣府、大同的戰事。幾年後，張蘭官至後軍都督府右都督，
齊佐則官至錦衣衛都指揮僉事。

　　無論是錢寧、張雄、張銳，都曾與寧王朱宸濠相勾結，但他們的
下場並不相同，他們的命運與另外一個人物息息相關，他就是江彬。

　　江彬是宣府人，世襲蔚州衛指揮使，《明書》謂其「儀狀魁偉，善
騎射，性憸諂便辟，人多悅之」。[116]正德六年，流賊劉六、劉七、楊虎
等合犯京畿，而京軍不能制，不得不調邊兵剿賊。於是，江彬得到一

112.《明史》卷304〈張忠傳〉。

113.《明武宗實錄》卷164。

114.《明武宗實錄》卷163。

115.《明武宗實錄》卷177。

116.《明書》卷154。

個進入權力中心的機會。

　　作為游擊將軍，江彬跟隨大同總兵官張俊赴京剿賊，經過薊州之時，「殺一家二十餘人，誣為賊，得賞」。其後又與賊寇交戰，中了三箭，其中一箭射穿了他的臉面，「鏃出於耳，拔之更戰」。一年後，賊寇漸平，武宗命邊兵還鎮大同、宣府。軍過京師，武宗犒之。通過「厚賂錢寧」，江彬得到武宗的召見。時年二十一歲的武宗十分好武，看到江彬臉上的傷痕後，驚嘆道：「不愧是壯士江彬啊！」最終，江彬以及宣府守將許泰都留在了北京。[117]

　　武宗對江彬的軍事見解十分滿意，將其擢升為錦衣衛都指揮僉事。據說，二人稱兄道弟，不分尊卑，「出入豹房，同臥起」。武宗對江彬的寵愛，到了不講原則的地步。有一日，二人對弈時，江彬在言語上有些不敬，遭到千戶周騏的訓斥，後來，他找了個機會誣陷周騏，將其搒掠至死，武宗卻不聞不問。

　　巡按直隸御史陳祥彈劾江彬駐兵靜海期間「縱賊害民」，建議將其「逮問」。給事中潘塤等人也核實江彬在新河縣蘀添村「殺其居民康強等四十一人，闞學等九人」，濫冒軍功。儘管這些指控證據確鑿，武宗也只是罰俸了事。[118]

　　眼見江彬日益受寵，錢寧多少會感到有些不平，但是，錢寧並沒有在關鍵的時候表現出被武宗看重的忠勇氣質。《明史》記載，某日武宗在豹房捕虎，虎不馴，於是召錢寧相幫，錢寧卻畏縮不前，「虎迫帝，（江）彬趨撲乃解」。儘管武宗戲言「吾一人足矣，安用爾」，心裡卻感激江彬，而怨恨錢寧。因此，錢寧後來在武宗面前打江彬小報告時，武宗沒有理他。[119]

117.《明史》卷 307〈江彬傳〉。

118.《明武宗實錄》卷 92、101。

119.《明史》卷 307〈江彬傳〉。

　　江彬十分清楚錢寧對自己的猜忌，亦深知錢寧經營有年，根基頗深，「左右皆寧黨」，要與之抗衡，必須要「藉邊兵自固」。於是，他向武宗提議說，「邊軍驍悍勝京軍，請互調操練」，他試圖通過這種方式培植自己的勢力，進而完全控制禁軍。這個提議遭到朝臣反對，言官交章諫止，皆稱「祖宗成憲，京軍衛內，不以無故而出外，恐有四方窺伺之虞。邊兵捍外，不以無事而馳備，恐有一旦倉促之患」。內閣首輔李東陽也疏陳該提議存在十大弊端。

　　李東陽上疏的時間，是正德七年十一月，但是，武宗卻十分認同江彬的意見，「於是調遼東、宣府、大同、延綏四鎮軍入京師，號『外四家』，縱橫都市。每團練大內，間以角牴戲。帝戎服臨之，與彬聯騎出，鎧甲相錯，幾不可辨」。

　　李東陽心灰意冷，次月以「老病」請乞致仕，武宗許之。[120]接替他擔任首輔的，是正德二年入閣的吏部尚書兼文淵閣學士楊廷和。

　　正德八年正月，武宗命都指揮僉事江彬、都督同知許泰、武平伯陳熹分別指揮伸威營、敢勇營及五軍營的操練。兩個月後，改太平倉為鎮國府，用來指揮宣府官軍。六月，經英國公張懋所請，又在奮武營的西側營造西官廳，作為發號申令之所。八月，武宗認江彬為義子，賜其朱姓。次年，江彬開始飛黃騰達。

　　正德九年十一月八日，武宗將江彬擢升為錦衣衛都指揮同知。二十日後，命江彬及右都督許泰提調團營西官廳。當時，在西官廳操練的官軍共有一萬二千人，其中六千人選自團營，三千人選自四衛軍，三千人選自勇士軍，正德元年所選官軍則在東官廳操練。「自是，兩官廳軍為選鋒（即精銳部隊），而十二團營且為老家矣」。[121]

　　為了讓江彬提調西官廳，武宗費了一番心思。西官廳演練官軍的

120.《明通鑑》卷44。

121.《明史》卷89〈兵志一〉。

計畫確定後，武宗命兵部推選「謀勇堪任將者」為提調將領，兵部先是推舉了都督許泰、楊英、馬昂，以及咸寧侯仇鉞、南和伯方壽祥等人，武宗不太滿意，仍令再推，於是又推舉了懷寧侯孫應爵、豐潤伯曹愷等人，武宗仍令再推，並讓他們推舉「允合朕意者」。於是，兵部推舉了包括江彬在內的幾個人選，同時又提醒武宗說：「彬官卑，況彬先為千戶，有妄殺罪，若掌中軍，害事益多，故不敢舉。」武宗下旨兵部，江彬的罪過已經成為歷史，乃命江彬與許泰提調西官廳。[122]

　　四個月後，即正德十年三月，武宗再升江彬為都督僉事，在後軍都督府帶俸任職。至遲在同年十二月之前，又擢升其為都督同知。到了正德十一年二月，江彬已官至後軍都督府右都督。[123]

　　與錢寧一樣，江彬的固寵之計，也是陪伴武宗遊樂，但他走得更遠一些，因為他擁有的資源比錢寧更具優勢：相對於活動範圍主要限於京城的錦衣衛來說，在西官廳演練的官軍可以出現在任何地方。江彬要做的只是充分調動武宗對軍事以及享樂的幻想，然後就可以牢牢地將武宗拴在自己的身邊。

　　江彬常常對武宗說，宣府的樂戶之中，美女如雲，還可以視察邊疆軍事，騎馬瞬息馳千里，十分快活自在，「何鬱鬱居大內，為廷臣所制」，武宗深以為然。對年輕的武宗來說，江彬的出現，讓他覺得外面的世界不再遙遠，同時，武宗也更加確信，那個世界比想像中還要有趣。

　　《明史》告訴我們「（正德九年二月）庚子，帝始微行」。[124]可是，根據《明武宗實錄》記載，早在即位之初，武宗已經「時出微行」，朝臣還為此傷透了腦筋，常常引經據典進行規勸。例如，正德元年四月，

122.《明武宗實錄》卷 118。

123.《明武宗實錄》卷 122、132、134。

124.《明史》卷 16〈武宗本紀〉。

兵科給事中楊一漢見武宗「好騎射，時出微行」，上疏言「人君不可有他嗜好，馳騁、弓矢尤非所宜……蓋天下重器，置之安，處則安，置之危，處則危，萬一不虞，所係非細。即今天下，民窮財盡，邊報災異，無日無之，陛下正宜修政務學，節用恤民，庶足以維持治理。至於聲色奇巧，虧損聖德，尤宜痛絕」。[125] 禮部尚書張昇，以及給事中胡煜、張襘等人，也都在同年的不同時間上疏，建議武宗「親賢遠佞，克謹天戒」。然而「上雖是之，而不能用也」。[126]

　　正德元年，武宗年僅十五歲，雖然有劉瑾的支持，但是，對朝臣的勸諫，卻無法完全無視，而且，還有一位人物，他不得不顧忌，那就是他的皇祖母孝貞太皇太后，《明書》言「（武宗）憚太后，不敢輕出」。可是，到了正德九年前後，武宗已經二十四、五歲，閱歷已豐，無論是朝臣，還是皇祖母，都不再是難以突破的阻力。

　　根據《明武宗實錄》的記載，正德九年二月六日的晚上，武宗去了教坊司，還參觀了樂星廟。[127] 教坊司位於西城城隍廟附近。明人劉侗、于奕正在《帝京景物略》一書中提到，每月的初一至初五，城隍廟都開市。每逢開市日，「東弼教坊，西逮廟壖廡，列肆三里」。[128] 儘管武宗出行之日並非開市日，教坊司一帶一定仍然十分熱鬧。按照《明書》的說法，他這次的出遊，也是受了江彬的鼓動。[129]

　　自此以後，武宗出宮遊玩的次數越來越多，規模也越來越大，為害百姓的程度也越來越深。

　　至遲從正德九年八月開始，武宗已經在為未來的巡邊之行做準備。

125.《明武宗實錄》卷 12。

126.《明武宗實錄》卷 16。

127.《明武宗實錄》卷 109。

128.《帝京景物略》卷 4。

129.《明書》卷 154。

在徵求江彬的意見後，武宗命工部鑄造「神銃二千，神箭一萬，盔甲六千，倭腰刀萬二千，長柄倭裒刀二千，重翎鐵矢萬二千，督料甚急」。因為工部材料有限，在復奏武宗之後，挪用了「別項軍需」，共計白銀九萬九千六百餘兩，「召商買料送（兵仗）局應用」。[130]

　　但是，武宗真正的巡邊之行，拖了整整三年才開始。在這三年的時間裡，他曾與猛虎嬉戲並為虎所傷，罷朝一月。曾不顧內閣學士梁儲的勸阻，在正月的郊祀結束後，去京郊南海子狩獵，讓被他甩在身後的文武諸臣疲於奔命。曾應錢寧的邀請，微服遊覽京郊的石經山，錢寧在那裡營建了一座寺院、湯峪山、玉泉亭，「數日乃還」。

　　正德十二年七月，武宗聽從江彬的建議，下旨「將幸宣府，巡視居庸關」。御史張欽等人援引英宗舊事力阻，無果。接下來發生的事情是：八月一日，武宗微服去昌平。二日，包括梁儲在內，三名內閣學士一路追趕，在沙河追及武宗，「上疏請還，不納」。六日，武宗巡遊至居庸關，「巡關御史張欽閉關拒命，乃還」。但他仍然在外遊玩了一個星期，才回到皇宮。

　　八月二十一日，武宗故技重施，再度微服出行，「夜出德勝門，趨居庸關」。這一次，他終於成功出關。《明通鑑》寫道，八月二十五日，武宗疾馳出關，御史張欽聞訊，追之已不及，「欲再疏陳，而上已命谷大用守關，毋納京朝官。欽憾憤，西望痛哭而已」。[131]

　　九月初一日，武宗及江彬等人到了宣府，在那裡，他充分感受到江彬對他的「忠心」。

　　據說，江彬在宣府營建了鎮國公府第，將豹房收藏的珍玩以及美女都運送到此處，武宗樂不思蜀。江彬與武宗經常夜出，遇見高門大戶，即率軍馳入，索取珍寶及美女。於是，富民爭相厚賂江彬以求倖

130.《明武宗實錄》卷115。

131.《明通鑑》卷47。

免。軍士則動輒徵用百姓的糧草。總之，市肆蕭然，白晝戶閉。百姓深受其害，苦不堪言。[132]

十月四日，武宗終於圓了沙場點兵的夢想，他親率太監張永、魏彬、張忠、都督江彬等人及其兵馬，與犯邊的韃靼小王子的軍隊進行交戰，「斬（敵）首十六級，（大明）官軍死者五十二人，重傷者五百六十三人，乘輿幾陷」，顯然是敗績，武宗卻命大同總兵官王勳等「以捷聞於朝」。

直至次年（正德十三年）的正月初六日，武宗才戎服佩劍，跨乘赤馬，在邊騎的簇擁之下，意氣飛揚地返回北京。四日後，他會獵南海子。正月二十一日，再興巡邊之意，攜江彬再遊宣府，「廷臣從者四人，餘以次追及」，次月十二日才返京。自二月至七月，武宗月月外出，在京郊一帶遊歷。七月，再幸宣府，八月，再遊大同。《明史》記載，武宗在外巡遊期間，「彬等掠良家女數十車，日載以隨，有死者」。[133]

九月十六日，武宗在大同下詔，加封總督軍務威武大將軍總兵官朱壽（即他自己）為「鎮國公」。武宗沒有忘記江彬的功勞，次日，他不顧給事中劉濟、御史張景暘等人以「彬無俘馘，賞不當功」為由提出的反對意見，授予這位幫助他實現夢想的右都督以「平虜伯」的爵位。至此，江彬的軍階雖然仍比左都督錢寧低一級，可是，在身分與地位上，他已經凌駕於錢寧之上了。不過，要真正鬥倒錢寧，他還需要一個機會。

寧王朱宸濠的叛亂，就是江彬的機會。朱宸濠是太祖第十七子朱權（亦即第一代寧王）的四世孫。太祖共有子二十六人，各有所長，

132.《明通鑑》卷47；《弇山堂別集》卷66；《明史》卷307〈江彬傳〉；《國榷》卷50。

133.《明史》卷307〈江彬傳〉。

「燕王善戰，寧王善謀」。燕兵既起，惠帝的智囊齊泰等人，因為擔心燕王與寧王結盟，提議將寧王召至京師。詔下，寧王不至，「燕王聞之，大喜，乃遣寧王書以求援師」，時為建文元年八月。三年後，成祖即位。永樂元年二月，寧王的封地由大寧（今内蒙寧城）改為南昌。[134]

　　根據《皇明祖訓》，寧王世系自朱權以下，首五輩以「盤奠覲宸拱」字排輩；其中，第二代（朱盤烒）及第四代寧王（朱覲鈞）相對安分守己，第三代寧王朱奠培卻不安本位，先是在景泰年間被兄弟弋陽王朱奠壏揭發有「反逆諸罪」，經巡撫僉都御史韓雍等人查證屬實後，同受牽連的軍民六、七百人被押解至京，正巧英宗復位，大赦天下，「俱得釋」，而後又因「違法」，且其違法行為「多護衛官校所誘」，因此，在天順二年七月，英宗革其護衛，歸之地方，改為南昌左衛。[135]

　　作為第五代寧王，朱宸濠銳意成就大業。據說，朱宸濠其人「輕佻無威儀」，但是頗通文墨，舉止文雅有度。他供養的江湖術士李自然、李日芳「妄言其有異表」，又謂南昌城東南「有天子氣」，朱宸濠深信不疑，以潛龍自居，經常覘察朝中大小事，「而重賂（劉）瑾以為内援」。因為兩人交往隱祕，且三廠及錦衣衛都被劉瑾控制，武宗起初對此並不知情。

　　正德二年五月，朱宸濠請乞「仍改南昌左衛為護衛，賜府管轄」，事下兵部，兵部執奏不從。但最終的諭旨為「原革護衛，准回本府供役」，「蓋劉瑾受濠重賂而陰主之也」。[136]三年後，劉瑾伏誅，武宗聽從科道官的建議，再度裁撤寧王府護衛。[137]

　　正德九年三月，朱宸濠再請恢復護衛及屯田。此前，他曾私下徵

---

134. 《明通鑑》卷 13、14。

135. 《明英宗實錄》卷 263。

136. 《明武宗實錄》卷 26。

137. 《明武宗實錄》卷 66。

詢過兵部尚書陸完（他先後依附於劉瑾及錢寧）的意見，陸完「以祖制為詞」，表示難辦。於是，朱宸濠派人車載金帛巨萬，送到教坊司臧賢（他經錢寧引薦而得到武宗寵信）的家裡，又重金賄賂錢寧，囑託其從中策應，陸完這才覺得事有可為。⓲次月，武宗「詔復寧王護衛，並屯田予之」。據說，六科給事中高淓、十三道御史汪錫等人曾極力阻止，「章並下部，而陸完從中庇之」，寧王終於心想事成。⓳

在這個過程中，內閣首輔楊廷和以及閣臣費宏沒有據理力爭，「時論以是惜之」。費宏的堂弟，翰林編修費寀，與朱宸濠是連襟。但是，內閣擬旨時，費宏其實正在監考廷試，擔任讀卷官，並不在閣。而且，費寀實在也並沒有通過朱宸濠派出的使者與之私相授受。因此，旨出之後，費宏引咎辭職，費寀也一併致仕。據說，費宏回鄉途中，錢寧派出的錦衣衛校尉一路跟隨，「抵臨清，焚其舟，資裝盡毀。宏歸，杜門謝客。宸濠復求與通，宏謝絕之」。直至世宗即位，費宏重新入仕，並曾任內閣首輔。⓴

費宏致仕後，朱宸濠勢力日大。正德九年六月一日，寧王朱宸濠「奏請鑄護衛及經歷、鎮撫司、千、百戶所印，凡五十有八。詔予之」。於是，朱宸濠日益自恣，甚至派王府承奉司承奉（正六品）劉吉等人招徠江湖巨盜楊清、李甫、王儒等百餘人入府中，號曰「把勢」。

為了掩蓋意圖，沽取美名，同時約束宗支，以便於其吞噬，兩個月後，即正德九年八月，朱宸濠再度上奏，批評宗藩「多以選用儀賓、點檢、校尉為由，巧索民財，肆其橫暴，乞降敕痛懲前弊。其有怙惡不悛者，許臣繫治」。陸完等人交章附和，武宗優詔褒答，並通行各省巡撫，一體禁約。

---

138. 《明武宗實錄》卷110。

139. 《明通鑑》卷45。

140. 《明史》卷193〈費宏傳〉；《明通鑑》卷45。

　　朱宸濠雖身在南昌，朝局變化盡在掌握，因為錢寧會將京師的動靜十分詳細地向他彙報。朱宸濠一方面俟時待發，一方面依賴錢寧、陸完以及太監畢真、劉琅、劉璟，都指揮廖鵬、齊佐、王准，都督同知王瓛等人為內應，故而日益無所顧忌。《明通鑑》則更稱：「時內外權貴，皆受宸濠賂。」而武宗又忙於出宮巡遊，因此，即便寧王府中有人潛入京師，告密朱宸濠反跡，武宗也無從得知。例如，正德十二年五月，寧王府典寶副（從八品）閻順、典膳正（正八品）陳宣等人潛入京師，告發寧王的親信典寶正塗欽以及致仕都御史李士實、都指揮葛江等人圖謀不軌，結果二人卻被打入錦衣衛監獄。[141]

　　正德十四年六月十二日，朱宸濠起兵反叛。兩日後，叛軍攻陷南康，次日又攻陷九江，二十七日兵圍安慶。七月一日，朱宸濠親自統兵，由南昌北上。

　　十二日後，朱宸濠造反的消息傳到北京，「邊將在豹房者，各獻擒宸濠之策」，武宗亦欲借親征南巡，於是敕命「總督軍務，威武大將軍，鎮國公朱壽統各鎮兵征剿」。七月二十六日，武宗車駕尚未出發，提督南贛汀漳軍務副都御史王守仁已經大敗叛軍，並擒獲朱宸濠。自起事至事敗，不過四十餘日而已。

　　八月二十二日，武宗車駕離京，四日後抵達涿州，並接到王守仁捷報。但武宗將捷報藏了起來，決定與江彬等人繼續南巡之旅。

　　宸濠反叛的消息傳至京城後，錢寧的職權很快就被架空。八月一日，江彬奉旨提督東廠兼錦衣衛，錢寧以及東廠太監張銳正式成為他的下屬，自此「中外大權皆歸於彬」。[142]對錢寧來說，這是一個非常危險的信號。

　　很快，錢寧又收到第二個危險信號：武宗決定讓他留守北京，不

141.《明通鑑》卷 47；《明武宗實錄》卷 149。

142.《明通鑑》卷 48。

帶他一起南巡。錢寧十分恐慌，擔心離開武宗的身邊，他私通朱宸濠的事情會被人揭發，於是千方百計地乞求武宗讓他隨侍左右。武宗並沒有立即答應他的請求，直至車駕出了正陽門才傳旨，命錢寧一起南巡。但錢寧的命運並沒有因此而改變，行至山東臨清時，江彬還是將他勾結朱宸濠的事情告訴了武宗。武宗怒曰：「我固疑之！黠奴，乃敢爾！」在橫渡淮河之前，錢寧被羈押在了當地。江彬又祕密派人回京，將錢寧的家人收押在監。

武宗回京之後，命錦衣衛抄了錢寧的家，籍沒的財產包括「玉帶至二千五百束，金十餘萬兩，銀三千箱，胡椒數千石，他珍玩財貨不可勝計」。[143]

錢寧被羈押後不久，他的黨羽劉琅、劉璟、廖鵬、齊佐等人皆被打入錦衣衛監獄。或許是因為沒有忘記往日的情分，武宗在世時並未對錢寧及其黨羽進行處理。直至世宗即位後，錢寧才被「磔於市」，他的養子錢傑等十一人皆被處斬，親生兒子錢永安因為年齡尚幼，免死，妻妾則發配到功臣家為奴。他的黨羽，除了劉璟被革職外，有的被凌遲，有的被處斬，有的死在獄中。[144]至於伶人臧賢，武宗車駕離京南巡前夕，已將其打入監獄。離京二日後，即八月二十四日，臧賢在午門被杖責八十，然後發戍廣西馴象衛，籍沒其家。可能是因為握有不利於錢寧的證據，行至通州張家灣時，臧賢被錢寧派出的巨盜殺死滅口。[145]

正德九年前後，錢寧聖眷正濃，而他之所以幫助朱宸濠，據清代史家分析，主要原因在於，以他對武宗的了解，武宗身體孱弱，不會生子，未來無人繼承大統，如果朱宸濠能奪得帝位，則可長保榮華富

143.《明武宗實錄》卷180。
144.《明史》卷307〈錢寧傳〉。
145.《國榷》卷51。

貴。江彬日益受寵之後，他的這個想法更是根深蒂固。[146]但是，這種不合時宜的政治冒險，最終只能是南柯一夢而已。

王世貞說，錢寧十分善於做人，至少在表面上給時人留下了「敬禮士大夫」以及樂善好施的印象，因此，對於他的伏誅，「人頗有稱惜之者」。[147]

在江彬的陪同下，武宗的南巡以鎮壓朱宸濠之叛為名，行享樂之實，為禍不淺。

自山東至江蘇，武宗巡幸所至，動輒捕魚打獵，武宗經常將捕獲的獵物分賜左右，凡受一臠一毛者，都要獻上金帛為謝。迎送武宗車駕之時，南京及河南、山東、淮揚等地的文武官員皆戎裝步行，江彬則動輒矯詔行事，對待沿路官員有如奴隸。他還經常派官校去平民百姓家索取鷹犬、珍寶、古玩等財物，「民皆惴惴不敢詰。近淮三四百里間，無得免者」。[148]

十二月一日，武宗等人抵達揚州，在那裡，他們為害更重。《明通鑑》記載，江彬意欲霸占富豪民居，將其改為威武大將軍府，為揚州知府蔣瑤所阻。於是，江彬把蔣瑤關進一間空屋子，威脅要用武宗所賜銅爪折磨他，蔣瑤不為所懾，江彬竟然沒敢動他。[149]《明武宗實錄》另記載了下面這則故事：鎮守太監吳經矯詔行事，大肆搜羅美女、寡婦，一時民間洶洶，家中有女者，一夕皆嫁人，或者乘夜逃匿。不幸被抓者，被分送到尼寺寄住。有二女羞怒交集，絕食而死。蔣瑤收斂了二女屍身，以「倘激生他變，恐將來責有所歸」為由警告吳經。吳經也害怕事情鬧大，退了一小步，最終，「諸婦家皆以金贖乃得歸，貧

146.《明書》卷155。

147.《弇山四部稿》卷79。

148.《明通鑑》卷48。

149.《明通鑑》卷48。

者悉收入總督府」。 **[150]**

　　據說，武宗「閱妓」揚州期間，巡撫等官本要設宴招待，但被武宗拒絕，武宗命其折現，銀錢呈上即可。再者，因為皇帝姓朱，武宗又下旨禁止民間養豬，一時之間，所有在欄待養的豬幾乎被屠殺乾淨。

　　在江彬的鼓動下，武宗自揚州而下，巡幸了南京，並在那裡過了春節。江彬本想勸武宗繼續南行，「幸蘇州，下浙江，抵湖湘」，但是在諸臣的力勸下，再加上地方反抗日益強烈，武宗不得不甘休。自十二月二十二日抵達南京，至次年八月十二日擺駕回京，武宗在那裡停留了將近八個月的時間。

　　在離開之前幾日，確切地說，是正德十五年（1520 年）八月八日，王守仁奉旨再奏捷報，於是武宗正式接收押解來自江西的戰俘。於十二月初抵達通州後，朱宸濠被處死。當時，武宗已十分疲勞，江彬卻勸他再幸宣府，朝臣則力請還朝。經過一番天人交戰後，武宗最終還是選擇回京。

　　正德十六年三月十四日，武宗在豹房駕崩，時年三十歲。當日，太監張永傳遺旨：「豹房隨侍官軍，勞苦可憫，令（張）永、（郭）勳、（朱）泰、（王）憲提督統領，加意撫恤。罷威武團練營，官軍還營。各邊及保定官軍還鎮。革各處皇店，管店官校並軍門辦事官旗校尉等各還衛，其各邊鎮守太監留京者亦遣之。」遺旨中提到的郭勳、朱泰、王憲三人，分別是武定侯、定安伯以及兵部尚書。 **[151]**

　　然而江彬及其黨羽操縱的兵馬仍然不在少數，「中外洶洶，慮彬為變」。於是，內閣首輔楊廷和、內閣大學士蔣冕、毛紀等與司禮監太監溫祥、張永等人一起定下了誅殺江彬的計謀，並得到皇太后（孝宗的妻子張皇后）的許可。

150.《明武宗實錄》卷 181。

151.《明武宗實錄》卷 197。

　　四日後，正在營建中的坤寧宮舉行隆重的上脊吻（營造宮殿的一道程序）的儀式，江彬與工部尚書李鐩一同奉旨行禮。江彬身穿吉服入宮，未帶隨從。禮畢，江彬打算離宮時，張永阻止了他，表示要請他和李鐩吃飯。《明武宗實錄》寫道：

> 太監張永，頗知其謀，乃留（江）彬、（李）鐩共飯於宮外。蓋亦欲以計擒之也。俄頃，太后有旨：「收彬及（神）周、（李）琮。」收者未至，彬已微覺，疾趨北安門出，長隨十餘人追及，執之，拔其鬚幾盡。城中觀者塞衢，歡聲如雷。[152]

　　隨後，江彬被抄家，共抄得黃金七十櫃，白銀二千二百櫃，其他珍寶不可勝計。世宗即位後，將江彬磔於市集，將其妻子兒女改籍為奴。江彬的黨羽左都督神周、都督僉事李琮也被處斬。據說，江彬伏誅前，京師久旱，伏誅後遂下大雨。

第十一章　黃金時代

武宗一生放浪形骸，元氣屢弱，不克享年，無子無女，駕崩之後，他的堂弟，十四歲的朱厚熜繼承了皇位。

朱厚熜是興獻王朱祐杬的世子。興獻王是憲宗的第四子，其母是孝惠皇后邵氏；他與孝宗（武宗的父親）同父而異母，同屬於憲王世系。

世宗能夠即位，內閣首輔楊廷和功不可沒。《明通鑑》記載說，武宗駕崩前夕，司禮監太監魏彬「以帝無後嗣，至內閣言：『國醫力竭矣，請捐萬金購之草澤。』大學士楊廷和心知所謂，不應，而微以倫序之說諷之，彬等唯唯」。武宗駕崩後，張永、谷大用又來內閣討論皇位繼承人的問題，楊廷和拿出《皇明祖訓》，示以「兄終弟及」之訓，提議朱厚熜接位。在閣臣梁儲、蔣冕、毛紀等人的支持下，楊廷和的建議最終得到太后（即孝宗張皇后）的認可。■

根據《明世宗實錄》的記載，朱厚熜「穎敏絕人」，五歲的時候，其父興獻王口授詩詞，他沒聽幾遍就可以背誦出來，而且，無論是讀書、寫字等方面的學問，還是問安、視膳等方面的禮節，乃至民間疾苦、稼穡艱難等方面的認識，凡是教給他的，「靡不領悟」；稍稍長大後，又極重孝道，「通《孝經》大義」。■

正德十六年四月二十二日，朱厚熜即位，是為世宗，次年改元嘉靖，故又稱嘉靖皇帝。世宗在位四十五年，是明朝在位時間第二長的

1.《明通鑑》卷 49。

2.《明世宗實錄》卷 1。

皇帝。在位時間最久的，是世宗之孫、在位四十八年的神宗（又稱萬
曆皇帝）朱翊鈞。

世宗即位不久，錦衣衛發生了巨大的變化：五月二十一日及六月
八日，錢寧與江彬先後伏誅；六月十七日，世宗下詔，裁汰錦衣衛冒
濫軍校三萬一千八百二十人；七月二十七日又下詔，「革錦衣衛所及監
局寺廠司庫、旗校、軍士、匠役投充新設者，凡十四萬八千餘人」。**3**
短短百日，錦衣衛的人事編制縮減十之七八，「歲省度支錢數千萬，一
時翕然稱神明云」。**4**

但這並不意味著錦衣衛在嘉靖年間的地位有所降低。事實上，錦
衣衛官員校的人數幾年後再度激增。根據詹事霍韜提供的比較確切的
資料，截止嘉靖八年六月，錦衣衛官員的人數達到一千七百餘名；另
根據王世貞提供的不太確切的資料，到了陸炳掌錦衣衛事的嘉靖中後
期，錦衣衛官校已擴充到十五、六萬人。**5**

正是在陸炳掌錦衣衛事期間，錦衣衛迎來了它的黃金時代。不過，
在講述錦衣衛的黃金時代之前，有必要對嘉靖前期的錦衣衛作一番了
解。

一、錦衣衛大洗牌

在有明一代，由藩王世子一躍而成為皇帝者，只有世宗一人，不
難想像，在他即位之初，是何等的勢單力孤。對世宗來說，武宗朝的
錦衣衛幾乎完全不值得信任：這應該是他同意大刀闊斧地裁汰錦衣衛
官校的根本原因。

為了保證自己的安全，即位十二日後，即五月初五端午節，世宗

3.《國榷》卷 52；《明史》卷 17〈世宗本紀一〉。

4.《弇州四部稿》卷 79。

5.《明世宗實錄》卷 102；《弇州四部稿》卷 79。

將原先在興獻王府任職的許多侍衛官全都調入錦衣衛：原群牧所正千戶駱安被擢升為錦衣衛指揮同知，原儀衛司儀衛副（從五品）張鐘、石寶以及副千戶趙俊被擢升為指揮僉事，典仗楊宗仁、劉俊、劉鯨，百戶王巒、柳時、許通、張安、柳俊，以及所鎮撫姜雄等人都被擢升為正千戶，書辦官翟谷、呂釗被擢升為副千戶，冠帶總旗于海、王紀，軍校喬監、范紀等人也被擢升為所鎮撫，「各令世襲」。**6**八日後，亦即五月十三日，世宗又將原興獻王府侍臣陸松（陸炳之父）擢升為錦衣衛副千戶。**7**

陸松是浙江平湖人，他的父親陸墀原先是興獻王府儀衛司的小旗（相當於十夫長），後補總旗（管五位十夫長），因此，陸家至少有三代人為興獻王府效力。**8**值得一提的是，陸松的妻子（亦即陸炳的母親）是世宗的乳娘。**9**

錢寧伏誅次日，即五月二十二日，原興獻王府儀衛司儀衛正（正五品）李勳、正千戶蔚聚又被擢升為錦衣衛指揮同知，副千戶陳寅被擢升為指揮僉事，典仗所百戶劉海、王繼、劉深、陳彝、谷銘、王鳳等人被擢升為錦衣衛正千戶，書辦官葛銳、曹鎧，冠帶總旗朱齡、馬榮及總旗喬成等人則被擢升為錦衣衛百戶，皆世襲。

如果說，世宗即位之初曾經以為，武宗朝錦衣衛裡仍有幾位官員，雖無實權，卻可信賴，那麼，即位四個月後，他一定會修正自己原先的判斷，因為這些他原本以為可以信賴的官員竟然完全不理會他的處境，他們似乎只想為自己謀取利益。

錦衣衛指揮使邵喜就是其中的一位。邵喜的父親是邵宗，邵宗的

6. 《明武宗實錄》卷 2。

7. 《國榷》卷 52。

8. 《明世宗實錄》卷 191。

9. 《明書》卷 156。

姐姐是憲宗的宸妃，宸妃之子正是世宗的父親興獻王朱祐杬。**10**也就是說，邵喜是世宗的表叔。

　　成化十二年十二月，原本只是一名普通軍人的邵宗被憲宗授予世襲錦衣衛正千戶的職務。六年後，他晉升為錦衣衛指揮僉事。一年後，邵宗去世，被追授為錦衣衛指揮使；長子邵華被擢升為世襲錦衣衛指揮同知，另外兩位兒子邵安、邵喜則被授予錦衣衛百戶的職務。**11**到了正德年間，邵喜已經被擢升為錦衣衛指揮使。

　　世宗即位不久，皇權尚未完全穩固，可邵喜卻無視他的難處，竟然奏討莊田。結果戶部右侍郎秦金等人上本，嚴詞反對。侍郎的理由十分充分，因為太祖、成祖時期的做法是，凡山東、河南北、直隸等地，只要是空閒之處，「任民開墾，永不起科」，皇親國戚乃至太監等人，凡強占軍民田地及妄報、投獻者，**12**則永戍邊衛，「今邵喜，貴聯戚里，不患不富，乃乘時罔利，違禁奏討，宜究治，以示戒」。**13**儘管認同秦金等人的意見，世宗最終還是原諒了邵喜。

　　世宗很快又發現，雖然興獻王府中的侍衛官基本都調入錦衣衛任職，但是，因為經驗與能力不足，這些人暫時還排不上用場。他不得不從前朝錦衣衛官員中挑選幾位可用之人。朱宸即是其中的一位。

　　朱宸的父親是前文提到過的憲宗朝錦衣衛掌印官都指揮使朱驥。孝宗弘治四年六月，即朱驥去世半年後，朱宸承襲了錦衣衛指揮同知之職。**14**但是，在孝宗朝剩下的時間裡，以及整個武宗朝，他並不受

---

10. 《明憲宗實錄》卷160。

11. 《明憲宗實錄》卷238。

12. 投獻：將田產託在縉紳名下以減輕賦役的一種做法。這裡指的是別人將田產掛在邵喜的名下以逃避賦稅，通過這種方式，邵喜可以向對方收取費用。

13. 《明世宗實錄》卷5。

14. 《明孝宗實錄》卷52。

重用。確切地說，在整整三十年的時間裡，他的職務沒有任何變化，一直是錦衣衛指揮同知。

　　然而，世宗卻將錦衣衛的印信交到他的手裡。**15**世宗之所以如此安排，至少有四個原因：其一是自己的人暫時不可用；其二是朱宸的資歷比較老，委任他不至於引起或者激化矛盾；其三是朱宸應該與舊派勢力沒有牽連，否則，他的職務不會沒有變動；其四，他沒有太深的根基，對權力也沒有太大的野心，這意味著他隨時可以被撤換。

　　不過，在解決「大禮問題」（對世宗而言最為重要的問題）的過程中，世宗一定質疑過自己的選擇，因為他沒有從朱宸那裡得到任何有力的幫助。

　　「大禮問題」，指的是興獻王的封號的問題。世宗即位六日後，就下發了一道諭旨，「命禮部會官議興獻王主祀及封號」，**16**這位極重孝道的少年君主想讓已故兩年的父親享受到皇帝的禮遇。但是，在內閣首輔楊廷和的壓力下，禮部並沒有給出讓世宗感到滿意的答復。

　　五月七日，禮部尚書毛澄、太常寺卿范鏓，以及其他六十餘位文武大臣聯名上本，建議世宗尊孝宗（世宗的伯父）為「皇考」，改稱其父興獻王為「皇叔父」，尊其母興獻王妃為「皇叔母興獻王妃」，凡祭告興獻王，或者與興獻王妃有書籤往來，皆自稱「侄皇帝某」。他們認為這種安排「正統私親，恩禮兼盡，可以為萬世法」。

　　世宗接到奏本後，大怒曰：「父母可更易若是耶？」**17**他拒絕接受禮部的意見，命其再議。

　　同月二十四日，毛澄等人再度上疏，稍作讓步，將前議做了微小的改動，建議世宗將興獻王稱為「皇叔父興獻大王」，建議世宗對父母

15.《明史》卷307〈陸炳傳〉。
16.《明世宗實錄》卷1。
17.《明通鑑》卷49。

自稱「侄皇帝名」。他們說：「本朝之制，皇帝於宗藩，凡在尊行，止稱伯父、叔父，自稱皇帝而不名。今皇上稱興獻王曰『皇叔父』，曰『大王』，又自稱名，尊崇之典，可謂至矣！臣等不敢復有所議！」**[18]** 但世宗還是不滿意，「命博考前代典禮，再議以聞」。儘管內閣首輔楊廷和，內閣學士蔣冕、毛紀等人也上疏支持禮部的意見，向世宗施壓，但這位年輕而固執的皇帝並不退讓。

七月三日，世宗終於聽到了想聽的建議。正德十六年進士及第，年已四十六歲的張璁上本說，「孝子之至，莫大乎尊親。尊親之至，莫大乎以天下養」。又說，武宗遺詔只提及由興獻王長子繼承皇位，並沒有要求世宗尊孝宗為「皇考」（原文為「未嘗著為人後之義」）。張璁表示支持世宗的心願，建議「別立聖考廟於京師，使得隆尊親之孝，且使母以子貴，尊與父同」。他認為只有這樣，「則聖考不失其為父，聖母不失其為母矣」。**[19]**

接到張璁的奏本後，世宗十分高興，「此論一出，吾父子必終可完也！」於是將奏本「亟下所司議聞」。**[20]**

可是，當司禮監太監將張璁的奏本出示給楊廷和過目時，這位內閣首輔只說了一句話：「秀才安知國家事！」又將奏本遞了回去。世宗後來又讓太監拿著手敕交給楊廷和等人，表示要尊其父為「興獻皇帝」，尊其母為「興獻皇后」，尊祖母為「聖安皇太后」。楊廷和等人拒絕接受，「封還手詔」。

關於這個問題的爭論一直在持續，雙方（世宗與內閣）的立場都很堅定，互不相讓。到了九月下旬，情勢發生了微妙的變化。

九月二十五日，世宗的母親興獻王妃蔣氏自藩國安陸（今屬湖北）

18.《明世宗實錄》卷2。

19.《御選明臣奏議》卷17。

20.《明世宗實錄》卷4。

抵達通州，到底要以什麼樣的禮節迎接她進京，成為亟待決定的事情。

在此之前，世宗命廷臣討論奉迎母親的禮儀。禮部尚書毛澄先後提出了兩個建議，其一是由崇文門再經東安門入宮，其二是由正陽左門再經大明東門入宮，但都被世宗否決，因為兩個建議都沒有將蔣氏作為皇后對待。

蔣氏抵達通州後，聽聞尊稱未定，拒絕進京。世宗聽說這件事後非常傷心，假意表示要退位，陪母親返回安陸。可是，禮部尚書毛澄等人「執議如初」。於是，世宗自作主張，表示要讓母親從中門入城。他還再次將張璁的奏本交給廷臣討論，「更令博采輿論以聞」。

最終，楊廷和與毛澄等人不得不讓步。十月一日，太后（孝宗的張皇后）頒下懿旨，追尊興獻王為「興獻帝」，尊世宗的祖母，亦即憲宗的宸妃邵氏為「皇太后」，尊興獻王妃蔣氏為「興獻后」。三日後，蔣氏入宮。兩個月後，世宗不顧廷臣的反對，傳諭「興獻帝、后皆加稱『皇』字」。**21**

世宗非常清楚，楊廷和、毛澄以及張太后等人的退讓，只是迫於無奈的權宜之計，而非心悅誠服。他知道，對方遲早還會找自己的麻煩，或者用一些大道理讓自己難堪，要徹底樹立起自己的權威，還有較長的一段路要走。

果然，嘉靖元年正月，首輔楊廷和、給事中鄧繼曾等人借著清寧宮後殿發生火災的機會向世宗施壓。他們暗示火災的發生是因為世宗的任性引起了天怒，試圖迫使其撤銷「興獻皇帝」以及「興獻皇后」尊號中的「皇」字。

十一月，世宗的祖母邵氏去世，在楊廷和的授意下，禮部建議「哭臨一日，喪服十三日而除」，無視皇太后去世應遵循的禮節，即「哭臨三日」，「衰服二十七日而除」。**22**在這兩個場合，年僅十五歲的世宗十

21.《明通鑑》卷49。

分頑強地堅持住了自己的立場。

　　以內閣首輔楊廷和為首的朝臣所造成的壓力，讓世宗的心情十分鬱悶，《明通鑑》用「上忽忽有所恨」來描述他在這段時期的心境。對他來說，通過調整錦衣衛的人事安排，借助緝事官校的作用進行反擊，是必然的選擇。

　　錦衣衛掌印指揮同知朱宸的表現日益讓他不滿，當他在十二月接到山東按察司僉事史道彈劾「大學士楊廷和昔年曾交通逆濠（寧王朱宸濠）及諂附錢寧、江彬等事」的奏本後，這種不滿的情緒肯定更為強烈。毫無疑問，如果朱宸像史道一樣，願意多花費一些心思，督促錦衣衛緝事官校多多刺探那些膽敢挑釁皇權的廷臣及其親屬的不法事情（類似楊士奇被他的兒子拖累的例子多多少少都會存在），世宗的處境不會那麼艱難。

　　一個月後，即嘉靖二年（1523 年）正月，吏科給事中張原彈劾錦衣衛掌印指揮同知朱宸「納賄徇私、用人不審」，並且「克減俸錢」（即克扣屬下俸祿）。[23] 經兵部覆奏，正月二十五日，世宗「詔（朱）宸革任，閑住」。接過錦衣衛印信的，是出身興獻王府的指揮同知駱安。二月十一日，世宗下詔，將駱安擢升為「署（即暫代）都指揮使，命掌衛事，提督官校」。[24]

　　同年七月，世宗做出了一項在某種程度上暴露了他內心深處的祕密的決定，即讓劣跡斑斑、臭名昭著、已經被革職的錦衣衛旗校王邦奇復職。儘管工科給事中安磐上疏，歷數王邦奇的罪過，例如，王邦奇在正德年間，「貪饕搏噬，有若虎狼。其捕奸盜也，株連鍛煉，謂之『鑄銅板』。其緝妖言也，誘民從教，掩捕無遺，謂之『種妖言』」。安

22.《明史》卷 59〈禮志十三〉。

23.《御選明臣奏議》卷 19。

24.《明世宗實錄》卷 23。

磐認為王邦奇作為錢寧奸黨成員，能夠保全首領已經是萬幸，竟然肆然無忌，屢次奏請復職，屢瀆天聽，理應從嚴究治，以絕禍源。[25]但是，世宗仍然恢復了王邦奇的職務。四年後，正是在王邦奇的彈劾之下，楊廷和之子兵部主事楊惇因為「隱匿卷宗」而被削職為民。[26]

　　在史道彈劾楊廷和一事上，世宗的處理方式充分顯示出他的老練。世宗先是以史道「挾私沽譽、報怨市恩、中傷善類」為由，將其打入監牢，然後又使他官降二級。通過這種方式，世宗安慰了楊廷和，穩定了內閣，顯示了自己的持正仁慈之心。不過，在內閣首輔楊廷和、內閣學士蔣冕、毛紀等人於次年致仕後，他很快就讓史道官復原職。在此後的二十多年的時間裡，史道不時會被言官彈劾，但是，在世宗的庇護下，他的仕途一直十分平穩，直至嘉靖三十年（1551 年），他在兵部尚書兼都察院右僉都御史的職務上致仕。[27]

　　錦衣衛發生人事變動之後不久，禮部尚書毛澄的命運發生了不同尋常的變化。二月三十日，即駱安受命執掌錦衣衛事後十九日，六十二歲的毛澄請求致仕，並且得到世宗的批准。兩個月後，他在回鄉的路上去世。[28]

　　在此後一年多的時間裡，讓世宗頭疼的問題依然存在，例如，在祭祀先人的禮儀規格上，仍有不少廷臣表達出了不合作的態度，不過，情形已經發生了十分有利於他的變化，反對內閣的官員越來越多，例如南京的刑部主事桂萼、兵部侍郎席書、吏部員外郎方獻夫等。

　　嘉靖三年（1524 年）二月初二日，曾借清寧宮火災給世宗施壓的給事中鄧繼曾，因為上疏維護內閣的議政權力，質疑世宗的聖明，甚

25.《明通鑑》卷 50。

26.《明世宗實錄》卷 73。

27.《明世宗實錄》卷 45、378。

28.《明世宗實錄》卷 23、26。

至有「臣恐大器不安」之語，激怒了這位年輕的皇帝，「遂下詔獄掠治，謫金壇縣丞」。㉙

在此之前，內閣首輔楊廷和已經逐漸認識到，以往的強硬態度不再合乎時宜，繼續堅持下去將會付出沉重的代價，於是，在鄧繼曾下獄後，他提出了致仕的請求。二月十一日，世宗同意所請，「言官交章請留，不聽」。㉚

世宗的母親蔣氏入宮後，昭聖皇太后（孝宗張皇后）對她並不十分尊重，因此，在昭聖皇太后生辰的前夕，世宗下詔免去了命婦朝賀之禮，以此作為報復的手段。二月三十日，御史朱淛、馬明衡因為上疏質疑世宗對待昭聖皇太后的態度而「下詔獄拷訊」。其後，凡是上疏為二人求情的官員，例如御史季本、陳逅、戶部員外郎林應驄等，「並下詔獄，皆論謫」。㉛

到了七月上旬，在大禮問題上與世宗唱反調的主要官員幾乎全都黯然離場，他們有的被罷免，例如禮部尚書汪俊，有的則致仕，例如內閣大學士蔣冕，以及太子太保吏部尚書喬宇。他們的追隨者也很快就被一網打盡。

七月十五日，朝罷，蔣冕及喬宇的追隨者在左順門外跪諫，「或大呼太祖高皇帝，或呼孝宗皇帝，聲徹於內」。世宗命司禮監太監傳旨，令他們離開，「群臣固伏不起」。世宗大怒，命錦衣衛官校將一百三十四名五品以下官員打入錦衣衛監獄拷訊，四品以上以及司務等官則「姑令待罪」。五日後，被關進錦衣衛監獄的官員，以及「姑令待罪」的官員，共計二百二十人，再次受到拷訊。最終的判決為四品以上的官員「奪俸」，五品以下的官員杖責。翰林院學士豐熙、編修楊慎等人被謫

29.《明通鑑》卷51。
30.《國榷》卷53。
31.《明世宗實錄》卷36。

成遠方；翰林編修王相、王思，給事中毛玉、裴紹宗，御史張日韜、胡瓊，郎中楊淮、胡璉，員外郎申良，主事安璽、殷承敘等十六位官員死在杖下。次日，世宗將父親的神位奉於奉先殿的西室觀德殿，上尊號為「皇考恭穆獻皇帝」。

七月二十六日，武宗朝碩果僅存的內閣學士毛紀致仕。九月五日，大禮更定，世宗改稱孝宗為「皇伯考」，改稱昭聖皇太后為「皇伯母」，稱其已故的父親為「皇考」，稱其母蔣氏為「聖母」。十日後，上述尊號頒詔天下。

嘉靖四年（1525 年）閏十二月，《大禮集議》一書著成，詔頒布中外。世宗下詔：「大禮已定，自今有假言陳奏者，必罪不宥。」至此，關於大禮問題的爭論基本結束。這場爭論的實質，是禮制與皇權之間的較量，其要點在於，到底是皇帝的需要應該服從禮儀制度，還是禮儀制度應該服從皇帝的需要。世宗的勝利給出了答案。

通過幫助世宗維護皇權，張璁、桂萼、席書、方獻夫等人（他們被認為是政治投機者）的付出得到了巨大的回報。張、桂、方三人先後入閣，席書則被任命為禮部尚書，正是在他的主導下，《大禮集議》才得以問世。後來，席書與內閣學士費宏又奉命纂修《明倫大典》。嘉靖七年六月一日，《明倫大典》書成，世宗親自作序。兩日後，世宗痛斥已故內閣首輔楊廷和「謬主濮議，自詭『門生天子，定策國老』」，將他以及致仕內閣學士蔣冕、毛紀，已故尚書毛澄，致仕尚書汪俊、喬宇、林俊等人全部都「削籍（官籍）為民」。

至於駱安，他摘掉了「署都指揮使」的帽子，成為正式的錦衣衛掌衛事都指揮使。但他的官運並沒有持續很長的時間，嘉靖九年（1530 年）十二月，在兵科都給事中張潤身的彈劾下，他因為「奸貪不職」而被降職為指揮僉事，此後再也沒有受到重用。**32**

32.《明世宗實錄》卷 120。

　　駱安掌錦衣衛事期間，有一位名叫聶能遷的人引起了史家的興趣。

　　聶能遷祖籍臨江，與前面提到的紀綱一樣，他原本也是諸生，後棄文從武，代兄入職錦衣衛，當了一名校尉。聶曾在錢寧手下辦事，官至千戶，世宗即位之後，大力裁汰冒功濫升的錦衣衛官員，他也受到影響，被降職為百戶。

　　在因大禮問題而引起的爭論中，聶能遷曾上疏支持張璁、桂萼等人的主張，在與之相熟的內官監太監崔文的幫助下，終於官復原職，並且很快被擢升為指揮僉事。但是，聶能遷狹隘的心胸最終出賣了他，因為張璁拒絕幫他成為錦衣衛掌印武官，他指使人威脅張璁，但這位內閣大學士不為所動，聶能遷「遂疏璁三十事」，但世宗並不以為意。最終，聶能遷以「妄言」的罪名被「璁黨駱安」抓捕入獄，「杖四十，死」。 **33**

　　這個故事還有另一個版本：《明倫大典》書成之後，參與其中的大多數人都升了官，「(聶)能遷獨不與」，遂心懷怨恨，與另一位不得志的官員一起上疏，誣陷禮部尚書席書與新建伯王守仁之間存在不正常的金錢關係，還將張璁等人牽連進來。但是，他的主張完全經不起考證，世宗認定他「捏詞妄奏、傷害正類」，命法司「嚴加審問，並追究說明之人」。最終，聶能遷被認定有罪，謫戍嶺南，另外那位不得志的官員則發配原籍為民。 **34**

二、武舉王佐

　　繼駱安之後，掌錦衣衛事的是傳奇人物王佐，王世貞在〈錦衣志〉一文中提到過他，但語焉不詳，必須綜合其他史籍，我們才能了解這個人物的大概情況。通過了解他，我們可以更進一步地了解錦衣衛的

33.《罪惟錄》列傳卷之 32。
34.《明史》卷 197〈黃綰傳〉；《明世宗實錄》卷 90。

歷史。

王佐的出身不詳，籍貫不詳，根據《明世宗實錄》的記載，正德十二年，王佐參加了武舉考試，並得了第一名。**35** 此外王世貞的記錄是，王佐得了武舉第一名之後，授職錦衣衛千戶。

王佐可能是第一位進入錦衣衛的武狀元，但他絕對不是第一位在錦衣衛受到重用的武舉。在他之前，錦衣衛指揮僉事郭良以及錦衣衛千戶劉良都因為中了武舉而被授予更多的職權。

郭良是前面提到過的武定侯郭英（太祖分封的二十八位侯爵之一）的後人。郭良的爺爺郭珍原本應該承襲武定侯的爵位，但這個爵位被郭珍的堂弟郭玹奪走。郭良之父郭昌最終奪回了爵位。可是，郭良尚年幼之時，父親過世了。於是，武定侯的爵位再次被他的叔叔（郭玹之子）奪走。

至遲在憲宗成化十四年，郭良進入錦衣衛擔任指揮僉事一職。中了武舉後，他被授予「理衛事」的職權。弘治年間，應郭良的母親所請，孝宗將武定侯的爵位還給了郭良，並命其執掌右軍都督府。正德二年六月，郭良去世。

劉良則是軍人世家出身，因立有軍功而授職武成衛百戶，累升至正千戶。天順六年，他通過武舉考試（並非嚴格意義上的武舉考試）而被擢升為署指揮同知。成化年間，在兵部的推薦下，他調入錦衣衛管事，奉敕提督官校捕盜。弘治十年（1497 年）晉升為錦衣衛指揮使，同年卒於任上。《明孝宗實錄》對他的評價是：「良善論議，頗通文藝，自致通顯，亦無忮刻，故能保其終云。」**36**

王佐參加武舉考試時的監考官應該是前文提到過的許泰。根據《明武宗實錄》的記載，正德十二年四月，團營西官廳都督江彬、許泰以

---

35. 《明世宗實錄》卷 209。

36. 《明孝宗實錄》卷 125。

及新寧伯譚佑等人受命「監試武舉」。**37** 許泰也是一位武狀元，他參加武舉考試的時間是成化十七年。根據兵部的記錄，許泰的考試成績是「答策俱優，馬、步共中六箭以上」。**38** 許泰的父親是羽林左衛帶俸署都指揮使許寧。

在繼續下面的內容之前，有必要對明朝的武舉制度略作交代。早在吳元年的時候，太祖即提出了開武科的想法，可是，直到差不多一百年之後，武舉制度才初步確立起來。

吳元年正月初三，吳王朱元璋下令「設文武科取士」，並提出了文武兩科的考試重點。有關武科的內容是：「應武舉者，先之以謀略，次之以武藝，俱求實效，不尚虛文。」**39**

三年之後，即洪武三年，詔開科舉，「以今年八月為始，使中外文武皆由科舉而進」，並規定考試分兩個階段：第一個階段的考試分三場，第一場考「經義一道、四書義一道」；第二場考「論一道」；第三場考「策一道」。第二個階段考「騎、射、書、算、律五事」。

不過，這裡所謂的「科舉」，指的僅僅是鄉試而已，直到洪武四年二月，「始開會試科」。但是，無論是鄉試，還是會試，都沒有單獨設立武科。

根據《明會要》的記錄，洪武二十年七月，「禮部請立武學，並令武臣子弟於各省應試，三歲武舉，六歲會舉」。可是，「武臣子弟於各省應試」的做法，「尋罷不行」。**40**《明太祖實錄》的記載則是，對於禮部的建議，太祖根本沒有批准，因為他認為「建武學，用武舉，是析文武為二途，自輕天下無全才矣」。**41**

---

37. 《明武宗實錄》卷 148。

38. 《明孝宗實錄》卷 217。

39. 《明太祖實錄》卷 22。

40. 《明會要》卷 47。

　　直至天順八年十月，即憲宗登基九個月後，朝廷才創設「武舉法」。根據這項制度，「凡天下貢舉、諳曉武藝之人」，皆有資格參加武舉考試。[42]武舉考試的主考官是兵部官員以及京營總兵官。考場則有兩處，其一是總兵官的帥府，其二是教場，「於帥府內考其策略，於教場內試其弓馬」。只有答對策題二道，騎射中靶兩箭以上，步射中靶一箭以上，才能獲得武舉稱號。

　　若該武舉能答策二道，騎中四箭以上，步中二箭以上，並且已經有官職，則官升兩級；如果該武舉的身分是旗軍舍餘，則授職準所鎮撫（試所鎮撫，正六品）；如果該武舉只是普通百姓，則授職衛經歷（從七品），月支米三石。若該武舉能答策二道，騎中二箭以上，步中一箭以上，並且已經有官職，則官升一級；如果該武舉的身分是旗軍舍餘，則授職冠帶、總旗；如果該武舉的身分只是普通百姓，則授職準衛知事（試衛知事，從九品），月支米二石。

　　中試武舉全都送到京營，由總兵官指定的把總管理調派，如果在日後的實戰中，果然運籌得當，奮勇克敵，建立功勳，經領軍總兵官核實，則可以升職。[43]

　　「武舉法」還規定「指揮以下子弟，悉令入學」。

　　據說，天順八年十月問世的「武舉法」主要出自太僕寺少卿（正四品）李侃在一個月前提出的建議，[44]兵部只是做了折衷修正。

　　十四年後，確切地說，是成化十四年五月左右，在太監汪直的授

---

41. 《明太祖實錄》卷 183。
42. 《明通鑑》卷 29。「貢舉」包括貢生（在國子監讀書者）、舉人以及各省舉薦之人。
43. 《明憲宗實錄》卷 10。
44. 太僕寺卿的職能是「掌牧馬之政令，以聽於兵部」。少卿共有三人，「一人佐寺事，一人督營馬，一人督畿馬」。見《明史》卷 74〈職官志三〉。

意下，錦衣衛副千戶吳綬起草了「武舉法」細則，上呈憲宗。憲宗命兵部立即「集議以聞」。於是，兵部尚書余子俊、英國公張懋會同文武大臣暨科道官進行了討論，最終形成了「武舉科條」。主要內容有三條：其一，選武臣嫡子就儒學讀書、習射。其二，確定考試的時間以及內容：鄉試九月考試，會試三月考試。初場試射，二場試論判語，三場試策。殿試則四月一日考試。㊺其三，「賜武舉及第、出身」等程序，參考進士科的規定。

不過，對於兵部的意見，憲宗沒有立即實施，而是命兵部移文天下，「教養數年，俟有成效，巡按、提學等官具奏處置」。㊻

到了弘治年間，「武舉法」的實施細則再次進行了修正。先是弘治六年「定武舉六歲一行，先（試）策略，後（試）弓馬。策不中者，不許（參與）騎射（考試）」，再是弘治十七年「改定三年一試，出榜賜宴」。

正德十四年，武藝考試的標準又做了調整：「初場試馬上箭，以三十五步為則；二場試步下箭，以八十步為則；三場試策一道。」鄉試則固定在「子、午、卯、酉年」，仍是三年一試，正德十四年是己卯年。

到了嘉靖年間，「武舉法」再次進行了細化，首先細化的是武舉考試的時間：鄉試，逢子、午、卯、酉年的十月舉行；會試，在鄉試次年的四月舉行；無論是鄉試還是會試，三場考試的時間都定在考試當月的九、十二、十五日。此外，不同的地區，武舉額度也不同，大概的比例是，如果選拔十人，則六人來自邊疆，四人來自腹地。

至於武舉殿試，直至崇禎四年（1631年）才有，㊼也就是說，前面提到過的武舉，包括本書第一章提到的李若璉，都沒有參加過殿試。

---

45. 《明憲宗實錄》卷178。

46. 《明通鑑》卷33。

47. 《明史》卷70〈選舉志二〉。

再回到王佐的故事。

根據王世貞的記錄，王佐在正德十二年得獲武舉第一名之後，「授（職）錦衣（衛）千戶，累遷督漕參將」。 **48** 而據《明武宗實錄》的記載，正德十二年六月，王佐已經作為「署都指揮使」，「把總江西南昌等衛運糧」。 **49** 從其肩負的「把總運糧」的職能上看，王佐也更像是「總督漕運總兵官」手下的人， **50** 而不是錦衣衛中的人。《明世宗實錄》也稱王佐中武舉考試後，因為平流賊有功，被擢升為都指揮僉事，「歷漕運參將、錦衣衛僉書，尋掌衛事」。也就是說，他並非如王世貞所言，奪得武狀元之後，直接進入錦衣衛，授職千戶。

正是在江西工作期間，王佐與王守仁建立了交情。王守仁（又稱王陽明）是宋明心學的集大成者，他被認為是明朝最負盛名的思想家，有人甚至將他與孔子、孟子、朱熹相提並論。他還是著名的軍事家，最為人所知的功績，是前文提到過平定寧王朱宸濠之亂。不過，正德十二年時，四十五歲的他還只是巡撫南贛汀漳等處地方左僉都御史（正四品）。

明人田汝成在《炎徼紀聞》一書中提到，王守仁十分欣賞王佐。 **51** 由於王守仁以品性高潔、智慧如海著稱，我們可以假設王佐在思想品性及軍事戰略上頗有值得稱道的地方。王世貞筆下的王佐確實也是這樣的人：「（王佐）為人謹願，有志介，閑射便騎，以刀筆吏能稱也，然時時援古義。」

根據《明武宗實錄》的記載，正德十四年六月，王佐晉升為「協同督運參將」。 **52** 兩年後的七月，即世宗即位三個月後，韃靼小王子犯

48.《弇州四部稿》卷 79。

49.《明武宗實錄》卷 150。

50.《明史》卷 76〈職官志五〉。

51.《炎徼紀聞》卷 1。

邊，他作為右參將分守大同中路。53五個月後，因為邊事已平，又調回原處任職。

嘉靖二年二月，王佐被調入錦衣衛「提督巡捕」，以千戶的身分「署都指揮使」。54因為緝捕有功，他很快就晉升為指揮僉事。嘉靖四年正月，又晉升為指揮同知，仍然「署都指揮使」。55駱安被降職後，王佐奉旨「掌衛印提督官校辦事」。56

對於王佐掌錦衣衛事期間的表現，《明世宗實錄》給出了很高的評價：「(王佐)屢鞫告訐大獄，不詭不激，平反甚多。」57在其平反的案件中，御史陳讓、遂安伯陳鏸等人被誣告一事值得一提，因為這個案件與世宗厭惡的張太后（孝宗唯一的妻子張皇后）有關。

關於張太后的兩個兄弟，即建昌侯張延齡以及昌國公張鶴齡，前文已略有提及。他們兄弟二人仗著外戚的身分，經常橫行鄉里，用《明史》的話說，「鶴齡兄弟並驕肆，縱家奴奪民田廬，篡獄囚，數犯法」。但是，孝宗及武宗顧及張皇后的顏面，對他們的惡行百般容忍。58

世宗的態度則完全不同。世宗對在「大禮」問題上刁難自己的張太后十分不滿，因此，當張延齡兄弟被人告發有「不軌」、「違制」、「殺人」的行為時，他並沒有網開一面，而是順水推舟。案件的始末大致如下：張延齡有一名家奴名叫曹鼎。正德十年，曹鼎之父曹祖狀告曹鼎與張延齡謀不軌，結果被武宗打入監獄，飲藥自盡。再後來，一位名叫司聰的武官，因為欠了張延齡五百金，經常被後者索債。迫

52.《明武宗實錄》卷 175。

53.《明世宗實錄》卷 4。

54.《明世宗實錄》卷 23。

55.《明世宗實錄》卷 47。

56.《明世宗實錄》卷 120。

57.《明世宗實錄》卷 209。

58.《明史》卷 300〈張巒傳〉。

於無奈，他以曹祖之事脅迫張延齡。張延齡指使手下將其殺死，並命司聰之子司升毀屍滅跡，以抵消其家所欠債務。

司升一直忍氣吞聲。嘉靖十二年（1533 年）九月，司升以前事狀告張延齡，事下刑部，「逮延齡並諸奴勘鞫」。經查「其擅買違制田宅及杖殺僧、婢、司聰事，有證」，至於「陰謀不軌」的指控，則並無確鑿證據。

由於張延齡是外戚，刑部尚書聶賢等將獄詞呈上，請世宗聖裁。世宗怒曰：「夫謀逆者，只論謀與不謀，豈論成否耶？」他斥責聶賢「徇私黨比，背義欺罔」，令其「戴罪」，會同法司及錦衣衛鎮撫司「從公究詰」。最終，張延齡「下刑部獄，論死」，張鶴齡則被革去昌國公的爵位，降職為南京錦衣衛指揮同知，「帶俸閒住」。

但張延齡並沒有立即被處死，而是被關在獄中。三年後，劉東山再告張延齡不軌事，上百人被株連。次年，班期、于雲鶴等人又告張延齡兄弟利用旁門左道詛咒世宗，詞連張太后。張鶴齡自南京赴逮，病死獄中。嘉靖十七年（1538 年）正月，劉東山因為「弒父亡命」，被御史陳讓捕獲，於是，又誣告陳讓以及遂安伯陳鏸等數十人，世宗命錦衣衛窮治，直接審理此案的正是都指揮使王佐。經審，真相大白，陳讓、陳鏸無罪釋放，劉東山「枷號三月，滿日，發極邊充軍」，張延齡則繼續被關押在獄中，張太后去世後，被斬於西市。[59] 結案次月，王佐去世，世宗待他不薄，「詔贈後軍都督府右都督」，並且按照右都督的級別，「御賜祭葬如例」。[60]

三、衛帥陸炳

根據王世貞的記錄，王佐去世後，接掌錦衣衛的是陸松。但這條

59.綜合自《明史》卷 300〈張巒傳〉；《明世宗實錄》卷 155、192、208。
60.《明世宗實錄》卷 209。

記錄並不屬實，因為在王佐去世前兩年，即嘉靖十五年（1536年），
陸松已經離世。[61]而且，陸松去世前兩年，已經以錦衣衛指揮同知的
身分「掌衛事」。在錦衣衛裡，同時有兩位「掌衛事」武官的現象並不
罕見，前文已有例子，不再贅述。

作為興獻王府的老臣，陸松進入錦衣衛後，繼續對世宗忠心耿耿。
在「大禮」的爭議結束後，世宗下詔編撰《皇考實錄》，[62]陸松也參與
了編輯工作，並親纂「獻皇帝持身治國之要三十五條」。因為這件事立
下的功勞，陸松被擢升為指揮僉事，時為嘉靖五年（1526年）六
月。[63]兩年後，他已經是「錦衣衛鎮撫司指揮同知」。[64]此後八年（直
至他去世），他一直在錦衣衛治詔獄，張延齡兄弟的案子即由他主審。

至遲在嘉靖十四年，陸松已經是錦衣衛指揮使。一年後的八月，
陸松在錦衣衛都督僉事任上去世。次月，「詔贈故後軍都督府都督僉事
陸松為都督同知」。

陸松去世後，他的兒子陸炳請求襲職，兵部委婉地提出了反對意
見：「（陸）炳亦中武舉，有功，若許其襲，宜為署指揮使。但嘉靖九
年例，非軍功而徒以技藝、勤勞傳乞者，雖有世襲字樣，亦應查革。
炳請，宜不可許。」但是，世宗心念陸松「廉幹勤勞」，特批陸炳襲職
錦衣衛指揮僉事，並在象房管事。不久後，又將他擢為「署指揮使」，
命他在南鎮撫司管事。

陸炳的出現，意味著錦衣衛的黃金時期即將來臨。

前文提到過，陸炳的母親是世宗的乳娘，但是，君臣二人之間的
關係，並非「共乳」而已。陸炳比世宗小三歲，出生之後，母親將他

61.《明世宗實錄》卷190。

62.此所謂「皇考」，指的是世宗的先父興獻王。

63.《明世宗實錄》卷65。

64.《明世宗實錄》卷121。

帶進興獻王府一起住，因此，陸炳自幼便與世宗生活在一起，長大後，更是整日陪伴世宗左右。據說，陸炳曾經想過棄武從文，但被父親阻止，父親的理由是，襲職當侍衛，可以侍奉天子，何必走寒士路？即便考取了功名，還不是要仰人鼻息？[65]

於是，陸炳決定子承父業，並且和王佐一樣，「應試武舉，會試高等」。[66]陸炳參加武會試的時間，是嘉靖八年，時年十九歲，會試結束後，被授予錦衣衛副千戶之職。因此，陸松去世後，他並非以一介布衣的身分襲職。

對於陸炳，《明書》有「雄黠多智數，善迎合上意」的評價，[67]至於他的形象，《明史》謂其「武健沉鷙，長身火色，行步類鶴」。[68]在中國傳統文化中，鶴是被文人喜愛的動物，畫家經常將其與象徵高潔的松樹畫在一起，因此「行步類鶴」一定是對陸炳的褒獎，大概有輕快、優雅之意。

儘管陸炳本人具有才幹，與世宗的關係也不同尋常，但是，他真正受到世宗的重視，還在其父去世三年之後。在某種程度上，陸炳的命運與英宗朝的袁彬有些類似，他的幸運也是建立在君主遇到不幸的基礎上。

嘉靖十八年（1539 年）二月一日，世宗將年僅三歲的兒子朱載壑立為太子。半個月後，即二月十六日，啟程巡幸承天，即原興獻王的藩國安陸州。[69]

65.《明史》卷 307〈陸炳傳〉。

66.《明書》卷 156。

67.《明書》卷 156。

68.《明史》卷 307〈陸炳傳〉。

69.嘉靖十年八月，世宗效仿太祖將濠州更名為鳳陽府的先例，將安陸州更名為承天府。

　　世宗之所以有南巡的決定，是因為錦衣衛指揮同知趙俊（興獻王府出身）正月從承天回京後，向他彙報了一個壞消息：「啟視顯陵（即世宗的父親興獻王的陵寢），玄宮有水」。諸臣提議顯陵北遷，世宗則想先親自視察一番，再做決定。[70]那些反對世宗南巡的官員，例如，給事中曾烶、御史劉賢等人，都被打入錦衣衛監獄。

　　二月二十八日，世宗車駕抵達河南衛輝，當晚，一件意外的事情發生了。正是這件事情，加深了世宗對陸炳的信任。

　　史籍記載，當夜四鼓十分，衛輝行宮發生了一場大火災，「後宮及內侍有殞於火者」，眾侍從倉促無計，不知世宗所在，錦衣衛指揮僉事陸炳當時正與世宗在一起，他背起世宗，跳窗而出，將皇帝送上了龍輦。[71]

　　據王世貞考證，儘管世宗從心底裡感激陸炳，卻並未將這件事宣揚出去，因為這實在有損帝王的顏面，因此，陸炳雖然「獨驟貴」，其他人並不清楚其中的原因，對其有莫測高深的感覺。[72]

　　但王世貞的「驟貴說」並不符實。根據《明世宗實錄》的記載，自嘉靖十八年（其年陸炳被授予錦衣衛指揮僉事之職），至嘉靖二十四年正月（其時在指揮使任上），在五年多的時間裡，陸炳只不過升了兩級而已。而且，在嘉靖二十一年（1542 年）十月，陸炳還立了另外一項功勞。

　　正是在這個月，發生了著名的「壬寅宮變」，關於這起事件的細節，存在多個版本，其真實程度各異。大致內容如下：十月二十一日，世宗夜宿端妃曹氏處。宮女楊金英等謀逆，待世宗熟睡，用繩勒世宗脖頸，結果忙中出錯，打了死結，即便如此，世宗仍然昏迷過去。宮

70.《明世宗實錄》卷 220。

71.《明通鑑》卷 57。

72.《弇州四部稿》卷 79。

女張金蓮知事難成，走告皇后，皇后趕到曹氏處，救下了世宗。最終，楊金英、張金玲等宮女，以及端妃、王寧嬪等妃嬪，「不分首從，悉礫於市，仍剉屍梟示，並收斬其族屬十人，餘給付功臣家為奴」。自此以後，世宗住進了西苑，再也沒有回過大內。**73**

《明書》記載說，「壬寅宮變」發生的當天晚上，陸炳突生心理感應（「炳心動」），「帶衛士急趨候門外。門開，皇后懿旨出，立應，縛逆人正法。上醒，聞之，甚喜」。

在錦衣衛的歷史上，用兩項大功，換官升兩級，類似這樣的交易，非但談不上「驟貴」，實在是再尋常不過的事情。無論「驟貴」之說是否誇張，在世宗的心裡，陸炳的地位日益不可替代。但是，要執掌錦衣衛，陸炳還有一段路要走。

王佐去世之後，接掌錦衣衛印信的，是同樣出身興獻王府的錦衣衛都指揮使陳寅。陳寅與陸松是老同事，在興獻王府的時候，二人同在儀衛司任事，他是副千戶，陸松是總旗。顯然，陳寅是陸松的上級，調入錦衣衛之初，陳寅的級別也在陸松之上。嘉靖二年二月，陳寅晉升為指揮僉事，而陸松當時只是千戶。可是，八年之後，陳寅仍然只是指揮僉事，而陸松已經是指揮同知。不過，似乎沒有證據表明，二人的關係因此而變得惡劣。事實上，他們早期的關係也是一個謎。

從世宗對二人的工作安排上看，他們之間的關係即便算不上融洽，也不會惡劣到無法共事的程度，否則的話，世宗不會讓二人一同監督「分建九廟、改建世廟」的工程。**74**類似這樣莊重的事情，世宗絕不會允許關係惡劣的官員將它變成政治鬥爭的場合。

嘉靖十四年十月，「啟祥宮」等宮殿修建完成，因為督工有功，錦衣衛指揮使陸松被擢升為署都督僉事，指揮僉事陳寅則晉升為指揮同

73.《明通鑑》卷 58。

74.《明世宗實錄》卷 172。

知。[75]

　　陸松於次年去世後，陳寅的晉升速度明顯加快，到了嘉靖十七年七月，他已經以錦衣衛掌衛事都指揮使的身分「署都督僉事」。而他之所以能夠升職，是因為監督建造慈寧宮等宮殿有功。此時，王佐也已經去世五個月。次年正月，陳寅再次晉升，由「署都督僉事」升為都督同知，仍掌衛事。到了嘉靖十九年（1540 年），他已經是錦衣衛掌衛事右都督（正一品）。

　　同樣沒有證據表明，陳寅壓制了陸炳的表現，不過，如果王世貞的記錄屬實，對於向陳寅這樣的叔伯長輩，陸炳只是表面上的尊重，他心裡的真實想法是，要一步一步用計將「異己者」——無論他們是否是前輩——予以剷除（「徐以計去其異己者」）。[76]

　　陸炳具體在何種情況下晉升為指揮同知，又是在何種情況下晉升為指揮使，尚不清楚。可以確定的是，直至嘉靖二十四年正月，他還只是錦衣衛指揮使，因為根據《明世宗實錄》的記載，在這個月的十五日，陸炳以錦衣衛指揮使的身分奉旨「施藥於朝天門外，以溥濟群生」。[77]

　　不過，正是從這個月開始，王世貞所謂的「驟貴」，才真正發生在陸炳的身上。

　　嘉靖二十四年有兩個正月，在閏正月的九日，世宗下發了一道諭令：「命錦衣衛都指揮同知陸炳掌本衛事。」[78]這意味著，在不到一個月的時間裡，陸炳跨過了都指揮僉事一級。六個月後，因為太廟完工，陸炳再次跨過都指揮使一級，直接被擢升為都督僉事，仍掌錦衣衛事。

75.《明世宗實錄》卷 180。

76.《弇州四部稿》卷 79。

77.《明世宗實錄》卷 294。

78.《明世宗實錄》卷 295。

同年十二月六日，又因為提督緝訪有功，被擢升為都督同知。從正三品到從一品，陸炳只用了不到一年的時間。

陸炳之所以能飛黃騰達若此，世宗的寵信固然是根本原因，可是，能夠得到內閣的幫助，也是不容忽視的因素。

嘉靖十八年二月，世宗南巡承天府，隨駕的大臣，除了內閣首輔夏言，還有另外一位重要人物：嚴嵩。

嚴嵩是江西分宜人。弘治十八年，孝宗駕崩、武宗即位之年，嚴嵩得中進士，時年二十五歲。在整個正德年間，他的仕途並不順利。武宗去世時，他還只是翰林院編修（正七品）。但是，他的命運到了世宗朝有了翻天覆地的變化。

四年後，他已經是國子監祭酒（從四品）。嘉靖七年（1528 年），他晉升為禮部右侍郎（正三品），不久又升為左侍郎。兩年後，調任為吏部左侍郎。嘉靖十年（1531 年），他被擢升為南京禮部尚書。嘉靖十一年（1532 年），他改任南京吏部尚書。四年後，改任禮部尚書兼翰林院大學士。嘉靖十八年正月，加太子太保銜。時年，嚴嵩五十九歲。

前文已經多次提到，因為具有維護禮儀的職能，錦衣衛與禮部保持了一種密切的關係。因此，無論是世宗南巡承天府期間，還是在此之前，或者在此之後，陸炳與嚴嵩都少不了接觸。因為夏言的存在，二人更是結成了同盟的關係。

夏言是江西貴溪人。正德十二年，夏言得中進士，時年三十五歲。夏言比嚴嵩小兩歲，中進士的時間比嚴嵩晚十二年，仕途卻比嚴嵩順利。嘉靖十年，夏言已經是禮部尚書。五年後入閣。再過兩年，即嘉靖十七年，內閣首輔李時去世，夏言成為內閣首輔，時年五十六歲。

王世貞說，夏言曾經比較關心陸炳（「言故愛昵炳」），陸炳對夏言也十分尊敬（「炳亦事之謹甚」）。[79]這很可能是基於陸松在世時與擔任

了五年禮部尚書的夏言建立起的良好關係。但是，夏言與陸炳之間的
這種類似於叔侄的關係，因為夏言的「謇諤自負」(《明史》語)，以及
陸炳的多行不法，❽一朝反目成仇。

《明史》記載，某日某位御史彈劾陸炳多項不法事，夏言當即擬
旨逮治。陸炳迫於無奈，「行三千金求解不得，長跪泣謝罪，乃已。炳
自是嫉言次骨」。❽

夏言因為「謇諤自負」而樹立的敵人，除了陸炳，還包括武定侯
郭勛，以及嚴嵩。

嚴嵩對於這位比他年輕兩歲的同鄉兼上級，起初十分尊敬，「嘗置
酒邀言，躬詣其第」，可是，夏言卻閉門不見。因此，「嵩恨甚」。

嚴嵩與夏言的不和，在隨駕承天府期間即有表現。嘉靖十八年三
月十二日，世宗一行抵達承天府。次日，世宗拜謁顯陵，禮臣上表，
請行賀禮，夏言則反對行賀禮，世宗不得已，只能作罷，「而心殊不
悅」。嚴嵩極善察言觀色，數日之後，再次上表請賀，世宗對他的表現
十分滿意，以為「文臣當知尊敬之禮，每每慢忽。禮樂自上出，亦不
為害」。於是，下旨行賀禮。❽

兩個月後，在回京的路上，夏言即因為上呈〈居守敕〉稍遲，激
怒了世宗。世宗斥責夏言「怠慢不恭」，將其免職。數日後，世宗怒氣
已解，又下旨「止其行，復諭以禮部尚書、武英殿大學士入閣」。❽

三年後，即嘉靖二十一年六月，世宗以「久雨傷禾」為由，切責
內閣。嚴嵩借著這個機會，聯合世宗的新寵，真人陶仲文，彈劾夏言

79.《弇州四部稿》卷79。

80.謇諤：正直敢言的意思。

81.《明史》卷307〈陸炳傳〉。

82.《明世宗實錄》卷222。

83.《明通鑑》卷57。

「欺謗舞文各罪狀」。七月一日，世宗第一次革去了這位內閣首輔的職務，接任首輔一職的是謹身殿大學士翟鑾。八月，禮部尚書嚴嵩以武英殿大學士的身分入閣。

整整兩年後，即嘉靖二十三年八月，翟鑾削籍，嚴嵩進為首輔。正是在嚴嵩擔任首輔後的一年多時間裡，陸炳「驟貴」。

不過，嚴嵩與陸炳共同的舊仇人夏言，並沒有一蹶不振，而是很快又出現在他們的面前。

陸炳被擢升為都督同知之後，過了十三日，即嘉靖二十四年十二月十九日，夏言回到北京，再次入閣，並且以華蓋殿大學士的身分擔任首輔。據說，夏言被罷職回鄉後，每逢新年及世宗生日，都會上表祝賀，自稱「草土臣」，因此「上亦漸憐之」，於是將他召回北京，重新起用。[84]

一場徹底的較量在所難免。這一次，夏言付出了沉重的代價。但是，此番使他付出代價的主要不是他「睿諤自負」的個性，而是他的政治抱負。

夏言一直想建不世之功，因此，當總督陝西三邊侍郎曾銑在嘉靖二十五年（1546 年）十二月以及嘉靖二十六年（1547 年）十一月先後上疏，請求出兵收復河套時，夏言極力贊成。而夏言之所以贊成，還有另外一個原因：夏言的岳父蘇綱與曾銑交厚，經常在他面前讚揚曾銑的本事。因此，夏言頻繁上疏舉薦曾銑，並且說，在群臣之中，再也找不出一個像曾銑那樣忠心耿耿的人。而且，曾銑以往的表現確實也證明他懂得軍事。「果銳有機略」，是《國榷》作者談遷對他的評價。

對於夏言的建議，世宗起初頗有些心動，命廷臣討論出兵河套的可行性以及策略。可是，當廷臣將討論的結果具疏上報後不久，世宗又改變了主意。世宗認為「（河）套虜之患」已經存在很長時間，現在

84.《明通鑑》卷 58。

出征，是否師出有名？兵力是否有餘力？糧草是否有餘積？是否可以確保出征必然成功？曾銑的意見不足為信，「只恐百姓受無罪之殺」，「卿等職任輔弼，果真知真見當行，擬行之」。 85

嚴嵩理解世宗的顧慮，上疏說：「虜不易勝，河套必不可復。師既無名，費復不淺。廷臣無不知其謬，第有所畏耳」，並且引咎自請免職。 86 兵部尚書王以旗、吏部尚書聞淵、禮部尚書費宷、都察院左都御史屠僑等人也紛紛附和嚴嵩的意見。於是，先前討論的結果完全被推翻。

嚴嵩又趁機攻擊夏言：「（夏言）向擬旨褒（曾）銑，臣皆不預聞。」顯然，他是為了讓世宗形成這樣一個印象，即夏言支持出兵河套，是出於私心、為了私利，而非為了社稷的安危，故而獨斷專行。聽到嚴嵩的指責後，「（夏）言大懼，謝罪」，並且說，嚴嵩起初並無異議，實在不明白為何現在將責任完全推到自己的身上。 87

可是，世宗已經完全被嚴嵩說動，「怒不可解，乃遣錦衣衛官校逮（曾）銑」。世宗深信，夏言對曾銑的舉薦，是因私廢公，「不顧國安危、民生死」，只是為了滿足曾銑建功立業的私心（「惟徇銑饞欲耳」）。嘉靖二十七年（1548 年）正月初六日，世宗再次罷免了夏言的一切官職。

三月十八日，陸炳將曾銑的獄詞上呈世宗，這個倒楣的軍事將領承認了他與前內閣首輔私相授受的指控，還提到他的兒子曾淳「先後持金數萬」，通過夏言的岳父蘇綱送到夏言的宅第。總之，仇鸞之前對曾銑與夏言「朋謀為奸，妄議復套」，以及曾銑「冒報功捷」的指控，全部都得到了「證實」。

85.《明世宗實錄》卷 332。

86.《國榷》卷 59。

87.《明通鑑》卷 59。

　　仇鸞是正德年間名將仇鉞的兒子，襲爵咸寧侯，嘉靖二十三年正月，他掛印充總兵官鎮守甘肅等地。據說，他在甘肅期間「貪縱酷虐，資為不法」，後因總督陝西三邊侍郎曾銑彈劾他不聽調遣，世宗停了他的俸祿，並命巡按等官查實他的罪行。仇鸞知道自己的不法作為無法掩飾，「益狂悖無顧忌」，於是，曾銑又上疏「劾鸞不法數事」。嘉靖二十六年十二月十四日，錦衣衛將仇鸞押解至京，關入錦衣衛監獄。在嚴嵩與陸炳的授意下，仇鸞對曾銑提出了上述指控。

　　嘉靖二十七年四月二日，即曾銑「招供」半個月後，夏言被打入錦衣衛監獄。《國榷》記載道，夏言罷職之後，返回故里，行至丹陽時被逮。他十分清楚自己的命運，指著路旁的白楊樹說，「白楊，白楊，爾能知我此去不返乎？」**88**

　　如果夏言被逮的地點以及械至京城的時間無誤，則完全存在這樣一種可能性，即早在曾銑「招供」之前，陸炳已經派出錦衣衛旗校去緝拿這位前首輔。作者的理由是：丹陽位於江蘇鎮江東南，距北京有一千二百公里。如果錦衣衛旗校是從曾銑招供日出發，意味著他們在十五日的時間裡走完了二千四百公里的路程，每日的行程大概是一百六十公里，這在當時幾乎是不可能完成的事情。因為《元史》告訴我們，那個時代的「急遞鋪兵」，即快遞官書文件的士卒，「一晝夜行四百里」。**89**

　　夏言下獄後，曾上疏陳冤，指控嚴嵩誣陷自己，但世宗不予理會，甚至將為夏言說情的刑部尚書喻茂堅、都御史屠僑、大理寺卿朱廷等人痛斥一番，並罰其俸祿。最終，「竟坐（夏）言與（曾）銑交通，律論斬，繫獄待決」，「妻子流放三千里」。**90**同年十月，夏言問斬。大概

88.《國榷》卷 59。

89.《元史》卷 101〈兵志四〉。

90.《明世宗實錄》卷 335。

因為夏言過於高傲，不近人情，尤其是再被起用後，不無因私廢公的主張及做法，因此，對於他的不幸，史家惋惜之意多於同情。附帶一提，曾銑認罪後不久，仇鸞即被釋放。[91]

嚴嵩、陸炳以及仇鸞都是這次政治鬥爭的贏家。嚴嵩再次成為內閣首輔。這一次，他占據首輔的位置長達十四年，直至嘉靖四十一年（1562年）五月被革職。仇鸞仍然是咸寧侯，兩年後被任命為大同總兵官，聖眷日隆。至於陸炳，大概在曾銑入獄前後，已經晉升為正一品右都督。嘉靖二十七年八月九日，即夏言入獄後四個月，世宗以慶賀自己的生日為由，加授陸炳「光祿大夫柱國」的勳階，在錦衣衛歷史上，陸炳是唯一享此殊榮者。

兩年後，這位右都督的權柄益重。

嘉靖二十九年（1550年）八月十四日及十七日，蒙古俺答汗大軍先後進犯古北口與通州，京師戒嚴。世宗下詔「檄諸鎮兵勤王」，並分遣文武大臣各九人防守京城九門，由定西侯蔣傳、兵部侍郎王邦瑞總督，另遣陸炳、禮部侍郎王用賓等巡視皇城四門。

這次危機成為陸炳表現才幹的舞臺。在此之前，由於大同等地邊警頻傳，他已經未雨綢繆，大大充實了錦衣衛的實力。《明書》記載說，陸炳招募了一萬多名勇士充作錦衣衛校尉，「月支太倉米四萬石，鮮衣怒馬出入市中，人皆目而畏之」。

陸炳巡視皇城四門的做法是，各門分別調派三百名錦衣衛緝事官校，專門緝察出入城門者，以防奸細。其餘校尉巡查京師大街小巷，以維護治安，遇有乘機搶掠者，則逮其首領繩之以法。他的表現贏得朝野的好評，「中外賴之」。

因為俺答汗的入侵，咸寧侯仇鸞也得到一個「被迫立功」的機會。

七月，俺答汗大軍在進犯京師前，先侵擾了大同。面對虜寇大軍，

91.《明世宗實錄》卷334。

剛當上大同總兵官不久的仇鸞「惶懼無策」。他的門客時義、侯榮獻計，最終，通過賄賂俺答汗，他才躲過了一劫。《明通鑑》記載說，俺答汗接受了賄金，並送給了仇鸞一支傳箭作為信物，「而與之盟，遂東去」。❷所謂「東去」，並非撤兵回草原，而是東侵。八月八日，俺答汗入侵大興州。得知消息後，仇鸞明白，要求增援的聖旨遲早會來，與其被動發兵，不如主動馳援。當他率軍趕至居庸關時，已經兵疲馬乏。

　　數日後，虜寇進犯通州，但仇鸞的補給問題仍未解決。陸炳得知情況後上疏說，要遏制敵寇前鋒，必須依靠仇鸞大軍，然而，「今相持已久，遠卒饑疲，餽餉不繼，可為寒心」，並且提出幾項建議：包括兵部立即發兵應援；戶部立即發銀充餉；薊鎮守臣宜早作準備，待虜寇退兵時予以伏擊；待到事寧之日，根據巡按御史王忬的記錄，賞功罰過。

　　對於這些建議，世宗深以為然。他切責戶部辦事不力，戶部尚書李士翱等人因為「不以國事為重」，全部「停俸戴罪」，「即日計處兵食，運送各營」。

　　不得不倚重邊軍的原因，是團營基本無兵可用。團營本應有精兵十二萬，而在籍者只有四、五萬，且半數以上成為營帥、中官的私役，並不歸隊操練，剩下的人也多為老弱，「驅出城門，皆流涕不敢前，諸將領亦相顧變色」。❸

　　八月二十日，在陸炳等人的舉薦下，仇鸞被任命為「平虜大將軍」（一說「平北大將軍」），統攝來京勤王的諸鎮兵約五、六萬人，節制各路兵馬。三日後，俺答汗退兵。蒙古大軍「本無意攻城」，在京師附近大肆劫掠七八日後，「所擄獲已過望，遂整輜重趨白羊口去」。❹再

92.《明通鑑》卷 59。

93.《明史》卷 89〈兵志一〉。

兩日後，即八月二十五日，「京師解嚴」。次日，仇鸞大軍在古北口一帶與俺答汗的軍隊不期而遇，「敵縱騎蹂擊，殺傷千餘人，鸞幾為所獲，被救得免」。同日，世宗以兵部尚書丁汝夔「罔上害民」、兵部左侍郎楊守謙「黨同坐視」，「皆死有餘辜」，將二人處死。[95]同時受到責罰的還包括刑部侍郎彭黯、大理寺卿沈良才等人。九月一日，俺答汗大軍成功出塞。二十餘日後，戶部尚書李士翱被免職。

仇鸞「掩敗不聞」，且令諸將收斬遺屍，假冒軍功，妄稱大捷，竟然贏得世宗褒獎，加授太保銜。

這次危機帶來的最大改變，是世宗聽從了吏部侍郎王邦瑞的建議，在九月上旬先後頒布了兩道諭旨：其一是「罷團營，復三大營舊制」，東西兩官廳也被裁撤；其二是「罷提督、監槍等內臣」。其影響是，宦官的地位與影響力有所降低，文武大臣的地位則相對提高。相應的人事變動是，咸寧侯仇鸞受命「總督京營戎政」，王邦瑞改任兵部左侍郎，「專督營務」，兩個月後升任兵部尚書。右都督陸炳則晉升為左都督。嘉靖三十年十一月，因為「擒（甘州叛逆）哈舟兒功」，他被加封太子太保銜。[96]

據說，嚴嵩與仇鸞合謀害死曾銑後，曾經「約為父子」。可是，仇鸞把持軍權後，權勢已凌駕於嚴嵩之上，嚴嵩仍然視之以子，因此，二人的關係變得非常惡劣。他們多次在世宗面前彈劾對方。世宗傾向於相信仇鸞的指控，一度疏遠了嚴嵩。因此，嚴嵩拉攏陸炳對付仇鸞。[97]

陸炳與仇鸞之間的關係，有些類似於錢寧與江彬的關係，《明史》

---

94. 白羊口：今屬山西大同。

95. 《明世宗實錄》卷364。

96. 《明世宗實錄》卷379。

97. 《明史》卷308〈嚴嵩傳〉。

以「爭寵」二字予以概括。這一次，勝利屬於錦衣衛一方。

其實，即便是軍權在握後，仇鸞對陸炳也頗為忌憚，甚至主動「來結歡」。對於仇鸞的巴結之舉，陸炳「陽應，心勿善也」。

因為世宗當時倚信仇鸞，陸炳未敢輕舉妄動，只是祕遣緝事官校，伺察其不可告人的密事，或者收買其近侍，了解其不為人知的動向，以至於「銖兩之奸，無不知者」，更不用說仇鸞通過其親信時義、侯榮等人賄賂俺答汗，並與他祕密結盟之事。他將證據妥為封藏，待機而動。

陸炳固然受寵，卻並不能經常看見世宗，因為世宗已經住進西苑修道，他本人則要執行公務，而且，為了專心修道，世宗一般不接見朝臣。

為了讓世宗接見自己，陸炳想了一個主意：經常帶著親兵在射所練習射箭。據說，中靶之聲整個大內都能聽見（「命中聲徹禁中」）。某日，世宗也聽見了中靶聲，問陪同修道的真人陶仲文說：「這是陸炳在射箭嗎?」陶仲文知道世宗想起了陸炳，而且他本人又與陸炳交厚，於是十分誇張地說：「此乃天生神將，來保護陛下。」世宗聽了十分高興，當即派小宦官去請陸炳相見。

不知是巧合，還是陸炳的故意安排，當日，剛從大同率兵返回京師的仇鸞帶著手下在射所與陸炳的人進行了較量，結果是仇鸞的手下敗了。因此，仇鸞的臉色非常難看。陸炳舉起酒杯，說了一番意味深長的話，他說，仇大將軍麾下有三十萬騎之眾，講究用兵之能，而陸某人只是「一校之任」，講究個人武技（「用寡拳捷取快」），正如漢代之羽林、期門，唐代之飛騎、彍騎，「止衛宮廷，非大將軍比也」。

這些情形都被小宦官看到了，他向世宗做了詳細的彙報。世宗聽了之後，默然不語。從此，他更加眷顧陸炳，卻懷疑仇鸞不稱職。[98]

98.《明書》卷156。

　　嘉靖三十一年（1552年）四月三日，仇鸞在大同鎮川堡再次戰敗，卻瞞報陣亡二百餘人、失馬二百餘匹的事實，「報斬首五級，獲寇馬三十匹，請賞」。

　　俺答汗這一次進犯大同，始於嘉靖三十年十二月。正是在這一年的三月，仇鸞與兵部尚書趙錦等人，提出了一項建議，即與俺答汗修約，以俺答汗「永不犯塞」為條件，在大同邊外重開馬市。儘管內閣首輔嚴嵩、兵部主事楊繼盛等人都持反對意見，世宗仍然同意了這項建議，於四月在大同鎮羌堡開馬市。可是，俺答汗的鐵騎還是再度寇邊。次年三月，仇鸞奉旨率軍開赴大同，但是，剛一交鋒即敗績。

　　仇鸞「請賞」的要求得到了世宗的認可，但接下來發生的事情頗不尋常。五月三日，即大同鎮川堡敗績一個月後，仇鸞接到了世宗召其回京議事的諭旨。在此之前，仇鸞曾提出一項顯然不合時宜的建議（因為當時北疆相繼告急），即將鎮守在京師門戶宣府、大同二鎮的精兵調到位於京畿附近的保安、懷來一帶，以捍衛京師的安全。不難理解，這項莫名其妙甚至居心叵測的提議，一定會引起世宗的猜忌。

　　六月，已經被召回京師的仇鸞再次「請調固原、寧夏、甘肅每鎮新兵三千人，延綏二千人入衛（即調入京衛）」，世宗再次不許。七月，寇犯薊州（今天津薊縣），當時後背生瘡、病情嚴重的仇鸞上疏，「請輿疾赴軍」，然「詔止之」。[99]八月九日，世宗收回了仇鸞的大將軍印綬，命兵部侍郎蔣應奎暫掌戎政。三日後，仇鸞疽發而死。

　　仇鸞去世前夕，確切地說，是八月十一日，陸炳本欲舉報仇鸞與俺答汗祕密結盟的事情，因為擔心證據不足，於是偷偷派人恫嚇仇鸞的親信時義、侯榮，「令亟逃虜中避禍，不然且擒」。時、侯二人信以為真，果真逃跑，逃至半路即被陸炳派出的校尉抓獲。人證（俺答汗送給仇鸞的箭信）俱在，仇鸞謀反叛國之事得到證實。

99.《明通鑑》卷60。

世宗大怒，命陸炳會同三法司擬罪。八月十五日，已經去世三日的仇鸞被「剖棺斬首，梟示九邊。父、母、妻、子及時義、侯榮皆斬；妾、女、孫發功臣家為奴；財產盡沒入官」。[100]

既然仇鸞被證實叛國，他的指控自然缺乏說服力，因此，內閣首輔嚴嵩重新獲得信任。世宗對陸炳的寵信與倚重更是日益加深。嘉靖三十二年（1553 年）二月二十日，「敘誅逆功，進陸炳少保兼太子太傅，歲支伯爵祿」。[101]

兩個月後，世宗下令營築京師外城，以防禦外寇，同時又命陸炳總督京營戎政。不過，關於這件事，《明世宗實錄》還有另外一種說法，即成國公朱希忠總督京營戎政，陸炳協理。《明通鑑》支持前說。[102]

同年四月，陸炳由少保進封為太保。次年七月，世宗讓他陪同自己一起修道，於是他又在西苑當值。一同陪同世宗修道的，還有成國公朱希忠、安平伯方承裕、內閣首輔嚴嵩等人。[103]

在整個嘉靖年間，宦官相對不受重視，用《明史》的話說，「世宗馭中官嚴，不敢恣」，[104]因此，東廠的勢力遠不如錦衣衛。而且，陸炳掌錦衣衛事後，前後三任東廠太監（宋興、麥福與黃錦）都與他保持了非常友好的關係。

宋興去世後，陸炳甚至為他親自撰寫墓誌銘。根據銘文的記錄，嘉靖二十四年春（陸炳在該年閏正月被任命為掌錦衣衛事都指揮同知），宋興以內官監太監的身分奉敕提督東廠。在此之前，宋興曾經總

100. 《明世宗實錄》卷 388。

101. 《國榷》卷 60。

102. 《明世宗實錄》卷 396；《明通鑑》卷 60。

103. 《明通鑑》卷 60。

104. 《明史》卷 95〈刑法志三〉。

督內書館的事務，而陸炳當時正在內書館擔任教席，二人建立起了「寅恭之宜」（陸炳語）。因此，宋興去世之前，才會囑託陸炳「銘之」。[105]至於麥福，因為緝事有功，嘉靖二十七年，世宗「蔭其弟（麥）祥為錦衣衛百戶」。在陸炳麾下效力的麥祥甚得提攜，至遲在十二年後，已官至右都督。[106]黃錦的侄孫黃時坤也在錦衣衛任事，同樣頗得陸炳照顧，官至右都督，掌印南鎮撫司。[107]據王世貞說，陸炳與首輔嚴嵩以及黃錦都建立起了姻親關係。

　　對於和自己作對的太監，陸炳毫不留情。資歷深厚的司禮監太監李彬（他早在正德十四年即督管神機營中軍二司以及練武營）一直想找機會打擊和壓制陸炳，結果卻賠上了身家性命。嘉靖三十六年（1557 年）二月四日，陸炳劾奏李彬「侵盜帝真工所物料及內府錢糧，以數十萬計，私役軍丁造墳於黑山會……循擬山陵，大不道，宜置諸法」。世宗命錦衣衛「捕送鎮撫司拷訊，下刑部擬罪」。最終，李彬及其黨羽內官監太監杜泰、李庚、王愷等人俱伏誅，「籍銀四十萬有奇，金寶亡算」。[108]

　　同年八月十日，世宗「加贊直諸臣官」，其中，陸炳加授少傅銜。[109]至此，他的完整身分是「掌錦衣衛事太保兼少傅左都督」。太保屬於「三公」頭銜，少傅屬於「三孤」頭銜。在有明一代，同時兼有「三公」及「三孤」頭銜的文武官員，只有陸炳一人而已（「三公無兼三孤者，僅於（陸）炳見之」）。[110]

---

105. 見《北京圖書館藏中國歷代石刻拓本彙編》（鄭州：中州古籍出版社，1989），第 55 冊，頁 111。
106. 《明世宗實錄》卷 367、451。
107. 《明穆宗實錄》卷 3。
108. 《明世宗實錄》卷 444；《國榷》卷 62。
109. 《國榷》卷 62。
110. 《明史》卷 307〈陸炳傳〉。

上面提到的事例充分說明了這樣一個事實，即陸炳的存在，代表了錦衣衛歷史上絕無僅有的黃金時代。

正是從這個時代開始，包括內閣大學士、六部尚書等在內的士大夫放棄了輕視武官的傳統偏見，越來越願意讓家人在錦衣衛謀得一席之地。當朝內閣首輔徐階、神宗萬曆朝首輔張居正等人，都有子嗣在錦衣衛擔任高職。徐階的孫子徐本高在崇禎年間官至錦衣衛管衛事左都督，張居正的兒子張簡修則在南鎮撫司管事。

但這個時代同時也是短暫的，隨著陸炳的去世戛然而止。

陸炳去世的時間，是嘉靖三十九年（1560 年）十二月十一日，享年五十。《明世宗實錄》稱其「暴卒」。根據《國榷》的記錄，他應該是在某夜飲酒之後，犯了支氣管炎或者肺炎，咳痰不止而死（「一夕，飲後，談（痰）疾死」）。

陸炳去世後，世宗十分傷心。世宗甚至親自寫了詔書，表彰他為國盡忠的功德，並且追贈他「忠誠伯」的爵位，賜諡號「武惠」，「祭葬有加」。

《明世宗實錄》如此評價陸炳的發跡以及他享有的尊榮：陸炳，一介校尉出身，卻最終躋身於公、孤行列，「出司巡徼，入典直贊，自謁郊廟，以至諸禱祀，皆得與焉，親近尊寵，即勳貴大臣莫能望也」。⑪

「諸禱祀，皆得與」，指的是陸炳奉旨參與祭祀活動。正如前文所述，錦衣衛最初擁有的職能是儀仗以及儀衛，因此，作為武官的錦衣衛掌事者，在一定程度上扮演了「禮官」的角色，不過，在嘉靖以前，其有關禮儀的職掌，只不過是陳列儀仗或者履行護衛職責而已。直至嘉靖三十年，錦衣衛終於承擔了（儘管只維持幾年而已）更加「高級」的職責。例如，嘉靖三十年九月二十一日，時值秋分，當行大享禮

111.《明世宗實錄》卷491。

《明史》又稱「大饗禮」），「以哀沖、莊敬二太子啟遷，告太廟，遣右都督陸炳行禮」。[112]嘉靖三十二年八月二十日，「祭歷代帝王。遣公徐延德行禮。伯陳圭、都督陸炳、尚書聶豹、歐陽必進分奠」。又例如，嘉靖三十四年（1555年）二月，「祭帝社、帝稷。命成國公朱希忠代。……都督陸炳……陪祀」；嘉靖三十五年（1556年）正月十一日，「祈穀、視牲。命英國公張溶代。鎮遠侯顧寰……都督陸炳輪視」。[113]事實上，就在陸炳去世前一個月，即嘉靖三十九年十一月十九日，他作為錦衣衛掌事者還奉旨「輪視」了「圜丘視牲」的禮儀。[114]

儘管陸炳與嚴嵩關係頗深，也頗為貪狡，但陸炳並非一無是處。對於真正有品行的文武官員，他一般十分尊重，「上數起大獄，（陸）炳頗保護無辜，所全活亦眾」。

《明書》提到的一個例子是，嘉靖三十六年，抗倭名將俞大猷被胡宗憲誣陷入獄，陸炳見到俞大猷後，贈與他「二千金及他珍寶」，用以賄賂嚴嵩，俞大猷因此而逃過一死。《明史》則稱，陸炳親自賄賂嚴嵩之子嚴世蕃，救出俞大猷，讓他有機會立功於塞上。[115]

但他救助的對象並不限於士大夫，用明末清初人物傅維麟的話說，陸炳經常「救之極窮，活之垂斃」，上至學士、大夫，下至走卒，無論遇到什麼困難，他一句話就能解決，「至今人能言之」。正因為陸炳折節廣交，聲譽頗隆，「故終嘉靖之世，無發其奸者」。[116]

112.《明世宗實錄》卷377。哀沖太子朱載基出生兩個月即夭折，莊敬太子朱載壑卒於嘉靖十八年，時年十七歲。

113.《明世宗實錄》卷401、419、431。

114.根據《明史》卷47〈禮志一〉：「大祀前一月之朔，（上）躬詣犧牲所視牲，每日大臣一人往視。」又《明史》卷48〈禮志二〉：「嘉靖九年，復分祀之制，禮部上大祀圜丘儀注：前期十日，太常寺題請視牲，次請命大臣三員看牲，四員分獻。前期五日，錦衣衛備隨朝駕，帝詣犧牲所視牲。」

115.《明書》卷156；《明史》卷100〈俞大猷傳〉。

　　他的辦案能力也十分出色。因為耳目多、爪牙健、才足運用，一度十分盛行，勢力遍布京畿的白蓮教，幾乎被他連根拔起。[117]

　　內閣首輔徐階主編的《明世宗實錄》記載說，陸炳「任豪惡吏為爪牙」。《國榷》也說，在陸炳麾下效力的錦衣衛緹校，大多數是「長安大豪」。[118] 這裡說的「豪」，指的是豪俠，即「以武犯禁」的好勇鬥狠之士。只要他們的表現讓陸炳滿意，「即得驟貴」，因此，「其下多效死力」。[119]

　　陸炳的耳目遍布天下，「銖兩之奸，悉知之」，但他的壓榨對象似乎主要限於富民，「富民有小過者，即搒掠，文致成獄，沒其貲產。其所夷滅者，不可勝道，累貲至巨萬」。因此，他本人過著窮奢極欲的生活，在京畿以及各地營建了別墅十餘處，「皆崇麗稱甲」，宅內美姬如雲，紈綺寶玩盈庫，隨便在哪間屋子停留，都能極盡享受之需。他置有良田無數，在揚州、嘉興、南昌、承天等富饒城市都設有莊店。[120]

　　陸炳去世兩年後，即嘉靖四十一年五月，內閣首輔嚴嵩被免職。三年後，其子嚴世蕃以「謀逆」、「通倭」等罪名被處死，家產充公。據說，他家被籍沒的財產包括黃金三萬餘兩，白銀二百零二萬兩，府第房屋六千六百餘間，珍寶異物不可勝計。[121] 根據戶部尚書高燿言的記錄，嘉靖四十三年（1564 年）的歲入還不到二百四十七萬兩。[122]

　　一年後，即嘉靖四十五年（1566 年）十二月十四日，世宗駕崩，享年五十九歲。次年，「（嚴）嵩老病，寄食墓舍以死」。[123]

116. 《國朝獻徵錄》卷 109。

117. 《明書》卷 156。

118. 《國榷》卷 63。

119. 《國榷》卷 63。

120. 《明世宗實錄》卷 491。

121. 《明世宗實錄》卷 549。

122. 《明世宗實錄》卷 552。

　　但故事並沒有結束。

　　再過三年，即隆慶四年（1570 年），御史張守約追論陸炳舊罪，謂其與嚴世蕃勾結，「竊弄威權，播惡流毒，其罪有十，世蕃既已就戮……宜追戮炳屍，逮治其子繹、侄緒、家人佐，籍其家」。穆宗認同了張守約的意見，下詔命錦衣衛逮捕陸繹、陸緒、陸佐送法司審問。不少被陸炳欺辱過的官員也趁機紛紛陳訴冤情。

　　九月七日，法司做出判決，「（對陸炳）開棺戮屍，削奪官爵，籍沒其產，追贓還官」。陸炳的子侄陸繹、陸緒等人皆被革職，「發原籍為民」，家人陸佐等發配邊衛，永遠充軍。[124]

　　三個月後，穆宗將陸炳的幾座宅院賜給了故李皇后的父親，也就是他的岳父德平伯李銘。李銘本是一名錦衣衛百戶。嘉靖三十一年，他的女兒嫁給了皇三子朱載垕（即未來的穆宗），他因此而被擢升為錦衣衛副千戶。次年，他的女兒被封為王妃。據說，皇三子夫妻二人鶼鰈情深。然而好景不長，僅數年之後，王妃即病故。穆宗登基後，將李氏追諡為皇后，並將岳父李銘封為德平伯。李銘的兒子李鶴在神宗年間官至左都督。

　　隆慶五年（1571 年）正月，穆宗又將陸炳的二十餘處宅院分別賜予慶都伯杜繼宗以及固安伯陳景行。杜繼宗是穆宗的親舅舅，亦即世宗杜皇后的兄長。陳景行則是穆宗的岳父，也就是陳皇后的父親。他本是錦衣衛副千戶，在李銘封伯的同日，他被封為固安伯。[125]他至少有兩個兒子被授予世襲錦衣衛百戶的職位。

　　隆慶五年二月，穆宗再將陸炳的一百二十二頃八十七畝莊田賜給了德平伯李銘的兄弟錦衣衛指揮僉事李鈺。[126]

123.《明史》卷 307〈嚴嵩傳〉。

124.《明穆宗實錄》卷 49。

125.《明穆宗實錄》卷 4。

根據《明神宗實錄》的記錄，陸炳被定罪後，其家族被追贓數十萬，至萬曆三年，「貲財罄竭，無可追者」。同年四月，陸炳的兒子陸繹「具奏乞免」。四月七日，神宗接到奏本後，徵詢內閣首輔張居正的意見。

張居正說，陸炳既有罪，也有功，「功罪自不相掩」。再者，其罪不過枉法而已，與謀反、叛逆、奸黨三罪無涉。此外，根據國法，只有犯下這三項罪行的罪犯，才能籍沒其財產，而且，在籍沒財產與追贓兩種刑罰之間，只能選擇一種，即「籍沒者，不更追贓；追贓者，不行籍沒」。張居正還說，陸炳有保駕之功，如果陛下不能庇護其子孫後代，「世宗在天之靈，必不安於心者矣！」年僅十二歲的神宗聽了這番話後，「瞿然」（驚駭的樣子），於是讓張居正全權處理此事。次日，旨出：「陸炳生前功罪，及家產果否盡絕，著法司從公勘議。」[127]

就這樣，陸炳家人的罪責得到豁免。

陸炳去世的次日，世宗命後軍都督府左都督朱希孝接掌錦衣衛事，提督東司房。希孝及其兄長成國公朱希忠，是成祖麾下大將朱能的後人。

世宗對朱希孝也十分寵信。例如，嘉靖四十年（1561年）十一月十日，行大祀儀，因為天氣十分寒冷，世宗脫下身上的外套，贈與代替他行禮的朱希孝禦寒。次月，又讓朱希孝進入西苑陪自己修道。朱希孝擁有太保及太傅的頭銜，在錦衣衛歷史上，他享有的尊榮僅稍遜陸炳而已，但是，在權勢及影響力方面，二人無法相提並論。

朱希孝與陸炳共事過很長一段時間，至遲從嘉靖二十四年開始，他一直是陸炳的下屬。正是在這一年，陸炳被擢升為掌錦衣衛事都督僉事，而朱希孝直至嘉靖三十二年仍然是都指揮使。[128]

126.《明穆宗實錄》卷52、53、54。

127.《明神宗實錄》卷37。

　　自嘉靖三十九年十二月接掌錦衣衛事，至萬曆二年（1574 年）四月去世，包括整個隆慶年間，朱希孝一直是錦衣衛掌事者。

128.《明世宗實錄》卷 301、396。

第十二章　白銀時代

　　錦衣衛在隆慶年間的歷史比較平淡，其建制並無變化，發生過的最大事件，莫過於上文提到過的對陸炳的追戮。

　　這段歷史（就錦衣衛史而言）平凡無奇的原因，主要是穆宗能力不足，並且無心政事，司禮監、御馬監等內宮衙門也尚未冒起兼具野心與能力的人物。內閣則相對強勢，儘管其內部並不和睦，權力鬥爭不斷，但內閣大學士們至少在兩個方面態度一致：其一是恥於利用錦衣衛達成政治目的，其二是抑制皇權。於是，我們可以看到，在隆慶二年（1568 年）六月（時任內閣首輔為徐階），以及隆慶三年（1569 年）十二月（時任內閣首輔為李春芳），錦衣衛前後兩次縮編，共計裁汰了近一千五百名官校。**1**

　　當然，財政上的壓力，即戶科都給事中魏時亮在隆慶二年七月上呈的一份奏本中提到的天下三大患，亦即「藩祿不給、邊餉不支、公私告匱」，**2**也是導致錦衣衛縮編的重要原因之一。無論如何，在當時的政治背景下，錦衣衛缺少可以表現的機會。

　　不過，錦衣衛仍然保持了相對獨立的地位，原因在於，儘管錦衣衛掌事者、左都督朱希孝為人「寬然」（王世貞語），能力不及他的前任陸炳，但是，他的地位與影響力不容忽視，而東廠太監馮保當時還處於被壓制的狀態。

　　到了神宗朝，情況發生了變化。

1.《明穆宗實錄》卷 21、40。

2.《明穆宗實錄》卷 22。

一、馮保居正

萬曆初年發生在內閣首輔高拱與次輔張居正之間的政治鬥爭眾所周知，不再詳述。簡言之，神宗的父親穆宗朱載垕即位後不久，時任內閣首輔徐階與曾經在裕王府（穆宗即位前是裕王）擔任侍講的內閣大學士高拱進行了一場較量，結果高拱敗績，罷職，時為隆慶元年（1567 年）。一年之後，高拱捲土重來，與他的朋友，同在裕王府擔任過侍講的內閣大學士張居正一起，將徐階趕下臺，接任內閣首輔的是相對溫和的李春芳。三年後，即隆慶五年，次輔高拱又將李春芳逐出內閣，並取而代之，張居正為次輔。其後，因為在處理徐階的問題上，高拱與張居正產生了矛盾，二人交惡。在穆宗於隆慶六年（1572年）五月駕崩，神宗即位後不久，二人展開了一場政治較量，而最終的結果是，高拱罷職，張居正進為首輔。

在這個過程中，司禮監太監馮保起到了至關重要的作用。

馮保祖籍深州（今屬河北），早在嘉靖中已擔任司禮監秉筆太監。穆宗隆慶元年，他奉旨提督東廠兼掌御馬監事，成為司禮監二號人物。隆慶三年，司禮監掌印太監因故去職，馮保本該遞補此職務，但因他當時正好觸怒了穆宗，故而喪失了機會。這個職位並沒有立即找到合適的人選，馮保也一直以為自己還有機會。然而，在內閣首輔高拱的推薦下，這個職位最終授予原御用監太監陳洪。陳洪於隆慶五年罷職後，高拱復又推薦了原尚膳監孟沖。因此，馮保對高拱恨之入骨，而選擇與張居正交厚。

在張居正的幫助下，穆宗駕崩（時間是隆慶六年五月二十六日）僅過了兩個時辰（四個小時），馮保就取代孟沖，當上了司禮監掌印太監。**3**

3.《明通鑑》卷 65：「帝（穆宗）崩以卯刻，忽巳刻，斥司禮監孟沖，而以

　　《明通鑑》記載說，張居正見穆宗沉屙難起，欲引馮保為內助。穆宗駕崩前夕，二人之間的密函往來有十幾封，送密函的是張居正的親信小吏。高拱聽說這件事之後，曾極為憤怒地質問張居正：「密封謂何？天下事不以屬我曹而謀之內豎？何也？」張居正滿臉慚色，只能連連道歉。穆宗駕崩兩個時辰後，馮保即取代孟沖，成為司禮監掌印太監，「蓋保言於兩宮，遂矯遺詔命之也」。🔳

　　於是，馮保集司禮監掌印太監與東廠太監二職於一身，「總理內外，勢益張」。他很快就將了首輔高拱一軍。

　　據史載，九歲的神宗登基時，馮保故意站在御座旁不走，以至「舉朝大駭」。高拱「以主上幼沖，懲中官專政」為由，奏請「黜司禮權，還之內閣」。在他的授意下，給事中雒遵、程文上疏攻擊馮保，他自己也親擬聖旨，要革馮保的職。張居正將首輔的動態告訴了馮保，馮保則在兩宮太后（穆宗陳皇后及神宗生母李皇后）面前指控高拱擅權，「蔑視幼君」。隆慶六年六月十六日，即神宗即位六日後，「召群臣入，宣兩宮及上詔」。高拱以為馮保必定被逐，匆匆入殿，不過讓他沒想到的是，詔書竟然是數落他擅權之罪並且罷其官職。五十九歲的首輔大受打擊，伏地不起，最後還是張居正攙扶他出了宮，並替他雇了騾車，將他送出了宣武門。🔳從此，四十七歲的張居正開始了長達十年的首輔生涯。

　　但馮保對高拱的怨恨之情並未減輕。萬曆元年（1573年）正月十九日，馮保利用「王大臣事件」再度打擊高拱。當日，神宗下朝後，在馮保等人的陪伴下回宮，行至乾清宮門外時，遇到一位冒充太監的妖人王大臣（一說其本名章龍，應天府靖江人）。馮保命人將其拿下，

（馮）保代之。」
4.《明通鑑》卷65。
5.《明史》卷213〈高拱傳〉。

打入東廠監獄，又令家僕辛儒探監，許之以利，令其誣告高拱有行刺皇帝的意圖，並承認自己是刺客，王大臣被迫應承。次日，錦衣衛掌事者，左都督朱希孝等人會審此案，王大臣卻突然翻供，疾呼曰：「許我富貴，乃掠治我耶！且我何處識高閣老？」其後，馮保迫於壓力，不得不放棄入罪高拱的計畫。王大臣則移送法司坐斬。 **6**

二、 為首輔所用的廠衛

儘管馮保提督東廠，「總理內外」，且與內閣首輔張居正相唱和，但根據《明史》的論斷，在朱希孝去世前，錦衣衛基本還保持著獨立的人格（「衛猶不大附廠也」）。**7** 朱希孝去世的時間，是萬曆四年（1576 年）四月，神宗賜諡「忠僖」，「與祭葬，加祭二壇」。**8** 至此，錦衣衛相對獨立的地位基本終結，淪為擅權太監們打擊異己的工具，直至明朝滅亡。

繼朱希孝之後接掌錦衣衛事的，是錦衣衛都指揮使余蔭。余蔭原先在東宮擔任侍衛，**9** 當時的太子正是年幼的朱翊鈞，即後來的神宗。由於神宗的少年時代幾乎完全生活在馮保的陰影裡，而馮保又極得慈聖太后（神宗之母）的信任，且掌印司禮監、提督東廠，與內閣首輔張居正互為臂助，因此，在余蔭掌理之下的錦衣衛已經成為東廠的附庸。

《明史》及《欽定續文獻通考》記載說，馮保掌印司禮監後，「建廠東上北門之北，曰內廠，而以初建者為外廠」。**10** 但此「內廠」與劉

6.《明史》卷 305〈馮保傳〉；《國榷》卷 68。

7.《明史》卷 95〈刑法志三〉。

8.《明神宗實錄》卷 24。

9.《明神宗實錄》卷 69。

10.《欽定續文獻通考》卷 136；《明史》卷 95〈刑法志三〉。

瑾設立的「內廠」不同，它並非一個獨立的機構，而是東廠增設的指揮機構，其署衙所在位置「東上北門」是皇城內宮城外十二門之一。**⓫**與「內廠」相對應的「外廠」，指的是永樂年間設立於東安門外的東廠。顯然，東廠的建制可能有所擴大，但具體情形不詳。

在馮保的提督之下，東廠的職掌並未發生變化，仍是「緝訪謀逆、妖言、大奸、大惡等」。例如，萬曆四年九月，張大金因為「弒母燒屍」而被東廠官校逮捕，並被打入詔獄；萬曆六年（1578 年）四月，妖僧如燈因為「造捏謗言」而被東廠拿獲，結果被杖責一百，「遞回原籍為民」。**⓬**但此時的東廠仍有不同於以往之處。從性質上講，東廠與內閣（東廠的監視對象）原本是水火不容的關係，但是，因為馮保與張居正交厚，二人守望相助，張居正在不同場合維護了馮保的顏面，東廠也在一定程度上捍衛了內閣首輔的權威。

見諸史籍的一件事情是，萬曆二年十二月，張居正將戶科給事中趙參魯貶職五級，謫調地方任職。事件的始末大致是：南京一位名叫張進的小太監，因為醉辱給事中張頤，激怒了言官，言官紛紛上疏請求嚴治，趙參魯是其中表現最為激進者。於是，張居正先是貶謫趙參魯以取悅馮保，然後又勸馮保「裁抑其黨」。**⓭**

正如張居正為了馮保而不惜與言官為仇，提督東廠的馮保為了捍衛內閣首輔的權威，也不惜損害太監的利益。《明史》記載說，張居正的改革雷厲風行，以尊主權、課吏職、信賞罰、一號令為主，「雖萬里外，朝下而夕奉行」。對於那些奉旨外出辦事的宦官，他經常命廠衛緝

---

11. 《明史》卷 68〈輿服志四〉曰：「皇城內宮城外，凡十有二門：曰東上門、東上北門、東上南門、東中門、西上門、西上北門、西上南門、西中門、北上門、北上東門、北上西門、北中門。」。

12. 《明神宗實錄》卷 54、74。

13. 《明神宗實錄》卷 31；《明史》卷 213〈張居正傳〉。

事官校「陰訶之」。因此，原先依附於馮保的太監憎恨張居正，「而心不附保」。[14]

在很大程度上，正是因為有馮保的鼎力相助，張居正才能在其主政的十年時間裡取得驕人的成績。用《明史》的話說，「居正固有才，其所以得委任專國柄者，由（馮）保為之左右也」。[15]二十世紀著名明史學家孟森也說：「歷代宦官與士大夫對立，士大夫決不與宦官為緣。明代則士大夫之大有作為者，亦往往有宦官為之助而始有以自見。……若于謙之恃有興安，張居正之恃有馮保……欲為士大夫任天下事，非得一閹為內主不能有濟」。[16]

在有明一代，與內閣保持良好關係的太監不在少數，例如宣宗朝的金英與憲宗朝的懷恩；同時掌印司禮監並提督東廠的太監也不乏其人，例如世宗朝的麥福、黃錦與萬曆中後期的張誠、陳矩；[17]但是，同時掌印司禮監、提督東廠並且與內閣保持良好關係的太監，恐怕只有馮保一人而已。

馮保是一位比較複雜的人物。他善琴能書，頗知雅意，卻又野心勃勃；他擁有權勢，貪財無度，卻又能約束其家人子弟，使其不敢肆惡，京師官民「以是稱之」；他睚眥必報，陷害高拱，打擊異己，卻又講究義氣，維護張居正，有功於改革；他十分自負，行事似乎只憑喜惡，不論是非，亦不慮長遠；他對少年時的神宗過於嚴厲，甚至忽視了對方的尊嚴，以至遺禍他日。

而他之所以敢嚴厲地教導神宗，是倚仗神宗生母李太后的權威。這位太后對神宗期待頗高，同時對馮保十分信任。因此，神宗對馮保

14.《明史》卷213〈張居正傳〉。

15.《明史》卷305〈馮保傳〉。

16.孟森，《明史講義》（上海：上海古籍出版社，2002），頁6。

17.《萬曆野獲編》卷6。

存有畏懼之心；「時與小內豎戲，見保入，輒正襟危坐曰：『大伴來矣。』」《明史》記載了一個故事，其大意如下：太監孫海、客用很受神宗寵信，他們一位是乾清宮管事，一位是打卯牌子（或者御前牌子）。[18]二人經常「誘帝夜游別宮，小衣窄袖，走馬持刀，又數進奇巧之物，帝深寵幸」。馮保將這些事稟告了李太后。太后召帝切責。神宗長跪受教，「惶懼甚」。馮保還託付張居正草擬罪己詔，「令頒示閣臣，詞過挹損，帝年已十八，覽之內慚，然迫於太后，不得不下」。[19]

　　根據《國榷》的記載，神宗「長跪受教」一事發生在萬曆八年（1580 年）十一月十二日，但馮保向太后稟報的事情，卻並非神宗在太監孫海、客用的蠱惑下「夜遊別宮」，而是在當日於乾清宮舉行的夜宴上，神宗受惑於孫海客，差一點杖斃了兩位太監。[20]

　　如果《國榷》的記載屬實，那麼，李太后讓神宗「長跪受教」主要是出於兩個原因：其一是因為她對兒子的要求一向很嚴，「帝或不讀書，即召使長跪」；其二是因為她信奉佛教，不能容忍自己的兒子動輒施以嚴刑峻罰。[21]

　　借著這次機會，張居正在次日呈上的一份奏本中表達了插手宮中事務的意願。他引述了諸葛亮〈出師表〉中的一句話，即「宮中府中，俱為一體；陟罰臧否，不宜異同」，表示「此後不敢以外臣自限，凡皇上起居與宮壼內事，但有所聞，即竭忠敷奏。及左右近習有奸佞不忠者，亦不避嫌怨，必舉祖宗之法，奏請處治」。

18.乾清宮管事的職掌是「督理御用諸事」。打卯牌子「掌隨朝捧劍」，他們的地位稍低於司禮監太監以及東廠太監。御前牌子也屬於近侍。見《明史》卷74〈職官志三〉。

19.《明史》卷 305〈馮保傳〉。

20.《國榷》卷 71。《國榷》提到的太監是孫海客，而非孫海、客用二人。

21.《明史》卷 114〈穆宗孝定李太后傳〉。

　　對於張居正的要求，神宗迫於太后的壓力，「不得已，皆報可，而心頗嗛（怨恨意）居正及保矣」。❷最終，神宗不得不放棄薄懲孫海客並將他「安罷南京」的打算，同意了張居正所謂「降黜未盡其辜，宜發充淨軍」的建議。

　　在張居正的建議下，其他與馮保不和的太監，例如司禮監太監孫德秀、溫泰，以及兵仗局太監周海等人，被「斥退殆盡」。

　　神宗對張居正及馮保的厭惡是可以理解的，但他的這種情緒隱藏得非常深：表面上，他對二人十分尊敬，稱張居正為「太師張太岳先生」，賜馮保牙章曰「光明正大」，曰「爾惟鹽梅」，曰「汝作舟楫」，然而私底下，他卻派太監張誠「密訕保及居正」。

　　神宗對張居正的報復，直至後者去世兩年之後才開始。萬曆十二年（1584 年）四月，神宗命當時已經當上司禮監太監的張誠、刑部侍郎丘橓、左給事中楊廷相，以及錦衣衛都指揮曹應魁等人，一起前往這位曾經權傾朝野的內閣首輔的老家湖廣江陵，會同巡撫等官查抄了他的家。❷❸據說，聽聞官差將至，張居正的家人躲入密室避難，「餓死者十餘輩」，兄弟子侄的家產皆被籍沒。❷❹

　　張居正去世半年後，確切地說，於萬曆十年（1582 年）十二月八日，馮保被江西道御史李植參奏犯有「當誅十二罪」。神宗當日即下旨：「保欺君蠹國，罪惡深重，本當顯戮，念係皇考付託，効勞日久，姑從寬降奉御，發南京閑住。」❷❺馮保卒年不詳，他死後，神宗「盡籍其家，（發現）保金銀百餘萬，珠寶瑰異稱是」。

　　馮保經常通過他的親信，錦衣衛指揮同知徐爵以及太監張大受等

22.《明通鑑》卷 67。

23.《明神宗實錄》卷 148。

24.《明史》卷 213〈張居正傳〉。

25.《明神宗實錄》卷 131。

人與張居正溝通消息。徐爵原本是「逃戍」，後通過關係投入馮保門下。徐爵為人狡詐多智，「數用計使兩人相疑，旋復相好，兩人皆在爵術中」。因為經常參與籌劃，徐爵「因恃勢招權利，大臣亦多與通」，以至於日益驕橫，「夜至禁門，守衛者不敢詰」。馮保罷職兩個月後，徐爵、張大受等人都被抄家，查抄所得，「金銀睛、綠珠石帽頂、玉帶、書畫等件，並新舊錢，各色蟒衣、紵絲、紬絹無算」。[26]

　　馮保被謫南京當日，太監張鯨奉旨提督東廠。神宗尚是太子時，張鯨即在身邊伺候，因其為人「剛果」，故得重用。除提督東廠外，他還兼掌內府供用庫印。時錦衣衛掌衛事者為都督同知劉守有。

　　劉守有出身名門，祖父是嘉靖名臣劉天和，後者先後擔任過都御史以及兵部尚書，致仕時有太子太保銜。去世後，世宗追贈少保銜，並賜諡號「莊襄」。王世貞的記錄是，張居正在位時，劉守有「受役如奴」。[27]沈德符的記錄則是，劉守有是湖廣麻城人，與來自湖廣江陵的張居正是同鄉，二人關係不錯，張居正在位時對他「寄以心膂」。不過，劉守有並不完全盲從張居正的意見，否則，他不會想辦法保全因為彈劾張居正而被逮問的御史傅應禎、劉臺等人。

　　張居正去世之後，劉守有轉而成為了東廠太監張鯨的親信，[28]但他的日子應該不太好過。《萬曆野獲編》記載了一件沈德符幼時聽說過的故事：「劉守有每謁首璫（指東廠太監）必叩頭，歸邸面如死灰，蓋劉儒家子弟，尚不甘儕奴隸也。」[29]

　　這位都督同知應該是一位頗通權術的人，他與內閣大學士申時行（萬曆十二年九月成為首輔）等人保持了不錯的關係。因此，雖然有

26.《明神宗實錄》卷133。
27.《嘉靖以來首輔傳》卷8。
28.《明神宗實錄》卷205。
29.《萬曆野獲編》卷21。

言官經常彈劾他的不法作為，一時卻難以撼動他的地位。例如，御史陳性學曾經彈劾劉守有包庇橫行害人的下屬以及「通賄賣法七大罪」；御史何出光曾經彈劾他與張鯨「相倚為奸，專擅威福，罪當死者八」。但是，申時行卻認為他「敬慎無過」。[30]

根據《國榷》的記載，奉旨查抄張居正、馮保、徐爵、張大受等人家的，是劉守有與同官李廷祿、指揮張照、郭尚友等人，查抄所得的財產，「報官者十一二耳」。[31]

萬曆十二年十二月，劉守有被擢升為左都督，又於次年六月加太子太保銜。繼朱希孝之後，他是萬曆年間官職最高的錦衣衛掌事者。萬曆十六年（1588 年）十一月，在言官的不斷彈劾下，劉守有最終因為隱匿查抄所得財產而免職。不過，在他看來，能夠善終可能已經是十分滿意的結局。

接替劉守有執掌錦衣衛事的是都指揮僉事許茂橓。許茂橓的先人許逵在正德年間當過江西按察司副使，因反對朱宸濠叛亂而被寧王處斬。世宗即位後，追贈許逵都察院左副都御史，諡「忠節」，其子許瑒授錦衣衛正千戶之職。許茂橓是許瑒的子嗣。

兩年後，張鯨提督東廠的職務也被罷黜，取而代之的是司禮監太監張誠。六年後，即萬曆二十四年（1596 年），刑科都給事中侯廷佩控告張誠犯有「背主欺君、聯姻外戚、擅作威福」等罪行。這位打垮了馮保的太監被降為奉御（從六品），司香孝陵。[32]

在張誠之後提督東廠的，是司禮監秉筆太監陳矩。

---

30. 《明神宗實錄》卷 132、151。

31. 《國榷》卷 72；《明神宗實錄》卷 132。

32. 《明神宗實錄》卷 293。

三、妖書案

陳矩是安肅人（今河北徐水），為人平恕，識大體，頗有賢名，他經辦的最著名的案子是「妖書案」。

這起案件發生在萬曆三十一年（1603 年）十一月，在這個月的十二日，閣臣朱賡在家門外撿到一卷名為《續憂危竑議》的書，「其詞假鄭福成為問答」。「鄭福成」並非實有其人，而是別有所指，意思是，鄭妃的兒子福王朱常洵應當立為太子。該書大意是，神宗雖然在兩年前的十月已經立了恭妃王氏所生的皇長子朱常洛（未來的光宗）為太子，但這並非神宗本意，而是迫不得已之舉，「他日必當更易」。神宗之所以讓朱賡進入內閣，是因為「賡」、「更」同音，「寓更易之意」。因為其詞極詭妄，時人謂之「妖書」。[33]

「妖書案」的實質是立儲之爭，然而牽涉其中的，不僅是神宗的兩位妃子及皇子，還包括楚恭王朱英㷿（明太祖第六子楚昭王朱楨世系）的兒子朱華奎、宗人朱華趆，以及內閣首輔沈一貫、內閣大學士沈鯉、朱賡，禮部侍郎郭正域，錦衣衛掌衛事左都督王之禎、錦衣衛都指揮使周嘉慶等人。這些人屬於不同的派系，互相傾軋不已。

閣臣之間的矛盾主要與楚王的繼承人問題有關。隆慶五年，楚恭王去世，朱華奎繼任為楚王。萬曆三十一年，宗人朱華趆揭發朱華奎並非楚恭王之子，神宗詔令有司徹查，首輔沈一貫支持朱華奎，次輔沈鯉及其門生郭正域則支持朱華趆。雙方互不妥協。

神宗聽聞「妖書案」後極為憤怒，敕令東廠、錦衣衛以及五城總捕衙門嚴行訪緝，「務在得獲」，「時大獄猝發，緝校交錯都下，以風影捕繫，所株連甚眾」。

在這個過程中，政敵之間互相打擊。首輔沈一貫欲陷害沈鯉、郭

33.《明通鑑》卷 73。

正域。錦衣衛左都督王之禎（他大概在萬曆二十三年前後接替許茂櫕執掌錦衣衛事）等則因為素來與周嘉慶不睦，「乃以妖書有名，指（周）嘉慶為之」。在東廠任事的錦衣衛百戶蔣臣又捕獲京師無賴皦生光。巡城御史康丕揚則先後捕獲可疑的僧人達觀、醫者沈令譽等人。錦衣衛同知胡化則稱，妖書出自教官阮明卿之手。其後，廠衛又捕獲疑犯毛尚文。「數日間，鍰鐺旁午，都城人人自危」，周嘉慶、沈令譽等人皆下詔獄。

在上述幾位人物中，周嘉慶的舅舅是吏部尚書李戴，沈令譽與郭正域過從甚密，僧人達觀則經常遊走貴人之門，與郭正域有仇，毛尚文則是郭正域的家僕。總之，案情錯綜複雜，「於是獄久不具」。

最終，陳矩為了顧全大局，不得不將京師無賴皦生光定罪，因為這個人為了勒索富商包繼志，曾經署名包繼志，偽造詩詞，其中有「鄭主乘黃屋」之語。即便皦生光在這項罪名上有冤，「然前罪已當死」。再者，如果這起案件找不出主犯，「上必怒甚，恐輾轉攀累無已」。於是，為了保全沈鯉、郭正域、周嘉慶等受到牽連者，不得不犧牲皦生光。**34**

據說，陳矩提督東廠期間，冤獄「多所平反」。他在萬曆三十五年（1607 年）去世，神宗賜祠額曰「清忠」。在他之後擔任東廠太監的是李竣與盧受。

用《明史》的話說，東廠在萬曆中後期的表現不算惡劣，原因在於，自馮保、張誠等人相繼獲罪之後，「其黨有所懲，不敢大肆。帝（神宗）亦惡其黨盛，有缺多不補。迨晚年，用事者寥寥，東廠獄中至生青草」。**35**

---

34. 綜合自《明史》卷 226〈郭正域傳〉；《明通鑑》卷 73；《明神宗實錄》卷 390。

35.《明史》卷 304〈陳矩傳〉。

四、白銀時代

除了「獄中至生青草」，這個時期的廠衛還有另一個特徵，即幫助神宗斂財。因為白銀是財富的象徵，故而這個時代可以稱之為錦衣衛的「白銀時代」。

關於神宗貪財的程度，著名歷史學家孟森用了一句話做了點評，即「帝王之奇貪，從古無若帝（神宗）者」。他甚至認為，導致張居正以及馮保被抄家的主要原因之一，就是神宗貪財（「當時構居正及馮保之罪，惟言其多藏為最動帝聽」）。**36**

而神宗之所以貪財，除了滿足他本人在物質上的需要（例如，在國庫空虛的時候還堅持要營建三殿二宮）之外，還在於──通過厚賜親屬與親信──追求一種精神上的滿足感或者虛榮感。例如，神宗曾經在某個場合賜予他的岳父（亦即王皇后的父親）都督王偉白銀一萬五千兩，外加莊田五百頃；在同一個場合，他還分別賜予另外兩位岳父（亦即劉昭妃的父親、錦衣衛千戶劉應節，以及楊宣妃的父親、錦衣衛千戶楊臣）白銀五千兩，外加莊田一百頃；而當年的歲入不過四百三十餘萬兩而已。**37**

如果我們承認皇帝（尤其是立國兩三朝以後的皇帝）只不過是擁有特權的普通人，那麼，他們在物質以及精神上的過分追求應該是可以理解的。只不過，為了實現這種追求，他們將不得不付出昂貴的代價。

早在張居正主政時期，年少的神宗已有揮霍奢靡的跡象。史書提到的事例是，張居正上疏建議皇帝量入為出，停止鋪張浪費的做法，然「疏上，留中」，「帝復令工部鑄錢給用，居正以利不勝費止之。言

36.《明史講義》，頁 265、273。
37.《明神宗實錄》卷 76、85。

官請停蘇、松織造，不聽。居正為面請，得損大半」。**38**

　　至遲在萬曆十七年（1589 年），神宗的貪婪程度已經引起朝臣的不滿。其年十二月二十一日，官職只有正七品的大理寺左評事雒于仁上疏，直指「皇上之病，在酒色財氣者」。**39** 他甚至直言批評神宗利用東廠太監張鯨斂財，有「李沂之瘡痍未平，而張鯨之資賄復入，此其病在貪財也」之語。**40**

　　所謂「李沂之瘡痍未平」，指的是吏科給事中李沂因為上疏彈劾張鯨「倚勢乘寵，招權納賄，罪惡萬狀」，並指責神宗因為收了張鯨進獻的金銀珠寶，所以才包庇他，於聖德有虧（「虧損聖德」），激怒了神宗，被打入北鎮撫司監獄拷訊。**41** 時間是萬曆十六年十二月，當時，李沂剛上任一個月。

　　神宗顯然不欣賞雒于仁的直諫。《明通鑑》記載道：「疏入，上震怒。會歲暮，留中十日。」

　　新年正月初一日，神宗在毓德宮賜宴首輔申時行以及閣臣許國、王錫爵、王家屏等人。他先是表示自己一直以來心肝二經之火太旺，本來已經有所改善，但看了雒于仁的奏本之後，「觸起朕怒，以致肝火復發，至今未癒」，然後又說，雒于仁謂朕因為收受了張鯨的賄賂，所以用他，去年李沂也這麼說，但是，「朕是為子，富有四海，天下之財，皆朕之財。朕若貪張鯨之財，何不抄沒了他？」

　　不過，在暗示自己有貪財的道理與權力（「朕是為子，富有四海，天下之財，皆朕之財」）的同時，神宗也退讓了一步，以期收穫朝臣對自己的認同。他讓司禮監太監傳諭申時行（皇帝與閣臣同在宮殿中，

---

38. 《明史》卷 213〈張居正傳〉。
39. 《明神宗實錄》卷 218。
40. 《明通鑑》卷 69。
41. 《明神宗實錄》卷 206。

但相距較遠，只能通過太監傳話），讓這位首輔代表自己斥責張鯨。
《明神宗實錄》寫道：

> 時行等云：「張鯨乃左右近臣，皇上既已責訓，何須臣等?」司
> 禮監入奏，上復令傳諭云：「此朕命，不可不遵。」有頃，張鯨
> 至，向上跪，時行等傳上意云：「爾受上厚恩，宜盡心圖報，奉
> 公守法。」鯨自稱以多言得罪，時行等云：「臣事君，猶子事父。
> 子不可不孝，臣不可不忠。」鯨呼萬歲者三，乃退。司禮監入
> 奏。上曰：「這才是不辱君命。」 **42**

自此以後，張鯨的寵遇漸衰。正如前文所述，就在該年，提督東
廠的職責交給了張誠。

但神宗斂財的腳步並未停止，到了萬曆二十四年七月，史家所謂
「采榷之禍」開始。清代史家評論說：「識者以為明亡蓋兆於此（指開
礦事）。」 **43**

在此之前，神宗已經從太監那裡聽到過京畿附近的奸商提出的開
礦建議，知道開礦可以迅速積累財富，然而，因為內閣首輔申時行、
閣臣王錫爵等人極力反對，不得不作罷。到了萬曆二十四年，因為前
些年在寧夏、朝鮮等地用兵，國用大匱，再加上要營建宮室，頗有捉
襟見肘的尷尬，因此，當神宗在六月十九日聽到府軍前衛副千戶仲春
提出的通過開礦以籌措營建宮殿之費的建議之後，不再猶豫，很快就
迫使朝臣同意了這種做法。

七月二十日，在太監王虎的帶領下，戶部郎中戴紹科、錦衣衛指
揮僉事張懋忠（致仕兵部尚書張學顏之孫）前往畿內開礦。次日，在
太監魯坤的帶領下，錦衣衛指揮僉事楊宗吾（世宗朝內閣首輔楊廷和

42.《明神宗實錄》卷219。

43.《明史》卷81〈食貨志五〉。

的曾孫）前往汝南開礦。其後，太監陳增、王忠、田進、張忠、曹金等人分別赴山東、永平、昌黎、山西以及浙江等地開礦。**44**

　　明史學家孟森認為「帝（神宗）之斂錢，皆用內監」，但是「帝實非溺內監者」。但在本書作者看來，對於那些幫助神宗斂財的太監以及廠衛官校來說，後一句話應該是例外，因為神宗對他們確實十分縱容。

　　正如《明史》所言，「惟四方采榷者，帝實縱之，故貪殘肆虐」。**45**他們到了地方之後，荼毒生靈，「礦脈微細無所得，勒民償之……假開採之名，乘傳橫索民財，陵轢州縣」。**46**

　　對於他們的開礦之舉，地方官若有所阻攔，動輒即被逮問罷黜。例如，萬曆二十四年十月，即開礦四個月後，鎮守懷來的參將梁心、守備李獲陽因為「阻撓礦事」，被在懷來橫嶺一帶主持礦務的錦衣衛千戶鄭一麒所告。神宗命錦衣衛官校將梁心押解至京師究問，同時將李獲陽降職一級，命其「待罪管事」，並警告他務必要「協同開採」，不許像以往那樣抗阻疏慢，「如若故違，別有事端，定行重治不饒」。**47**再如，益都知縣吳宗堯，也是因為「阻撓礦務」，多次疏劾奉旨赴山東開礦的太監陳增犯下的諸如「日征千人鑿山，多摧死，又誣富民盜礦，三日捕繫五百人」等不法事蹟，惹怒了神宗，神宗命錦衣衛將吳宗堯逮至京師拷訊。據說，奉旨逮捕吳宗堯的使者進入益都縣城後，激起了民變，甚至出現了行刺陳增的事情，「宗堯行，民哭聲震地」。這位為民請命的縣官在京師被關押了一年之久，後被革職為民。**48**

　　萬曆二十五年（1597 年）四月，河南巡按姚思仁上疏稱，開礦至

44.《明通鑑》卷 71；《明神宗實錄》卷 298、299。

45.《明史》卷 305〈陳矩傳〉。

46.《明史》卷 81〈食貨志五〉。

47.《明神宗實錄》卷 303。

48.《明神宗實錄》卷 326；《明史》卷 237〈吳宗堯傳〉。

少有八大弊端，例如「礦盜嘯聚，召亂之可慮」、「礦夫殘害，逃亡之可慮」、「民間開礦，失業之可慮」、「奏官肆橫，激變之可慮」等，乞求神宗停止開礦。但這份極有見地的奏疏最終並未呈給神宗。[49]

對於種種倒行逆施，甚至有的錦衣衛官員都看不下去。三年後，在錦衣衛經歷司（職掌出納文移）任職的武官錢一鶚上疏，極言礦稅管員之酷虐。他說，祖宗朝遣派錦衣衛官校逮人，只不過「偶一用之」，而且只針對「大奸巨惡」，可是現在，「不用之奸雄而用之賢哲，不加之作奸犯科而加之奉公守法」，長此以往，必然導致人心不服，累及皇家及社稷安危。這份奏疏同樣沒有呈給神宗。[50]

其實，即便姚思仁與錢一鶚的奏疏順利地呈給了神宗，也未必可以改變神宗的心意。無論如何，從神宗朝中期開始，東廠及錦衣衛的職責又多了一項，即捍衛皇家的礦業利益，打擊偷盜礦產的行為。例如，萬曆四十三年三月，陳大等人即因為偷盜銅瓦而被東廠緝獲，神宗命錦衣衛將其交付法司究問。[51]

當然，在履行職責的過程中，不少官校會利用職務之便，勒索百姓，誣陷商人，大斂資財。例如，萬曆三十八年（1610 年）十月，東廠太監李竣即誣陷商人侯國卿所用黃金為礦金，「拷罪之」，吏科給事中梅之煥上疏彈劾李竣，「疏入，不報」。

其實，《明史》的編撰者自己也承認，所謂「東廠獄中至生青草」的說法，只不過是針對政治冤獄而言，因不滿苛政而被關進廠衛監獄的官民並不在少數，「建言及忤礦稅璫者，輒下詔獄」。[52]

萬曆二十九年（1601 年）四月，刑科給事中楊應文在一份奏本中

49.《明神宗實錄》卷 309。

50.《明神宗實錄》卷 348。

51.《明神宗實錄》卷 476、530。

52.《明史》卷 95〈刑法志三〉。璫：漢代宦官帽子上的裝飾品，借指宦官。

提到，「監司、守令及齊民被逮者百五十餘人，雖已打問，未送法司，獄禁森嚴，水火不入，疫癘之氣，充斥囹圄」。他還用「鉗結之禍」四字概括「建言及忤礦稅璫者」遭遇的囹圄之災。鉗結者，鉗制口舌，使人懼於發言之意。⑤

根據錦衣衛掌印指揮使駱思恭（萬曆四十年底成為掌衛事者）的記錄，萬曆四十六年（1618 年）五月前後，北鎮撫司在押監犯累積近二百名：有家人尚在的犯人，叮囑家人堅持告御狀；已經沒有家人的犯人則只能在獄中「拋瓦聲冤」。⑤

四個月後，北鎮撫司的理刑千戶陸逵也在一份奏本中不無同情地提到久押在監的囚犯在精神上受到的折磨：「獄犯怨恨久監，至有持刀斷指者。」⑤

五、軍事支持

除了上面提到的內容，關於萬曆末年的錦衣衛，還有一件事情值得一提，即它的一位掌事者被任命為總兵官，掛帥遼東，上陣禦敵。

前文提到過的江彬、陸炳等人，都在不同程度上被授予軍權，但他們的情況並不相同。江彬先是以都督的身分提督京營，後又奉旨提督東廠兼錦衣衛，但歸根結底，他是以邊將的身分入職錦衣衛。陸炳則正好相反，他是以錦衣衛掌衛事都督的身分總督或者協理京營戎政，然而，在他的有生之年，他並沒有帶兵上過前線。因此，在錦衣衛的歷史上，掌衛事者掛印鎮守邊疆，李如楨應該是第一人。史載，萬曆四十七年（1619 年）四月七日，神宗「敕錦衣衛右都督李如楨為征虜前將軍總兵官，鎮守遼河東兼備倭總兵官，往代（李）如柏」。⑤

53.《明神宗實錄》卷 398。

54.《明神宗實錄》卷 570。

55.《明神宗實錄》卷 574。

　　不過，要理解這項人事任命，僅從錦衣衛的角度出發還遠遠不夠。

　　李如楨出身軍人世家，他的高祖李英是高麗人，歸順明朝之後，授職世襲鐵嶺衛指揮僉事。李氏家族世代居住鐵嶺，是當地的望族，到了他的父親李成梁這一代，李家的聲望到達了頂點，至遲在萬曆三年（1574 年），李成梁已經是鎮守遼東總兵官左軍都督府左都督（正一品）。四年後的萬曆七年（1578 年）五月，李成梁進封為寧遠伯。

　　不過，李成梁並非一位真正的英雄，他在鎮守遼東期間，大捷固然有之，冒功之舉亦不罕見。例如，他眼見敵人深入內地，卻以堅壁清野為詞，擁兵觀望，「甚或掩敗為功，殺良民冒級」。在「殺良冒功」的事例當中，最為人詬病的一件事，是出賣了已經歸順他的女真建州左衛領袖塔克世，即清朝的奠基者努爾哈赤的父親。然而，因為其戰功「率在塞外，易為緣飾」，且皇帝十分信任他的能力與忠誠，以至於「閣部共為蒙蔽」，「督撫、監司稍忤意，輒排去之，不得舉其法」。他本人則「位望益隆，子弟盡列崇階，僕隸無不榮顯」。[57]

　　李成梁至少有九個兒子，其中五個是總兵官，四個是參將。當上總兵官的，除了如楨，還有如松、如柏、如樟、如梅，長子李如松三十四歲時已經是山西總兵官。李如松最為人所知的事蹟，是在萬曆二十年（1592 年）底帶兵回到他的祖國朝鮮，幫助抵禦豐臣秀吉的入侵。次年年底班師回中國，論功擢升為中軍都督府左都督。萬曆二十五年，他被任命為遼東總兵官。次年四月，土默特入侵遼東，李如松率輕騎遠出塞搗其巢，在撫順遇伏，力戰而死。談遷對李如松的評價為「驍果」有餘而「智計」不足，可是，即便如此，他仍然是李成梁所有兒子中最出色的。《國榷》寫道：「李子茂（如松字子茂）惜功名不終，自後諸弟俱敗，潰其家聲，彼紈綺又不足道矣！」[58]李如柏與李

56.《國榷》卷 83。

57.《明史》卷 238〈李成梁傳〉。

如楨即是「紈綺又不足道」的兩位。

李如柏是李成梁的次子，他最初是一名千戶，因飲酒誤事而被免職，後被重新起用，當上副總兵後又被劾免職。再次重新起用後，官至右都督，又因病辭官。萬曆四十六年四月，後金大汗努爾哈赤在盛京（今瀋陽）誓師，正式向明朝宣戰。兩個月後，蒙古綽哈部進犯遼東，在英國公張惟賢等人的推薦下，引疾家居二十餘年的李如柏被任命為遼東總兵官。這位已經六十五歲的總兵官似乎比較走運，因為蒙古人很快就退了兵，但他的運氣很快就耗盡了。

萬曆四十七年（1620 年）二月，明朝兵部侍郎楊鎬在遼陽誓師，兵分四路，出擊後金。因為楊鎬的失策，軍事將領的剛愎自用、不遵號令，以及軍事計畫的外泄，這次軍事行動在次月以慘敗收場。其中，由南路進攻，率師六萬（《明通鑑》的資料，應該有所誇大）的李如柏，竟然敗在二十名後金哨兵手下。**59**

正是在這個背景下，神宗做出了委任錦衣衛左都督李如楨（李成梁第三子）為遼東總兵官，「往代（李）如柏」的決定。這項人事任命再次充分顯示了神宗在軍事上的輕率，因為李如楨此前一直在錦衣衛任事，毫無軍事經驗。

至遲在萬曆十年九月，李如楨已經當上錦衣衛指揮使。四年後，他以都指揮使的身分調南鎮撫司「僉書管事」。萬曆十九年（1591年），他奉旨「提督街道」。錦衣衛官員巡視管理街道、溝渠，最早可能始於憲宗成化年間，即錦衣衛受命提督五城兵馬司之後，最遲始於正德八年。

萬曆三十二年（1604 年）七月，李如楨又以錦衣衛官衛事者的身分提督京城內外巡捕。再過三年，始晉升為都督僉事。**60** 從都指揮使

58.《國榷》卷 78。

59.《明通鑑》卷 76。

到都督僉事（都是正二品，但意義不同，前文已有解釋），他用了二十一年的時間，以其顯赫的身世而言，這種晉升速度，在一定程度上說明了他的無能。

但是，神宗對李家一直十分器重，尤其是李如松遇伏戰死後，更是如此，因此，儘管李如楨多次被言官彈劾，他本人也在兵部的例行考核中多次「自陳不職」，其晉升之路並未中斷。至遲在萬曆四十四年（1616 年），他已經當上了右都督。

根據戶科給事中李奇珍的奏本，神宗之所以命李如楨為「鎮守遼河東兼備倭總兵官」，是應兵部所請（時兵部尚書黃嘉善），而兵部又是「從遼人之請也」（即接受遼東贊畫劉國縉以及巡撫周永春的建議）。[61] 而廷議之所以沒有反對，是為了順從神宗的心意，即讓李如楨有立功的機會，正如前文所述，立功（哪怕是只斬敵首一二人）是皇帝擢升親信及愛將的最佳理由或者藉口。

在萬曆四十七年三月二十五日上呈的奏本中，李奇珍憂心忡忡而又小心翼翼地說，李如柏做不成的事情，難道就只能寄希望於李如楨嗎？誰能肯定他日之李如楨，不會成為今日之李如柏？「前車之鑑，業已昭昭，覆轍之尋，豈容數數」。[62]

四月二日，即李如楨任命詔書下達前五日，李奇珍在另一道奏本中寫道：「臣惟願言之不驗，則李氏之福，國家之幸也。」[63] 然而「惟願言之不驗」的心願沒有實現，而他的擔心（「但恐他日之如楨，不異今日之如柏」）卻很快就變成了現實。

李如楨進入遼東後，先是與「制臣抗禮」，要求總督汪可受前來見

60.《明神宗實錄》卷 128、180、231、398、434。

61.《明神宗實錄》卷 582。贊畫：明代督撫下屬官職，取贊襄謀劃意。

62.《明神宗實錄》卷 580。

63.《明神宗實錄》卷 581。

禮，**64**然後又「擁兵不救」，導致遼東軍事重鎮鐵嶺在七月二十五日被後金軍隊攻克，三名守將陣亡，餘眾盡殲。

鐵嶺本是李氏宗族墳墓之所在，李如楨之所以「擁兵不救」，原因十分簡單，因為他的兄長李如柏接到回京的旨意後，將其族人、部屬以及資財全都一起遷到了北京。用李如楨的話說，鐵嶺已經成為一座孤城，「孤城難守」。**65**

於是，言官交相彈劾李如楨：兵科給事中薛鳳翔諷其「紈袴子耳」，建議將其撤換；巡按山東御史陳王庭請旨「應速賜勘處，以肅軍法」；遼東經略兵部右侍郎兼右僉都御史熊廷弼則劾其「十不堪」；福建道御史彭際遇「乞罷黃嘉善，誅李如柏、李如楨，以伸國法」；南京國子監學錄喬拱璧「乞逮李如楨並奸黨盧受以清亂本」。

但神宗並未處罰李如楨，仍許其「戴罪立功」，直至次年七月，在熊廷弼的再次彈劾之下，才將其罷黜。不久之後，就在當月，神宗駕崩。兩個月後，李如柏自殺身亡。罷職亦並非李如楨的最終命運。天啟初年，言官再一次彈劾其罪過，李如楨下獄論死。崇禎四年，思宗念及李成梁的功勳，「特免（李如楨）死，充軍」。

六、南鎮撫司：軍械研究所

李如楨的經歷在某種程度上體現了明末錦衣衛具有的新特徵：隨著後金勢力的日益增強以及地方叛亂形勢的日益嚴峻，作為皇帝親軍的錦衣衛與具體執行軍事任務的京營或者邊軍的互動比以前更為頻繁，這種互動既體現在人事方面，也體現在技術層面。從另外一個角度看，隨著兵部的地位日益重要，它對錦衣衛的影響越來越大。

例如，在技術層面，《明熹宗實錄》提到的一個案例是，天啟二年

64.《國榷》卷83。

65.《明通鑑》卷76。

二月，熹宗命戶部撥付帑銀三萬兩，「著錦衣衛千戶陳正論會同譚謙益速製戰車」。[66]

當時的武器觀念，正如吏科給事中侯震陽在一份奏本中所言：「中國長技在火器，然火器用以臨敵，必藉車，用以守城，必藉臺造車」。因此，朝廷對「戰車」項目一定寄予了很高的期待。

陳正論的籍貫出身不詳，有據可查的背景資料僅僅是，一年之前，他以京衛武舉的身分進入錦衣衛，並授職正千戶。[67]根據他肩負的職責判斷，他是在南鎮撫司任職，管理軍匠。

譚謙益則是一位文人，接受這項任務時，他的職務是刑部陝西司主事。有關他的背景資料同樣匱乏，因此，我們很難合理解釋為何熹宗要讓一位刑部官員參與此事。但是，可以確定的是，他不是一個完美的人選。因為包括《明熹宗實錄》、《明史》、《東林列傳》在內的史籍都記載了下面這件荒唐的事情：天啟三年九月，即「戰車」項目啟動年餘之後，譚謙益向朝廷舉薦了一位自稱能夠「役神兵討賊」的楚地奇人宋明時。南京兵部主事鄒維璉聽聞，立即上疏斥其荒謬，並列舉前朝及本朝妖人事敗伏誅的事例，例如，「山東蒲臺縣妖婦唐賽兒聚眾作亂，自稱佛母，能剪紙人、紙馬相戰，旋即破滅」，力證其無稽。鄒維璉建議熹宗慎重決定，「無令天下後世笑舉朝之無人耳」。熹宗下詔「送薊遼總督軍前試之」。[68]

試才的結果不言而喻。三個月後，熹宗下旨，將宋明時「驅逐回籍，不許潛住京師」。譚謙益也被貶職，不過，兩年之後，他又官復原職，「以原官造車著勞，仍與優敘」。[69]

66.《明熹宗實錄》卷 19。

67.《明熹宗實錄》卷 8。

68.綜合自《明熹宗實錄》卷 38；《明史》卷 235〈鄒維璉傳〉；《東林列傳》卷 19。

　　根據《明史》的記錄，譚謙益薦舉宋明時一事，「魏忠賢陰主之」，如果這條記錄屬實，那麼，譚謙益之所以能夠參與「戰車」項目，也可能是魏忠賢授意。

　　因為史料不足，這個項目的最終結果無從考究。同時，作者也無法確定，崇禎八年九月，由錦衣衛南鎮撫司發明的「活輪戰車式」是否與這個專案有關。[70]可以確定的是，「活輪戰車式」專案的主導者是南鎮撫司都指揮戚昌國。戚昌國的父親有一個極其響亮的名字——太保右都督戚繼光。

　　上面這兩個案例，與前文提到過的孝宗朝的軍械設計大師，錦衣衛軍人施義的案例迥然不同。如果說，施義自薦前往前線立功只是個人行為，那麼，上述項目則完全是政府行為。或許可以提出這樣一種假設：隨著軍事壓力逐漸增加，南鎮撫司的地位日益重要，神宗朝太子太保兵部尚書張學顏之孫張懋忠，以及神宗、光宗、熹宗三朝御史張銓之子張道濬，以及錦衣衛左都督駱思恭之子駱養性，都曾在南鎮撫司任職。

　　在其他層面，錦衣衛也開始對兵部提供支援。例如，天啟元年四月，兵部尚書崔景榮鑑於兵力不足，請旨分道招募兵勇，結果錦衣衛都指揮使張懋忠、指揮使萬邦孚，分別奉旨前往通州、天津等處，以及宣府、大同等處募兵。

　　不過，錦衣衛的支援可能並非完全出於公心，而是為了謀取部門私利或者照顧部屬。或者從另一個角度說，熹宗（或者足以影響熹宗的魏忠賢）之所以派錦衣衛官員去執行類似任務，是為了給他們立功或者謀私利的機會。

　　關於這次募兵，朝廷開出的條件就十分優越：

69.《明熹宗實錄》卷 42、62。

70.《國榷》卷 94。

能募兵百名以上者，準武進士授衛鎮撫；二百名以上者，授把總；三百名以上者，授千總；五百人以上者，授守備。其見任百戶，募兵百人者，授副千戶；副千戶募百人，升正千戶；以上遞升。為事立功及廢閑將領，以職尊卑，並所募之多寡，臨時查酌復職。募兵應用銀兩，雖奉旨發帑百萬，然各項支用，尚慮不敷，聞巡青衙門尚多收貯，[71]合借十萬兩，以湊招募之用。[72]

事實上，僅募兵預算（一百一十萬兩）這一項指標，就足以讓貪得無厭的官員們為這個項目爭得頭破血流。對比一下袁崇煥的待遇，就不難理解這次募兵的目的。根據《明熹宗實錄》的記載，天啟二年三月，朝廷撥給山海關監軍僉事袁崇煥的募兵銀兩，只有區區二千兩而已。[73]

儘管花費宏大，但這次募兵的結果卻十分不理想。天啟二年二月，兵部左侍郎王在晉上疏說，京師應募的兵勇（即張懋忠負責招募的兵勇），「皆五方烏合之眾」，領軍餉的時候，「人人驍勇」，入操的時候，「則每每恇羸」，且編制混亂，「東營點而西營應，比比然也」。[74]

除了募兵，天啟元年六月，錦衣衛指揮使萬邦孚還奉旨前往大同買馬，太僕寺為此撥付買馬款項五萬兩。可是，四個月後，太僕寺只收到一百六十匹馬。根據兵部尚書黃嘉善在萬曆四十七年七月上呈的奏本，當時邊馬的價格大概是每匹十二兩左右。天啟二年十二月，聽命於兵部，掌管牧馬之政令的太僕寺卿柳佐上疏，質疑萬邦孚貪汙瀆職，其言略曰：「（萬邦孚）買馬多逾年……乃泄泄不報，漫無歸結。

71.巡青：巡視禾苗、牧草的生長情況。

72.《明熹宗實錄》卷9。

73.《明熹宗實錄》卷20。

74.《明熹宗實錄》卷19。

且其見在，或羸瘦骨立，或僅充中駟，未有堪御虜者。」同月，兵科給事中魏照乘也上疏彈劾萬邦孚。儘管熹宗下旨調查，但這件事最終似乎不了了之。天啟三年（1623 年）十二月，萬邦孚甚至還官升一級，成為都指揮僉事，調任南鎮撫司僉書管事。75

　　無論是募兵，還是買馬，原本都不屬於錦衣衛固有的職權範圍。這些職權，就像太祖賦予錦衣衛以執法特權或者受降的權力，只是熹宗（或者魏忠賢）出於權宜之計，或者根據需要，臨時授權而已。顯然，這種臨時授權的結果，在某種程度上損害了國家的利益，為錦衣衛官員謀取私利大開方便之門。

---

75. 《明熹宗實錄》卷 29、42。

第十三章　黑鐵無明

　　前文提到，陸炳的去世，意味著錦衣衛黃金時代的終結，朱希孝去世之後，錦衣衛相對獨立的地位已基本喪失，成為東廠的附庸機構。必須說明的是，這裡所說的錦衣衛，主要指的是職掌緝查不軌以及巡捕盜賊的分支機構，具體地說，是東司房以及西司房，而非整體意義上的錦衣衛，儘管在其他方面，例如職掌侍衛及禮儀的分支機構的人事任命方面，在一定程度上仍會受到司禮監（東廠的管理機構）的制約。

一、三大案

　　相對於萬曆年間的表現，錦衣衛作為東廠附庸的特徵在天啟年間更加明顯。

　　「天啟」是熹宗朱由校（光宗長子）的年號。不過，在講述天啟年間的情形之前，有必要對短命的光宗朝稍做交代。

　　萬曆四十八年（1620年）七月二十一日，五十七歲的神宗駕崩。十日後，即八月一日，三十八歲的太子朱常洛即位，是為光宗，「詔以明年為泰昌元年」。「泰昌」二字寄託了光宗對未來的期待，而他的表現似乎也足以讓時人對未來充滿憧憬。例如，在神宗去世次日，尚未登基的他就一反乃父貪婪成性、不識大體的作風，撥付內帑百萬充遼東軍餉，並且罷礦稅、榷稅及鹽稅中官，「朝野感動」。兩日後，他再撥內帑百萬犒邊。在此之前，遼東缺餉，而國庫空虛，群臣請撥付內帑救濟，神宗卻十分不情願，「頻以（內帑）不足為辭」，因此，在萬

曆四十四至四十八年間（1616～1620年），僅撥付內帑六十餘萬應急。**1**

　　光宗即位之後的表現（儘管他因好色而受到批評）也稱得上勵精圖治，然而不幸的是，他的統治尚未滿月即告終結。

　　根據《國榷》的記載，光宗第一次「不豫（天子有病的諱稱），免朝」，發生在八月十六日，因為「妖書案」的嫌疑人之一鄭貴妃（據說她擔心光宗有朝一日會報復她和她的兒子福王朱常洵）此前曾向他進獻八位美麗的侍姬，令他沉迷酒色之中，身體大壞。

　　大概因為有便祕之疾，五日後，光宗又服用了掌御藥房的司禮監秉筆太監崔文升（據說是受鄭貴妃指使）進獻的瀉藥，以至於「一晝夜三、四十起」，精神日益萎靡。又八日後，即八月二十九日，光宗從隨侍太監魏進忠（即魏忠賢，他當時與李選侍皆在乾清宮服侍皇帝）那裡聽聞鴻臚寺丞李可灼有仙丹，於是令其進獻，服用數劑後，僅過兩日，即駕崩於乾清宮。

　　以上就是明朝三大案之一的「紅丸案」。**2**所謂的三大案，皆與光宗朱常洛有關。另外兩大案是「梃擊案」以及「移宮案」。

　　「梃擊案」發生在萬曆四十三年五月四日，經過大致如下：當日酉時（下午五時至七時），薊州人張差手持「棗木梃」闖入太子朱常洛居住的慈慶宮宮門，**3**擊傷守門內侍李鑑，闖至其前殿屋簷下，才被內侍韓本用等人制服，後交由東華門守衛指揮朱雄等收押。張差受審後被處死，但主使者的身分似乎並未查明，最終不了了之。據說，鄭貴妃及其兄弟左都督鄭國泰是幕後主使者，意在刺殺太子，以便福王取而代之。

1.《明通鑑》卷76。

2.《國榷》卷84。

3. 梃：棍棒。

　　「移宮案」始於光宗駕崩次日。根據《明通鑑》的記載，光宗駕崩前夕，李選侍一直在乾清宮相伴，「與心腹閹魏進忠（即魏忠賢）謀挾皇太子（朱由校）自重」。得知光宗駕崩的消息後，「群臣入臨，為群閹所格」，但給事中楊漣、內閣大學士劉一燝以及英國公張惟賢等人最終還是成功地將太子帶至文華殿，「群臣叩頭呼萬歲，還慈慶宮，擇日登極」。

　　但李選侍無意離開乾清宮，她希望十五歲的太子即位後能夠繼續與她居住在一起。於是，九月二日，楊漣、劉一燝、吏部尚書周嘉謨、御史左光斗以及司禮監掌印太監王安等人合疏，「請選侍李氏移宮」。三日後，在楊漣、左光斗等人的堅持下，李選侍移居噦鸞宮，太子則回乾清宮居住。次日，即九月六日，太子登基，是為熹宗。在左光斗的建議下，熹宗於九月十五日下詔，「以今年八月以前為萬曆，以後為泰昌，明年為天啟」。4

　　天啟年間情形，與正德初期的形勢有幾分相似。例如，武宗即位時十四歲，熹宗即位時十五歲；武宗聰穎、好逸樂，熹宗則心靈手巧，「好親斧鋸髹漆之事，積歲不倦」；更重要的一點是，二人都厭煩政事，朝政皆由陰狡而勢雄的太監把持。

　　魏忠賢也頗有劉瑾之風，正如劉瑾每每在武宗玩得興起的時候拿政事去煩他，魏忠賢也總是在熹宗引繩削墨時稟奏政事，久而久之，熹宗煩不勝煩，說了一句：「朕已悉矣，汝輩好為之。」5

　　無論上面這段記載是否出於史官的杜撰，基本可以確定的是，就像劉瑾在正德初年的表現一樣，包括東廠、錦衣衛在內，天啟三年以後的一切，都在魏忠賢的影響之下。事實上，在權勢或者影響力方面，魏忠賢實在又高於劉瑾，因為熹宗不如武宗聰明，天啟年間的朝局也

4.《明通鑑》卷 76。

5.《明史》卷 305〈魏忠賢傳〉。

更為惡劣。

　　武宗朝時於內廷，武宗可以分化「八黨」，有張永等人可用；於外廷，朝臣比較團結，有王守仁、楊一清等人可用。因此，擅權數年後，劉瑾最終被武宗「磔於市」。可是，在整個天啟年間，內廷則魏忠賢獨大，包括司禮監掌印太監王體乾在內，十二監、四司、八局的首領太監都是他的黨羽。外廷則黨爭為害，而且其黨羽包括主謀議的文臣「五虎」，即崔呈秀、田吉、吳淳夫、李夔龍、倪文煥，主殺戮的武臣「五彪」，即田爾耕、許顯純、孫雲鶴、楊寰、崔應元，以及主持各政府機構的「十狗」，例如吏部尚書周應秋、太僕少卿曹欽程等，此外還有所謂的「十孩兒」、「四十孫」，「崔呈秀輩門下者，又不可數計，自內閣、六部至四方總督、巡撫，遍置死黨」，因此，外廷非但無法制衡內廷，反為魏忠賢所用。 6

　　所謂「黨爭」，指的是萬曆中後期形成的「東林黨」與黨外人士（主要是齊、楚、浙諸黨）之間的政治鬥爭，雙方各自內部成員的品性都良莠不齊，都有不可小覷的政治勢力，可以理解的政治立場，以及偏激的政治手段。鬥爭的結果也各有勝負，孰是孰非，孰功孰過，很難評斷。總而言之，到了天啟年間，東林黨——以及被誣陷為東林黨的官員——的政敵與魏忠賢互相利用，共同對付所謂的東林黨。

　　於是，錦衣衛以及東廠第一次作為真正意義上的黨派鬥爭的工具，登上歷史的舞台。

二、黨爭工具

　　魏忠賢，原名李進忠，直隸肅寧人。根據《罪惟錄》的記載，他本來有妻有女，其妻馮氏，其女嫁給楊六奇。因為他嗜酒好賭，揮霍無度，日益貧困，最終無以為繼。將妻子送人（有可能是賣了）之後，

6.《明史》卷305〈魏忠賢傳〉。

他揮刀自宮，進宮謀生。**[7]**顯然，投機與貧困是導致其入宮的根本原因。而如果《明史》的記錄屬實，其人是徹頭徹尾的惡棍，導致其自宮的原因更是匪夷所思：「少無賴，與群惡少博，不勝，為所苦，恚而自宮。」**[8]**

　　李進忠進宮的時間，是萬曆中期，他起初投入司禮監東廠太監孫暹名下，後得內官監馬謙之助，撈到一個肥缺，進入甲字庫（「掌貯銀硃、黃丹、烏梅、藤黃、水銀諸物」**[9]**）任職，手頭逐漸寬裕起來。通過買通關係，他得到為熹宗生母王才人辦理膳食的機會，後又在司禮監太監魏朝的舉薦下，得到司禮監掌印太監王安的信任。萬曆四十七年，王才人被李選侍毆打致死，他又改服侍李選侍。

　　光宗駕崩後，楊漣疏請李選侍「移宮」，連帶李進忠。在王安的幫助下，李進忠找到一位同名者頂包，自己更名為魏進忠，繼續在乾清宮當值。

　　熹宗乳母客氏，本與魏朝「對食」，**[10]**後與魏進忠相好。據說，魏朝與魏進忠曾在乾清宮暖閣為客氏爭風吃醋。熹宗問明客氏心之所向後，將魏朝謫往鳳陽，魏朝行至半路被殺。在客氏的幫助下，魏進忠很快就得寵。泰昌元年（1620 年）九月，即熹宗即位當月，魏進忠的兄長魏釗承蔭授職錦衣衛千戶。次月，魏進忠即奉旨以御馬監太監的身分提督位於崇文門的皇店——寶和三店。**[11]**不知具體在何時，魏進忠被賜名為「忠賢」。

　　天啟元年，司禮監掌印太監王安被害之後，魏忠賢成為內廷最具

7.《罪惟錄》列傳卷之 29。

8.《明史》卷 305〈魏忠賢傳〉。

9.《明史》卷 74〈職官志三〉。

10.對食：對坐而食，宮女與宮女或者宮女與太監之間搭伴過日子。

11.《明熹宗實錄》卷 1。

權勢者。關於王安的遭遇，史籍的記載並不相同。《國榷》的記載是，天啟元年七月十二日，王安被謫為淨軍，發配南海子，未述及原因。**12**《明通鑑》的記載是，客氏擔心步李選侍後塵，因而與魏忠賢定計，指示給事中霍維華彈劾王安。天啟元年五月，魏忠賢先是矯詔將其謫充南海子淨軍，而後又將李選侍的心腹劉朝任命為南海子提督，命其殺死王安。**13**《明史》及《明熹宗實錄》的記載與《明通鑑》大致相同。王安死後，其親信或被貶謫，或被逐出宮廷，司禮監的印信則傳到了太監王體乾手上。同年冬，魏忠賢被擢升為司禮監秉筆太監。**14**

至遲從泰昌元年開始，東廠太監由司禮監秉筆太監擔任已經確定為制度。司禮監秉筆太監一般有四到九名，其中最受寵者提督東廠。**15**因此，這項人事任命可能是為了在日後提拔他為東廠太監而做的鋪墊。

在有明一代，司禮監掌印太監的地位本來在秉筆太監以及東廠太監之上，但是，鑑於魏忠賢與客氏的影響力，王體乾心甘情願地成為魏忠賢的黨羽。萬曆二十九年入宮，天啟年間在「內直房經管文書」的太監劉若愚在其所著《酌中志》一書中提到，王體乾遠遠看見魏忠賢坐著轎子從玄武門入宮，甚至會「望塵跪伏道旁，俟（魏忠）賢（經）過方起」。**16**

魏忠賢是明朝少數幾位不識字的秉筆太監之一，但他記性奇佳，為人「猜忍陰毒」，善於阿諛奉承，熹宗對他十分信賴，命其批閱章奏。同在司禮監的王體乾、李永貞等人是他的心腹，「凡章奏，永貞等先閱，視鈐識款要，白忠賢議可否，然後行」。正如前文所述，他總是

---

12. 《國榷》卷84。

13. 《明通鑑》卷77。

14. 《罪惟錄》列傳卷之29。

15. 《酌中志》卷16。

16. 《酌中志》卷16。

在熹宗做木工活正在興頭的時候彙報政事，熹宗為了圖清淨，索性讓他代為處理，「忠賢遂擅威福焉」。

不過，直至天啟三年，魏忠賢始突破權力平衡，成為權傾天下的人物。這一年的正月，他的黨羽顧秉謙、魏廣微入閣。次年，同情東林黨的首輔葉向高、大學士韓爌、朱國祚先後致仕，顧秉謙進為首輔。天啟六年（1626 年）九月，顧氏致仕，魏氏的另一名黨羽、天啟五年（1625 年）入閣的大學士黃立極進為首輔。在黃立極於天啟七年（1627 年）十一月致仕前（熹宗八月駕崩，思宗同月即位），內閣基本由魏黨控制。

也是在天啟三年初，東林黨領袖，新上任的都察院左都御史趙南星，利用六年一次的京察制度，彈劾了許多反對東林黨的官員，他們有的被貶黜，有的甚至被削籍，即被剝奪了做官的資格。同年十月趙南星被擢升為吏部尚書後，他仍然以廢斥持異見者為行事原則。其後果是，仇視東林黨而投奔閹黨陣營的人越來越多。

天啟三年十二月二十五日，魏忠賢奉旨提督東廠，時錦衣衛掌印者為左都督駱思恭。熹宗的父親光宗尚是太子時，駱思恭曾經擔任東宮侍衛。萬曆三十年（1602 年），他調入錦衣衛，在南鎮撫司僉書管事。神宗駕崩，光宗即位時，駱思恭已經是錦衣衛掌印都指揮使。熹宗即位幾個月後，將他擢升為左都督，仍掌錦衣衛事。魏忠賢受命提督東廠的當月，駱思恭進封為少傅兼太子太傅。十個月後，掌衛事的權柄交到了他的老同事田爾耕的手上。

田爾耕出身名門，其父為神宗朝兵部尚書田樂，《明史》有關他是田樂之孫的記載應該有誤。**17** 根據《明神宗實錄》的記載，萬曆二十七年（1599 年）四月，神宗褒獎田樂的功勞，加封他為太子太傅，「蔭一子為世襲錦衣衛正千戶」，**18** 田爾耕始入職錦衣衛。五個月後，任丘

17.《明史》卷 306〈田爾耕傳〉。

縣民楊朝棟舉報田樂接受賄賂，「樂子爾耕捕其人」。[19]

田爾耕後來也進入南鎮撫司，並且成為駱思恭的上級：萬曆四十年（1612年）十一月，駱思恭尚是指揮同知時，田爾耕是都指揮僉事。正是從這個時候開始，駱思恭踏上了青雲之路，而田爾耕的職位卻停滯不前，直至熹宗即位後始飛黃騰達。尤其是天啟元年，田爾耕鴻運當頭。正月，他還是都指揮使，八月晉升為都督同知，十一月升為右都督，十二月升左都督。天啟四年十月，他接掌錦衣衛，成為魏忠賢最得力的助手之一。

魏忠賢的另一位得力助手是同樣出身名門的許顯純。許顯純的祖父是駙馬都尉許從誠，祖母是世宗最小的女兒嘉善公主。據說，田爾耕與許顯純都是魏忠賢的義子。[20]

許顯純進入錦衣衛的時間尚不清楚，可以確定的是，天啟四年五月，他取代錦衣衛都指揮同知劉僑，成為北鎮撫司的掌印者。用左副都御史楊漣的話說，劉僑之所以被取代，是因為「不肯殺人媚人」。他不肯諂媚的人是魏忠賢，不肯殺的人是內閣中書汪文言。而魏忠賢之所以要對汪文言不利，是因為汪文言與東林黨過從甚密，並且一直用計離間齊、楚、浙三黨。魏忠賢想通過構陷汪氏，羅織罪名，打擊東林黨。

天啟四年四月，刑科給事中傅櫆（他是魏忠賢外甥傅應星的結拜兄弟）上疏彈劾汪文言與左僉都御史左光斗、吏科給事中魏大中「交通為奸利」，汪文言被打入詔獄。御史黃尊素與北鎮撫司掌印者劉僑交厚，叮囑他罪止汪文言即可，不要牽涉他人。最終，「獄上，止坐文言廷杖除名，無株及者」。[21]五月一日，劉僑被革職，代之以許顯純。[22]

18.《明神宗實錄》卷 333。

19.《明神宗實錄》卷 338。

20.《欽定續文獻通考》卷 136。

因此，到了天啟四年，東廠、錦衣衛以及北鎮撫司已全在魏忠賢掌控之下。正是在這一年，魏黨與東林黨人展開了最激烈的較量。

魏忠賢之所以仇視東林黨人，是因為他本人經常被東林黨出身的言官以及同情東林黨人的官員彈劾。天啟元年十月，禮部儀制司主事劉宗周甚至疏責他「指鹿為馬」，暗示他是當世趙高，將把國家帶到崩潰的境地。他的情人客氏，也正是在東林黨人的彈劾下，在同年九月被逐出宮廷。不過，客氏被逐尚未足月，即又被召入宮廷。總之，提拔仇視東林黨的官員，掌握機動靈活的執法工具，是他打擊仇敵、捍衛自身利益的必然選擇。

眼見魏忠賢權勢日大，天啟四年六月，東林黨人副都御史楊漣疏劾魏忠賢違背太祖所定「內官不許干預外事」的禁令，「親亂賊而仇忠義」，犯下二十四條大罪。隨後，御史李應昇、吏科都給事中魏大中、河南道御史袁化中等人也紛紛上書彈劾魏氏。儘管類似奏本有數十份之多，但在熹宗以及客氏的支持下，魏忠賢的地位絲毫沒有動搖。

七月，同情東林黨人的內閣首輔葉向高見勢不妙，主動辭職。十月，東林黨的兩位代表人物，吏部尚書趙南星以及左都御史高攀龍致仕。十一月，吏部侍郎陳于廷、副都御史楊漣、左僉都御史左光斗被革職，內閣大學士韓爌致仕。陳于廷被革職後不久，與他交厚的刑部尚書喬允升告病辭職。十二月，御史梁夢環為取悅魏忠賢，再度上疏彈劾汪文言，「詔立逮之，下北鎮撫司獄，即命（許）顯純鞫治」。[23] 史書所謂「東林之禍」開始。

一個月後，即天啟五年正月，魏忠賢將親信李養正擢為刑部尚書，為審理汪文言案做準備。已經開始審訊汪文言的許顯純，本想讓楊漣、

---

21. 《明通鑑》卷 79。
22. 《國榷》卷 86。
23. 《明通鑑》卷 79。

左光斗等人坐「移宮罪」，但大理寺丞徐大化向魏忠賢獻策說，與其讓他們坐「移宮罪」，不如指控他們收受了楊鎬、熊廷弼的賄賂，「封疆事重，殺之更有名」，魏忠賢十分贊同他的意見。於是，他一方面命許顯純再審汪文言，另一方面命徐大化準備彈劾楊漣、左光斗等人的奏疏。

需要交代的背景是，楊鎬、熊廷弼都擔任過遼東經略一職，因為遼東戰事不利，他們分別在萬曆四十七年八月以及天啟二年二月下獄，皆論死。徐大化是彈劾熊廷弼的官員之一，楊漣等人曾上疏為熊廷弼求情。

再審汪文言時，許顯純「五毒備至」。他先是逼迫汪文言誣攀楊漣收受熊廷弼賄賂。汪文言寧死不從，仰天大呼曰：「世豈有貪贓之楊大洪（漣）哉！」許顯純又逼他承認左光斗等人收受賄賂。汪文言說，左光斗乃清廉之士，「有死不承」。

許顯純實在沒有辦法，就以汪文言的名義寫了一份供詞。汪文言說：「任汝巧為之，異時吾當與面質。」於是，許顯純當日就殺了汪文言，並將其獄詞呈上。於是，楊漣、左光斗坐贓二萬，魏大中坐贓三千，袁化中坐贓六千，禮科給事中周朝瑞坐贓一萬，兵部員外郎顧大章坐贓四萬。趙南星、鄧渼、毛士龍等十五人也牽連在內。

三月，熹宗下旨，將楊漣等六人逮入詔獄，趙南星等十五人，「除削籍外，仍行撫按提問追贓」。六月二十八日，楊漣、左光斗等六人入獄，魏忠賢矯旨，「令嚴刑追比，五日一回奏，俟追贓完日，送刑部擬罪」。七月四日，楊漣、左光斗、魏大中被折磨至死。楊漣死後被抄家，「產入官，不及千金，母妻止宿譙樓（城門上建的樓），二子至乞食以養」。八月，袁化中與周朝瑞死在獄中。九月，顧大章死。

其後，魏忠賢對東林黨以及同情東林黨的官員與學者的迫害一直在繼續，直至明思宗即位後乃止。不過，東林黨與閹黨的鬥爭，則一

直持續到明朝滅亡。

在魏忠賢的控制之下，錦衣衛緝事官校以及東廠的擋頭、番子及其眼線的滲透程度，以及辦案手段的殘忍程度達到這兩個機構創設以來的極點。用《明史》的話說，即「廠衛之毒極矣」。[24]史書記載了下面兩件事情：

> 有四人夜飲密室，一人酒酣，詈罵魏忠賢，其三人噤不敢出聲。罵未訖，番人攝四人至忠賢所，即磔罵者，而勞三人金，三人者魄喪不敢動。[25]
> 中書吳懷賢讀楊漣疏，擊節稱歎。奴告之，斃懷賢，籍其家。……民間偶語，或觸忠賢，輒被擒僇，甚至剝皮、刲舌，所殺不可勝數，道路以目。[26]

至於東廠及錦衣衛的刑訊手段，汪文言遭遇過的「五毒具備」是一般程序。「五毒」指的是械、鐐、棍、拶、夾棍等五種刑具。[27]「五毒具備」指的是五種刑具皆上一遍。據說，上刑後，「血肉潰爛，宛轉求死不得」。

劉瑾所造的「枷」，亦是東廠及錦衣衛的刑具之一。目前尚不清楚此「枷」與更加古老的「枷」有何不同，因為早在秦漢時期成書的《禮記》，即有所謂「男女不雜坐，不同椸枷」的記載。到了魏忠賢時代，劉瑾創造的「枷」被改良成了「大枷」。諸如斷脊、墜指、刺心之刑也開始施行。

錦衣衛的建制在魏忠賢時代進一步完善。天啟七年五月，熹宗下

24.《明史》卷95〈刑法志三〉。
25.《明史》卷95〈刑法志三〉。
26.《明史》卷305〈魏忠賢傳〉。
27.拶：使用木棍或類似物體夾犯人的手指或腳趾。

發了一道諭旨：鑄造錦衣衛提督西司房官旗巡捕關防。這意味著西司房與北鎮撫司一樣，成為一個相對獨立的機構。當時提督西司房的武官，是魏忠賢的老下屬，前東廠理刑左都督楊寰。

魏忠賢在熹宗朝可謂備極榮寵，天啟五年正月，熹宗甚至授予他的後人世襲都督同知的職務，而在此之前，世襲軍職罕有超越指揮使者。他的族叔魏志德授職都督僉事，外甥傅應星授職左都督，侄子魏良卿晉寧國公，「食祿如魏國公例」，其他幾位侄子或者外甥，授職世襲錦衣衛同知或者都督僉事不等。更有甚者，其黨羽竟然在全國各地為他建造生祠。但他的好運氣隨著熹宗駕崩而去。

天啟七年十一月一日，明思宗即位三個月後，魏忠賢被謫往鳳陽。根據《國榷》的記載，十一月六日，魏忠賢行至阜城（位於今河北東南），下榻尤氏旅舍，忽聞思宗詔諭曰：「魏忠賢……不思自懲，將素畜亡命之徒，身帶凶刃，不勝其數，環擁隨護，勢若叛然。命錦衣衛官旗扭解押赴，跟隨群奸，即時擒奏。」深知詔獄恐怖情形的他以及他的一位追隨者選擇了自縊身亡。[28]但思宗並沒有放過他，「詔磔其屍，懸首河間」，魏忠賢的家人魏良卿等皆棄市。[29]

隨後，思宗又命人查抄了魏忠賢與客氏的家財。客氏最終被笞殺於浣衣局。《明通鑑》寫道：「方客氏之籍也，於其家得宮女妊娠者八人，蓋將效呂不韋所為。上大怒，命悉笞殺之。」[30]如果熹宗駕崩時間推遲數月，彼時嬰兒呱呱墜地，被立為太子，可能明朝的江山要落在外姓人的手中。

崇禎元年（1628 年）六月，田爾耕與許顯純一併伏誅。

28.《國榷》卷 88。

29.《明史》卷 305〈魏忠賢傳〉。

30.《明通鑑》卷 80。

三、崇禎的選擇

　　熹宗駕崩於天啟七年八月二十二日，時年二十二歲。三日後，光宗第五個兒子，十七歲的信王朱由檢即位，是為思宗，又稱毅宗、莊烈帝。

　　熹宗以昏庸無道著稱，但他對這位比自己小五歲的異母兄弟卻比較照顧。即位兩年後，他就將這位已經十三歲的弟弟封為信王，又將信王已經去世八年的母親劉選侍（據說是被光宗虐待至死）追封為貞靜賢妃。彌留之際，又比較安妥地將皇位傳給了這位唯一在世的兄弟。

　　思宗是一位勤勉的皇帝，據說，他每日的工作時間在七個時辰（十四個小時）以上。但是，童年的生長環境（萬曆後期以及天啟年間不斷上演的宮廷鬥爭）使他養成了過分多疑的性格，這個性格加深了他對朝臣的不信任，正應了明朝開國功臣劉基的名言：「多疑之人其心離，其敗也以擾。」**31**

　　劉基這句話，既是對以往歷史人物成敗經驗的總結，也是對未來歷史人物的善意提醒。它可能並非是對太祖的暗諷，因為他將這句話記錄在《郁離子》一書中時，朱元璋尚未奪取天下，還在「兄弟同心，其利斷金」的創業時期。但立國之後，太祖確實也患了多疑之症，無論是屠殺功臣也好，用重典治天下也罷，都是他開給自己的藥方。

　　與太祖的情形相似，思宗的多疑在很多時候並非無端。無論是貼上「黨爭」標籤的官員們的互訐，言官的彈劾，還是來自廠衛的偵緝報告，通過各種方式或者各種管道掌握的信息，都足以毀掉他對朝臣的信任。但是，他的多疑似乎相對不合時宜：太祖立國之初，人心思安，國力日盛，北元勢衰；思宗朝的情形則相反，內亂頻頻，國力衰微，建虜勢張。在內憂外患的背景下，多疑的性格使他無力解決「黨

31.劉基，《郁離子》。

爭」（這個標籤掩蓋了參與者追逐私利的動機）之患。

　　下面這組資料在一定程度上可以說明崇禎年間政治鬥爭的激烈程度：思宗在位十七年間，先後有五十多位大學士粉墨登場，首輔的人數達到九位。

　　這個局面讓思宗感受到巨大的壓力。崇禎十四年（1641年）二月，他抱怨說：「朕自御極以來，事無大小，皆親自裁決，是以積勞成疾，諸症交侵。」[32]

　　「事無大小，皆親自裁決」，區區九個字，似乎足以讓後人理解明朝國運終結在思宗朝的原因。我們至少可以從中推出四種可能性。

　　其一，朝臣可用，且思宗知其可用，疑之，不讓其為己分憂；其二，朝臣可用，而思宗不知其可用，閒散之，無法讓其為己分憂；其三，朝臣可用，無心為君分憂；其四，朝臣不可用，無力為思宗分憂。

　　無論是何種可能性，結論只有一個，即軍政機構效率低下。

　　思宗當時可能沒有想到，未來的情況會變得更嚴重：崇禎十四～十七年（1641～1644年），首輔有三位，內閣大學士則幾乎每年一換。

　　事實上，讓思宗備受困擾的這種局面，在某種程度上是思宗本人親手促成的，儘管他的動機似乎並無不妥。

　　始於萬曆中晚期的「黨爭」之所以沒有因為魏忠賢的伏誅以及大批閹黨成員的削籍而畫上句號，原因在於，東林黨的勢力空前膨脹，思宗基於權力均衡的需要，支援了禮部尚書溫體仁以及禮部侍郎周延儒（這兩位未來的內閣首輔都被載入《明史・奸臣列傳》）的意見，在崇禎元年十一月免去了原本有望入閣的東林黨領袖，禮部侍郎錢謙益的職務，並將其削籍，以徹底結束錢氏的政治生命。[33]

　　思宗本想藉此培植一股或者幾股可以制衡東林黨的勢力，免得東

32.《國榷》卷97。

33.《御批歷代通鑑輯覽》卷114。

林黨獨大，受其掣肘，其用心不可謂不深，用藥不可謂不猛，但他的才華到此止步，他非但沒有擺脫隨之而來的副作用，相反，他本身也成為副作用的一部分。

確切地說，思宗非但沒能解決「黨爭」之患，還有意無意地捲入到「黨爭」的漩渦之中，以至於「黨爭」之禍愈演愈烈，一直持續到明朝結束。他確實可能稱得上克勤克儉、無怠無荒，但他同時也確實缺乏識人之智、用人之明，缺乏足以平息黨爭、團結朝野、解決內亂、抵禦外敵的魄力與能力。

面對大大小小官員們的貪汙腐敗、橫行無忌，他無力回天，惟焦急、怨恨而已。崇禎十四年二月十八日發布的一份詔諭表達了他的憤怒之情：

> 時事多艱，……災黎困窮已極……況今畿內山東、河南等處，流土猖獗，兵民戕殺，幾無寧日，甚至人人相食，朝不保暮。如此情形，深堪閔惻。又胡氛未息，議調多兵，勢必措餉。然催征原非得已，惟恨貪官奸吏借此作弊，脧削有限之民力，其苦何堪？至於倚上凌下，民受冤抑，無所控訴。或官吏行酷，暗害民生。或讞獄不平，奸良顛倒。或紳衿土豪，驕橫侵霸。或藩王宗室，暴虐恣睢。或勳戚及內外官，不實修職業，惟營己私。或蒙蔽隱徇，朋庇作奸，罔念軍國之重。種種情弊，有一於此，皆足仰干天和。[34]

他對朝臣的猜忌、不滿甚至怨恨，一直持續到他生命的最後一刻。三年之後，京師城陷，思宗留下了「皆諸臣誤朕」的遺言之後，以身殉國。

正因為思宗對諸臣不信任，或者反過來說，正因為諸臣不值得信

34.《國榷》卷97。

任，宦官的勢力在崇禎年間極度膨脹。

翰林院檢討楊士聰提供的資料是，神宗朝時，自萬曆二十九至四十八年間（1601～1620 年），即在長達二十年的時間裡，宮中沒再增選過宦官，即便是熹宗朝也只選過一屆宦官。可是，思宗在位的十七年裡，卻選了三屆宦官，「宮中增萬人，每年月米增三萬二千石，靴料銀增五萬兩」。㉟

正因為思宗對法司不滿，對諸臣怨恨，錦衣衛與東廠繼續扮演著重要角色。因為這兩個機構可以幫他迅速處理問題，甚至可以幫他泄私憤。正如清初人邵廷采所言：「錦衣衛，東西廠，並為詔獄。是三法司外，天子有私獄也。」㊱天子利用「私獄」而泄私憤，順理成章。崇禎十五年（1642 年）十一月前後，思宗亦曾暗示過這一點。

當時，兩位官員（後文將要提到的姜埰與熊開元）因為觸怒思宗而被打入詔獄，都御史劉宗周在聖駕前為他們求情，並提出了「有罪應付法司，詔獄有傷國體」的意見。思宗大怒，曰：「法司錦衣皆刑官，何公何私？……有如貪贓壞法，欺君罔上，皆可不問乎？」㊲

對於廠衛存在的問題，思宗並非不清楚，因為言官一定會向他彙報廠衛的劣行。

崇禎四年五月，給事中徐國榮在一份奏本中提醒思宗說，在廠衛諸多官校中，能夠不欺瞞皇上者，大概只有掌廠、掌衛之臣。可是，掌廠、掌衛之臣不得不寄耳目於旗校、擋頭、番子等下級軍校，下級軍校又不得不輾轉旁寄，而這些人很少有忠肝義膽、見利不搖者。更何況「止有廠衛緝事之人，而無緝事廠衛之人，彼能顛倒人之是非，而人不敢操其是非，何憚不恣欲所欲為？」

35.《國榷》卷 100。

36.《思復堂文集》卷 9。

37.《明史》卷 255〈劉宗周傳〉。

　　徐國榮還舉例說，肆毒無忌者，除了真正的廠衛緝事旗校，還有
冒充廠衛旗校的奸棍惡少，他們敲詐勒索，無惡不作。例如，到京販
賣絲綢的商人劉文斗，以及鋪戶羅紹所、李思懷等十餘家，被冒充廠
衛的混混趙瞎子等人敲詐勒索白銀二千餘兩。「至於散在各衙門者，藉
口密探，故露蹤跡，紀言、紀事，筆底可操禍福。書吏畏其播弄風波，
不得不釀金陰餌之，遂相沿為例，而莫可問矣」。**38**

　　思宗也曾告誡錦衣衛掌事者要約束手下。

　　崇禎十一年（1638 年），天呈異象，火星逆度，兩次為災。六月，
思宗告誡錦衣衛提督東司房吳孟明，緝訪不軌、機密大事時，務必要
掌握真憑實據，「決不可疏忽偏聽」，「不許逕自拿人，私行拷打」，如
果誤害善良，飾虛為實，偏執己見到底，護短遂非，輕視人命，犯命
官之戒，干天地之和，將「自損陰功」。**39**

　　可嘆的是，思宗一方面擔心刑獄不公引起天怒，對廠衛旗校及番
子徇私枉法、誣陷官民的做法深惡痛絕，要求他們秉公查質、據實參
奏；另一方面，他本人多疑如故，詔獄頻頻，以至呼冤者比比。

　　疑朝臣，信宦官，輕法司，重詔獄——這是思宗的選擇。

四、末代廠衛

　　在錦衣衛歷史上，錦衣衛提督東司房吳孟明有一席之地。

　　吳孟明祖籍紹興山陰，他的祖父吳兌在嘉靖年間擔任過兵部主事，
與內閣首輔高拱交厚。高拱罷相回鄉，只有吳兌送行，送至通州潞河
而止。萬曆年間，吳兌擔任過兵部尚書，並加封太子少保，在其擔任
薊遼督撫期間，名將戚繼光是其下屬。萬曆十一年（1583 年）六月，
神宗念其功勞，蔭其子吳有孚錦衣衛世襲正千戶官職。**40**因此，吳有

38.《春明夢餘錄》卷 63。
39.《春明夢餘錄》卷 63。

孚的子嗣隸籍錦衣衛。他本人官至錦衣衛都指揮同知，曾在南鎮撫司管事。

其子吳孟明稍通文墨，兩中鄉試副榜第一名。**41**因無緣參與會試，他不得不放棄文官仕途，承襲錦衣衛正千戶之職。許顯純掌印北鎮撫司時，他是理刑千戶。

據說，吳孟明曾勸許顯純不要對東林黨人趕盡殺絕，要為將來留條後路。許顯純也頗為心動，先後釋放了近四十位東林黨獄因。許顯純審訊楊漣、左光斗等人時，吳孟明負責整理獄詞，並在獄詞中寫了諸如「皆無佐證」之語，為將來的翻案昭雪留下餘地。因為這個原因，吳孟明被逐出北鎮撫司（一說他因為在審理汪文言案期間偏袒汪而被免職）。**42**

思宗即位之後，吳孟明官復原職。崇禎二年（1629 年）六月，他開始出任僉書錦衣衛。因為能力出眾，同年十一月，他還受命與禮部左侍郎徐光啟（明朝最著名的天主教徒與科學家）一起操練京營士兵。**43**至遲在崇禎十一年六月，吳孟明取代了錦衣衛都督同知鄒之有，開始提督錦衣衛東司房。

在鄒之有之前提督東司房的是劉僑。天啟七年十一月，即魏忠賢自盡、田爾耕被免職抄家的那個月，在錦衣衛指揮使方弘瓚的舉薦下，劉僑重回錦衣衛。崇禎二年十一月，他奉旨提督東司房。

崇禎五年（1632 年）二月，劉僑被免職。不久後，鄒之有奉旨提督東司房。崇禎九年（1636 年）正月，鄒之有晉升為都督同知。因為史料缺乏，作者暫時無法提供更多有關方、鄒二人的信息，因而也無

40.《明神宗實錄》卷 138。

41.嘉靖時，鄉試始有正榜和副榜之分。副榜不能參加會試。

42.《畿輔通志》卷 74。

43.《國榷》卷 90。

法解釋人事變動背後的原因。

　　吳孟明死後，其子吳邦輔承襲錦衣衛正千戶，在北鎮撫司理刑。駱養性以及後文將要提及的梁清宏是他的上司。

　　駱養性，字泰如，是前文所述錦衣衛掌衛事左都督駱思恭的兒子，早在天啟三年十二月，他已經承父蔭授職總兵官。[44]六年之後，即崇禎二年，他被任命為錦衣衛南鎮撫司僉書。

　　駱養性與吳孟明的風格與歸宿各不相同，相同的是對東廠的態度，即「觀望廠意，不敢違」。東廠相對強勢的地位，是萬曆以來廠衛關係的繼續，用《明史》的話說，「時衛使慴（懾）廠威已久，大抵俯首為所用」。[45]

　　思宗即位，魏忠賢伏誅之後，先後有九位太監提督東廠，即王體乾、王永祚、鄭之惠、李承芳、曹化淳、王德化、王之心、王化民以及齊本正，而崇禎朝存續不過十七年，換句話說，平均每兩年即更換一位提督太監。東廠太監人選的高頻率更替，在一定程度上反映出思宗的多疑，以及崇禎年間政治鬥爭的複雜。

　　如果《國榷》的記載無誤，曾經是魏忠賢爪牙的司禮監太監王體乾，至遲在天啟七年八月（思宗即位當月）已經提督東廠。不過，兩個月後，確切地說，同年十月二十九日，他就因為有罪而被免職。[46]

　　可是，根據《崇禎長編》的記載，魏忠賢直至天啟七年九月仍是東廠太監。[47]但這份史料同時也證實王體乾在十月底被免去東廠太監之職。

　　無論何種記載更為貼近真實，可以確定的是，王體乾擔任東廠太

44.《明熹宗實錄》卷 42。

45.《明史》卷 95〈刑法志三〉。

46.《國榷》卷 88。

47.《崇禎長編》卷 2。

監的時間不長，因為到了崇禎元年四月，東廠太監的人選確定無疑換成了司禮監太監王永祚。48

　　關於其他幾位東廠太監的在位時間，史籍的記載頗有衝突之處。例如，根據《明史紀事本末》的記載，崇禎十二年（1639 年），王之心在東廠太監任上。而根據《明史》的記載，王德化擔任東廠太監的時間要早於王之心。也就是說，如果這兩條史料皆無誤，那麼，王德化擔任東廠太監的時間，應該早於崇禎十二年。但是，根據《江西通志》的記錄，崇禎十六年（1643 年）的東廠太監卻是王德化。49

　　如果以《國榷》以及《崇禎長編》為依據，則初步可以確定的事件是：

　　天啟七年九月至十月，司禮監太監王體乾提督東廠。

　　崇禎元年四月至崇禎二年七月，司禮監太監王永祚提督東廠。

　　崇禎二年七月至某年某月，司禮監太監曹化淳提督東廠。

　　崇禎六年（1633 年）十一月至崇禎七年（1634 年）十二月，司禮監太監鄭之惠提督東廠。

　　崇禎七年十二月至崇禎十年二月，司禮監太監李承芳提督東廠。

　　崇禎十年二月至八月，司禮監太監曹化淳提督東廠。

　　崇禎十年八月至崇禎十二年九月，司禮監太監王之心提督東廠。

　　崇禎十二年九月至崇禎十三年六月之後的某個時間，司禮監太監王德化提督東廠。

　　崇禎十五年七月至崇禎十七年三月，司禮監太監齊本正提督東廠。

　　因此，如果《明史》提到的王化民提督東廠的時間晚於王之心，那麼，他提督東廠的時間，可能在崇禎十三年至十五年之間。

　　思宗在位十七年，東廠太監的人數達到九位，即平均每二年更換

48.《崇禎長編》卷 8；《國榷》卷 89。

49.《江西通志》卷 58。

一位，很容易讓人得出如下結論：思宗對東廠太監也缺乏信任。

但這個結論並不完全正確。王體乾姑且不論，他與其他八位東廠太監無法相提並論。思宗任命他為東廠太監，只是為了穩住魏忠賢而已。在剩下的八個人中，除了李承芳因為被指在抄沒王體乾家產的過程中移匿贓產而戍外衛，其他七位似乎一直得到思宗的信任。離開東廠之後，他們繼續得到重用。例如，兩度提督東廠的曹化淳在卸任東廠太監的職務後，又先後兩度提督京營戎政。因此，思宗多次更換東廠太監的人選，可能主要並非因為對他們缺乏信任，而是源於一種體制上的安排，為的是防止他們與朝臣勾結、危害皇室。至於這種體制具體起源於何時，完善到何種程度，作者暫時無法給出答案。

《國榷》記載說，吳孟明擔任錦衣衛僉書之職，始於崇禎二年六月。《明史》又說，他與東廠太監王德化共事過，而王德化在崇禎十二年才提督東廠。如果這些史料屬實，則可以推斷，吳孟明在錦衣衛任職的時間至少有十年，共事過的東廠太監至少有五位，即曹化淳、鄭之惠、李承芳、王之心，以及王德化。

據說，吳孟明十分尊重東廠太監的意見，「觀望廠意，不敢違」。**50**

但在翰林院檢討楊士聰看來，包括吳孟明在內的錦衣衛堂上官，尊重的並非東廠太監本人，而是支持東廠太監的思宗皇帝。楊士聰在《玉堂薈記》一書中寫道：「錦衣治獄，雖與刑部不同，然亦伺上意旨所在，而加輕重也。」**51**

正是存在於「輕重」之間的權力，給了錦衣衛官員謀取私利的機會。崇禎十一年調入刑部任職的李清，在《三垣筆記》一書中記載了下面這則故事：吏部尚書田惟嘉，因為考選不公，被翰林院檢討楊士聰彈劾。但這位尚書與文書房太監關係很好。太監在將楊士聰的奏本

50.《明史》卷 95〈刑法志三〉。

51.《玉堂薈記》卷上。

呈給思宗前，拿給田惟嘉過目。因此，田惟嘉提前準備好了抗辯疏稿。
但他犯了一個錯誤，即過早地將抗辯疏稿送到了通政司。楊士聰得知
消息後，再度彈劾他，要求他解釋參疏未下、辯疏先上的原因。田惟
嘉奉旨回奏，茫無以應。於是，田惟嘉主僕四人都被打入鎮撫司。「一
時吏部（指田惟嘉）重賄，俱夤夜運入錦衣。人有吏部囊空，錦衣地
重之誚」。

　　李清進入刑部後，與提督東司房的吳孟明打過交道。他對吳孟明
的評價為：「孟明緩於害人而急於得賄，其子邦輔尤甚」。據說，吳孟
明每次緝獲州縣送禮單，必定故泄其名，然後沿門索賂，賂飽乃止。
東廠亦然，曾經有某位知縣送了翰林院編修胡守恆白銀二十四兩求其
撰文，胡守恆尚未收下這筆錢，得知消息的東廠番役已經登門索賄，
花了千金才擺平他們，「一時士大夫皆重足而立」。

　　不過，在李清記錄的諸多事蹟中，最引人深思的，是一段發生在
他與刑部尚書鄭三俊之間的對話。

　　根據他的記錄，他進刑部後不久，鄭三俊即被罷職。某日，他登
門拜訪鄭三俊，向前輩取經。當問及刑部何事最冤時，前刑部尚書給
出的答案卻並非詔獄，而是盜情，因為東廠緝獲的「盜匪」，三法司都
不敢提出反對意見，「惟擇無贓無證、情可矜疑者，緩以秋決，或可從
容解網也。」

　　李清記載說，東廠番子緝獲「盜匪」後，「必加以五毒，擇肥而
攀。俟（財）罄，據既飽，然後呈廠。廠上疏，皆歷歷有詞，不四日
便下（刑）部擬，不十餘日便依樣招奏，又不四日便會官處決」。他曾
質問另一位刑部官員為何不敢替無辜受誣者平反，對方回答說：「天下
有一介不取之官，而無一介不取之吏。若一翻廠招，異日借題羅織，
官吏並命矣。」[52]

52.《三垣筆記》卷上。

不過，相對於盜情，詔獄似乎更有助於我們了解思宗，了解那個時代。

五、最後的詔獄

崇禎年間最值得一提的詔獄是「薛國觀案」以及「姜埰、熊開元案」，後者有可能是明朝最後的詔獄。但在介紹這兩起案件之前，有必要簡單介紹一下發生在崇禎三年的「袁崇煥案」。

關於袁崇煥的功過，以及「袁案」的曲直，歷史學家的意見至今仍未統一，因為現存史料抵牾之處頗多。不過，清代官修《明史》關於其人其案的記載似乎越來越受質疑，因為人們相信官方史家都會為了政治需要而犧牲歷史真實。

全方位探討「袁案」與本書主旨不符，本書將就「袁案」引發的另一項指控進行陳述，因為它與一位錦衣衛左都督有關。

薊遼總督兵部尚書袁崇煥被打入錦衣衛監獄的時間，是崇禎二年十二月一日，當時，後金軍隊（袁崇煥遏阻的對象）正在攻打京城。他被處死的時間是崇禎三年八月十六日。《國榷》提到了思宗處死袁崇煥的理由：「袁崇煥付託不效，專事欺隱，市粟謀款，縱敵不戰，散遣援兵，潛攜喇嘛、僧人入城，……依律磔之。」《崇禎實錄》的記載基本相同。[53]《崇禎長編》的記載則是：「袁崇煥付託不效，專恃欺隱，以市米則資盜，以謀款則斬帥，縱敵長驅，頓兵不戰，援兵四集，盡行遣散，及兵薄城下，又潛攜喇嘛，堅請入城，種種罪惡，命刑部會官磔示。」對那些為袁氏求情的人，思宗斥責他們說，袁崇煥所作所為「致廟社震驚，生靈塗炭，神人共忿，重辟何辭？」[54]

史料表明，無論袁崇煥的戰術理由有多麼充分，在後金軍隊進逼

---

53. 《國榷》卷 91；《崇禎實錄》卷 3。

54. 《崇禎長編》卷 37。

乃至圍攻京師的過程中，袁崇煥確實有「斬帥」（即斬殺平遼總兵官左都督毛文龍）、「縱敵不戰，散遣援兵」，以及請旨率兵入城等事，相關指控並非無中生有；然而，有關「謀款」（與後金達成祕密協議）的指控，則似乎缺乏證據支持。

事實上，涉嫌「謀款」的並不止袁崇煥一人。袁崇煥下獄半個月後，即崇禎二年十二月十六日，江西道御史高捷指控太子太保內閣大學士錢龍錫是袁崇煥「謀款」、「斬帥」的主謀。**[55]** 六日後，錢龍錫引疾致仕。

五日後，禮部侍郎周延儒入閣。十二月三十日，何如寵、錢象坤也奉旨入閣。據說，二人曾在當日「夜漏十二刻」呈遞辭表，**[56]** 但思宗最終還是敦促他們入閣辦事（「夜漏十二刻，進辭表，得旨趣受事」）。**[57]** 何、錢的請辭之舉大有深意，作為得利者的周延儒被懷疑是攻擊錢龍錫的幕後主使者。《明史》甚至斷言，除了周延儒，內閣大學士溫體仁以及吏部尚書王永光也都是主謀。**[58]**

言官對錢龍錫的攻擊，並沒有因為他致仕而停止。崇禎三年八月六日，山東道御史史范**[59]** 疏參「錢龍錫主張袁崇煥斬帥，致兵倡為欵議，以信五年成功之說（袁崇煥曾說五年可平遼）」。他還說，錢龍錫致仕離京，「細軟數萬，皆崇煥馬價，寄之伊親錦衣衛指揮徐本高家，巧為鑽營，使皇上法不得伸」。**[60]**

思宗看到奏本後，一方面要求北鎮撫司刑官嚴訊袁崇煥，在五日

55.《崇禎實錄》卷2。

56.古時一晝夜分為一百刻，冬至則晝漏四十刻，夜漏六十刻；夏至則晝漏六十刻，夜漏四十刻。

57.《國榷》卷90。

58.《明史》卷308〈溫體仁傳〉。

59.史范之「范」字，本為上下結構，下邊還有一「土」字。

60.《崇禎長編》卷37。

內審查明白袁崇煥是否與錢龍錫通書，遲私謀款，另一面命廷臣僉議錢龍錫「私結邊臣」一事。與此同時，他還命徐本高就史范的指控進行自辯。

徐本高的職務全稱是錦衣衛提督街道管衛事左都督，他是世宗朝內閣首輔徐階的長孫。萬曆三十八年，他襲職錦衣衛正千戶，次年與還是庶吉士身分的錢龍錫聯姻。天啟六年，徐本高因為反對魏忠賢建生祠而被削籍，在那之前，他在北鎮撫司理刑。思宗即位後，徐本高和劉僑同時被起用。崇禎三年三月，即袁崇煥被殺前五月，晉升為左都督。**61**

八月八日，徐本高在白辯奏本中提出了兩項在邏輯上很有說服力的證據：其一，錢龍錫致仕離京前，思宗「欽賜馳驛，恩禮從容」，可謂聖眷猶在，完全可以將財產帶回老家，有何必要將數萬財產寄存在他家？其二，他家只有陋室數間，可謂牆卑室淺，果真收存數萬資財，豈能掩眾人耳目？

最終，思宗也認為這項指控純屬風聞，不再追究。**62**

但錢龍錫沒能避免牢獄之災。在袁崇煥被處死的次月，他被捕入獄，次年五月獲釋，改戍邊定海衛。據《明史》記載，明朝滅亡之後他才離世，《國榷》則稱，他卒於崇禎九年十月。**63**

本書開篇提到的北鎮撫司掌司事錦衣衛指揮同知李若璉，即是參與審訊袁崇煥的刑官之一，他因為袁崇煥辯解而貶官兩級。李若璉原先應該很被思宗看重，他還只是北鎮撫司理刑千戶時，就在文華門接受了思宗的召見，時間是崇禎二年八月。

綜上所述，無論「袁案」的是非曲直如何，單就「謀款」的指控

61. 《國榷》卷 91。

62. 《崇禎長編》卷 37。

63. 《明史》卷 251〈錢龍錫傳〉；《國榷》卷 95。

而言，在一定程度上，只是權力鬥爭的噱頭而已。

　　如果說，袁崇煥被打入詔獄並處死，主要是因為思宗懷疑他逞私謀款，也就是說，懷疑他在政治上出現了問題，那麼，「薛國觀案」之所以發生，主要是因為經濟問題。

　　朝臣的貪腐問題，在崇禎年間十分嚴重，彈劾袁崇煥以及錢龍錫的史范，即因為在巡按淮安、揚州期間貪墨了「贓罰款銀及鹽課三十餘萬」，在檢討楊士聰的彈劾之下免職入獄，病死在獄中。

　　思宗的岳父，即皇后周氏的父親，曾經擔任錦衣衛帶俸右都督的嘉定伯周奎，也是一位大貪官。李自成軍隊攻陷京城後，在他家抄得現銀五十二萬兩，以及價值數十萬兩的珍珠寶貝。就在京師城陷前夕，思宗曾派太監徐高造訪他，希望他帶頭捐獻軍餉，他先是哭窮，後來迫於無奈，十分勉強地奏捐了一萬兩。除了周奎，曾經提督東廠的太監王之心，在城破之後，也被李自成的軍隊搜刮出價值十五萬兩的財物。64

　　根據戶科右給事中黃承昊提供的資料，「祖宗朝邊餉止四十九萬，神祖時至二百八十五萬」，崇禎之初，「歲入不過三百萬」。65 也就是說，周、王二人的財產總和，粗略估計，相當於「祖宗朝」邊餉的兩倍，神宗朝邊餉以及思宗朝歲入的三分之一。

　　上面這兩位，一個是思宗的岳父，一個是思宗的家奴。如果說，他們貪墨到如此程度思宗還一無所知，那只能說明思宗耳不聰、目不明。如果思宗明知而不處理，則只能說明他包庇甚至變相縱容貪汙。無論何種情況貼近真實，有關思宗本人生活簡樸的傳說，例如他穿打補丁的衣服，讓人感到一種荒誕的意味。

　　以下再回到「薛國觀案」的始末。《明通鑑》記載說，思宗曾經與

64.《國榷》卷100。

65.《明懷宗端皇帝實錄》，崇禎元年六月條目。

禮部尚書、內閣首輔薛國觀公開討論朝臣貪腐之事，後者的建議竟然是，加大廠衛機構的緝查力度。薛國觀對思宗說：「倘若廠衛得人，朝臣安敢如是！」正好也在現場的東廠太監王德化聽到這句話，「汗流沾背」。66

這件事發生的時間，應該是王德化擔任東廠太監後不久。很快，他就證明了自己的能力。崇禎十三年正月，即受命提督東廠四個月後，王德化手下的擋頭和番子就獲得了一份「通賄籍」，詞連吏科都給事中阮震亨。就在該月二十八日，「阮震亨下鎮撫司論死」。67

薛國觀在批評廠衛不得人的時候肯定沒有想到，他的話刺痛了侍奉在思宗身側的王德化，以至於王德化「專查其陰私」。幾個月後，他自己也將因為坐罪貪腐而成為東廠的階下囚。

薛國觀是韓城人，為人陰鷙谿刻，不學少文，是《明史》對他的評價。天啟年間，他擔任戶部給事中期間，曾彈劾過多位東林黨人。因為內閣首輔溫體仁（崇禎六年至十年為首輔）一向仇視東林黨人，因而將他「密薦於帝，遂超擢大用之。」68

薛國觀秉政期間（崇禎十二年二月至十三年六月為首輔），繼續沿襲溫體仁的風格，「導上以深刻，而才智彌不及（溫體仁），操守亦弗如」。69他的刻薄做法為自己樹立很多敵人，而敵人報復他的方式是，打探他的不法事蹟，例如行賄受賄等，並將相關證據上報東廠。因為他的彈劾而被打入詔獄，並且死在廷杖之下的內閣中書周國興以及楊餘洪的家人，以及受他欺騙的禮部主事吳昌時（他與東廠理刑官吳道正交厚）等人，即是通過這種方式進行報復者。

66.《明通鑑》卷 87。

67.《崇禎實錄》卷 13。

68.《明史》卷 253〈薛國觀傳〉。

69.《明通鑑》卷 87。

在東廠太監王德化的督促下，東廠緝事官校也經常在薛宅附近窺伺。他們控告薛家藏匿了御史史范寄存的巨額財產。儘管薛國觀極力辯解說，藏匿之事純屬無稽，實乃黨人構陷，但是，思宗對他的信任逐漸瓦解。

不過，導致他日後失敗的，是另外一件事情。

因為當時國庫空虛，而軍事開支龐大，思宗向薛國觀問計。薛的意見是，向外戚武清侯李國瑞等人籌措。李國瑞不願借款，思宗大怒，奪其官爵，李國瑞驚懼而死，外戚人人自危。正好皇五子重病，於是外戚勾結內官，傳播謠言稱，孝定太后——思宗的曾祖母，王國瑞曾祖父之妹——已經成為「九蓮菩薩」，因為怪罪思宗沒有照顧好外戚，故而讓皇五子代父受過。不久後，皇五子薨逝，思宗大驚，趕緊將所借款項歸還，並且封李國瑞七歲的兒子為侯爵。因為此事，思宗「追恨（薛）國觀，待隙而發」。[70]

不久後，給事中袁愷上疏，「盡發國觀納賄諸事」。崇禎十三年六月二十一日，思宗將薛國觀免職。次年七月，因為牽涉其他案件，薛氏應詔回京。八月八日傍晚，東廠理刑官吳道正遣官校至其家，將其迫害至死。薛國觀是繼嘉靖年間的內閣首輔夏言之後第一位死在廠衛手裡的首輔。

在薛國觀被害前後，錦衣衛掌衛事都督同知吳孟明去世，接掌錦衣衛事者是駱養性。當時，北鎮撫司的管事者是梁清宏，提督東廠者先後是王德化、王化明以及齊本正。他們監視的對象，是首輔周延儒（崇禎十四～十六年為首輔）領導下的朝臣。

相對於以「排異己及建言者」為特徵的溫體仁及薛國觀而言，周延儒（儘管他被定性為奸臣）的做法正好相反，他「盡反（溫、薛）所為，廣引清流，言路亦蜂起論事」。[71]

70.《明史》卷253〈薛國觀傳〉。

　　但「言路蜂起」的氣氛並不是思宗想要的，因為他不僅多疑，而且自負獨斷，容不下批評。

　　大概在崇禎十五年十一月前後，忌恨言官或者因為言官的評語而在仕途受挫者，匿名創造了所謂「二十四氣之說」，詆毀二十四位言官，而思宗正好也在此時「下詔戒諭百官，責言路尤至」，批評言官以權謀私，既幫官員們推卸責任，又替人尋找官職（「代人規卸，為人出缺」）。性情耿直的給事中姜埰認為思宗一定受到「二十四氣之說」的影響，上疏直指思宗中了大奸巨慝的圈套，並且說，「箝言官之口，人皆暗默，誰與陛下言天下事者？」

　　思宗聞言大怒，他認為姜埰藐視了自己的智慧，立即將他打入詔獄。明清史家的判斷是，思宗所言，實在是因為他當時「憂勞天下」，有感而發，而非受到匿名之說的影響，可是「（姜）埰探之未審，謂帝實指其事，倉卒拜疏」，故而羅禍。

　　負責姜埰案的主審官是北鎮撫司掌印都指揮使梁清宏。梁隸籍錦衣衛，出身名門，其曾祖是在萬曆年間擔任過兵部尚書和吏部尚書，並被加封為太子太保的梁夢龍。因感念梁夢龍的功勳，神宗賜其子世襲錦衣衛的官職。

　　但梁清宏的名聲似乎不佳，用《明史》的話說，他與北鎮撫司另一位錦衣衛官員喬可用「朋比為惡」。[72]喬可用的出身背景仍不清楚，根據《閩中理學淵源考》的記載，他應該是一名掌刑官，為人殘酷。黃道周的學生，閩南文人塗仲吉因為上疏而觸怒思宗，被打入錦衣衛監獄，喬可用對他施以拶刑，將他的十指全都夾折。[73]

　　除了姜埰，當時因建言而下獄的官員，還有行人司副（從七品）

71.《明史》卷 258〈姜埰傳〉。

72.《明史》卷 95〈刑法志三〉。

73.《閩中理學淵源考》卷 83。

熊開元。[74]

　　熊開元有政才，也有辯才，崇禎五年，主要是在他的疏諫之下，閹黨成員，臨陣脫逃的遼東巡撫王化貞才最終伏法，他當時在吏科給事中任上。不過，他自視甚高，胸襟稍窄，不大識時務。

　　後來，他因為違反官員考選規定而降職，在光祿寺監事（從八品）以及行人司副等職位上停留了很長時間，生活比較困頓。而在此期間，其他緣於同樣原因而被降職的人都已經高升。迫於無奈，他向首輔周延儒訴苦，希望得到更好的機會。而首輔當時正好有急事，話未談完，亦未表態，就匆匆乘轎外出，可能禮節上也有欠缺。總之，熊開元羞怒交集，伺機報復。

　　時間是崇禎十五年閏十一月，清兵自河間南下，京畿南邊州縣多不守，遂乘勝入侵山東。與此同時，李自成的大軍正在圍攻河南的軍事重鎮汝寧。七日，思宗「下詔罪己，求直言」，凡官民陳事者，即日召對。[75]

　　於是，熊開元進宮面聖，暗諷首輔不得人，謂「陛下求治十五年，天下日以亂，必有其故。……庸人在高位，相繼為奸，人禍天殃，迄無衰止」，又謂「（督撫）失地喪師，皆得無罪」，暗指首輔偏袒私人。

　　周延儒當時也在場，他承認確有徇私，但絕沒有受賄（「情面不盡無，賄賂則無有」）。思宗詢問熊開元有無實證，礙於周延儒在側，熊開元支吾以對。最後，周延儒故示大度，請思宗下旨讓熊開元補寫一份詳細的書面報告，思宗聽其所請。

---

74. 行人司「職專捧節、奉使之事。凡頒行詔赦，冊封宗室，撫諭諸蕃，徵聘賢才，與夫賞賜、慰問、賑濟、軍旅、祭祀，咸敘差焉。每歲朝審，則行人持節傳旨法司，遣戍囚徒，送五府填精微冊，批繳內府」。見《明史》卷74〈職官志三〉。

75. 《明通鑑》卷88。

可是，熊開元呈上的書面報告依然是泛泛而談，並沒有陳述對周延儒不利的實據。原來，這位首輔雖然表面大度，實際上非常擔心熊開元的證詞對己不利，於是利用自己的影響力，說動大理寺卿孫晉、大理丞吳履中、兵部侍郎馮元飆、禮部郎中吳昌時（他曾經是熊開元的下屬）等人勸熊開元慎重行事。孫晉、馮元飆對熊開元說，首輔所用之人大多數是賢者，如果首輔下臺，則賢者將盡數被逐。熊開元被說服，因此，他的報告只是復述面聖時所言而已。

這相當於承認他對周延儒的指控並無實據，實屬誹謗。而當時的情況是，外敵壓境，朝野恐慌，思宗正要倚仗這位他十分信任的首輔團結朝廷上下文武大臣，一致對外，孰料熊開元卻不顧大局，「誣陷」首輔，自亂陣腳。因此，思宗見到報告後大怒，當即令錦衣衛將熊開元打入詔獄。76

在此之前，北鎮撫司掌印者梁清宏已經將姜垛案的獄詞呈上，但思宗不滿意，下旨說：「垛情罪特重，且二十四氣之說類匿名文書，見即當毀，何故屢騰奏牘？其速按實以聞！」77

因為梁清宏要再審姜垛案，思宗將熊開元的案子交由錦衣衛掌事者駱養性（他在同年十月被擢升為都督同知）審理。

駱養性是熊開元的同鄉，對首輔周延儒一向不滿，他在次日即呈上獄詞，思宗同樣不滿意，下旨說：「開元讒譖輔弼，必使朕孤立於上，乃便彼行私，必有主使者。養性不加刑，溺職甚，其再嚴訊以聞。」可是，嚴刑逼供之下，熊開元非但沒有招供出可能是子虛烏有的主使者，反而將周延儒的隱私全部抖露出來。駱養性將獄詞呈上，思宗過目後，「廷杖開元，繫獄」。78

76.《明史》卷 258〈熊開元傳〉。

77.《明史》卷 258〈姜垛傳〉。

78.《明史》卷 258〈熊開元傳〉。

　　不久後，梁清宏又將姜埰的獄詞呈上，與前詞並無不同。根據《明通鑑》的記載，接下來發生的故事是，思宗越發憤怒，密令駱養性偷偷將姜、熊二人殺死，「養性懼，以語同官，同官曰：『不見田爾耕、許顯純事乎？』駱養性乃不敢奉命。已而語泄，有奏之上者，請並誅養性，駱養性大懼。上亦不欲殺諫臣，疏竟留中」。**79**

　　《明史》關於這件事的記載基本相同，亦有「帝亦不欲殺諫臣」之語。**80** 不過，所謂的「不欲殺諫臣」，只是不願意背上誅殺諫臣的罵名而已。

　　思宗又命法司定罪量刑，刑部尚書徐石麒等人的意見是，判姜埰戍邊，熊開元贖徒。思宗認為徐石麒「徇情骫法」，罷其官職，同時命人將姜埰、熊開元押至午門，廷杖一百，仍下鎮撫司鞫治，時間是崇禎十五年十二月十一日。**81**

　　據說，姜埰受杖刑之後，不醒人事，幾近死去，其弟姜垓口含尿液灌入他嘴裡，才使他甦醒過來，之後被關在刑部監獄。

　　姜埰、熊開元被打入詔獄後，都御史劉宗周上疏為二人求情。按照他的說法，國朝從未有言官下詔獄的先例，「有之自（姜、熊）二人始」。劉宗周在奏本中暗諷思宗因私廢公，其結果是，思宗認為他「偏黨」，將其革職為民。

　　第二年秋季，京師發生大瘟疫，思宗下旨，准囚犯取保外出。姜埰、熊開元被釋出獄後，登門感謝曾經出力相救的親朋好友。思宗聽到風聲後，暗示刑部尚書張忻進行處理，結果姜、熊二人重新被關進獄中。

　　直至崇禎十七年二月，姜埰才被釋放出獄，並被發配宣州衛。一

---

79. 《明通鑑》卷 88。

80. 《明史》卷 258〈姜埰傳〉。

81. 《國榷》卷 98。

個多月後，姜埰正要前往戍守之所時，京城陷落。同年正月，熊開元
已經發配杭州，明朝滅亡之後，熊開元出家為僧。據說，姜、熊二人
皆終老蘇州。

在遠赴杭州的路上，熊開元的心情應該是愉快的。早先陷害他的
內閣首輔周延儒，已經在一個月前（崇禎十六年十二月五日）被思宗
賜死，罪名是「機械欺蔽，比匪營私，濫用僉人，封疆貽誤」。**82**

不久之後，思宗本人也以身殉國，時間是崇禎十七年三月十九日，
北京內城淪陷次日。

當日黎明時分，思宗聽聞內城被攻破，曾鳴鐘召集百官，但沒有
人向他報到，陪同他走完生命中最後一程的，只有司禮監太監王承恩
一人而已。登上萬歲山之後，思宗在自己的衣襟上留下了遺詔，然後
自縊於剛建成不久的壽皇亭。遺詔寫道：「朕涼德藐躬，上干天咎，致
逆賊直逼京師，皆諸臣誤朕。朕死，無面目見祖宗，自去冠冕，以髮
覆面，任賊分裂，無傷百姓一人。」**83**顯然，直至這一刻，他仍然羞於
承認自己的過錯，「皆諸臣誤朕」之語亦足以證明，所謂的「涼德藐
躬，上干天咎」，只不過是他的自謙之詞而已，在承擔的勇氣方面，他
甚至比不上年少荒逸的武宗。**84**

思宗自縊後，王承恩「陪縊於傍，死而尤跽」。次年四月，清廷以
順治帝的名義（他當時才七周歲）為王承恩樹碑立傳，表彰他「事君
有禮，不忘其忠」的忠烈品德，「使後世知，艱危之際，內員中，乃尚
有忠烈而死如承恩者」，表達了希望本朝宦官能以他為楷模的願望。**85**

82.《國榷》卷99。

83.《明通鑑》卷90；《國榷》卷100。

84.在去世的前一日，武宗對他的母親和內閣大學士們說了這樣一句話：「前事
　皆由朕誤，非由汝曹所能預見也。」見本書頁253。

85.見《北京圖書館藏中國歷代石刻拓本彙編》，第61冊，頁4。

碑在北京昌平區十三陵思陵。

　　與前任李若璉一樣，北鎮撫司掌事者梁清宏也以身殉節，據說他是絕食而死。他的名字被列入《欽定勝朝殉節諸臣錄》。[86] 他的殉國行為，與《明史》對他的惡評（「鎮撫梁清宏、喬可用朋比為惡」）形成強烈的對比。[87]

　　深受思宗器重與信任的錦衣衛掌印者駱養性，則選擇了賣國求榮之路。就在明亡當年，亦即順治元年（1644年），他搖身一變，成為清朝的天津總督。[88]

　　明朝終結後，錦衣衛依然作為政治鬥爭的工具而存在，不過，因為南明皇帝在相當程度上是作為政治符號（甚至可以稱為傀儡）而存在，而非真正具有實權的統治者，他與錦衣衛之間的關係更像是合作，而非君臣。原本作為皇帝親軍的錦衣衛，此時周旋在皇帝與熱衷於黨爭的各黨（例如吳黨與楚黨）之間，為了自己的生存空間與利益而掙扎或者拼搏。正如此時的皇帝已經不像皇帝，此時的錦衣衛也只是徒有虛名而已。

　　明末清初人沈起有所謂「明不亡於流寇，而亡於廠衛」的評語。[89] 大概因為此語撇清了士大夫的責任，因而被當作極有見地的觀點，經常被後世文人引用。其實，這句話在邏輯上的說服力，與「服毒自裁者，非死於他故，而死於毒藥」相當。若太祖泉下有知，以他對士大夫的猜忌與厭惡，恐怕是不願意承認的。

86.《欽定勝朝殉節諸臣錄》卷6。

87.《明史》卷95〈刑法志三〉。

88.《皇朝文獻通考》卷55。

89.《元明事類鈔》卷5。

後　記

　　本書的寫作初衷，正如〈前言〉部分所寫，是作者對自己的一個交代。其實，作者並沒有完全表達出內心的願望。作者的真實想法是，通過這部誠意或許有餘、成熟或許不足的作品，對在學生時代一起追逐武俠小說以及明人歷史筆記的同學們做個交代。不過，因為同學們並未委託作者做這件事情，而作者也多少有些廉恥之心，不敢妄自代表同學，故而偷偷隱藏了一閃而過的野心，將交代的範圍僅限於自己。

　　本書從構思到動筆，從動筆到結束，花了一年多的時間，其中的辛苦與愉悅、收穫與付出，不足為外人道也。可以一道的是構思環節。

　　我原先的想法是，對錦衣衛、東廠等機構的建制發展、職權變更、人事制度、服飾裝備等方面的內容分別進行陳述，但後來發現，這種寫法固然結構清晰，卻失之乾澀，不如順應皇帝更替的經線，突出廠衛機構在各朝的演變與表現，或許可以兼顧結構與內容上的需要。經過調整，最終才有了現在這種敘述形式，希望讀者會對這種鋪排感到滿意。

　　細心的讀者一定會注意到，本書第十一、十二、十三章的標題，分別出自上世紀中國大陸最出色的作家之一王小波的三部代表作品。其中，「黃金時代」指的是以衛帥陸炳為標誌的時代；「白銀時代」指的是廠衛官員奉旨在全國各地搜刮財富的時代；至於「黑鐵無明」中的「黑鐵」二字，指的是「黑暗」與「金戈鐵馬」，其寓意不言自明。

　　這三部分內容實在與王小波作品的內容以及風格毫無關係，之所以借用他的書名，原因大概有二：其一是因為我性懶才拙；其二是因

　　為日前又讀了他這三部作品，有了不同於以往的感觸。想他在世時已經瘋瘋狂狂悖，必定無視效顰之人，更不用說現在仙遊在外，樂不思蜀。

　　最後，我要感謝談遷、王世貞、薛應旂、查繼佐、夏燮、谷應泰等前輩，謝謝你們留下的經典史籍。感謝徐元文、張廷玉等人，出於完全可以理解的原因，你們編撰的《明史》存在不少漏洞，但卻不失為經典。感謝臺灣三民書局的編輯在語法及格式等方面的建議以及修正工作，您的專業精神給我留下了深刻的印象。最後要感謝我的賢妻，沒有你的包容與支持，這部書稿一定無法完成。

2014 年 8 月 10 日

北京，朝陽，靜安庄

錦衣衛升遷流程圖

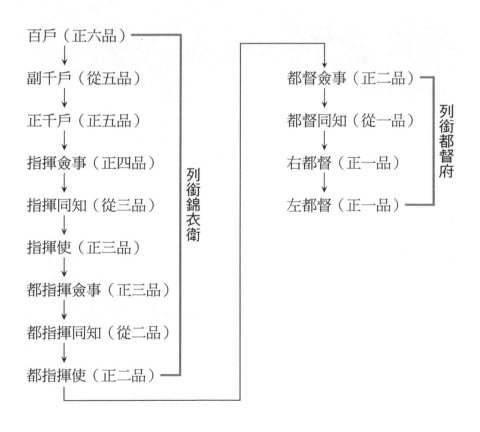

百戶（正六品）

↓

副千戶（從五品）

↓

正千戶（正五品）

↓

指揮僉事（正四品）

↓

指揮同知（從三品）

↓

指揮使（正三品）

↓

都指揮僉事（正三品）

↓

都指揮同知（從二品）

↓

都指揮使（正二品）

列銜錦衣衛

都督僉事（正二品）

↓

都督同知（從一品）

↓

右都督（正一品）

↓

左都督（正一品）

列銜都督府

錦衣衛大事年表

西元紀年	中國紀年	紀　事
1364	元順帝至正二十四年	朱元璋創設錦衣衛的前身：拱衛司
1368	洪武元年	**太祖朱元璋在南京即位（年號洪武，1368～1399年）**
1370	洪武三年	原拱衛司改為親軍都尉府，品第由正七品升為正三品（拱衛司→拱衛指揮使司→都尉司→親軍都尉府）
		創設儀鸞司
1371	洪武四年	儀鸞司品第定為正五品，由親軍都尉府負責管轄
1383	洪武十五年	創設錦衣衛（從三品），親軍都尉府及儀鸞司併入錦衣衛，下轄御椅、扇手、擎蓋、旛幢、斧鉞、鸞輿、馴馬七司（另有一說亦下轄經歷、鎮撫二司，合為九司）
1386	洪武十八年	錦衣衛升為正三品。同年增置中左、中右、中前、中後、中中、後後等六個千戶所
1389	洪武二十一年十月	錦衣衛指揮使答兒麻失里奉旨迎接來降的故元右丞火兒灰、副樞以剌哈、尚書答不歹等人
1392	洪武二十四年三月	置馴象、屯田、馬軍左、馬軍右等四個千戶所
	洪武二十四年六月	置馬軍前、馬軍後等兩個千戶所

1398	洪武三十年二月	錦衣衛初設時的「七司」併入錦衣衛前千戶所，再設班劍、戈戟、弓矢等三司，併入前千戶所
1398	洪武三十一年閏五月	**惠帝朱允炆即位（年號建文，1399年～1403年）**
	洪武三十一年九月	惠帝違背祖制，授予「女戶錦衣衛」張鳳、李衡、趙福、張弼等人錦衣衛世襲千戶、百戶之職
1402	建文四年六月	**靖難之變，成祖朱棣即位（年號永樂，1403～1425年）**
	建文四年十一月	錦衣衛指揮僉事劉智、蕭遜、葛能、李敬等人被擢升為錦衣衛指揮使
1405	永樂三年	錦衣衛指揮僉事王復亨、李滿、劉海、馬貴等跟隨鄭和「通使西洋」
1408	永樂六年十二月	成祖命禮部鑄造「行在錦衣衛」（即北京錦衣衛）印信
1410	永樂八年	錦衣衛指揮使紀綱被擢升為錦衣衛掌衛事都指揮僉事
1420	永樂十八年	設立東廠
	永樂十八年九月	北京改稱「京師」，原「京師」改稱南京，政府印信也有相應調整
1421	永樂十九年正月	正式遷都北京。原「行在錦衣衛」改稱北京錦衣衛
1424	永樂二十二年七月	**仁宗朱高熾即位（年號洪熙，1425～1426年）**
1425	洪熙元年三月	下詔恢復北京諸衙門「行在」的稱謂，北京錦衣衛又改稱「行在錦衣衛」
	洪熙元年五月	**宣宗朱瞻基即位（年號宣德，1426～1436年）**

1426	宣德元年七月	設立內書堂，教授年幼宦官讀書寫字
1432	宣德七年六月	宣宗製作「御制錦衣衛官箴」
1435	宣德十年正月	**英宗朱祁鎮即位（年號正統，1436～1450 年）**
	宣德十年九月	王振調任司禮監太監
1436	正統元年十二月	命行在錦衣衛指揮使徐恭掌錦衣衛事
1441	正統六年五月	馬順取代徐恭，掌錦衣衛事
1449	正統十四年八月	土木堡之變，英宗遭瓦剌俘虜，王振死於戰場。馬順在朝堂上被毆打致死
	正統十四年九月	**景帝朱祁鈺即位（年號景泰，1450～1457 年）**
	正統十四年十月	景帝擢升原郕王府侍衛畢旺為錦衣衛指揮僉事
1450	景泰元年八月	錦衣衛校尉袁彬被擢為錦衣衛試百戶
1451	景泰二年	擢畢旺為錦衣衛指揮同知
1452	景泰三年七月	畢旺調任宣府左衛理事
	景泰三年十月	畢旺調回錦衣衛，繼續掌錦衣衛事
1454	景泰五年十二月	畢旺奉旨掌理北鎮撫司
1456	景泰七年十二月	門達受命執掌錦衣衛事與鎮撫司問刑
1457	景泰八年正月	**奪門之變，英宗復位（年號天順，1457～1465 年）**
	天順元年正月	擢袁彬為錦衣衛指揮僉事、門達為指揮同知、劉敬為指揮使、逯杲為百戶；門達與劉敬同理錦衣衛事

	天順元年三月	擢門達為錦衣衛指揮使、劉敬為都指揮僉事，劉敬「仍掌衛事」
	天順元年七月	逯杲晉升為錦衣衛副千戶
	天順元年八月	劉敬調往南京錦衣衛管事
	天順元年十二月	袁彬晉升為錦衣衛指揮使；逯杲晉升為錦衣衛指揮僉事
1459	天順三年十二月	逯杲晉升為錦衣衛指揮同知
1461	天順五年七月	擢門達為錦衣衛都指揮僉事；逯杲為曹欽所殺，英宗追授其為錦衣衛指揮使
	天順五年八月	擢袁彬為錦衣衛都指揮僉事
1464	天順八年正月	**憲宗朱見深即位（年號成化，1465～1488年）** ■
	天順八年二月	門達下獄，後謫戍廣西南丹衛
	天順八年三月	門達在北京城西所設的鎮撫司監獄遭毀
1466	成化二年九月	袁彬因擒獲妖賊有功，被擢升為錦衣衛都指揮同知
1468	成化四年四月	為解決京師的治安問題，憲宗命錦衣衛指揮僉事朱驥提督五城兵馬，緝捕盜賊
1477	成化十三年正月	李子龍事件後，憲宗設西廠，由御馬監太監汪直提督。袁彬晉升為都督僉事
	成化十三年五月	裁撤西廠
	成化十三年六月	西廠復設
1478	成化十四年	鑄北鎮撫司印信
	成化十四年八月	吳綬成為北司印信第一任掌印者

1.錦衣衛於成化年間設立專責緝拿嫌犯的東司房與西司房。

1481	成化十七年	袁彬晉升為都督同知
1482	成化十八年三月	再撤西廠
1487	成化二十三年九月	**孝宗朱祐樘即位（年號弘治，1488～1506 年）**
	成化二十三年十月	大部分錦衣衛傳奉官被革職或者降職
1493	弘治六年	定武舉「六歲一行」
1504	弘治十七年	改定武舉「三年一試，出榜賜宴」
1505	弘治十八年	**武宗朱厚照即位（年號正德，1506～1522 年）**
1506	正德元年十月	詔命劉瑾為司禮監太監兼提督團營，丘聚提督東廠，谷大用提督西廠❷
1508	正德三年八月	設內廠，由劉瑾提督
1509	正德四年十一月	錢寧以武宗義子朱寧的身分晉升為錦衣衛正千戶
1510	正德五年八月	劉瑾倒臺，內廠遭到裁撤
1511	正德六年九月	錦衣衛指揮使錢寧晉升為都指揮僉事，掌印，兼提督官校辦事
1512	正德七年十月	錢寧晉升為都督僉事，仍在錦衣衛掌印管事
	正德七年十二月	錢寧再晉升為都督同知。江彬在該年被擢為錦衣衛都指揮僉事
1513	正德八年八月	武宗認江彬為義子，賜其朱姓
1514	正德九年十一月	江彬晉升為錦衣衛都指揮同知
1515	正德十年三月	江彬晉升為都督僉事
	正德十年十月	錢寧晉升為右都督，仍在錦衣衛管事

2.該年西廠復設，並於正德七年左右再度遭到裁撤。

	正德十年十二月	錢寧再晉升為左都督，江彬晉升為都督同知
1516	正德十一年二月	江彬晉升為右都督
1517	正德十二年	王佐參加武舉考試，並獲得第一名，授職錦衣衛千戶
1519	正德十四年	詔定每逢「子、午、卯、酉年」進行武舉鄉試
	正德十四年六月	甯王朱宸濠起兵反叛
	正德十四年八月	江彬奉旨提督東廠兼錦衣衛；幾個月後，錢寧被撤職
	正德十六年四月	**世宗朱厚熜即位（年號嘉靖，1522～1567年）⑧**
	正德十六年五月	錢寧伏誅；原興獻王府群牧所正千戶駱安被擢升為錦衣衛指揮同知；原興獻王府侍臣陸松（陸炳之父）被擢升為錦衣衛副千戶
	正德十六年六月	江彬伏誅；裁汰錦衣衛冒濫軍校三萬一千八百二十人
	正德十六年七月	革錦衣衛所及監局寺廠司庫旗校、軍士、匠役投充新設者，凡十四萬八千餘人
1523	嘉靖二年二月	王佐以錦衣衛千戶的身分「署都指揮使」，「提督巡捕」
1525	嘉靖四年正月	王佐晉升為錦衣衛指揮同知，仍「署都指揮使」
1526	嘉靖五年六月	陸松晉升為錦衣衛指揮僉事
1528	嘉靖七年	陸松晉升為「錦衣衛鎮撫司指揮同知」
1530	嘉靖九年	王佐奉旨「掌衛印提督官校辦事」

3.嘉靖年間，詔定武舉鄉試的次年四月舉行武舉會試。

1536	嘉靖十五年	錦衣衛都督僉事陸松去世
1539	嘉靖十八年	陸炳被擢為錦衣衛指揮僉事
1545	嘉靖二十四年閏正月	命錦衣衛都指揮同知陸炳掌本衛事
	嘉靖二十四年七月	陸炳晉升為都督僉事，仍掌錦衣衛事
	嘉靖二十四年十二月	陸炳晉升為都督同知
1548	嘉靖二十七年四月	陸炳晉升為右都督
	嘉靖二十七年八月	世宗以慶賀自己的生日為由，加授陸炳「光祿大夫柱國」
1550	嘉靖二十九年	陸炳晉為左都督
1551	嘉靖三十年十一月	因為「擒哈舟兒功」，陸炳加授太子太保銜
1553	嘉靖三十二年二月	因為「敘誅逆（仇鸞）功」，進陸炳少保兼太子太傅，歲支伯爵祿
	嘉靖三十二四月	陸炳晉太保銜
1557	嘉靖三十六年八月	陸炳加授少傅銜
1560	嘉靖三十九年十二月	陸炳去世；左都督朱希孝接掌錦衣衛事，提督東司房
1566	嘉靖四十五年十二月	**穆宗朱載垕即位（年號隆慶，1567～1573 年）❹**
1567	明穆宗隆慶元年	馮保奉旨提督東廠兼掌御馬監事
1572	隆慶六年五月	馮保掌印司禮監
	隆慶六年六月	**神宗朱翊鈞即位（年號萬曆，1573～1620 年）；閣臣張居正晉升為首輔**
1576	萬曆四年四月	掌錦衣衛事左都督朱希孝去世，錦衣衛都指揮使余蔭接掌錦衣衛事，錦衣衛自此成為東廠的附庸

4.隆慶二年及三年，錦衣衛進行前後兩次縮編，共計裁汰了近一千五百名官
　校。

1582	萬曆十年十二月	馮保被革職,「發南京閑住」;太監張鯨奉旨提督東廠,時錦衣衛掌衛事者為都督同知劉守有
1584	萬曆十二年十二月	劉守有被擢為左都督
1585	萬曆十三年六月	授劉守有太子太保銜
1588	萬曆十六年	劉守有被免職,都指揮僉事許茂橚接掌錦衣衛事
1590	萬曆十八年	東廠太監張鯨被免職,司禮監太監張誠奉旨提督東廠
1596	萬曆二十四年	錦衣衛指揮僉事張懋忠、錦衣指揮僉事楊宗吾等人前往畿內、汝南等處開礦
1598	萬曆二十六年	陳矩取代張誠提督東廠
1602	萬曆三十年	原東宮侍衛駱思恭調入錦衣衛,在南鎮撫司僉書管事
1616	萬曆四十四年七月	錦衣衛指揮使駱思恭晉升為都指揮僉事,「掌理衛事」
1619	萬曆四十七年四月	敕右都督李如楨為征虜前將軍總兵官,鎮守遼河東兼備倭總兵官
1620	萬曆四十八年七月	**光宗朱常洛即位(年號泰昌,1620～1621年)**
	萬曆四十八年九月	**熹宗朱由校即位(年號天啟,1621～1628年)**
1621	明熹宗天啟元年	駱思恭晉升為左都督,仍掌錦衣衛事
	天啟元年四月	錦衣衛都指揮使張懋忠、指揮使萬邦孚奉旨前往通州、天津、宣府、大同等處募兵
1622	天啟二年二月	戶部撥付帑銀三萬兩交予錦衣衛「速製戰車」

1623	天啟三年十二月	魏忠賢奉旨提督東廠；駱思恭進封為少傅兼太子太傅
1624	天啟四年十月	左都督田爾耕接掌錦衣衛事
1627	天啟七年五月	鑄錦衣衛提督西司房官旗巡捕關防
	天啟七年十一月	魏忠賢被謫往鳳陽，自縊於阜城
	天啟七年八月	**思宗朱由檢即位（年號崇禎，1628～1644 年）**
1628	崇禎元年四月	司禮監太監王永祚提督東廠
	崇禎元年六月	田爾耕、許顯純伏誅
1629	崇禎二年	駱養性奉旨在錦衣衛南鎮撫司僉書
	崇禎二年六月	吳孟明僉書錦衣衛
	崇禎二年七月	司禮監太監曹化淳提督東廠
	崇禎二年十一月	劉僑奉旨提督錦衣衛東司房
1632	崇禎五年二月	劉僑被免職，鄒之有接任東司房提督
1633	崇禎六年十一月	司禮監太監鄭之惠提督東廠
1634	崇禎七年十二月	司禮監太監李承芳提督東廠
1635	崇禎八年九月	錦衣衛南鎮撫司發明「活輪戰車式」
1636	崇禎九年正月	鄒之有晉升為都督同知
1638	崇禎十年二月	司禮監太監曹化淳提督東廠
	崇禎十年八月	司禮監太監王之心提督東廠
1639	崇禎十一年六月	至遲在該年該月，吳孟明開始提督東司房
1640	崇禎十二年九月	司禮監太監王德化提督東廠
1643	崇禎十五年七月	司禮監太監齊本正提督東廠
1644	崇禎十六年三月	思宗自縊於北京煤山，明亡

參考書目

《大明律集解附例》

《大明會典》

《元典章》

《江西通志》

《明仁宗實錄》

《明太宗實錄》

《明太祖實錄》

《明世宗實錄》

《明孝宗實錄》

《明武宗實錄》

《明宣宗實錄》

《明英宗實錄》

《明神宗實錄》

《明憲宗實錄》

《明熹宗實錄》

《明穆宗實錄》

《明懷宗端皇帝實錄》

《春秋左傳》

《皇明祖訓》

《崇禎實錄》

《御批歷代通鑑輯覽》

《御制大誥》

《御制大誥三編》

《御制大誥續編》

《御定資治通鑑綱目三編》

《御選明臣奏議》

《欽定日下舊聞考》

《欽定勝朝殉節諸臣錄》

《欽定歷代職官表》

《欽定續文獻通考》

《欽定續通志》

《畿輔通志》

《禮記》

〔後晉〕劉昫等，《舊唐書》

〔宋〕歐陽修，《新五代史》

〔元〕脫脫等，《元史》

〔元〕脫脫等，《宋史》

〔明〕王世貞，《弇州堂文集》

〔明〕王世貞，《弇州四部稿》

〔明〕王世貞，《嘉靖以來內閣首輔傳》

〔明〕田汝成，《炎徼紀聞》

〔明〕余繼登，《皇明典故紀聞》

〔明〕呂毖，《明宮史》

〔明〕李東陽，《燕對錄》

〔明〕李清，《三垣筆記》

〔明〕李默，《孤樹裒談》

〔明〕沈德符，《萬曆野獲編》

〔明〕姜清，《姜氏祕史》

〔明〕徐紘，《明名臣琬琰錄》

〔明〕查繼佐，《罪惟錄》

〔明〕孫承澤，《春明夢餘錄》

〔明〕袁彬，《北征事蹟》

〔明〕商振倫，《商文毅公年譜》

〔明〕商輅，《商文毅疏稿》

〔明〕崔銑，《洹詞》

〔明〕章潢，《圖書編》

〔明〕張爵，《京師五城坊巷胡同集》

〔明〕莫旦，《弘治吳江治》

〔明〕陳鼎，《東林列傳》

〔明〕賀複征，《文章辨體彙選》

〔明〕陸容，《菽園雜記》

〔明〕黃佐，《革除遺事》

〔明〕黃訓，《名臣經濟錄》

〔明〕焦紘，《國朝獻徵錄》

〔明〕葉盛，《水東日記》

〔明〕趙士喆，《建文年譜》

〔明〕劉侗，《帝京景物略》

〔明〕劉若愚，《酌中志》

〔明〕劉基，《郁離子》

〔明〕談遷，《國榷》

〔明〕談遷，《棗林雜俎》

〔明〕鄭曉，《今言》

〔明〕薛應旂，《憲章錄》

〔明〕顧炎武，《日知錄》

〔清〕王鴻緒，《明史稿》

〔清〕李清馥，《閩中理學淵源考》

〔清〕沈起，《元明事類鈔》

〔清〕汪楫，《崇禎長編》

〔清〕谷應泰，《明史紀事本末》

〔清〕邵廷采，《思復堂文集》

〔清〕夏燮，《明通鑑》

〔清〕秦蕙田，《五禮通考》

〔清〕張廷玉等，《明史》

〔清〕陳鶴，《明紀》

〔清〕傅維鱗，《明書》

〔清〕馮甦，《滇考》

〔清〕楊士聰，《玉堂薈記》

〔清〕趙翼，《廿二史劄記》

〔清〕龍文彬，《明會要》

北京圖書館金石組編，《北京圖書館藏中國歷代石刻拓本彙編》（鄭州：
　　中州古籍出版社，1989）。

李寶臣，〈明京師十王邸考——兼論永樂營建北京宮殿總量〉，《北京文
　　博》第 37 期（2004，北京）。

孟森，《明史講義》（上海：上海古籍出版社，2002）。

傅斯年，〈明成祖先母記疑〉，《中央研究院歷史語言研究所集刊》第 2
　　本第 4 分（1932，臺北）。

黃彰健，〈讀「皇明典禮」〉，收於《明清史研究叢稿》（臺北：臺灣商
　　務印書館，1977）。

全新 歷史 巨獻

中國斷代史叢書

穿梭古今　遨遊歷史

集合當前頂尖陣容，給您最精采、最詳實的中國歷史

明史——一個多重性格的時代　王天有、高壽仙／著

明代在政治上專制皇權進入前所未有的高峰，經濟上工商業的繁榮也帶動了社會、文化的活躍，但也使新的問題油然而生，成為明朝不得不面對的新挑戰。想知道朱元璋如何一統天下、鄭和為什麼七下西洋，瞧一瞧皇帝身邊最勾心鬥角的宮廷世界、群臣士大夫的力挽狂瀾，見識明代富庶、奢靡的生活情趣，那你千萬不可錯過！

明清史（增訂二版）　　　　　　　　陳捷先／著

當過和尚的朱元璋如何擊敗群雄、一統天下？明朝士大夫們各立門戶、互相攻訐，他們在爭論什麼？順治帝有沒有出家五台山？乾隆皇究竟是不是漢人？本書作者爬梳大量的中外文及滿文史料，澄清不少野史及戲曲中的謬誤傳說，以深入淺出的筆法，清晰地介紹明清兩朝的建國歷程和典章制度，並以獨到的見解，析論兩朝盛衰之因，值得關心明清史事的人一讀。